巷道掘进机智能化理论研究

刘送永　崔玉明　张德义　吴洪状　著

中国矿业大学出版社
· 徐州 ·

内容简介

巷道掘进机是巷道掘进的关键基础装备，其自动化和智能化水平将直接影响现代煤炭行业的高质量发展。全书介绍了掘进机智能化系统基本概念、煤岩界面识别与探测技术、掘进机自主定位理论、掘进机位姿调控与补偿方法、掘进机自主截割控制方法和掘进机状态监测与健康管理方法和系统等内容。本书体系完整、层次清楚、内容丰富，适合从事矿山工程研究的科技人员、高等院校相关专业的研究生和本科生参考使用。

图书在版编目（CIP）数据

巷道掘进机智能化理论研究 / 刘送永等著 . -- 徐州 : 中国矿业大学出版社 , 2024.3

ISBN 978-7-5646-6190-8

Ⅰ . ①巷… Ⅱ . ①刘… Ⅲ . ①巷道掘进 Ⅳ . ① TD263.2

中国国家版本馆 CIP 数据核字（2024）第 053336 号

书　　名　巷道掘进机智能化理论研究

著　　者　刘送永　崔玉明　张德义　吴洪状

责任编辑　于世连

出版发行　中国矿业大学出版社有限公司
（江苏省徐州市解放南路　邮编 221008）

营销热线　(0516)83885370　83884103

出版服务　(0516)83995789　83884920

网　　址　http://www.cumtp.com　**E-mail:** cumtpvip@cumtp.com

印　　刷　徐州中矿大印发科技有限公司

开　　本　787 mm × 1092 mm　1/16　**印张**　15.75　**字数**　346 千字

版次印次　2024 年 3 月第 1 版　2024 年 3 月第 1 次印刷

定　　价　49.00 元

前　言

煤炭是我国重要的基础能源和战略矿产。在未来相当长的一段时期内，煤炭仍将是国家能源安全的“压舱石”。近年来，国家能源安全战略不断升级，新一代信息技术与煤炭产业融合速度加快，煤炭产业高端化、智能化、绿色化转型升级迫在眉睫。我国煤矿智能化建设基础与生产条件复杂多样、发展不平衡且不充分，综采工作面的自动化和智能化研究起步较早，智能工作面建设如火如荼。然而煤矿井下巷道掘进工作面的智能化研究则因地质、环境、工艺和配套装备的多变性等因素而发展缓慢，无法匹配综采智能化的发展进度。因此，如何有效提高掘进机在井下复杂巷道环境下的自主性和智能化已成为急待解决的关键问题。

掘进机是巷道掘进的关键装备，承担着破岩、转运及喷雾灭尘等任务，然而其所处环境较为恶劣。空间受限、机体振动、可视性差、粉尘水雾遮挡、电磁干扰复杂等难题使得掘进机智能化面临更多的困难。目前对于巷道掘进机智能化的研究，主要集中在机体定位和截割机构控制等方面，难以形成巷道掘进机智能化体系。本书重点介绍了巷道掘进机智能化系统基本概念、煤岩识别与探测技术、掘进机自主定位理论、掘进机位姿调控与补偿方法、掘进机自主截割控制理论与方法、掘进机状态监测与健康管理方法和系统等。

本书撰写工作受到了国家 863 计划课题“薄煤层半煤岩掘进机关键技术研究”（项目编号 2012AA062104）、江苏省杰出青年基金项目“千米深井煤矿巷道全断面掘进机器人高效截割技术研究”（项目编号 BK20211531）”、徐州市科技成果转化计划项目“矿山机器人化采掘装备研发及成果转化”（项目编号 KC20203）等的资助，在此表示感谢。

在本书的撰写过程中，程诚博士、刘强博士、徐保龙博士、姚健硕士、吕振礼硕士、袁科文硕士、李思成硕士等做了公式编辑和制图等工作，在此表示感谢。

在本书撰写过程中参考和引用了大量智能采掘方面的文献，在此特向文献作者致以谢意。

限于作者水平，书中难免有疏漏和不妥之处，请读者批评指正。

目　录

第1章 绪　论

近年来，煤炭科技创新以煤炭安全绿色智能化开采和清洁高效低碳化为主要方向。掘进机作为现代化采掘工作面的关键设备之一，其智能化水平直接影响煤矿的安全生产和开采效率，而煤岩界面识别、作为掘进机智能化自主作业的关键技术，是实现掘进工作面的智能化、无人化的重点和难点。

1.1 掘进机概述

煤矿巷道掘进属开拓性环境作业。巷道掘进主要采用钻爆法和机械法。机械法掘进又分为连续采煤机掘进和综合机械化掘进。连续采煤机掘进通常适用于软岩煤巷和固定断面轮廓的巷道。综合机械化掘进依靠悬臂式掘进机进行落煤、装煤，通过带式输送机输煤，是一种快速高效灵活的掘进方式。其中，悬臂式掘进机是一种集截割、装运、降尘等功能为一体的大型高效联合作业机械设备，能够实现各类工况下的连续巷道掘进。

1.1.1 悬臂式掘进机组成

悬臂式掘进机是巷道综掘施工的关键设备，主要由截割部、前铲板、转运部、回转台、机体部、行走部、后支撑、液压泵站等组成。纵轴悬臂式掘进机组成如图 1-1 所示。

1.1.2 悬臂式掘进机工作原理

悬臂式掘进机用于煤矿巷道断面掘进时，双边履带行走机构负责机体的前进、后退及转弯功能，通过低速大扭矩液压马达控制掘进机的运动方位；掘进机行进至断面指定位置后，前铲板及后支撑落定后实现掘进机的整体稳定性支撑，星形轮及转运部启动负责煤岩物料的转运输送；截割部截割电机带动截割头转动剥落破碎煤岩，摆动液压缸和升降液压缸配合实现截割头扫描整个巷道断面；截割部完成一次断面截割后，进行支护及其他作业，掘进机前铲板及后支撑抬起，行走部启动将掘进机移动至下一掘进作业循环机位。

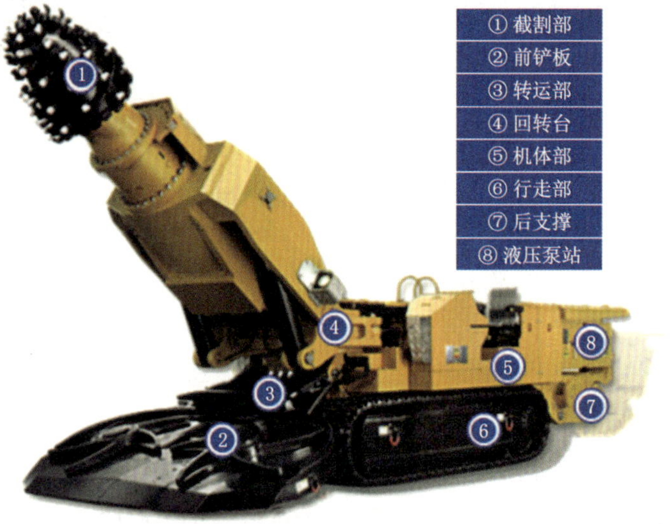

图 1-1　纵轴悬臂式掘进机组成

1.1.3　悬臂式掘进机巷道定向掘进施工工艺

悬臂式掘进机在进行断面掘进之前，需要对安装在巷道锚杆上的激光导向仪进行校准；使用激光在断面引出中线和腰线，掌握巷道掘进的方向线和坡度线，巷道每掘进 30 ～ 40 m 应延设一组中线点，腰线通常设在离轨面 1 m 处的巷道侧帮上，防止巷道掘偏；根据掘进面的中腰线，人为调整激光并绘出掘进断面轮廓线，以方便司机检查控制断面的超挖和欠挖；在准备工作完成后，掘进机移至断面适当位置，前铲板和后支撑下落，后续转载机及其他装备到位，固定机组；按一定的截割路线进行煤岩截割，落煤由掘进机转运部和转载机输送至带式输送机；同时，采用人工或机载设备对新开掘的巷道进行临时支护和永久支护，以保证巷道顶板和侧帮的稳固；当一次掘进截割和支护循环完成后，移机启动下一循环的掘进作业，最终实现巷道的定向掘进，如图 1-2 所示。

1.2　掘进机智能化发展进程

经过多年的自主创新，我国在煤矿井下基本实现采掘装备机械化向自动化的发展，但采掘装备智能化发展尚处于起步阶段。2009 年，我国煤矿实现了煤矿井下掘进断面的计算机控制。2013 年，掘进工作面远程监控系统在大柳塔煤矿得到应用，我国煤矿实现了掘进工作面设备遥控操作。2014 年，国产综采装备无人化技术在黄陵矿业集团有限责任公司一号煤矿得到使用，我国煤矿实现了“有人巡视、无人操作”的采煤常态运行，做到了综采工作面远程控制自动化开采。2017 年，天津大学与神东煤炭集团有限责任进行了单目光斑识别与惯导联合的掘进机位姿组合测量方法的现场试验。2020 年，三一重工股份有限公司正式推出远程智能掘进机。近年来，国内在采掘装备的自动化定位和多机协同控制方面逐渐接近世界先进水平。智能掘进系统（见图 1-3）是煤矿智能化设备研究的重点之一。

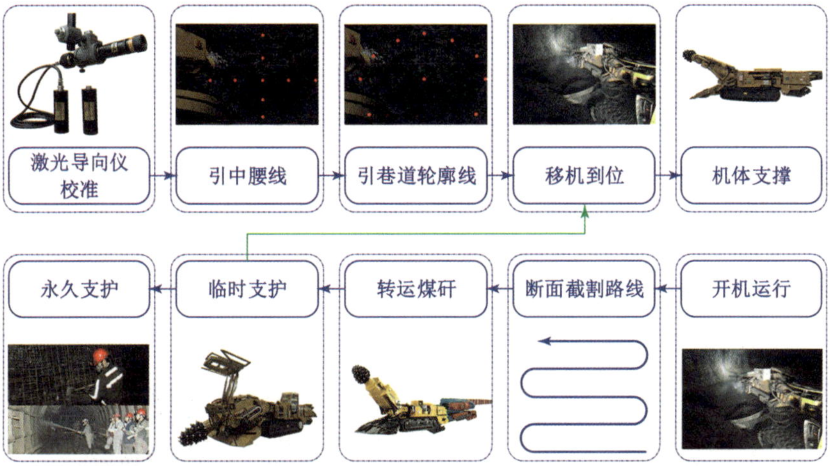

图 1-2　悬臂式掘进机巷道定向掘进施工工艺

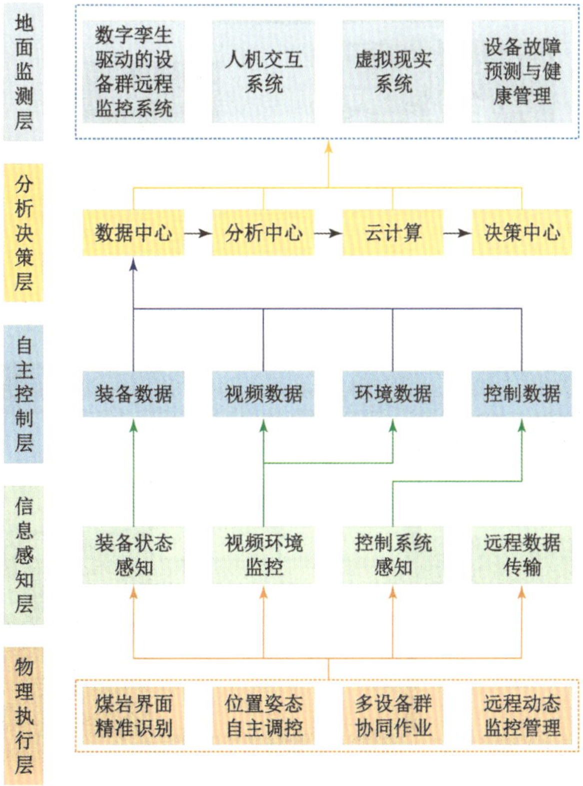

图 1-3　智能掘进系统

1.3 掘进机智能化系统架构与关键技术

煤矿智能化是我国煤炭工业高质量发展的核心技术支撑，这与技术发展、政策顶层设计及全行业协同推进密不可分。智能化煤矿建设是一个不断发展进步的过程，不仅受制于物联网、大数据、人工智能等科技的发展进步，还受煤炭开采基础理论、工艺方法、围岩控制理论等因素的制约，是一个多学科交叉融合的复杂问题。

当前，构建智能掘进系统能够为全面推进智能化煤矿发展奠定基础。但是由于我国煤炭赋存条件复杂，掘进装备和工艺呈现多样化，所以智能掘进面临严峻挑战，尤其是精准煤岩识别、智能定位导航、智能协同控制、智能自主截割、远程智能测控等已经成为影响和制约智能掘进快速发展的关键核心技术（见图 1-4）。

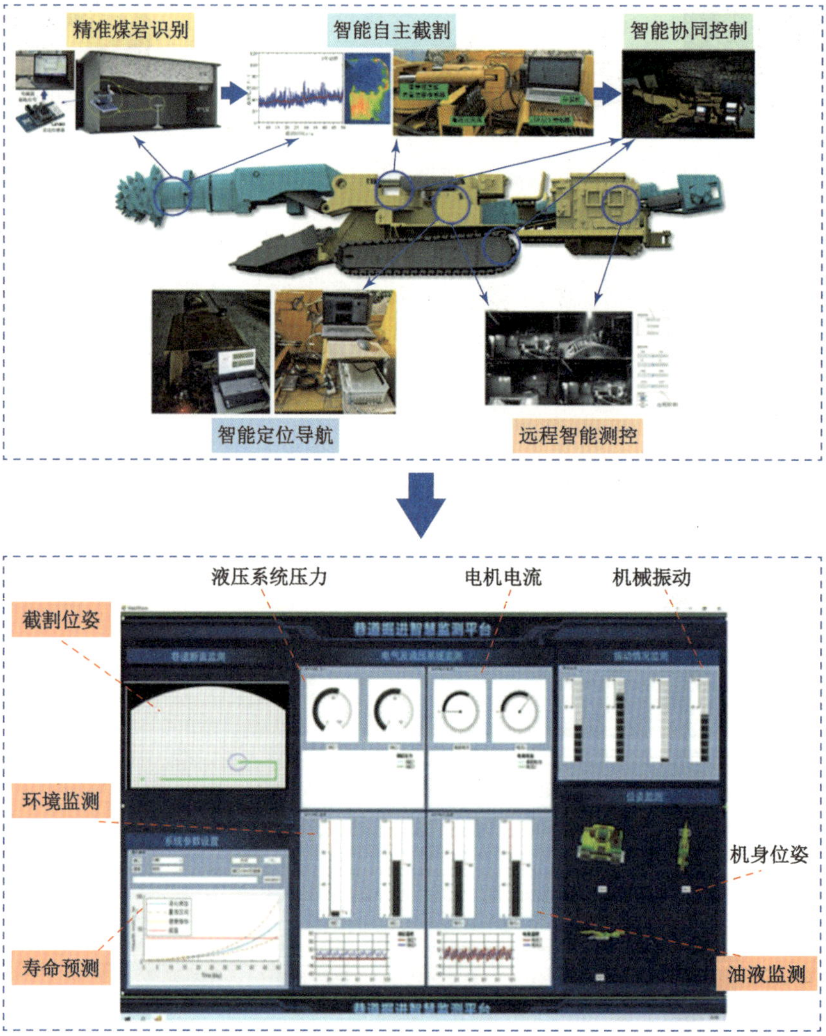

图 1-4　智能掘进关键核心技术及系统

第 2 章

掘进超前煤岩识别与探测技术

掘进机作为现代化采掘工作面的关键设备之一，其智能化水平直接影响煤矿的安全生产和开采效率。掘进工作面煤岩识别和探测作为掘进机智能化自主作业的关键技术之一，是实现掘进工作面的智能化、无人化的重点和难点。

在实际工作中，常采用人工观测或结合多种方法进行煤岩界面的识别。掘进机通过记忆截割方式和 PID 控制等传统控制方法进行调高控制。短距离钻孔探测亦无法适应煤层的复杂变化，更无法满足掘进机智能化作业需求。在分析电磁波在煤岩介质中的传播规律后，通过低频超宽带电磁波雷达精准识别煤岩界面，提出长距离钻探关键技术。

2.1 基于电磁波信号煤岩界面模型构建

煤岩界面模型可近似看作一种多层平行层状介质。电磁波接收信号可视为由各层子界面的反射信号的叠加。根据煤岩界面多层平行层状特征和电磁波收发原理，对煤岩界面模型进行构建。如图 2-1 所示，根据天线的布置，雷达煤岩分层介质检测方式分为空气耦合型和非空气耦合型。采用空气耦合型检测方式时，空气层、煤层、岩层的相对介电常数分别 ε_{r0}、ε_{r1}、ε_{r2}，电导率分别为 σ_0、σ_1、σ_2；该位置空气层、煤层、岩层的厚度分别为 h_1、h_2、h_3。当将脉冲-超宽带（IR-UWB）信号 $s(t)$ 从发射天线 T_X 发射到空气-煤-岩石多层界面时，接收天线 R_X 收到的接收信号为从各子界面反射的经过衰减和时延的反射波与噪声、杂波的总和。

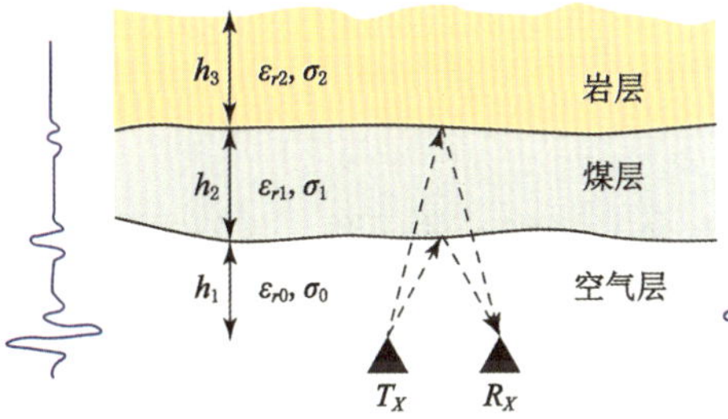

（a）空气耦合型

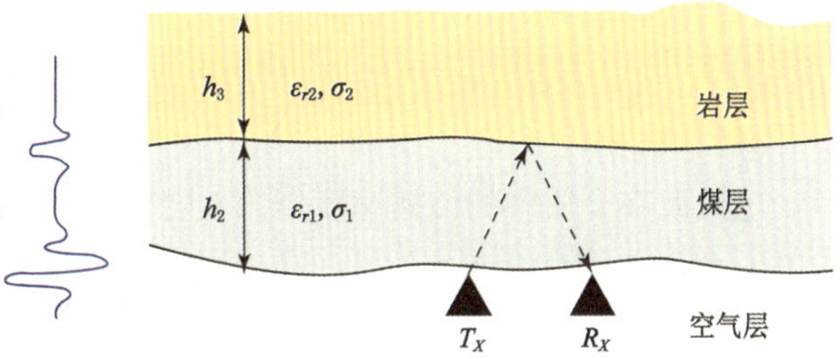

（b）非空气耦合型

图 2-1　雷达煤岩分层介质检测方式

IR-UWB 雷达每秒接收的电磁波信号示例如图 2-2 所示。该雷达每秒接收 17 个信号。在图 2-2 中，慢时间表示接收各帧信号的时间，快时间表示单帧信号内各信号点的接收时间。

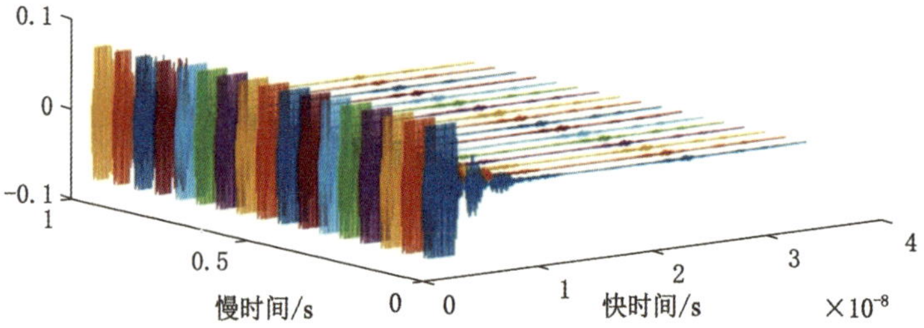

图 2-2　IR-UWB 雷达每秒接收的电磁波信号示例

构建接收信号的时域模型。IR-UWB 雷达的时域接收单帧信号 $\varphi_i(t)$ 可表示为：

$$\varphi_i(t)=\sum_{k=0}^{K-1}\beta_{i,k}s(t-\tau_k)+\varsigma(t) \tag{2-1}$$

其中，下标 i 表示慢时间指标；t 是快时间；$\beta_{i,k}$ 为从第 k 层子界面反射的回波幅值；$\varsigma(t)$ 是杂波和随机噪声信号；$s(t)$ 为时域雷达脉冲信号，在实际应用中，雷达脉冲通常通过估计为金属板的背向散射信号；τ_k 是信号往返时延，即雷达发射天线发射信号到各子界面并反射到接收天线所需的信号传播时间。τ_k 表达式为：

$$\tau_k=2\hbar_{k+1}/v_k \tag{2-2}$$

其中，v_k 是在各介质中的电磁波传播速度，$\hbar_{k+1}$ 是雷达天线上方各界面点的位置。

如图 2-1 所示，考虑 K=3，即 $\hbar_1=h_1$，$\hbar_2=h_1+h_2$，$\hbar_3=\infty$，因此从 $\hbar_3$ 反射的信号可以忽略不计。式（2-1）是空气耦合型检测方式的接收信号模型。当第 0 层子界面反射的回波幅值为 0，即 $\beta_0=0$ 时，该模型即可转变成非空气耦合型检测方式的接收信号模型。

第 k 层子界面反射的回波幅值 $\beta_{i,k}$ 是界面反射系数的函数，从而是各层介质相对介电常数 σ_k 和电导率 ε_k 的函数。自由空间的电导率 ε_0 为 8.854×10^{-12}。在许多场合下，相对介电常数可以忽略不计，以简化接收信号模型，接收回波在边界处相对介电常数的变化表示为电导率的变化。β_k 的值还受天线增益、电磁波几何扩散等影响。

2.2　煤岩界面电磁波传播速度估计

电磁波在介质中的传播速度是第 k 层介质的相对介电常数 ε_k 的函数，其公式为：

$$v_k=\frac{c}{\sqrt{\varepsilon_k}} \tag{2-3}$$

其中，c 是电磁波在真空中的传播速度，取 3×10^8 m/s。

对于空气耦合型雷达电磁波发射方式，第 1 层介质（煤层介质）的相对介电常数 ε_1 可以通过在空气-煤界面地弹反射的峰值 β_0 和雷达电磁波发射到金属板的背向散射信号的峰值 β_{mp} 进行估计，其表达式为：

$$\varepsilon_1=\left(\frac{1+\beta_0 / \beta_{mp}}{1-\beta_0 / \beta_{mp}}\right)^2 \tag{2-4}$$

2.3 煤岩介质电磁波信号预处理

受掘进机工作时产生的振动、噪声及外界干扰的影响，电磁波接收信号中存在较大噪声和干扰。因此，电磁波原始信号前处理对提升煤岩界面识别精度具有重大意义。

2.3.1 煤岩介质电磁波信号杂波抑制

由于雷达发射、接收的电磁波信号经过空气-煤-岩介质，且掘进工作面空气中杂质多，电磁波接收信号包含噪声、背景杂波等。其中，背景杂波是串扰和天线振铃造成的，出现在接收信号的前期部分。电磁波信号在空气-煤-岩介质中传播时，杂波主要是背景杂波，比反射信号更为明显。根据该电磁波信号特点，使用基于改进奇异值分解的方法进行杂波抑制。

每个雷达得到的单帧接收信号 $y(t)$ 的向量形式为：

$$\boldsymbol{\varphi}_i=[\varphi_i(t_1), \varphi_i(t_2), \ldots, \varphi_i(t_{N_S})]^{\mathrm{T}} \tag{2-5}$$

其中，$[t_1, t_2, \ldots, t_{N_S}]$ 是时间采样值，N_S 是单帧接收信号采样点数。

假设接收到信号的帧数为 N_F，可得到以下矩阵：

$$\boldsymbol{\psi}=[\boldsymbol{\varphi}_1, \boldsymbol{\varphi}_2, \ldots, \boldsymbol{\varphi}_{N_F}] \tag{2-6}$$

计算矩阵 $\boldsymbol{\psi}$ 每列的均值，并记为向量 $\boldsymbol{m}_\psi$，得到以下关系：

$$\tilde{\boldsymbol{\psi}}=\boldsymbol{\psi}-\mathbf{1}_{N_F\times 1}\cdot \boldsymbol{m}_\psi^{\mathrm{T}} \tag{2-7}$$

其中，$\mathbf{1}_{N_F\times 1}=[1,\ldots,1]^{\mathrm{T}}\in \mathrm{R}^{N_S\times 1}$。对 $\tilde{\boldsymbol{\psi}}$ 使用如下奇异值分解（SVD），得到：

$$\tilde{\boldsymbol{\psi}}=\sum_{i=1}^{N_F}\lambda_i \boldsymbol{u}_i \boldsymbol{v}_i^H \tag{2-8}$$

其中，$\boldsymbol{u}_i$、$\boldsymbol{v}_i$ 分别是第 i 个左、右奇异向量，λ_i 为第 i 个奇异值，按降序排列，即 $\lambda_1\geqslant\lambda_2\geqslant\ldots\geqslant\lambda_{N_H}$。由于电磁波在传播介质中会发生衰减，背景杂波比反射信号更明显，因此主要的奇异向量对应的是背景杂波。定义一个阈值常数 $\gamma_\psi\in[0,\lambda_1]$，用于将奇异值分成两类，即 $C_B=\{\lambda_i\geqslant\gamma_\psi\}$ 和 $C_S=\{\lambda_i<\gamma_\psi\}$。$C_B$ 对应背景杂波成分，C_S 对应信号的其他成分。

通过正交投影方法，抑制 $\tilde{\boldsymbol{\psi}}$ 中的背景杂波信息。使用背景杂波对应的奇异向量，正交

投影矩阵 $\boldsymbol{P}_B^{\perp}$ 如下：

$$\boldsymbol{P}_B^{\perp}=\boldsymbol{I}_{N_H}-\sum_{i\in B}\boldsymbol{u}_i\boldsymbol{v}_i^H \tag{2-9}$$

其中，$\boldsymbol{B}$ 对应背景杂波奇异值向量的下标。显然，$\boldsymbol{P}_B^{\perp}$ 将信号投影到背景杂波子空间的正交空间。使用正交投影，得到以下关系：

$$\hat{\boldsymbol{\psi}}=\boldsymbol{P}_B^{\perp}\tilde{\boldsymbol{\psi}} \tag{2-10}$$

其中，$\hat{\boldsymbol{\psi}}=[\boldsymbol{\varphi}_1,\boldsymbol{\varphi}_2,\ldots,\boldsymbol{\varphi}_{N_F}]$ 中的杂波信息被有效抑制。$\hat{y}_i\left(i=0,1,\cdots,N_H\right)$，是杂波抑制后的单帧电磁波接收信号。

通过取一段慢时间内信号的平均值，消除单帧信号测量带来的误差，得到平均单帧电磁波接收信号 $y(t)$ 为：

$$y(t)=\sum_{i=1}^{N_S}\hat{\varphi}_i(t)=\sum_{i=1}^{K-1}\beta_{i,k}s(t-\tau_k)+\varsigma(t) \tag{2-11}$$

显然，上述平均过程对随机噪声具有一定抑制作用。根据式（2-1）可知，$y(t)$ 满足以下等式：

$$y(t)=\sum_{k=0}^{K-1}\beta_k s(t-\tau_k)+\breve{\varsigma}(t) \tag{2-12}$$

其中，$\beta_k=\sum_{i=1}^{N_S}\beta_{i,k}$，$\breve{\varsigma}(t)$ 为杂波抑制后的剩余噪声。

2.3.2 电磁波频域接收信号协方差矩阵构建

从第 k 层子界面反射的回波幅值 $\beta_{i,k}\left(k=0,1,\cdots,K-1\right)$，可视为相对介电常数的函数。然而，在一段频域窄带范围内，由于探测域的耗散特性可以忽略不计，回波幅值 β_k 可视为常数。

通过对滤波后的接收信号 $y\left(t\right)$ 进行傅里叶变换，得到频域接收信号 $\tilde{y}\left(f\right)$ 为：

$$\tilde{y}(f)=\sum_{k=1}^{K}\beta_k\tilde{s}\left(f\right)\exp\left(-\mathrm{j}2\pi f\tau_k\right)+\tilde{\varsigma}\left(f\right) \tag{2-13}$$

其中，上标 ~ 代表函数的傅里叶变换，即 $\tilde{y}(f)$；$\tilde{\varsigma}(f)$ 表示剩余噪声 $\breve{\varsigma}(t)$ 的傅里叶变换。在频域范围内，将频域接收信号 $\tilde{u}(f)$ 在频率 $f_l\left(l=1,2,\cdots,L,L>K\right)$ 的 L 个频率处进行均匀采样，间隔为 Δf。因此，频域接收信号的向量表达形式为：

$$\begin{aligned}\tilde{\boldsymbol{y}}&=[\tilde{y}_1,\tilde{y}_2,\cdots,\tilde{y}_L]^{\mathrm{T}}\\&=\boldsymbol{A\beta}+\tilde{\boldsymbol{\varsigma}}=\sum_{k=1}^{K}\boldsymbol{a}\left(\hbar_k\right)\beta_k+\tilde{\boldsymbol{\varsigma}}\end{aligned} \tag{2-14}$$

其中，$\boldsymbol{A}=\left[\boldsymbol{a}(\hbar_1),\boldsymbol{a}(\hbar_2),\ldots,\boldsymbol{a}(\hbar_K)\right]$ 为参数化信号向量，可视为方向向量矩阵，其每列由方向向量 $\boldsymbol{a}(\hbar_k)=\left[\tilde{s}\left(f_1\right)\mathrm{e}^{-\mathrm{j}2\pi f_1\tau_k},\tilde{s}\left(f_2\right)\mathrm{e}^{-\mathrm{j}2\pi f_2\tau_k},\cdots,\tilde{s}\left(f_L\right)\mathrm{e}^{-\mathrm{j}2\pi f_L\tau_k}\right]^{\mathrm{T}}$ 组成；$\boldsymbol{\beta}=\left[\beta_1,\beta_2,\cdots,\beta_K\right]^{\mathrm{T}}$ 为

回波幅值向量；$\tilde{\boldsymbol{\varsigma}}=\left[\tilde{\varsigma}(f_1),\tilde{\varsigma}(f_2),\cdots,\tilde{\varsigma}(f_L)\right]^{\mathrm{T}}$是噪声向量。

假设噪声与反向散射回波相互独立，则$\tilde{\boldsymbol{y}}$的协方差矩阵为：

$$
\begin{aligned}
\boldsymbol{R} &= E\left[\tilde{\boldsymbol{y}}\tilde{\boldsymbol{y}}^{H}\right] \\
&= \boldsymbol{A}\boldsymbol{R}_{\beta}\boldsymbol{A}^{H}+\sigma^{2}\boldsymbol{I}_{L} \\
&\approx \tilde{\boldsymbol{y}}\tilde{\boldsymbol{y}}^{H}
\end{aligned}
\tag{2-15}
$$

其中，$E[\cdot]$表示数学期望，$\boldsymbol{R}_{\beta}=E\left[\boldsymbol{\beta}\boldsymbol{\beta}^{H}\right]$是反向散射回波$\boldsymbol{\beta}$的协方差矩阵，$\boldsymbol{I}_L$是$L\times L$单位矩阵。

然而，由于各子界面的背向散射信号相干，此时$\boldsymbol{R}$的阶次小于子界面数目K，基于子空间的算法效果会被严重影响。为了解决该问题,使用空间平滑（SSP）算法对$\boldsymbol{y}$进行处理。如图2-3所示，将接收信号分成M个频域部分重合的窄带子信号$\boldsymbol{\gamma}_m\left(m=1,2,\ldots,M\right)$，每个窄带子信号包含$N$个频率采样点，即$f_p, p=m,2,\cdots,N-1+m$。则第$m$个窄带子信号$\boldsymbol{\gamma}_m=\left[\tilde{y}_m,\tilde{y}_{m+1},\ldots,\tilde{y}_{m+N-1}\right]^{\mathrm{T}}\in\mathbf{C}^{N\times 1}$可写作如下向量形式：

$$
\begin{aligned}
\boldsymbol{\gamma}_m &= \boldsymbol{B}\boldsymbol{D}^{(m-1)}\boldsymbol{\beta}+\tilde{\boldsymbol{\varsigma}}_m \\
&= \boldsymbol{B}\boldsymbol{\alpha}_m+\tilde{\boldsymbol{\varsigma}}_m \\
&= \sum_{k=1}^{K}\boldsymbol{b}(\hbar_k)\alpha_{mk}+\tilde{\boldsymbol{\varsigma}}_m
\end{aligned}
\tag{2-16}
$$

其中，

$$
\tilde{\boldsymbol{\varsigma}}_m=\left[\tilde{\varsigma}_m,\tilde{\varsigma}_{m+1},\ldots,\tilde{\varsigma}_{m+L-1}\right]^{\mathrm{T}},\quad \boldsymbol{\alpha}_m=\boldsymbol{D}^{(m-1)}\boldsymbol{\beta}=\left[\alpha_{m1},\alpha_{m2},\ldots,\alpha_{mK}\right]^{\mathrm{T}}
$$

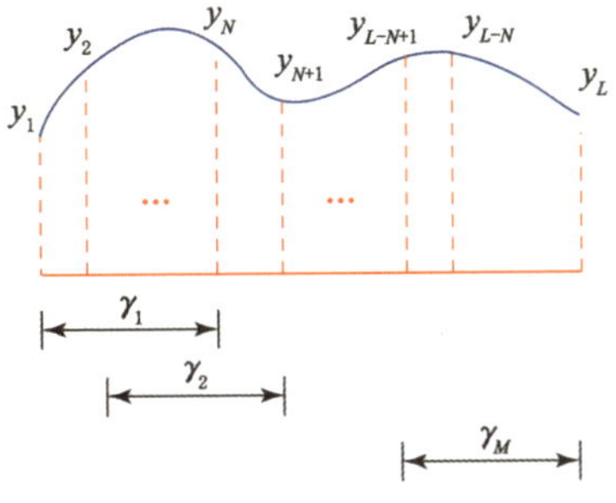

图2-3　窄带子信号划分

对角矩阵$\boldsymbol{D}=\mathrm{diag}\left[\exp\left(-\mathrm{j}2\pi\Delta f\tau_1\right),\cdots,\exp\left(-\mathrm{j}2\pi\Delta f\tau_K\right)\right]$，和$\tilde{\boldsymbol{B}}\in\mathbf{C}^{K\times L}$可写作：

$$
\tilde{\boldsymbol{B}}=[\tilde{\boldsymbol{b}}(\tau_1),\tilde{\boldsymbol{b}}(\tau_2)\ \ldots\ \tilde{\boldsymbol{b}}(\tau_K)]
\tag{2-17}
$$

其中，$\tilde{\boldsymbol{b}}(\tau_k)=\left[\tilde{s}\left(f_1\right)\mathrm{e}^{-\mathrm{j}2\pi f_1\tau_k},\tilde{s}\left(\tilde{f}_2\right)\mathrm{e}^{-\mathrm{j}2\pi f_2\tau_k},\cdots,\tilde{s}\left(\tilde{f}_K\right)\mathrm{e}^{-\mathrm{j}2\pi f_L\tau v_k}\right]^{\mathrm{T}}$。第$m$个窄带子信号$\boldsymbol{\gamma}_m$的协方差矩阵为：

$$
\begin{aligned}
\boldsymbol{R}_m &= E[\boldsymbol{\gamma}_m\boldsymbol{\gamma}_m{}^{H}] \\
&= \tilde{\boldsymbol{B}}\boldsymbol{\Gamma}_m\tilde{\boldsymbol{B}}^{H}+\sigma^{2}\boldsymbol{I}_L \\
&\approx \boldsymbol{\gamma}_m\boldsymbol{\gamma}_m{}^{H}
\end{aligned}
\tag{2-18}
$$

其中，$\boldsymbol{\Gamma}_m = E\left[\boldsymbol{\alpha}_m \boldsymbol{\alpha}_m^H\right]$。

基于 SSP 算法的协方差矩阵 $\boldsymbol{R}_{\mathrm{SSP}} \in \mathbf{C}^{N\times N}$ 和基于修正空间平滑（MSSP）算法的协方差矩阵 $\boldsymbol{R}_{\mathrm{SSP}} \in \mathbf{C}^{N\times N}$ 和 $\boldsymbol{R}_{\mathrm{MSSP}} \in \mathbf{C}^{N\times N}$ 分别为：

$$\boldsymbol{R}_{\mathrm{SSP}} = \frac{1}{M}\sum_{m=1}^{M}\boldsymbol{\gamma}_m\boldsymbol{\gamma}_m^H \tag{2-19}$$

$$\boldsymbol{R}_{\mathrm{MSSP}} = \frac{1}{2M}\sum_{m=1}^{M}\left[\boldsymbol{\gamma}_m\boldsymbol{\gamma}_m^H + \boldsymbol{J}(\boldsymbol{\gamma}_m\boldsymbol{\gamma}_m^H)^*\boldsymbol{J}\right] \tag{2-20}$$

其中，$\boldsymbol{J} \in \mathbf{C}^{N\times N}$ 是交换矩阵，即有：

$$\boldsymbol{J} = \begin{bmatrix} 0 & 0 & \cdots & 1 \\ 0 & \vdots & \cdots & 0 \\ \vdots & 1 & \ddots & \vdots \\ 1 & 0 & \cdots & 0 \end{bmatrix} \tag{2-21}$$

2.3.3 煤岩介质电磁波信号自适应增强

电磁波信号进行杂波抑制后，仍然存在随机噪声和干扰，可以通过滤波提高信号的信噪比，为后续的煤岩界面识别提供更好的条件。电磁波信号存在许多去噪方法。例如，带通滤波、低通滤波、小波去噪、小波包降噪等都是基于信号与噪声的频率区间不同，通过抑制不同于信号频率区间的成分，达到提高噪声信噪比的目的。然而，其无法抑制频率成分与信号区间重合部分的噪声，如在其他界面（空气-煤界面）产生的反射信号等。

为此，提出一种基于信号增强的降噪方法，可以同时抑制在信号频域范围内和范围外的噪声，并通过仿真试验分析其降噪效果。根据时间反转（TR）原理，通过对相位共轭、反向传播处理后的雷达接收信号进行叠加，其幅值在信号反射处（空气-煤、煤-岩界面点等）会达到极大值，而噪声则会得到抑制。因此，通过模拟电磁波接收信号的多路径传播过程，可以有效地提高信噪比。

根据式（2-13），频域接收信号 $\tilde{y}(f)$ 可被重写为：

$$\tilde{y}(f)=\sum_{k=1}^{K}\tilde{s}(f)g(\tau_k,f)+\tilde{\varsigma}(f) \tag{2-22}$$

其中，$g(\tau_k,f)=\beta_k\exp(-\mathrm{j}2\pi f\tau_k)$ 为格林函数。

通过假设天线接收信号 $\tilde{y}(f)$ 被发射到探测域中，则其在某个时刻 $\boldsymbol{\alpha}_s$ 的幅值为：

$$\begin{aligned}\boldsymbol{\Phi}(\alpha_s,f) &= \tilde{y}^*(f)g(\alpha_s,f) \\ &= \sum_{k=1}^{K}g^*(\tau_k,f)\tilde{s}^*(f)g(\alpha_s,f)+\tilde{\varsigma}^*(f)g(\alpha_s,f)\end{aligned} \tag{2-23}$$

当信号子空间和噪声子空间相互垂直时，$\tilde{\varsigma}^*(f)g(\tau_k,f)=0$ 成立。根据式（2-23），考虑天线接收信号 $\tilde{y}(f)$ 从雷达发射天线发射到探测域，其在上方子界面点 $\hbar_k$ 的聚焦信号为

$\boldsymbol{\Phi}(\tau_k,f)=\left|g(\tau_k,f)\right|^2\tilde{s}^*(f)$，这相当于放大了雷达脉冲而抑制了噪声。然后将各子界面聚焦信号$\boldsymbol{\Phi}(\tau_k,f)$的和与雷达脉冲$\tilde{s}(f)$相乘，构建虚拟反射信号$\sum_{k=1}^{K}\boldsymbol{\Phi}(\tau_k,f)\tilde{s}(f)$，并将其从各子界面点$\hbar_g(g=1,2,\cdots,K)$处再次发射至接收天线。不考虑每个子界面反射信号的相互作用，假设虚拟接收信号为其线性叠加。基于式（2-23），得到虚拟窄带接收信号$\breve{y}_1(f)$为：

$$\begin{aligned}\breve{y}_1(f)&=\sum_{g=1}^{K}g(\tau_g,f)\sum_{k=1}^{K}\tilde{y}^*(f)g(\tau_k,f)\tilde{s}(f)\\&=\sum_{g=1}^{K}g(\tau_g,f)\tilde{y}^*(f)\sum_{k=1}^{K}g(\tau_k,f)\tilde{s}(f)\\&=\tilde{y}^*(f)\tilde{y}(f)\sum_{g=1}^{K}g(\tau_g,f)\end{aligned}\tag{2-24}$$

由式（2-24）可知，构建虚拟窄带接收信号$\breve{y}_1(f)$需要已知$g(\tau_g,f)$。为了避免对$g(\tau_g,f)$的计算，对式（2-24）左右两边同乘以$\tilde{s}(f)$，该操作并不改变$\breve{y}_1(f)$的频率特性，得到增强信号$\breve{y}(f)(m=1,2,\cdots,M)$，即：

$$\begin{aligned}\breve{y}(f)&=\breve{y}_1(f)\tilde{s}(f)\\&=\tilde{y}^*(f)\tilde{y}(f)\sum_{g=1}^{K}g(\tau_g,f)\tilde{s}(f)\\&=\tilde{y}^*(f)\tilde{y}(f)\tilde{y}(f)\\&=\kappa(f)\tilde{y}(f)\end{aligned}\tag{2-25}$$

其中，$\kappa(f)=\sum_{k=1}^{K}\left|g(\tau_k,f)\right|^2\tilde{s}(f)$显然与$\hbar_k$无关。

对$\breve{y}(f)$在频率$f_l(l=1,2,\ldots,L,L>K)$的L个频率处进行均匀采样，间隔为Δf。定义增强信号向量为$\breve{\boldsymbol{y}}\in\mathbf{C}^N$，其可表示为：

$$\begin{aligned}\breve{\boldsymbol{y}}&=[\breve{y}_1,\breve{y}_2,\cdots,\breve{y}_L]^{\mathrm{T}}\\&=\tilde{\boldsymbol{B}}\breve{\boldsymbol{\beta}}+\breve{\varsigma}\\&=\sum_{k=1}^{K}\tilde{\boldsymbol{b}}(\hbar_k)\breve{\beta}_k+\breve{\varsigma}\end{aligned}\tag{2-26}$$

其中，$\breve{\boldsymbol{\beta}}=[\breve{\beta}_1,\breve{\beta}_2,\ldots,\breve{\beta}_K]^{\mathrm{T}}=\boldsymbol{\beta}\odot\boldsymbol{\kappa}$，$\breve{\varsigma}=\tilde{\varsigma}\odot\boldsymbol{\kappa}$，$\odot$代表Hadamard乘积。

综上所述，计算增强信号$\breve{\boldsymbol{y}}$仅使用了$\boldsymbol{y}$，构建方法简单，$\breve{\boldsymbol{y}}$与$\boldsymbol{y}$具有相同的频率特性。由于所提出的信号增强算法基于信号和噪声子空间的正交性，不仅在信号频域外的噪声能受到抑制，在信号频域内的噪声也能被抑制。

2.4 煤岩厚度估计算法

时间反转方法基于信号的互易性原理展开。由于波的对称性质，时间反转处理后的传感器接收信号经过反向传播和叠加会在反射界面处聚焦。由于操作简单，且复杂界面的多路径作用有效提高聚焦效果，时间反转成像方法被广泛应用于超声波、声波、电磁波等领域的无线通信、损伤识别和目标成像等。基于上述原理提出一种新型的基于电磁波反射信号的煤岩厚度估计算法。

2.4.1 基于鲁棒矩阵投影算子的煤岩厚度测量算法

2.4.1.1 时间反转法

根据式（2–20），使用增强信号［式（2–26）］替换天线接收信号［式（2–14）］，构建基于 MSSP 的协方差矩阵 $\boldsymbol{C}_{\mathrm{MSSP}} \in \mathbf{C}^{N\times N}$：

$$\boldsymbol{C}_{\mathrm{MSSP}} = \frac{1}{2M}\sum_{m=1}^{M}\left[\breve{\boldsymbol{\gamma}}_m\breve{\boldsymbol{\gamma}}_m^H + \boldsymbol{J}(\breve{\boldsymbol{\gamma}}_m\breve{\boldsymbol{\gamma}}_m^H)^*\boldsymbol{J}\right] \tag{2-27}$$

其中，$\breve{\boldsymbol{\gamma}}_m = [\breve{y}_m, \breve{y}_{m+1}, \dots, \breve{y}_{m+N-1}]^{\mathrm{T}}$。

通过对上述矩阵进行特征值分解（EVD），即：

$$\boldsymbol{C}_{\mathrm{MSSP}} = \boldsymbol{E}_S\prod\nolimits_S \boldsymbol{E}_S^H + \boldsymbol{E}_N\prod\nolimits_N \boldsymbol{E}_N^H \tag{2-28}$$

其中，$\boldsymbol{E}_S \in \mathbf{C}^{N\times K}$ 和 $\boldsymbol{E}_S \in \mathbf{C}^{N\times(N-K)}$ 分别是 $\boldsymbol{C}_{\mathrm{MSSP}}$ 的信号子空间和噪声子空间矩阵，其每列为分别对应 K 个最大特征值和 $N-K$ 个小特征值的特征向量。

传统时间反转算子（DORT）方法同样利用信号子空间和噪声子空间的正交性原理，但其根据信号子空间与天线到各子界面的时滞向量的内积在各反射点处达到极大值，构建 DORT 函数为：

$$\boldsymbol{I}_{\mathrm{DORT}}(\alpha_s) = \boldsymbol{b}^H(\alpha_s)\boldsymbol{E}_S\boldsymbol{E}_S^H\boldsymbol{b}(\alpha_s) \tag{2-29}$$

其中，$\boldsymbol{b}(\alpha_s) = \left[\tilde{s}(f_1)\mathrm{e}^{-\mathrm{j}2\pi f_1\alpha_s}, \tilde{s}(f_2)\mathrm{e}^{-\mathrm{j}2\pi f_2\alpha_s}, \cdots, \tilde{s}(f_N)\mathrm{e}^{-\mathrm{j}2\pi f_N\alpha_s}\right]^{\mathrm{T}}$，$\alpha_s$ 是搜索值。

传统多信号分类（MUSIC）方法已经被用于电磁波煤层厚度测量中，并取得了较好的效果。基于传统多信号分类方法，利用噪声子空间与信号子空间的正交性原理，噪声子空间与各子界面的时滞向量的内积在各反射点处达到极小值，从而建立 MUSIC 函数为：

$$\begin{aligned}\boldsymbol{I}_{\mathrm{MUSIC}}(\alpha_s) &= \frac{\boldsymbol{b}^H(\alpha_s)\boldsymbol{b}(\alpha_s)}{\boldsymbol{b}^H(\alpha_s)\boldsymbol{E}_N\boldsymbol{E}_N^H\boldsymbol{b}(\alpha_s)} \\ &= \frac{1}{\boldsymbol{b}^H(\alpha_s)\boldsymbol{E}_N\boldsymbol{E}_N^H\boldsymbol{b}(\alpha_s)}\end{aligned} \tag{2-30}$$

2.4.1.2 鲁棒时间反转法

在传统的子空间分解算法中，需要构建方向向量 $\boldsymbol{b}(\hbar_k)$，然而空气–煤–岩探测域的结构复杂，其特性很难被精确估计。如果无法得到精确的时滞向量，方向向量的不匹配性会导致煤层厚度估计精度大大受到影响。因此，设计一个新的时间反转算法，使其对探测域不确定性具有高度鲁棒性，对基于电磁波信号的煤层厚度估计具有十分重要的意义。

假设已知不精确的方向向量先验知识，且其不确定性属于以下球形区域：

$$\{\breve{\boldsymbol{b}}(\alpha_s) \| \|\breve{\boldsymbol{b}}(\alpha_s) - \boldsymbol{b}(\alpha_s)\|^2 \leqslant \delta\} \tag{2-31}$$

其中，$\breve{\boldsymbol{b}}(\alpha_s)$为计算所得的方向向量最优解，即实际方向向量估计值；δ为描述方向向量不确定性的给定参数，其与方向向量尺寸、速度估计误差等有关。

基于最小化误差方差的原理，构建以下二次约束问题，即：

$$\min_{\breve{\boldsymbol{b}}} \breve{\boldsymbol{b}}^H \boldsymbol{C}_{\mathrm{MSSP}}^{-1} \breve{\boldsymbol{b}}，\quad \|\breve{\boldsymbol{b}} - \boldsymbol{b}\|^2 \leqslant \delta \tag{2-32}$$

为了消除平凡解$\breve{\boldsymbol{b}} = 0$，假设$\|\boldsymbol{b}\|^2 \geqslant \delta$。由式（2-32）可知，其解在约束边界处，因此其等价于以下约束问题：

$$\min_{\breve{\boldsymbol{b}}} \breve{\boldsymbol{b}}^H C_{\mathrm{MSSP}}^{-1} \breve{\boldsymbol{b}}，\quad \breve{\boldsymbol{b}} - \boldsymbol{b}^2 = \delta \tag{2-33}$$

根据拉格朗日乘子算法，建立如下拉格朗日函数：

$$L(\breve{\boldsymbol{b}}, \lambda) = \breve{\boldsymbol{b}}^H C_{\mathrm{MSSP}}^{-1} \breve{\boldsymbol{b}} + \lambda(\breve{\boldsymbol{b}} - \boldsymbol{b}^2 - \delta) \tag{2-34}$$

其中，λ是拉格朗日乘子。

$L(\breve{\boldsymbol{b}}, \lambda)$对$\breve{\boldsymbol{b}}$求偏导可得：

$$\frac{\partial L}{\partial \breve{\boldsymbol{b}}} = 2C_{\mathrm{MSSP}}^{-1} \breve{\boldsymbol{b}} + 2\lambda(\boldsymbol{b} - \breve{\boldsymbol{b}}) = 0 \tag{2-35}$$

因此，最优解$\breve{\boldsymbol{b}}$为：

$$\begin{aligned} \breve{\boldsymbol{b}} &= \lambda\left(\lambda \boldsymbol{C}_{\mathrm{MSSP}} + \boldsymbol{I}\right)^{-1} \boldsymbol{C}_{\mathrm{MSSP}} \boldsymbol{b} \\ &= \boldsymbol{b} - \left(\lambda \boldsymbol{C}_{\mathrm{MSSP}} + \boldsymbol{I}\right)^{-1} \boldsymbol{b} \end{aligned} \tag{2-36}$$

其中，λ通过将式（2-36）代入约束$\|\breve{\boldsymbol{b}} - \boldsymbol{b}\|^2 = \delta$即可得出，即：

$$\lambda = \arg\min_{\lambda} \left| \|(\lambda \boldsymbol{C}_{\mathrm{MSSP}} + \boldsymbol{I})^{-1} \boldsymbol{b}\|^2 - \delta \right| \tag{2-37}$$

通过使用拉格朗日乘子，最优解$\breve{\boldsymbol{b}}$可以通过简单的计算得到。然而，由于其能量和实际方向向量的准确值是未知的，所以其计算存在“尺度模糊”问题。为了解决该问题，方向向量的缩放估计值定义为：

$$\hat{\boldsymbol{b}} = \frac{\boldsymbol{b}}{\|\breve{\boldsymbol{b}}\|} \|\breve{\boldsymbol{b}}\| \tag{2-38}$$

使用$\hat{\boldsymbol{b}}$和信号子空间矩阵$\boldsymbol{E}_S$，基于传统 DORT 和 MUSIC 算法，可以得到以下新型鲁棒 DORT（R-DORT）和鲁棒时间反转 MUSIC（R-TR-MUSIC）算法：

$$I_{\text{R-DORT}}(\alpha_s) = \hat{\boldsymbol{b}}^H(\alpha_s) \boldsymbol{E}_S \boldsymbol{E}_S^H \boldsymbol{b}(\alpha_s) \tag{2-39}$$

$$I_{\text{R-TR-MUSIC}}(\alpha_s) = \frac{1}{\hat{\boldsymbol{b}}^H(\alpha_s) \boldsymbol{E}_N \boldsymbol{E}_N^H \boldsymbol{b}(\alpha_s)} \tag{2-40}$$

其中，根据$I_{\text{R-DORT}}(\alpha_s)$的$K$个极大值或$I_{\text{R-TR-MUSIC}}(\alpha_s)$的$K$个极小值$\hat{\tau}_k\left(k=1,2,\cdots,K\right)$和电磁波在对应介质中的介电常数，可得到各界面位置估计值$\hat{h}_k\left(k=1,2,\cdots,K\right)$，进而估计煤层厚度$h_2$=$\hbar_2-\hbar_1$。

上述方法对方向向量的不确定性具有鲁棒性，可以用于具有不确定先验知识的探测域，能够提高估计精度和鲁棒性。

2.4.1.3 煤层厚度测量算法

为了估计煤层厚度，基于时间反转与子空间分解的方法一般需要搜索整个探测域。当搜索点数特别多时，该方法会造成巨大的计算负担，另外数据矩阵的特征值分解（EVD）与奇异值分解（SVD）也会带来一定的计算量，从而影响在实际使用中的实时性。因此，提出基于LU分解和投影矩阵算子的电磁波煤层厚度测量算法，避免了矩阵奇异值分解与奇异值分解计算和极值搜索过程，大大降低了计算复杂度和提高了精度。

提出一种基于LU分解的投影算子方法，用于提取噪声子空间。将协方差矩阵$\boldsymbol{C}_{\text{MSSP}}$分解成一个上三角矩阵和一个下三角矩阵的乘积。通过利用上三角矩阵的性质进一步抑制噪声和建模误差。所提算法比EVD/ SVD方法计算量大大减小，且不需要煤岩界面分层模型层数信息；基于MUSIC方法，估计各子界面的位置。

定义一个参数$N_r\in(-N,N)$，将方向向量矩阵$\boldsymbol{B}_q$分割成$N_r\times N$和$(M_s-N_r)\times N$分块矩阵$\boldsymbol{B}_{qu}$和$\boldsymbol{B}_{qd}$，得到$\boldsymbol{B}_q=\left[\boldsymbol{B}_{qu}^{\text{T}},\boldsymbol{B}_{qd}^{\text{T}}\right]^{\text{T}}$。因此，当不考虑噪声时，$\ell=0$，则$\boldsymbol{C}_{\text{MSSP}}$可以被表示成：

$$\boldsymbol{C}_{\text{MSSP}}=\begin{bmatrix}\boldsymbol{B}_{qu}\boldsymbol{K}_q\boldsymbol{B}_{qu}^H & \boldsymbol{B}_{qu}\boldsymbol{K}_q\boldsymbol{B}_{qd}^H\\ \boldsymbol{B}_{qd}\boldsymbol{K}_q\boldsymbol{A}_{qu}^H & \boldsymbol{B}_{qd}\boldsymbol{K}_q\boldsymbol{B}_{qd}^H\end{bmatrix}\tag{2-41}$$

通过LU分解，将$\boldsymbol{C}_{\text{MSSP}}$分解成下三角矩阵和上三角矩阵的乘积，即：

$$\begin{aligned}\boldsymbol{C}_{\text{MSSP}}&=\begin{bmatrix}\boldsymbol{L}_{11} & 0\\ \boldsymbol{L}_{21} & \boldsymbol{I}_{M_s-N_r}\end{bmatrix}\begin{bmatrix}\boldsymbol{P}_{11} & \boldsymbol{P}_{12}\\ 0 & \boldsymbol{P}_{22}\end{bmatrix}\\ &=\begin{bmatrix}\boldsymbol{L}_{11}\mathbf{P}_{11} & \boldsymbol{L}_{11}\boldsymbol{P}_{12}\\ \boldsymbol{L}_{21}\mathbf{P}_{11} & \boldsymbol{L}_{21}\boldsymbol{P}_{12}+\boldsymbol{P}_{22}\end{bmatrix}\end{aligned}\tag{2-42}$$

其中，下三角矩阵和上三角矩阵按式（2-41）进行分割。

基于传播算子方法和式（2-42），现定义一个修正传播算子$\boldsymbol{D}_1$，其满足等式：

$$\boldsymbol{B}_{qu}\boldsymbol{K}_q\boldsymbol{B}_{qu}^H\boldsymbol{D}_1=\boldsymbol{B}_{qu}\boldsymbol{K}_q\boldsymbol{B}_{qd}^H\tag{2-43}$$

由于$\boldsymbol{B}_{qu}\boldsymbol{K}_q$为列满秩矩阵，根据式（2-43）可以得到以下正交关系：

$$\begin{bmatrix}\boldsymbol{B}_{qu}^H & \boldsymbol{B}_{qd}^H\end{bmatrix}\begin{bmatrix}\boldsymbol{D}_1 & -\boldsymbol{I}_{N-N_r}\end{bmatrix}^{\text{T}}=\boldsymbol{B}_q^H\begin{bmatrix}\boldsymbol{D}_1 & -\boldsymbol{I}_{N-N_r}\end{bmatrix}^{\text{T}}=0_{N\times(M_s-N_r)}\tag{2-44}$$

因此，$\boldsymbol{C}_{\text{MSSP}}$的噪声子空间矩阵$\hat{\boldsymbol{V}}_{\text{Noise}}\in\mathbf{C}^{(M_s-N_r)\times N}$可以被定义为：

$$\hat{\boldsymbol{V}}_{\text{Noise}}=\begin{bmatrix}\boldsymbol{D}_1 & -\boldsymbol{I}_{N-N_r}\end{bmatrix}^{\text{T}} \tag{2-45}$$

根据式（2-41），式（2-43）可被重写为：

$$\boldsymbol{L}_{11}\boldsymbol{P}_{11}\boldsymbol{D}_1=\boldsymbol{L}_{11}\boldsymbol{P}_{12} \tag{2-46}$$

由于式（2-44）得到的下三角矩阵和上三角举证均为满秩矩阵，因此根据式（2-46），传播算子 $\boldsymbol{D}_1$ 可被表示为：

$$\boldsymbol{D}_1=\boldsymbol{P}_{11}^{-1}\boldsymbol{P}_{12} \tag{2-47}$$

当考虑噪声时，$\boldsymbol{D}_1$ 可通过最小化代价函数 $J(\boldsymbol{D}_1)=\left\|\boldsymbol{P}_{12}-\boldsymbol{P}_{11}\boldsymbol{D}_1\right\|^2$ 估计得到，显然其最优解为 $\boldsymbol{D}_1=\boldsymbol{P}_{11}^{-1}\boldsymbol{P}_{12}$。因此使用上三角矩阵中的 $\boldsymbol{P}_{11}$、$\boldsymbol{P}_{12}\in\mathbf{C}^{N_r\times(M_s-N_r)}$，噪声子空间矩阵 $\hat{\boldsymbol{V}}_{\text{Noise}}$ 被估计为：

$$\hat{\boldsymbol{V}}_{\text{Noise}}=\left[(\boldsymbol{P}_{11}^{-1}\boldsymbol{P}_{12})^{\text{T}}-\boldsymbol{I}_{N-N_r}\right]^{\text{T}} \tag{2-48}$$

从式（2-48）中可知，比起传统 SVD/EVD 方法，所提出的基于 LU 分解的传播算子方法估计噪声子空间无需已知子界面层数。

根据式（2-44），基于 MUSIC 方法，提出如下一种基于 LU 分解的传播算子方法（LUDP），其频谱函数为：

$$I_{\text{LUDP1}}(\alpha_s)=\left\|\tilde{\boldsymbol{b}}^H(\alpha_s)\hat{\boldsymbol{V}}_{\text{Noise}}\right\|^2 \tag{2-49}$$

通过寻找式（2-49）的 K 个极小值 $\hat{\tau}_k\left(k=1,2,\cdots,K\right)$，结合式（2-2）可得到各界面位置估计值 $\hat{\boldsymbol{h}}_k\left(k=1,2,\cdots,K\right)$，进而估计煤层厚度 $\boldsymbol{h}_2=\hbar_2-\hbar_1$。该方法无需知道子界面层数的精确值。通过 LU 分解消除干扰影响，提高噪声子空间的估计精度，从而实现鲁棒性好、精度高的煤层厚度估计算法。此外，为了提高算法运行速率，利用求根 MUSIC（Root-MUSIC）原理，将式（2-49）中的极值搜索问题转变成多项式求解问题，避免冗杂的逐点搜索问题，大大降低基于 MUSIC 的算法的计算复杂度。

由于

$$f_n=f_1+\Delta f\cdot(n-1)$$
$$n=1,2,\ldots,N$$

$$\tilde{\boldsymbol{b}}(\tau_k)=\left[\tilde{s}(f_1)\mathrm{e}^{-\mathrm{j}2\pi f_1\tau_k},\tilde{s}(\tilde{f}_2)\mathrm{e}^{-\mathrm{j}2\pi f_2\tau_k},\ldots,\tilde{s}(\tilde{f}_N)\mathrm{e}^{-\mathrm{j}2\pi f_N\tau v_k}\right]^{\text{T}}$$

可被写为：

$$\begin{aligned}\tilde{\boldsymbol{b}}(\tau_k)&=\mathrm{e}^{-\mathrm{j}2\pi f_1\tau_k}\left[\tilde{s}(f_1)\mathrm{e}^{-\mathrm{j}2\pi\Delta f\tau_k*0},\cdots,\tilde{s}(f_N)\mathrm{e}^{-\mathrm{j}2\pi\Delta f\tau_k*(N-1)}\right]^{\text{T}}\\&=\mathrm{e}^{-\mathrm{j}2\pi f_1\tau_k}\tilde{\boldsymbol{c}}(\tau_k)\end{aligned} \tag{2-50}$$

其中，

$$\tilde{\boldsymbol{c}}(\tau_k)=\boldsymbol{\varLambda}\tilde{\boldsymbol{d}}(\tau_k)=\left[\tilde{s}(f_1)e^{-\mathrm{j}2\pi\Delta f\tau_k*0},\cdots,\tilde{s}(f_N)e^{-\mathrm{j}2\pi\Delta f\tau_k*(N-1)}\right]^{\text{T}}$$

其中，

$$\boldsymbol{\Lambda}=\mathrm{diag}\left[\tilde{s}(f_1),\tilde{s}(f_2),\ldots,\tilde{s}(f_N)\right]$$

$$\tilde{\boldsymbol{d}}(\tau_k)=\left[\mathrm{e}^{-\mathrm{j}2\pi\Delta f\tau_k*0},\mathrm{e}^{-\mathrm{j}2\pi\Delta f\tau_k},\cdots,\mathrm{e}^{-\mathrm{j}2\pi\Delta f\tau_k*(N-1)}\right]^{\mathrm{T}}$$

根据式（2-26），得到：

$$\breve{\boldsymbol{y}}=\sum_{k=1}^{K}\tilde{\boldsymbol{c}}(\tau_k)\widehat{\beta}_k+\breve{\varsigma} \tag{2-51}$$

其中，$\widehat{\beta}_k=\mathrm{e}^{-\mathrm{j}2\pi f_1\tau_k}\breve{\beta}_k$。

因此，LUDP 方法的频谱函数也可表示为：

$$I_{\mathrm{LUDP}\,2}(\alpha_s)=\left\|\tilde{\boldsymbol{c}}^H(\alpha_s)\widehat{\boldsymbol{V}}_{\mathrm{Noise}}\right\|^2 \tag{2-52}$$

定义 $z=\mathrm{e}^{-\mathrm{j}2\pi\Delta f\alpha_s}$，则 $\tilde{\boldsymbol{c}}(\alpha_s)=\left[\tilde{s}(f_1)\mathrm{e}^{-\mathrm{j}2\pi\Delta f\alpha_s*0},\cdots,\tilde{s}(f_N)\mathrm{e}^{-\mathrm{j}2\pi\Delta f\alpha_s*(N-1)}\right]^{\mathrm{T}}$ 可写为：

$$\boldsymbol{\Lambda}\zeta(z)=\boldsymbol{\Lambda}[z^0,z^1,\cdots,z^{N-1}]^{\mathrm{T}}$$

根据式（2-52），现提出一种基于 LU 分解的求根传播算子（LUDRP）方法。通过求解以下 2 $(N-1)$ 阶多项式，估计煤层厚度。

$$I_{\mathrm{LUDRP}}(z)=z^{N-1}\zeta^T\left(z^{-1}\right)\boldsymbol{\Lambda}^H\widehat{\boldsymbol{V}}_{\mathrm{Noise}}\widehat{\boldsymbol{V}}_{\mathrm{Noise}}^H\boldsymbol{\Lambda}\zeta(z) \tag{2-53}$$

其中，最接近单位圆的 K 个根被记作 $z_k\left(k=1,2,\cdots,K\right)$，用于估计各子界面位置 $\hat{\hbar}_k$。

$$\hat{\hbar}_k=-\frac{v_k z_k}{4\pi\Delta f},k=1,2,\cdots,K \tag{2-54}$$

综上所述，所提 LUDRP 方法使用基于 LU 分解的矩阵投影算子法提取噪声子空间，无需知道子界面层数。通过使用 LU 分解抑制干扰，提高噪声子空间的估计精度及方法鲁棒性。通过多项式求根计算得到各子界面位置的估计值，避免了 MUSIC 方法中高计算复杂度的逐点搜索过程，大大提高计算速度，为工程应用的实时性提供了保障。

2.4.1.4 计算复杂度分析

在本节中给出所提 LUDP、LUDRP 方法的主要运算过程的计算复杂度，包括协方差矩阵构建、子空间分解、MUSIC 频谱极值搜索、多项式求根等。各计算过程的计算复杂度如下：已知 $p\times p$ 阶次协方差矩阵构建的计算复杂度为 $O(p^2q)$，其中 q 为采样点数，在本节中即为 $\boldsymbol{\chi}_m$ 的列数；当使用 QR 分解进行求根运算时，p 阶复多项式求根的计算复杂度为 $O\left(p^3\right)$；$p\times p$ 阶矩阵的 EVD 和 LU 分解的计算复杂度分别为 $O\left(p^3\right)$ 和 $O\left(p^2\right)$；对于 $p\times p$ 阶矩阵的 q 步 MUSIC 频谱搜索的计算复杂度为 $O\left(p^2q\right)$。

① 构建协方差矩阵 $\boldsymbol{C}_{\mathrm{MSSP}}$ 时，每步计算复杂度为 $O\left(N^2M\right)$。

② 估计噪声子空间 $\widehat{\boldsymbol{V}}_{\mathrm{Noise}}$ 时，每步计算复杂度为 $O\left(N^2\right)$。

③ 估计各子界面层厚度时，每步计算复杂度为 $O\left(n_d \cdot N^2\right)$ / $O\left(8N^3\right)$。

因此，LUDP 与 LUDRP 方法的主要计算复杂度为 $O\left[N^2\left(M+n_d+1\right)\right]$ 和 $O\left[N^2\left(M+8N+1\right)\right]$，其中 n_d 是 LUDP 方法中 MUSIC 频谱搜索点数。显然 n_d 远大于 N，即 $n_d \gg N$，故 LUDRP 方法的计算复杂度远远小于 LUDP 方法的。

2.4.2 电磁波煤层厚度测量迭代优化算法

由于掘进工作面工作环境复杂，掘进机进行截割工作会产生较大的噪声与干扰，使得电磁波回波信号被噪声淹没。提出的信号增强算法能有效地抑制接收信号噪声，减小噪声及干扰对煤岩界面识别的影响，提高了估计精度。然而，在实际生产中，电磁波接收信号的采样点数是有限的，这会导致协方差矩阵的估计值与实际值存在偏差；当采样点数较少时，其偏差很大，这将对煤层厚度估计的精度产生不可忽视的影响。而且，上述所提的两类方法，都需要提前估计电磁波发射信号，其估计误差也会影响煤层厚度识别精度。

为了进一步提高精度，减小协方差矩阵构建误差，提出一种基于斜投影算子的类最大似然（OPMLL）方法。通过将协方差矩阵依次投影到各信号子空间中，得到 K 个新的协方差矩阵，其只包含从单个子界面反射的接收子信号的信息，并采用迭代方法提高矩阵估计精度；基于最大似然（ML）方法，计算各子界面位置，从而估计煤层厚度。

所提 OPMLL 方法使用前文所提的 LUDP 方法、LUDRP 方法或其他方法的估计结果作为估计初始值。通过将接收信号进行向各信号子空间的斜投影，实现迭代求解协方差矩阵和迭代估计各子界面位置，只需数次迭代计算，就能大大提高估计精度。

对于 OPMLL 方法，初始估计即使存在一定误差，通过迭代运算提高精度，最终能得到较好的估计结果。由于精度要求不高，这里使用传统最大似然（ML）方法求得各信号往返时延估计初始值 $\hat{\tau}_k^{(0)}\left(k=1,2,\cdots,K\right)$，因此计算复杂度小。

根据传统 ML 方法，$\hat{\tau}_k^{(0)}\left(k=1,2,\cdots,K\right)$ 为：

$$\hat{\tau}_k^{(0)} = \arg\max_{\alpha_s}\left[\tilde{\boldsymbol{c}}^H\left(\alpha_s\right)\boldsymbol{C}_{\mathrm{MSSP}}\tilde{\boldsymbol{c}}\left(\alpha_s\right)\right] \tag{2-55}$$

定义第 i 次迭代各信号往返时延估计值为 $\hat{\tau}_k^{(i)}\left(k=1,2,\cdots,K;\ i=1,2,\cdots,I_{\max}\right)$，斜投影算子 $\boldsymbol{P}_k^{(i)}$ 设计为：

$$\boldsymbol{P}_k^{(i)} = \tilde{\boldsymbol{D}}\left(\hat{\boldsymbol{\lambda}}_k^{(i-1)}\right)\left[\tilde{\boldsymbol{D}}^H(\boldsymbol{\lambda}_k^{(i-1)})\boldsymbol{\Gamma}_k^{(i-1)}\tilde{\boldsymbol{D}}(\boldsymbol{\lambda}_k^{(i-1)})\right]^{-1}\tilde{\boldsymbol{D}}^H\left(\boldsymbol{\lambda}_k^{(i-1)}\right)\boldsymbol{\Gamma}_k^{(i-1)} \tag{2-56}$$

其中，

$$\hat{\boldsymbol{\lambda}}_k^{(i-1)} = \left[\hat{\tau}_1^{(i-1)},\ldots,\hat{\tau}_{k-1}^{(i-1)},\hat{\tau}_{k+1}^{(i-1)},\ldots,\hat{\tau}_K^{(i-1)}\right]^{\mathrm{T}}$$

$$\tilde{\boldsymbol{D}}(\hat{\boldsymbol{\lambda}}_k^{(i-1)}) = \left[\tilde{\boldsymbol{d}}(\hat{\tau}_1^{(i-1)}),\ldots,\tilde{\boldsymbol{d}}(\tau_{k-1}^{(i-1)}),\tilde{\boldsymbol{d}}(\tau_{k+1}^{(i-1)}),\ldots,\tilde{\boldsymbol{d}}(\tau_K^{(i-1)})\right]$$

$\boldsymbol{\Gamma}_{\perp}^{(i)}$ 为第 i 次迭代中，投影到第 k 层子界面反射信号的零空间的垂直投影算子，其公式为：

$$\boldsymbol{\Gamma}_{\perp}^{(i)}=\boldsymbol{I}_L-\tilde{\boldsymbol{d}}(\hat{\tau}_k^{(i-1)})\left[\tilde{\boldsymbol{d}}^H(\tau_k^{(i-1)})\tilde{\boldsymbol{d}}(\tau_k^{(i-1)})\right]^{-1}\tilde{\boldsymbol{d}}^H(\tau_k^{(i-1)}) \tag{2-57}$$

众所周知，斜投影算子 $\boldsymbol{P}_k^{(i)}$ 满足以下性质：

$$\left.\begin{aligned}&\boldsymbol{P}_k^{(i)}\tilde{\boldsymbol{D}}(\hat{\boldsymbol{\lambda}}_k^{(i-1)})=\boldsymbol{P}_k^{(i)}\\&\boldsymbol{P}_k^{(i)}\tilde{\boldsymbol{d}}(\hat{\tau}_k^{(i-1)})=0\end{aligned}\right\} \tag{2-58}$$

根据式（2-51）可得：

$$\tilde{\boldsymbol{b}}(\tau_k)=\mathrm{e}^{-\mathrm{j}2\pi f_1\tau_k}\tilde{\boldsymbol{c}}(\tau_k)=\mathrm{e}^{-\mathrm{j}2\pi f_1\tau_k}\boldsymbol{\Lambda}\tilde{\boldsymbol{d}}(\tau_k) \tag{2-59}$$

结合式（2-58）和式（2-59）可得：

$$\left.\begin{aligned}&\boldsymbol{P}_k^{(i)}\tilde{\boldsymbol{B}}(\hat{\boldsymbol{\lambda}}_k^{(i-1)})=\boldsymbol{\Lambda}\boldsymbol{P}_k^{(i)}\tilde{\boldsymbol{D}}(\hat{\tau}_k^{(i-1)})=\boldsymbol{P}_k^{(i)}\\&\boldsymbol{P}_k^{(i)}\tilde{\boldsymbol{b}}(\tau_k)=\boldsymbol{\Lambda}\boldsymbol{P}_k^{(i)}\tilde{\boldsymbol{d}}(\hat{\tau}_k^{(i-1)})=0\end{aligned}\right\} \tag{2-60}$$

其中，$\tilde{\boldsymbol{B}}(\hat{\boldsymbol{\lambda}}_k^{(i-1)})=\left[\tilde{\boldsymbol{b}}(\hat{\tau}_1^{(i-1)}),\cdots,\tilde{\boldsymbol{b}}(\tau_{k-1}^{(i-1)}),\tilde{\boldsymbol{b}}(\tau_{k+1}^{(i-1)}),\cdots,\tilde{\boldsymbol{b}}(\tau_K^{(i-1)})\right]$。

由于 $\boldsymbol{C}_{\mathrm{MSSP}}$ 包含了从各子界面反射信号的信息，忽略噪声影响时，$\boldsymbol{C}_{\mathrm{MSSP}}$ 为：

$$\begin{aligned}\boldsymbol{C}_{\mathrm{MSSP}}&=\frac{1}{2M}\sum_{m=1}^{M}\left[\breve{\boldsymbol{\gamma}}_m\breve{\boldsymbol{\gamma}}_m^H+\boldsymbol{J}(\breve{\boldsymbol{\gamma}}_m\breve{\boldsymbol{\gamma}}_m^H)^*\boldsymbol{J}\right]\\&=\frac{1}{2M}\sum_{m=1}^{M}\left\{\sum_{k=1}^{K}\tilde{\boldsymbol{b}}(\tau_k)\boldsymbol{\Gamma}_m\tilde{\boldsymbol{b}}(\tau_k)^H+\boldsymbol{J}\left[\sum_{k=1}^{K}\boldsymbol{b}(\tau_k)\boldsymbol{\Gamma}_m\tilde{\boldsymbol{b}}^H(\tau_k)\right]^*\boldsymbol{J}\right\}\\&=\frac{1}{2M}\sum_{m=1}^{M}\left\{\boldsymbol{\Lambda}\sum_{k=1}^{K}\tilde{\boldsymbol{b}}(\tau_k)\boldsymbol{\Gamma}_m\tilde{\boldsymbol{b}}(\tau_k)^H\boldsymbol{\Lambda}+\boldsymbol{J}\boldsymbol{\Lambda}\left[\sum_{k=1}^{K}\tilde{\boldsymbol{b}}(\tau_k)\boldsymbol{\Gamma}_m\tilde{\boldsymbol{b}}^H(\tau_k)\right]^*\boldsymbol{\Lambda}\boldsymbol{J}\right\}\end{aligned} \tag{2-61}$$

为了将从各子界面反射的接收信号分别提取出来，使用斜投算子 $\boldsymbol{P}_k^{(i)}$ 与 $\boldsymbol{C}_{\mathrm{MSSP}}$ 相乘，可得到新的协方差矩阵 $\boldsymbol{C}_{\mathrm{MSSP}}^{(i)}\left(i=1,2,\cdots,I_{\max}\right)$：

$$\begin{aligned}C_{\mathrm{MSSP}}^{i,k}&=\left(I_L-P_k^{(i)}\right)C_{\mathrm{MSSP}}\left(I_L-P_k^{(i)}\right)^H\\&=\frac{1}{2M}\sum_{m=1}^{M}\left\{\boldsymbol{\Lambda}\sum_{n=1}^{M}\left(I_L-P_k^{(i)}\right)\tilde{\boldsymbol{b}}(\tau_n)\boldsymbol{\Gamma}_m\left[\left(I_L-P_k^{(i)}\right)\tilde{\boldsymbol{b}}(\tau_n)\right]^H\boldsymbol{\Lambda}\right.\\&\qquad\left.+\boldsymbol{J}\boldsymbol{\Lambda}\left\{\sum_{k=1}^{M}\left(I_L-P_k^{(i)}\right)\tilde{\boldsymbol{b}}(\tau_n)\boldsymbol{\Gamma}_m\left[\left(I_L-P_k^{(i)}\right)\tilde{\boldsymbol{b}}(\tau_n)\right]^H\right\}^*\boldsymbol{\Lambda}\boldsymbol{J}\right\}\\&=\frac{1}{2M}\sum_{m=1}^{M}\left\{\boldsymbol{\Lambda}\tilde{\boldsymbol{b}}(\tau_k)\boldsymbol{\Gamma}_m\tilde{\boldsymbol{b}}^H(\tau_k)\boldsymbol{\Lambda}+\boldsymbol{J}\boldsymbol{\Lambda}\left[\tilde{\boldsymbol{b}}(\tau_k)\boldsymbol{\Gamma}_m\tilde{\boldsymbol{b}}^H(\tau_k)\right]^*\boldsymbol{\Lambda}\boldsymbol{J}\right\}\end{aligned} \tag{2-62}$$

由式（2-62）可知，$\boldsymbol{C}_{\mathrm{MSSP}}^{(i)}$ 只包含从第 $\boldsymbol{k}$ 个子界面反射的接收信号的信息。在此提出一种 OPMLL 方法，其表达式为：

$$I_{\mathrm{IOPMLL}}(\alpha_s)=\left|\tilde{d}^H(\alpha_s)C_{\mathrm{MSSP}}^{(i)}\tilde{d}(\alpha_s)\right|^2,\quad i=1,2,\ldots,I_{\max} \tag{2-63}$$

在第 $\boldsymbol{i}$ 次迭代中，通过计算上述表达式的 $\boldsymbol{K}$ 极大值，对应得到 $\hat{\tau}_k^{(i)}\left(k=1,2,\cdots,K\right)$。当

满足迭代结束条件后，结束迭代，即当满足迭代次数等于最大迭代次数 $I_{\max}$ 时，也即 $i = I_{\max}$ 时结束迭代；或当满足最后两次迭代误差差值的绝对值小于很小的正数 δ_{τ} 时结束迭代，其表达式如下：

$$\left|\hat{\tau}_k^{(i)} - \tau_k^{(i-1)}\right| < \delta_{\tau} \tag{2-64}$$

结合式（2-2）可得各界面位置估计值，进而估计煤岩厚度。

所提方法使用基于 LU 分解的矩阵投影算子方法估计噪声子空间，具有计算复杂度小、鲁棒性好的优点；使用斜投影算子将第 k 层子界面反射的子接收信号提取出来，抑制了噪声和其他子界面背向散射回波的影响；通过单独计算每个子界面位置值，提高了估计精度；使用迭代方法，仅通过进行各子界面位置数次迭代估计，就能有效解决了采样点数有限导致的协方差矩阵实际值与估计值偏差大的问题。综上所述，所提方法精度高、鲁棒性好、计算速度快。

所提 OPMLL 方法主要包括的步骤和每步计算复杂度如下所述。

① 根据 LUDRP 方法计算 z_z^0 时，每步计算复杂度为：

$$O\left[N^2\left(M+8N+1\right)\right]$$

② 计算斜投影算子 $\boldsymbol{P}_k^i$ 时，每步计算复杂度为：

$$O\left(3N^2K+2NK^2+K^3\right)$$

③ 计算第 i 步中的子协方差矩阵时，每步计算复杂度为：

$$O\left(N^2M\right)$$

④ 计算第 i 步中的 $z_k^i\left(k=1, 2, \cdots, K\right)$，估计各子界面层厚度 $\hat{\boldsymbol{h}}_k$ 时，每步计算复杂度为：

$$O\left(n_d \cdot N^2\right)$$

因此，所提出的 OPMLL 方法的主要计算复杂度为：

$$O\left[I_{\max}N^2(M+8N+1+n_d)+I_{\max}K(3N^2K+2NK^2+K^3)\right]$$

仅通过 3 ～ 5 次迭代即可得到较为精确的结果，而且虽然比起 LUDRP 方法，该方法计算复杂度更大，但迭代和斜投影操作提高了估计精度。

2.5 基于低频超宽带电磁波的煤岩界面识别仿真

为了验证所提方法的有效性和优越性，通过仿真分析对比 R-DORT、R-TR-MUSIC、LUDP、LUDRP 和 OPMLL 方法的煤层厚度估计效果。考虑将电磁波脉冲信号发射至空气-煤-岩多层界面中，$K=2$，其中空气层 $h_1=0.1\,\mathrm{m}$，岩层 $h_3=\infty$。煤层和岩层的相对介电常数分别为 $\varepsilon_2=4.4$、$\varepsilon_3=9.1$，因此在相应介质中的传播速度分别为 $v_2=1.43\times10^8\,\mathrm{m/s}$，

$v_3 = 9.94 \times 10^7$ m/s。在仿真中，$s(t)$为 Ricker 脉冲，其参数设置参照 X4M03 雷达的参数，即中心频率选择为 7.29 GHz，频率范围为 6 ～ 8.5 GHz，带宽为 1.4 GHz，采样频率为 23.328 GHz。仿真采样点数为 400。在频域范围内，频率采样数 $L = 31$。LUDP、LUDRP、OPMLL 方法中 $N_r = 5$。OPMLL 最大迭代次数为 5 次，或相邻两次迭代计算得到的 $\hat{\tau}_k\left(k = 1, 2, \cdots, K\right)$ 小于 10^{-14} 时，迭代结束。

仿真中使用时间分辨能力和厚度估计的相对均方根误差（RRMSE）评估各煤层厚度估计方法的效果。每次仿真包括 $U = 100$ 次独立的蒙特卡洛过程。煤层厚度估计的 RRMSE 定义为：

$$\text{RRMSE} = 100 \times \frac{\sqrt{\frac{1}{U}\sum_{i=1}^{U}(\hat{h}_2^i - h_2)^2}}{h_2} \tag{2-65}$$

其中，$\hat{h}_2^i$ 是第 i 次煤层厚度估计值，h_2 是天线位置上方煤层厚度实际值。

使用信噪比（SNR）表示噪声在信号中的强度，其表达式为：

$$\text{SNR} = 10\log_{10}\frac{s^2}{\sigma^2} \tag{2-66}$$

2.5.1 仿真 1

图 2-4 所示为 R-DORT、R-TR-MUSIC、LUDP 和 OPMLL 方法，在 $\text{SNR} = 20$ dB 下的伪谱图。雷达位置上方煤层厚度实际值为 $h_2 = 0.58$ cm。在图 2-4 中，两个峰值对应的横坐标分别表示前两个背向散射波的估计时间延迟，红色虚线对应实际时间延迟。如图 2-4 所示，上述各方法的时间延迟估计都较为精确。其中，LUDP 和 R-TR-MUSIC 的分辨率最高，OPMLL 的其次，R-DORT 的最差，这意味对于距离非常窄的分界面，LUDP 和 R-TR-MUSIC 的估计效果更好。

2.5.2 仿真 2

为了研究不同煤层厚度下各方法的煤层厚度估计精度，设定煤层厚度从 4 cm 等间隔变化到 20 cm，变化间隔为 0.5 cm，计算各方法的 RRMSE。图 2-5 所示为 R-DORT、R-TR-MUSIC、LUDP、LUDRP 和 OPMLL 方法在 $\text{SNR} = 20$ dB 下的煤层厚度估计精度。由图 2-5 可知，除了 LUDRP，在不同煤层厚度条件时，其他各方法都能得到较精确的估计值。因此，对于剩余煤层厚度检测，上述方法的分辨率都满足要求。对于 LUDRP 方法，虽然计算复杂度最小，但当煤层厚度较大时，其精度较低。接下来，对比其他方法的效果。当煤层厚度逐渐增加时，R-DORT、R-TR-MUSIC、LUDP 和 OPMLL 方法的 RRMSE 整体上逐渐减小，然后略微增大。而且，其中 OPMLL 的精度最高，LUDP 的次之，R-DORT 和 R-TR-MUSIC 的精度较低。虽然 OPMLL 方法计算由于具有迭代运算，其计算复杂度略高于 LUDP 方法的，但其估计精度大大增加。

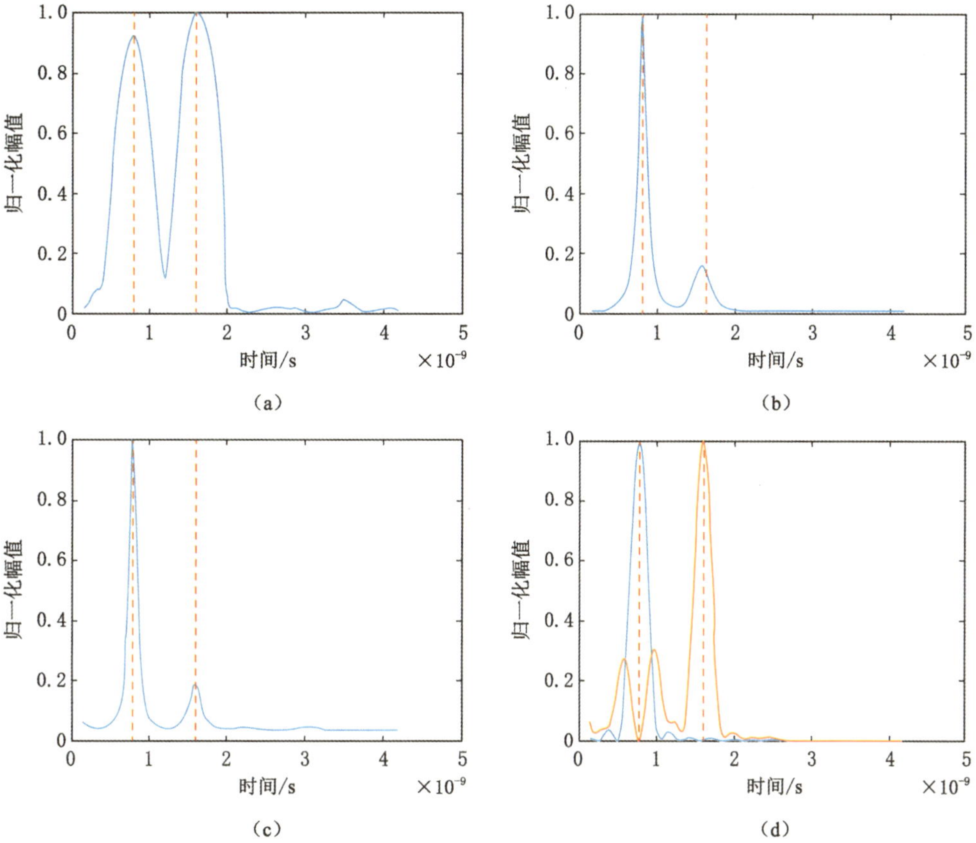

图 2-4　R-DORT、R-TR-MUSIC、LUDP、OPMLL 伪谱图

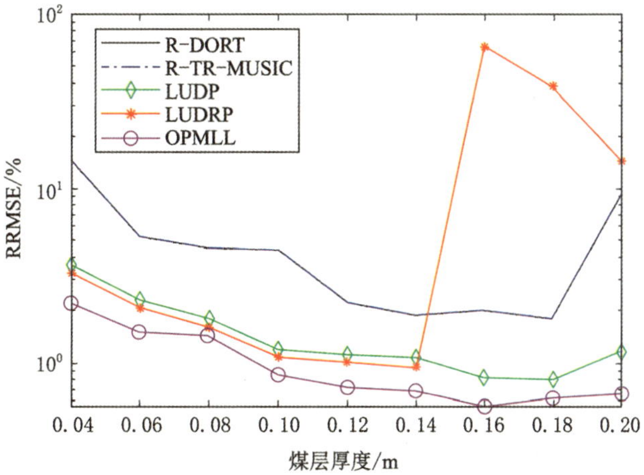

图 2-5　不同煤层厚度下 R-DORT、R-TR-MUSIC、LUDP、LUDRP、OPMLL 的 RRMSE

2.5.3 仿真 3

为了研究不同 SNR 对各方法效果的影响，设定 SNR 从 −10 dB 等间隔变化到 30 dB，间隔为 5 dB。雷达位置上方煤层厚度实际值设置为 $h_2=10\ \mathrm{cm}$。图 2-6 所示为 R-DORT、R-TR-MUSIC、LUDP、LUDRP 和 OPMLL 方法在不同 SNR 下的 RRMSE 值。整体上，OPMLL 方法在不同 SNR 下煤层厚度估计精度最高，其噪声鲁棒性也最好。

综上所述，实际使用时，应根据实时性和精度要求，选择合适的方法。其中，LUDRP 方法计算复杂度最小，实时性最好，精度较高；OPMLL 方法计算复杂度大，但是由于仅经过数次迭代即可得到最优值，满足一般应用实时性要求，精度最高。对于煤岩界面识别问题，使用雷达传感器检测上一刀煤层厚度，其对实时性要求并不高，OPMLL 方法由于具有优秀的综合性能，最适合该情况下使用。

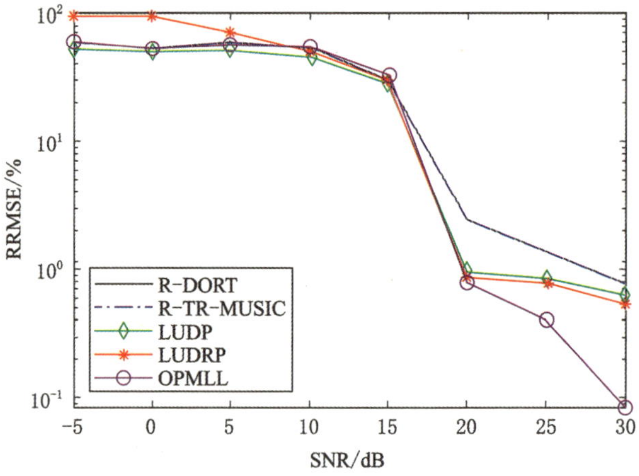

图 2-6 不同 SNR 下 R-DORT、R-TR-MUSIC、LUDP、LUDRP、OPMLL 的 RRMSE

2.6 基于低频超宽带电磁波煤岩界面识别试验

2.6.1 硬件及软件

（1）雷达传感器

由于空气、煤、岩介电常数差异大，电磁波在空气-煤，煤-岩分界面会发生明显反射。雷达探测煤岩界面的原理就是通过对电磁波接收信号的处理，计算从发射天线发射开始，在空气-煤、煤-岩分界点处反射的电磁波被接收天线接收时的时间延迟，根据电磁波在空气、煤中的传播速度估计煤岩界面点与雷达的距离。

为了实现煤岩界面的识别，雷达发射信号应具有穿透煤层的能力，且纵向分辨率满足最小煤层厚度测量要求。电磁波中心频率越高，最小分辨率越小，即所能识别的煤层厚度越薄；中心频率越低，在介质中的耗损越少。而且，众所周知，电磁波频带越宽，电磁波穿透能力越强。因此，应选用 IR-UWB 雷达，且电磁波的中心频率选择应综合考虑最小分辨率和煤层穿透能力要求。雷达传感器选用挪威诺为达公司生产的 X4M03 IR-UWB 雷达传感器。试验中的参数配置如表 2-1 所示。X4M03 的电磁波波长为 $\lambda = c / f_c = 0.041\,\text{m}$。

表 2-1　X4M03 雷达传感器参数

型　号	中心频率 / GHz	带宽 / GHz	采样频率 / GHz	帧率 / FPS
X4M03	7.29	1.4	23.328	17

为了精确地识别剩余煤层厚度，最小探测深度给定为 $\underline{\gamma} = 0.01\,\text{m}$。煤的相对介电常数取 $\varepsilon_r = 2.3$。通过计算得到中心频率的取值范围为：

$$f_c > \frac{75}{\underline{\gamma}\sqrt{\varepsilon_r}} = 4.95\,(\text{GHz}) \tag{2-67}$$

$$f_c < \frac{1200\sqrt{\varepsilon_r - 1}}{\underline{r}} = 136.82\,(\text{GHz}) \tag{2-68}$$

为了满足较强的煤层穿透能力要求，显然电磁波中心频率不能过高。同时，雷达最大探测深度为：

$$r_{\max} = \left[\frac{SP_t E_t E_r G_t G_s G_r \lambda^2}{(4\pi)^3 P_{r\min}}\right]^{\frac{1}{4}} \mathrm{e}^{-\frac{\delta r_{\max}}{2}} \tag{2-69}$$

因此，该雷达具有较强的煤层穿透能力和较小纵向分辨率，能很好地应用于实际生产中的煤岩界面识别。

X4M03 雷达传感器由 X4A02 天线模块、X4SIP02 数据获取模块和 XTMCU02 主要控制模块三部分组成。X4A02 模块用于发射和接收电磁波信号；X4SIP02 模块用于收集采样数据；XTMCU02 模块用于保存从 X4SIP02 模块中传输的采样数据并执行特定的数据处理算法。本试验中，数据通过 USB 接口传输到计算机，进行后续处理，实现煤岩界面识别。X4M03 与计算机通信和信号处理使用 Matlab 编写。X4M03 实时系统进行实时煤岩界面识别试验的数据流程如图 2-7 所示。

图 2-7　X4M03 实时系统数据流程

（2）控制器与软件

控制器硬件采用合肥中科深谷科技发展有限公司开发的 cSPACE 控制平台，与电液比例阀通信，并接收编码器和拉线传感器信号。基于 Matlab real-time workshop 软件编写控制算法程序，控制电液比例阀阀芯的位移。cSPACE 软硬件控制系统示意图如图 2-8 所示。

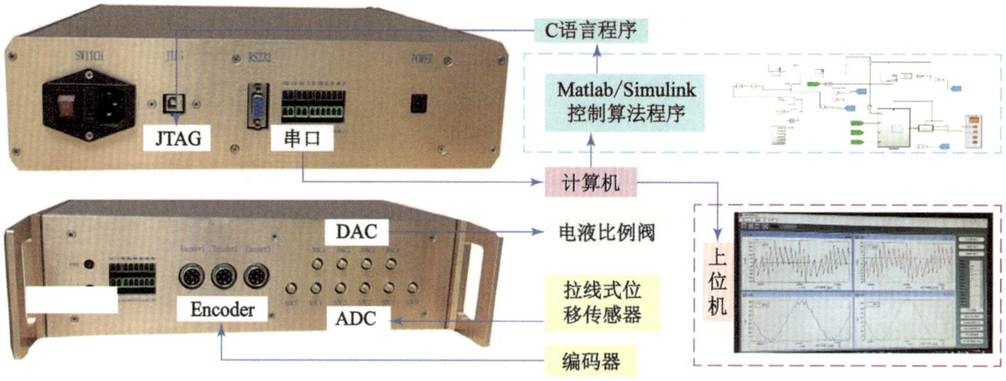

图 2-8　cSPACE 软硬件控制系统示意图

2.6.2　电磁波信号测定试验

根据电磁波在煤岩介质中的传播受到煤岩介质电导率和相对介电常数的影响，相对介电常数影响最为显著。为了实现煤层厚度的估计，煤的相对介电常数需已知，且为了更好地模拟实际生产中基于电磁波信号的煤岩界面识别，试验研究中的模拟煤层的相对介电应符合煤层的实际情况。

① 使用雷达传感器检测金属板的背向散射信号，用于估计电磁波发射信号。单帧原始接收信号示例如图 2-9（a）所示。基于改进奇异值分解的方法，杂波抑制方法中的阈值常数 $\gamma_{\psi}=0.8$，信号帧数设置为 $N_F=150$。对原始接收信号进行杂波抑制。杂波抑制处理后的单帧信号示例如图 2-9（b）所示。② 检测得到穿过空气-煤-岩介质地弹反射的电磁波接收信号。单帧原始接收信号如图 2-10（a）所示。对其进行上述相同操作，得到杂波抑制处理后的单帧信号如图 2-10（b）所示。

杂波抑制处理后，分别求得所有金属板背向散射的电磁波接收信号、空气-煤-岩介质地弹反射的电磁波接收信号的平均绝对值信号，如图 2-11（a）和（b）所示。

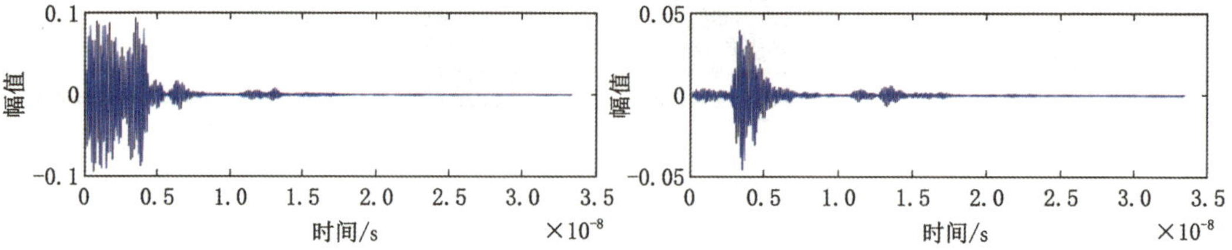

（a）电磁波原始接收信号　（b）杂波抑制后的电磁波接收信号

图 2-9　金属板背向散射的电磁波接收信号

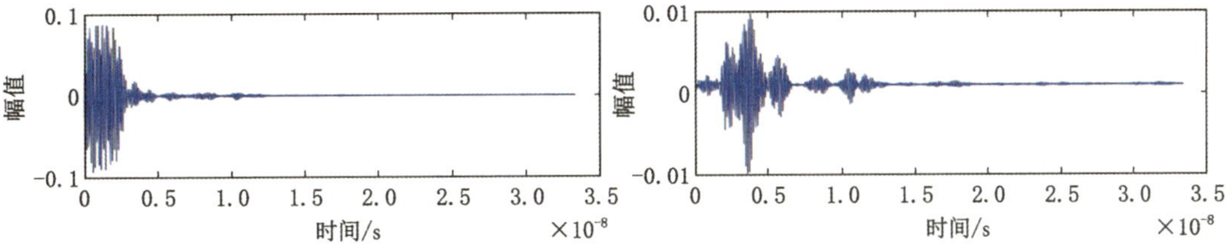

（a）电磁波原始接收信号　　（b）杂波抑制后的电磁波接收信号

图 2-10　空气 - 煤 - 岩介质地弹反射的电磁波接收信号

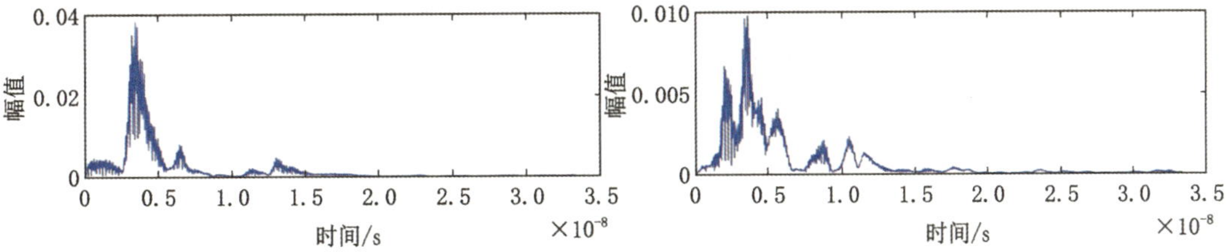

（a）金属板背向散射电磁波接收信号　　（b）空气-煤-岩介质地弹反射电磁波接收信号

图 2-11　电磁波接收信号的平均绝对值

因此，根据式（2-4），模拟煤层的相对介电常数估计值计算如下：

$$\hat{\varepsilon}_k=\left(\frac{1+\beta_0/\beta_{mp}}{1-\beta_0/\beta_{mp}}\right)^2=\left(\frac{1+0.0129/0.0429}{1-0.0129/0.0429}\right)^2=3.447 \tag{2-70}$$

由表 2-1 可知，模拟煤层的相对介电常数符合煤的实际情况。

2.6.3　煤岩界面识别试验

煤岩界面试验数据是通过测量煤岩试件的煤岩界面得到的。模拟煤岩试件的煤岩界面识别坐标系和煤岩界面情况见图 2-12 和图 2-13。如图 2-14 所示，试验中 X4M03 雷达天线顶部距离煤壁底部的高度固定为 0.25 m。等间隔 0.06 m 实时测量该位置点上方煤层厚度。每组信号帧数为 300。基于所提的 OPMLL 方法，实时测量空气层和煤层厚度，从而实时进行煤岩界面高度估计。配制煤岩试件时测得。各测量点位置的煤层实际高度分别为 0.670 m、0.664 m、0.660 m、0.625 m、0.620 m、0.630 m、0.632 m、0.635 m、0.640 m、0.638 m、0.655 m，因此，各煤层测量点① ～ ⑪位置距离天线顶部的距离为煤-岩分界点高度 $\hbar_2$，且其分别为 0.420 m、0.412 m、0.410 m、0.375 m、0.370 m、0.380 m、0.382 m、0.385 m、0.390 m、0.388 m、0.405 m。另外，模拟煤岩材料底板上表面到空气-煤层分界位置的距离 h_1 分别为 0.540 m 、0.529 m 、0.513 m、0.493 m、0.481 m、0.479 m、0.486 m、0.495 m、0.501 m、0.510 m、0.520 m。将各测量点雷达天线顶部到空气-煤分界点相对高度为空气层厚度 $\hat{h}_1$，且其分别为 0.290 m 、0.279 m 、0.263 m、0.243 m、0.231 m、0.229 m、0.236 m、0.245 m、0.251 m、0.260 m、0.270 m。

基于 OPMLL 方法对① ～ ⑪位置的煤层相对高度进行估计，其频谱图如图 2-15 所示。其中，第一个波峰和第二个波峰对应的时间分别到空气-煤分界位置和煤-岩分界位置的信号往返时延估计。分别定义煤-岩分界点高度测量误差和空气层厚度测量误差为 $\hat{e}_{h1} = h_1 - \hat{h}_1$、$\hat{e}_{\hbar 2} = \hbar_2 - \hat{\hbar}_2$。

图 2-12　煤岩界面识别坐标系

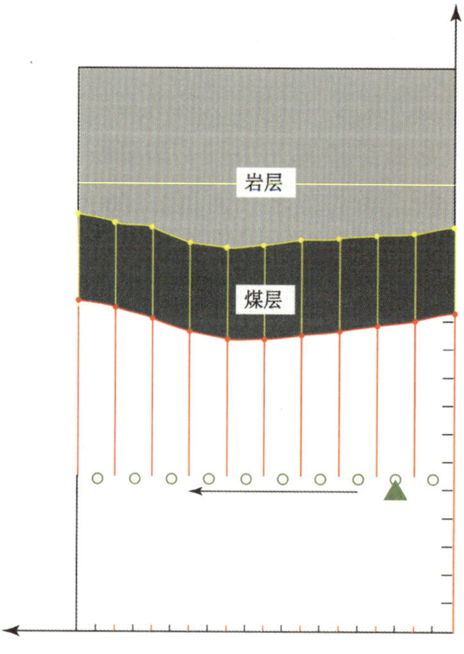

图 2-13　煤岩界面情况

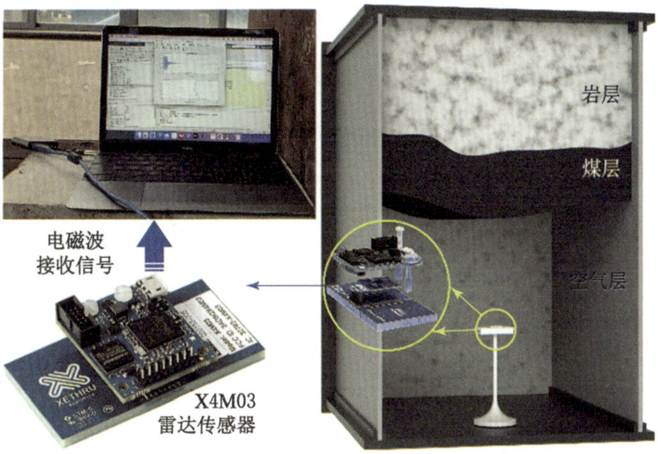

图 2-14 X4M03 雷达测量煤岩界面图

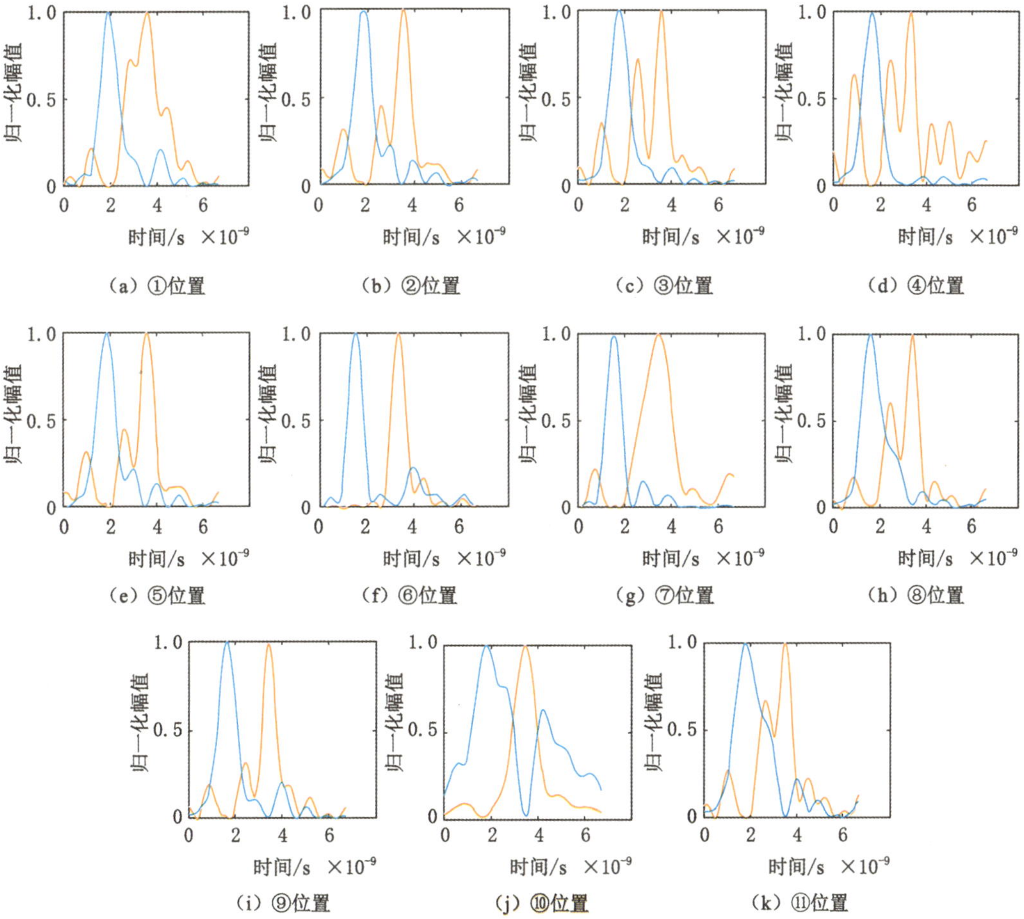

图 2-15 基于 OPMLL 方法的① ～ ⑪位置伪谱图

表 2-2 所示为煤层测量点① ～ ⑪位置对应的 $\hat{\tau}_1$、$\hat{\tau}_2$、$\hat{h}_1$、$\hat{h}_2$、$\hat{e}_{h1}$、$\hat{e}_{h2}$ 值。据此可得煤-岩分界点高度和空气层厚度测量的均方根误差分别为 0.003 m 和 0.002 m。因此，基于 OPMLL 方法可以成功实现对煤岩界面位置的估计。

表 2-2　基于 OMPLL 方法的估计结果

位　置	$\hat{\tau}_1$ /ns	$\hat{\tau}_2$ /ns	$\hat{h}_1$ /m	$\hat{h}_2$ /m	$\hat{e}_{h1}$ /m	$\hat{e}_{h2}$ /m
①	1.933	3.580	0.290	0.423	0	−0.003
②	1.840	3.547	0.276	0.414	0.003	−0.002
③	1.760	3.533	0.264	0.407	−0.001	0.003
④	1.633	3.293	0.245	0.379	−0.002	−0.004
⑤	1.540	3.307	0.231	0.374	0	−0.004
⑥	1.533	3.360	0.230	0.378	−0.001	0.002
⑦	1.553	3.460	0.233	0.387	0.003	−0.005
⑧	1.620	3.413	0.243	0.388	0.002	−0.003
⑨	1.667	3.407	0.250	0.391	0.001	−0.001
⑩	1.733	3.380	0.260	0.393	0	−0.005
⑪	1.807	3.480	0.271	0.406	−0.001	−0.001

为了实现掘进机智能截割试验，以底板上表面为水平基准，把竖直向上方向定义为 Z 轴正向；以拉线传感器线长度减小的方向为截割部正运动方向，并把其定义为 Y 轴正向。根据表 2-2，掘进机智能截割试验坐标系下的煤岩界面估计高度为 0.846 m、0.837 m、0.830 m、0.802 m、0.797 m、0.801 m、0.810 m、0.811 m、0.814 m、0.816 m、0.829 m，误差分别为 −0.003 m、−0.002 m、0.003 m 、−0.004 m、−0.004 m、0.002 m、−0.005 m、−0.003 m、−0.001 m、−0.005 m、−0.001 m，平均绝对值误差为 0.003 m。

2.7 煤岩钻探方法与深孔定向钻进技术

2.7.1 煤岩钻孔探测方法

依据《煤矿安全规程》规定，煤矿巷道掘进前，应当掌握掘进工作面前方地质构造、煤层及其顶底板岩性、煤（岩）与瓦斯 / 二氧化碳突危险区、受水威胁区等地质情况。

井下坑道钻探技术是实现巷道掘进超前探测的最直观和最重要的途径。

如图 2-16 所示，巷道掘进前要探明巷道左右两帮以外各 15 m 范围内的地质情况。

在迎头方向，超前钻探距离根据瓦斯压力、水压、煤岩特征等综合特征进行确定。一般情况下超前距不低于 20 m。在剖面上，需要探明顶底板隐伏构造，防止掘进过程中构造导通瓦斯聚集区、富水区等异常区域。

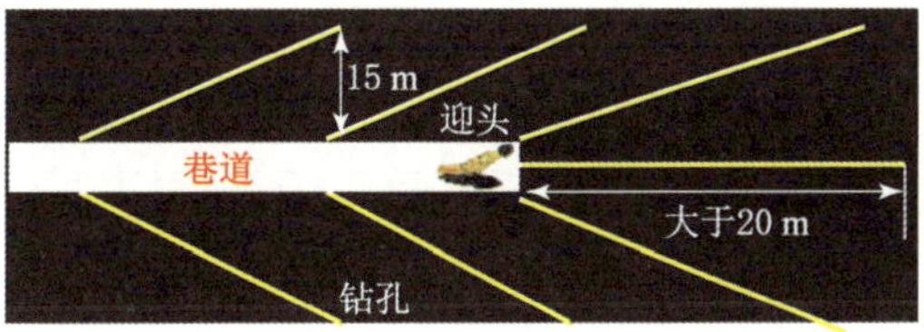

图 2-16　煤岩掘进超前钻探示意图

对于中硬～硬煤层以及稳定的岩层，可以施工定向长钻孔（如图 2-17 所示）进行超前探测，利用定向钻进装备在巷道走向方向上一次性施工 500 m 甚至更深的钻孔，实现长探长掘，能够极大提高施工进度和提升经济效益。但是对于碎软煤层，水力冲刷作用会导致孔壁坍塌，难以在煤层中长距离成孔。可以尝试从煤层顶底板稳定岩层中施工长距离定向钻孔主孔，然后向煤层中施工分支孔进行消突和瓦斯抽采，即分别进行煤层顶板梳状钻孔和煤层底板梳状钻孔。但是受钻具造斜率以及分支孔工艺限制，难以将分支孔间距控制在抽采半径允许的范围之内。因此上述钻孔仅限于用来局部预消突，后续仍要采用普钻加密钻孔进行探查。

目前巷道掘进超前钻探有两种方法：一种是普通回转钻进，另一种是定向钻进。普通回转钻进方法工作原理为：坑道钻机动力头夹紧钻杆带动钻杆回转，钻杆的转动为钻头切削孔底煤岩提供转矩；钻机的进给系统带动动力头向孔内推进钻杆，进而将轴向给进力传递给钻头压入孔底煤岩。定向钻进方法工作原理为：孔底钻头破岩转矩来自孔底动力马达，动力马达依靠高压水驱动，高压水由高压水泵通过钻杆进入动力马达；在定向钻进过程中，整体钻具不旋转，旋转部位为孔底动力钻具的传动轴总成和钻头，通过控制动力马达的弯头朝向来调整钻孔轨迹；动力马达后接随钻测量装置，随钻测量装置采集孔内几何参数或者地质参数，通过线缆、泥浆脉冲、电磁波传递至孔外防爆电脑，对钻孔轨迹进行实时监测和调整。巷道长距离快速超前钻探存在两个关键要素：一个是实现长距离钻进，另一个是实现快速高效钻进。

图 2-17　定向长钻孔示意图

2.7.2　长距离快速超前钻探关键技术

为了解决上述所提技术存在的问题，通过调研围绕相关问题开展的相关研究成果，并针对现有技术的不足，提出并研究了新型长距离快速超前钻探工艺及配套机具，总结形成了如图 2-18 所示的巷道掘进长距离快速超前钻探工艺策略。

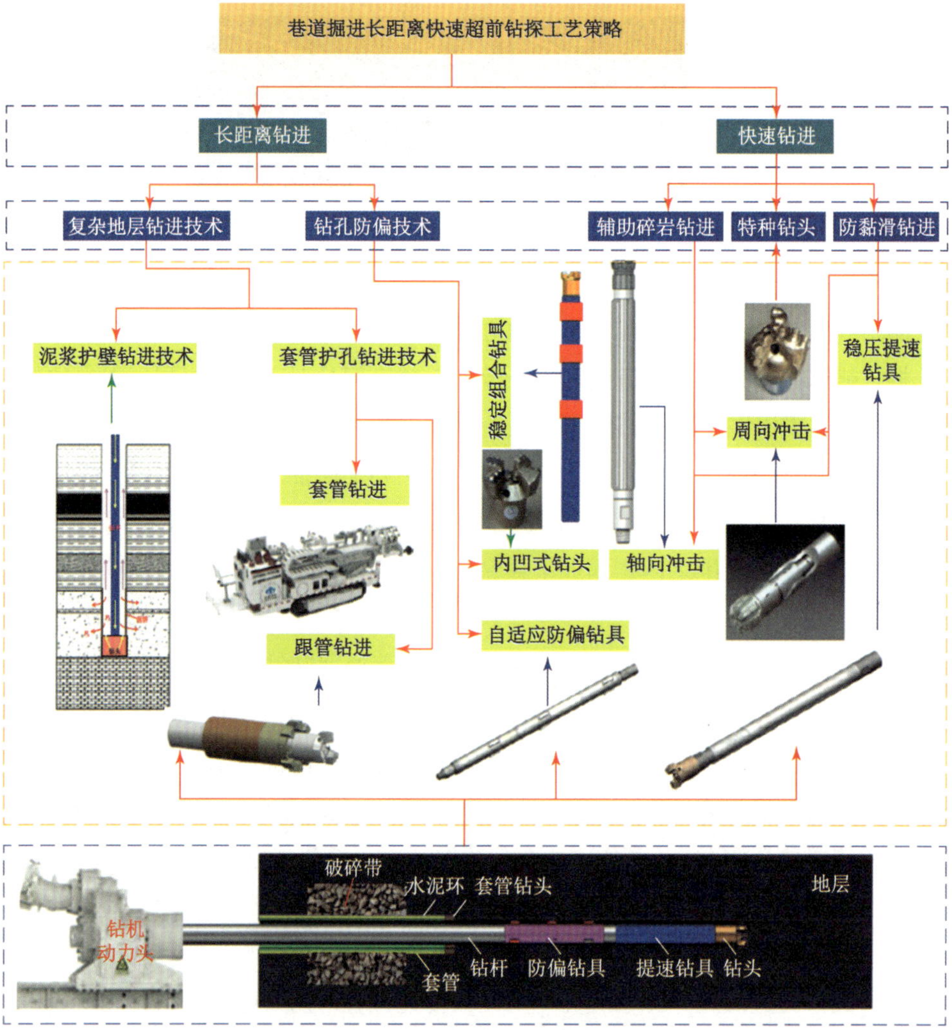

图 2-18　巷道长距离快速超前钻探工艺策略

2.7.2.1　复杂地层套管护孔钻进技术

钻进碎软煤层、破碎带、水敏性地层等不稳定地层时，钻孔孔壁坍塌造成卡钻、埋钻，使得钻孔不能继续施工。地面钻井主要通过泥浆护壁来解决该问题。泥浆护壁作用产生的条件为钻井液静液柱压力与地层空隙压力存在压力差，从而使泥浆失水产生泥饼以保护孔壁。但是在煤矿井下近水平钻进中，孔内无法形成液柱压力，限制了泥浆护壁技术的应用。因此，目前在煤矿井下巷道超前钻探过程中针对钻孔坍塌难以继续钻进的问题，可以使用套管护壁技术来解决。鉴于破碎地层钻进后难以二次下放套管的难点，技术聚焦点为随钻跟管钻进（即施工钻孔的过程）中，套管随着钻杆不断进行下放，从而起到保护钻孔孔壁和延长钻孔深度的作用。

为了减少设备投入并降低管材成本，提出孔底驱动随钻跟管钻进技术。钻具包括反丝套管、传扭壳体、套管钻头、钻杆、传扭轴、先导钻头（如图 2-19 所示）。施工时，钻杆带动传扭轴和先导钻头破岩，传扭转通过传扭键带动传扭壳体的 L 形槽旋转，进而带动套管钻头钻进。

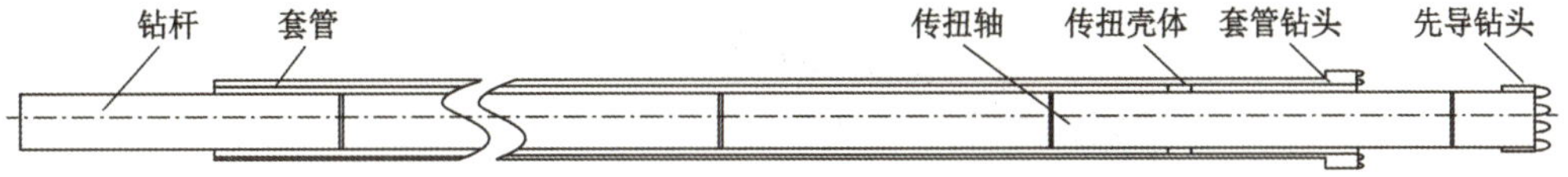

（a）孔底驱动跟管钻进成套钻具组合示意图

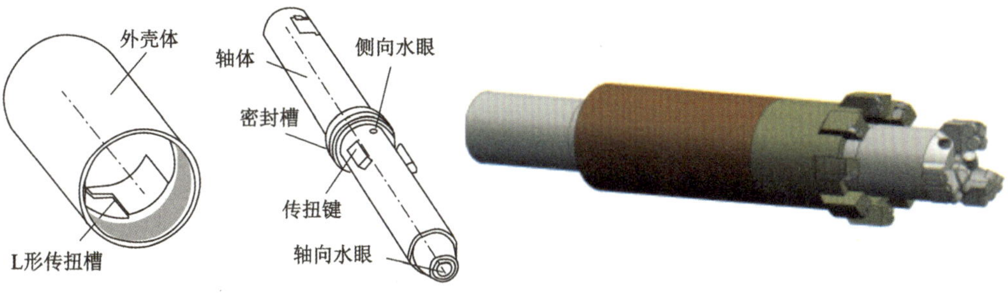

（b）传扭壳体示意图　（b）传扭轴示意图　（b）孔底钻具组合三维图

图 2-19　孔底驱动随钻跟管钻进机具示意图

2.7.2.2　钻孔防偏斜技术

在回转钻进过程中，钻具组合、钻进参数、煤岩变化等因素导致钻孔不能按照直线进行钻进，造成钻孔轨迹的偏斜，进而导致超前钻探位置不精准。

为了实现倾角和方位角的双重有效控制，研发自适应伸缩防偏钻具。该钻具主要结构和技术原理如图 2-20 所示。该钻具由不旋转壳体、芯轴、支撑总成、自适应伸缩机构、推力轴承组、润滑系统等组成。在钻进过程中，不旋转壳体在 3 组支撑总成作用下不旋转，起到导正旋转轴的作用。芯轴前后两端分别通过接头与钻头和钻杆连接。在钻进过程中，芯轴与钻头和钻杆一起旋转，传递扭矩和给进力。如图 2-21 所示，自适应伸缩机构包括支撑块、带斜面槽的活塞和弹簧组成。支撑块伸缩运动从而实现与孔径以及孔壁几何形状的耦合稳定接触。推力轴承组控制壳体前进和后退。三组支撑伸出量相同，有效克服了钻具重力影响。该钻具实现了旋转轴强制性居中，钻头的偏斜力得到有效抑制，从而达到保直效果。

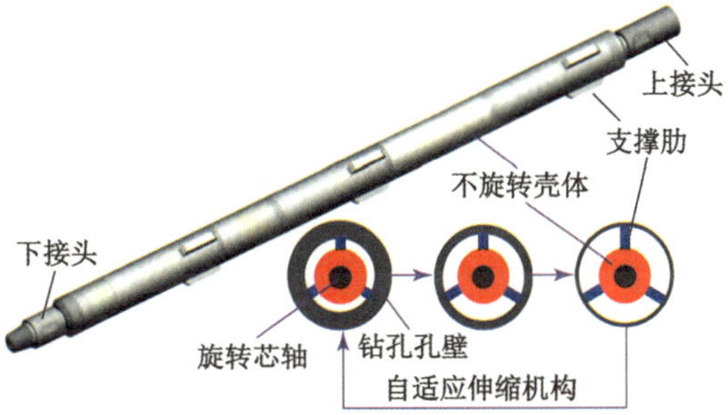

图 2-20　自适应伸缩防偏钻具结构示意图

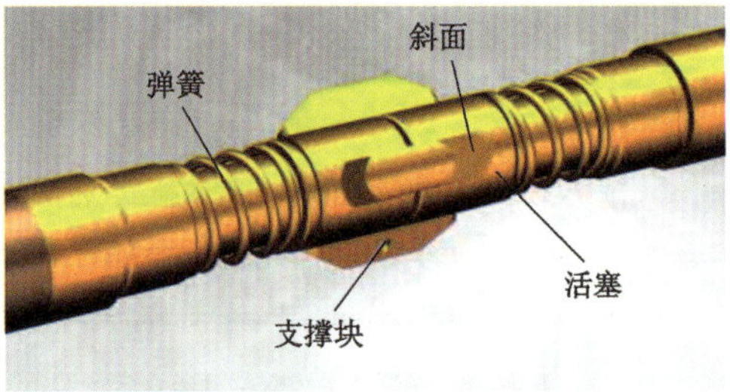

图 2-21　自适应伸缩机构

在内蒙古自治区某矿进行了切眼贯通现场试验。钻具组合为“直径 63.5 mm 水便 + 直径 63.5 mm 外平钻杆 + 直径 65 mm 防偏钻具 + 直径 91 mm 三翼内凹钻头”。

深孔钻探试验钻孔轨迹如图 2-22 和图 2-23 所示。设计钻孔倾角 5°。一共施工两个钻孔进行对比。未安装自适应防偏钻具的钻孔钻进至孔深 204 m 时倾角由开孔时的 5° 降低至终孔时的 -3.16°，与设计相比上下位移偏差 14.51 m；安装自适应防偏钻具后，钻孔钻进至孔深 204 m 时倾角由开孔时的 5° 降低至终孔时的 2.69°，上下位移偏差仅为 4.1 m，左右位移偏差为 3.9 m，极大程度上降低了超前探钻孔的偏斜量。

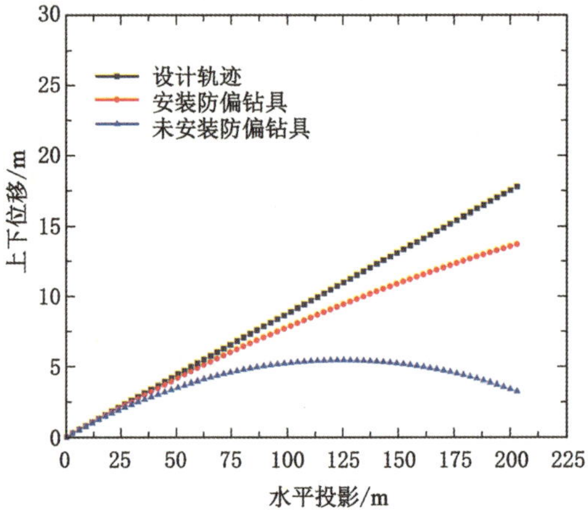

图 2-22　试验钻孔轨迹剖面图

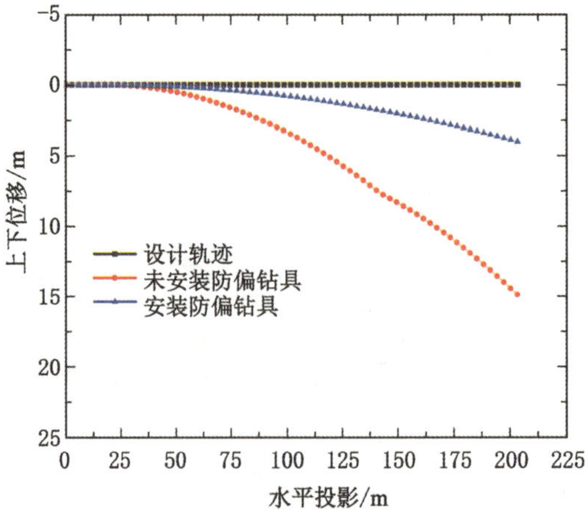

图 2-23　试验钻孔轨迹平面图

2.7.2.3　硬岩高效钻进技术

当煤系地层钻进时，遇到的硬岩会引起钻具的剧烈黏滑振动，导致钻进效率急剧下降、钻头快速磨损和崩齿。为了解决黏滑振动问题，研制稳压提速钻具。稳压提速钻具是针对巷道超前钻探中钻遇软硬复合地层、强研磨性地层、打滑地层而开发的新型提速降载减摩钻具，如图 2-24 所示。该钻具由上接头、蓄能组件、壳体、压扭转换机构、下接头等组成。该钻具可用于煤矿井下穿层钻孔、高位钻孔等岩层钻孔施工，具有稳定钻进扭矩、防止 PDC 钻头黏滑和冲击、提高钻进效率、减少钻头磨损的作用。当出现黏滑效应导致钻头失速时，稳压钻具会与钻头之间产生转速差，转速差通过压扭转换机构转化使下接头和钻头产生轴向收缩，降低钻压和钻头切削扭矩，并将多余能量储存在蓄能组件内；当钻头扭矩下降到一定范围内，蓄能组件储存的能量再通过压扭转换机构补偿给钻头，从而使钻头切削扭矩维持在一个定值附近并且避免失速，能够提高钻进效率和减少钻头磨损。对于该钻具，以人工调节并设定启动工作扭矩。

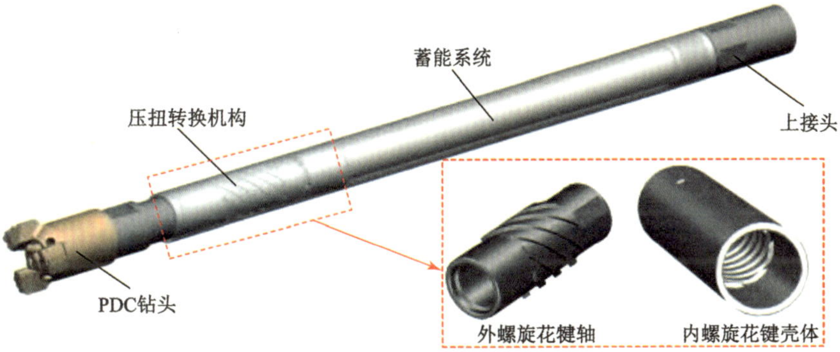

图 2-24　稳压提速钻具结构示意图

对钻具进行现场试验研究，在 f 系数为 12 左右的石灰岩中进行 4 个钻孔试验。钻具组合为“直径 73 mm 水便 + 直径 73 mm 宽叶片螺旋钻杆 + 直径 75 mm 稳压提速钻具 + 直径 94 mm 三翼内凹钻头”。4 个钻孔分别从煤层中开孔向巷道底板进行水害探查，穿过 L9 灰和 L8 灰。因 L9 灰分布不均匀、厚度小，因此选取了 L8 灰岩段的回转压力进行分析。其中 $1^{\#}$ 孔和 $2^{\#}$ 孔开孔角度为 −30°，$3^{\#}$ 和 $4^{\#}$ 钻孔开孔角度 −45°，四个钻孔位于河南省某矿同一个钻场内。

如图 2-25 和图 2-26 所示，$1^{\#}$ 钻孔和 $3^{\#}$ 钻孔未安装稳压提速钻具，$2^{\#}$ 和 $4^{\#}$ 钻孔安装稳压提速钻具。$1^{\#}$ 钻孔回转压力在 3 ～ 6.7 MPa 之间剧烈波动，回转压力波动变化量较大，而安装稳压提速钻具后的 $2^{\#}$ 孔的回转压力波动值在 4.5 ～ 5.5 MPa 之间，回转压力波动较小。经统计，该硬岩孔段的综合钻速，$2^{\#}$ 钻孔是 $1^{\#}$ 钻孔的 1.5 倍。对于 $3^{\#}$ 和 $4^{\#}$ 钻孔，$3^{\#}$ 钻孔回转压力在 3.5 ～ 7 MPa 之间剧烈波动，回转压力波动变化量较大，而安装稳压提速钻具后的 $4^{\#}$ 钻孔的回转压力波动值在 4.5 ～ 5.8 MPa 之间，回转压力波动较小。经统计，该硬岩孔段的综合钻速，4# 钻孔是 3# 钻孔的 1.7 倍。经过验证，稳压提速钻具在巷道超前钻探遇坚硬岩层时能够有效降低黏滑振动剧烈程度、稳定钻进参数以及提高钻进效率。

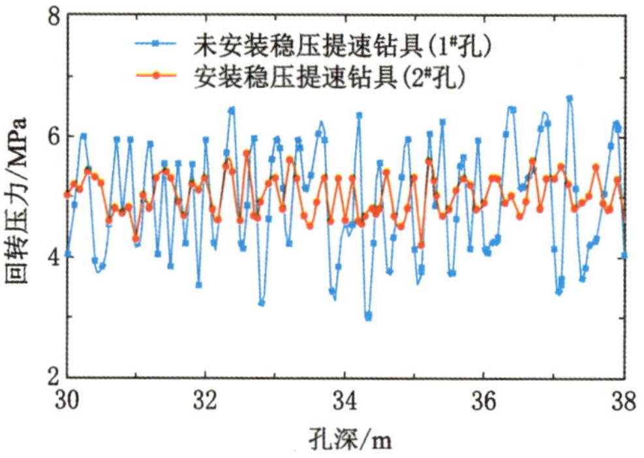

图 2-25　1# 和 2# 钻孔回转压力曲线

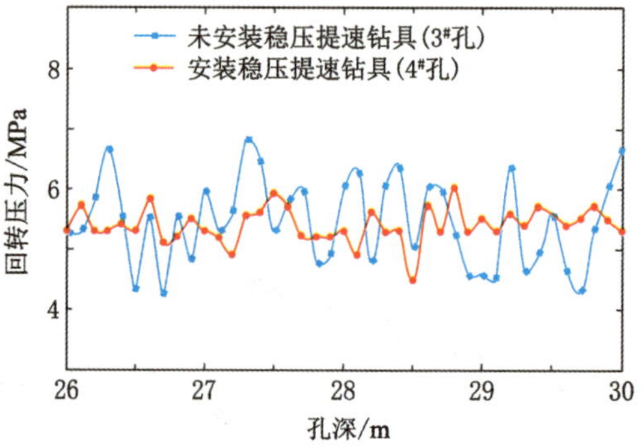

图 2-26　3# 和 4# 钻孔回转压力曲线

2.7.3　深孔定向钻进技术

我国煤矿井下近水平定向钻孔在采用螺杆马达滑动定向钻进过程中，受钻孔弯曲影响，孔内钻具在受压状态下产生弯曲变形，进而与孔壁产生接触力，最终产生接触摩阻。当孔深达到一定程度后，钻具弯曲引起的累积摩阻问题突出，使钻压不能有效传递至孔底，产生托压，导致滑动定向钻进效率严重降低。将通过理论分析、数值模拟与现场试验相结合的研究方法，围绕深孔定向钻进钻压传递规律、近水平孔振动减阻特性、水力振荡器和水力辅助加压器研制与试验等开展具体研究，进而为实现煤矿井下深孔定向钻进提供条件。

2.7.3.1　深孔定向钻进钻压传递规律

按照目前井下定向钻进用直径 89 mm 通缆钻杆建立钻杆模型。孔口部分包括扶正器和推块。扶正器与钻杆黏结，推块用来推送扶正器。扶正器和推块均使用刚体模型。钻杆材料为弹性体且忽略接头和孔底钻具的影响，其力学参数根据真实钻杆材料性能参数选取。孔底部分为直径 120 mm 钻头，钻头为刚体模型。钻孔为直径 122 mm 刚性体。摩擦系数按照钢材与砂岩摩擦系数选取。钻具及孔壁网格使用六面体扫描网格，其他部位采用正六面体网格扫描划分。钻孔孔壁为固定端刚体约束，外力作用下不变形且无位移产生；钻具初始位置与钻孔同轴，施加重力约束，与扶正器和钻头黏结，三者受力后不脱开，钻具与孔壁约束方式为自动接触；钻头与孔底约束方式为自动接触，孔底为固定端约束；推块开始时与扶正器有一定间隙，给推块施加速度约束，施加速度值为 0.075 m/s。定义输出值类型为接触力输出，推块与扶正器之间接触力大小为孔口给进力大小，钻头与孔底接触力大小为孔底钻压大小。定向钻具摩阻与孔口给进力关系曲线如图 2-27 所示。

由图 2-27 可知，对于 400 m 钻具，在直孔中，摩阻开始随孔口给进力的增大而增大，摩阻值达到 20 kN 后摩阻值趋于稳定，直孔钻具变形主要在孔口和孔底部位，中间钻具平躺在钻孔底部；对于曲率半径 200 m 和 300 m 的钻孔孔内钻具，摩阻变化趋势大体相同，但是曲率半径 100 m 的钻具摩阻随孔口给进力增大趋势明显大于其他曲率半径钻具的。综上可以得出：① 钻孔曲率半径是引起钻具托压的根本原因，钻孔孔深是引起明显托压效应的直接原因。② 钻孔曲率半径越小托压效应越明显。③ 对于定向钻孔，钻孔曲率半径以及钻孔深度一定时钻具摩阻随孔口给进力的增加而增大。对于直孔，钻孔孔深一定时，钻具摩阻随孔口给进力的增加先逐步增大后趋于稳定。

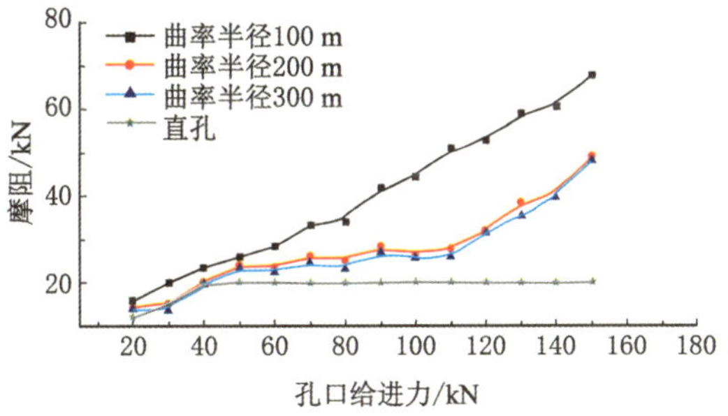

图 2-27　定向钻具摩阻与孔口给进力关系

曲率半径 100 m 时孔底钻压与孔口压力关系曲线如图 2-28 所示。根据仿真结果可知：① 随着孔深的增加，通过孔口给进力的增大对孔底钻压的影响越来越小。② 给进力一定时，钻压减小的变化率随着钻孔孔深增加而减小：越靠近孔口位置，给进力越大，钻具受压变形越剧烈、与孔壁产生的接触力越大，从而产生的摩阻也越大。曲率半径越小，单位钻具长度内摩阻越大。孔口给进力 50 kN 时，曲率半径 100 m 的钻孔在孔深 200 m 时钻压为 20 kN，曲率半径 200 m 的钻孔在孔深 200 m 时钻压为 30 kN，曲率半径 300 m 的钻孔在孔深 200 m 时钻压为 38 kN。③ 曲率半径一定时，孔口给进力越大，钻压衰减率越大，这是受压变形产生的接触力增大导致的。

取 50 m 直孔钻具施加一定转速和不同的给进速度，检测其摩阻变化规律，其结果如图 2-29 所示。由图 2-29 可知，在开始 0.4 s 内，钻杆尚未在重力作用下贴紧下孔壁，摩阻较小；0.7 ～ 0.8 s 内，摩阻为纯滑动时摩阻；0.8 s 后钻杆开始回转，摩阻逐渐下降。提取对应转速下的平均摩阻（见图 2-30）。由图 2-30 可以看出：当转速低于 2 r/min 时，摩阻不变，此时滑动给进速度占绝大多数，减阻作用未启动；在三种滑动给进速度下，当转速大于 2 r/min 时，摩阻开始减少，摩阻减少的速率随转速的增加而降低，摩阻最后趋于平衡；滑动给进速度越大，钻杆与孔壁之间产生的摩阻越大。

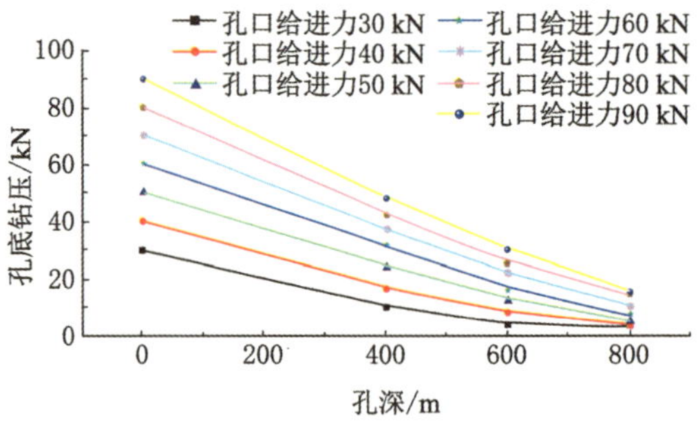

图 2-28　曲率半径 100 m 时孔底钻压与孔口压力关系

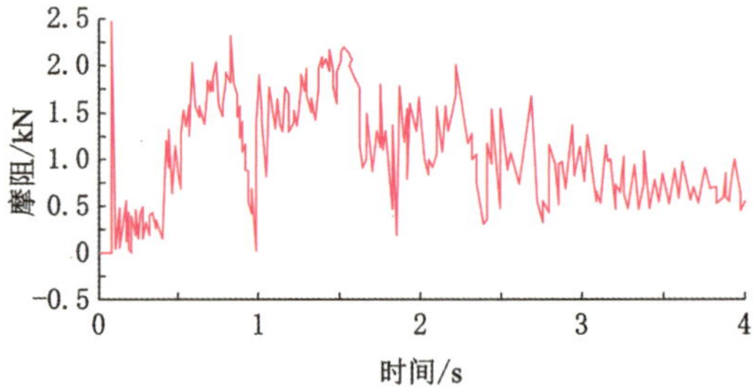

图 2-29　0.025 m/s 滑动速度下摩阻随时间变化曲线

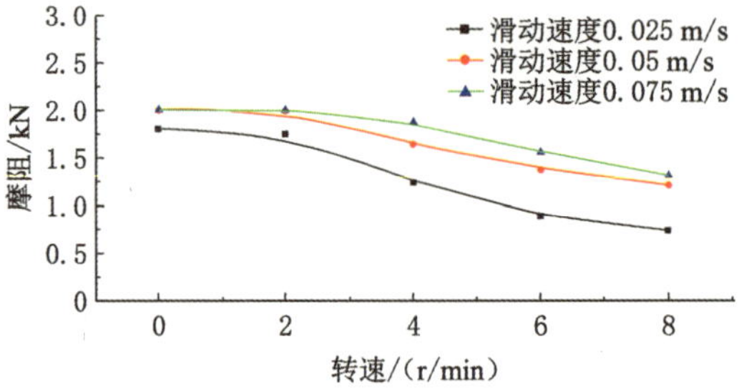

图 2-30　摩阻与转速关系曲线

2.7.3.2　近水平孔钻具振动减阻特性

在长距离深孔钻进过程中，钻具与孔壁及浆体之间的摩擦阻力是影响钻进深度的重要因素。因此，要实现深孔定向钻进，应降低钻具钻进过程中的摩擦阻力。根据实践经验，振动可有效降低钻具摩阻。

（1）深孔水平定向钻具振动减阻数值模型

建立 200 m 钻具和孔壁模型。钻具组合模型分为前部钻具、振荡器、后部钻具。前、后钻具采用弹性体。振荡器、孔壁、孔底、推块、扶正器采用刚性材料。振荡器通过端部扩大头的销轴连接前部、后部钻具。振荡器处于整体钻具中间位置。钻具尺寸采用直径 89 mm 通缆钻杆尺寸建立。钻孔直径为 122 mm。钻具组合模型如图 2-31 所示。

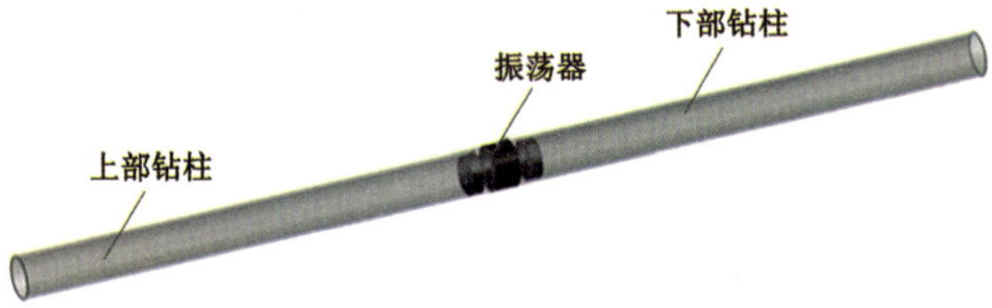

图 2-31　钻具组合模型

采用动力学分析方法分析激振力、激振频率对于减阻的影响规律。动力学分析时，两个接触面之间可设置为自动接触。可以通过自动检测两个接触面的接触面积和穿透量，应用罚函数来计算接触应力。

钻孔孔壁为刚体模型、固定约束，外力作用下不变形；钻具初始位置与钻孔同轴，施加重力约束，与扶正器和钻头黏结，三者受力后不脱开，钻具与孔壁自动接触约束；钻头与孔底自动接触约束，孔底为固定端约束；推块开始时与扶正器有一定间隙，给推块施加速度，施加速度值为 0.075 m/s。振荡器施加一定频率的激振力。如图 2-32 所示，频率在 0 ～ 1 s 内为 0，从 1 s 开始由 2 Hz 分三级增至 8 Hz，在频率变化的时候，激振力幅值不变。

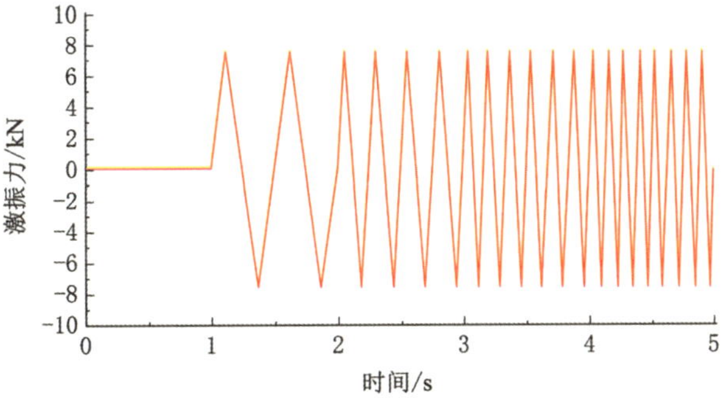

图 2-32　激振力与时间关系曲线

（2）振动减阻模拟结果分析

由图 2-33 可知，在压缩钻具的前 2 s 内，钻具在钻孔内弯曲程度不高、没有明显的托压发生和钻具的屈曲变形行为发生，钻具与孔壁之间的接触力较小、摩阻大小变化不大。第 2 s 开始，钻具压缩到一定程度后开始与孔壁产生点接触，钻具发生屈曲，在屈曲过程中钻具与孔壁接触高度非线性，引起摩阻值振荡。随着孔口给进力的持续增加，振荡器逐渐恢复到相对稳定接触状态。随着推块不断向孔内压缩钻具，加之钻压不能有效传递的影响，钻具屈曲程度越来越剧烈，孔底钻具与钻孔孔壁的接触力越来越大，平均摩阻由之间的 2 kN 逐步升高至 20 kN。

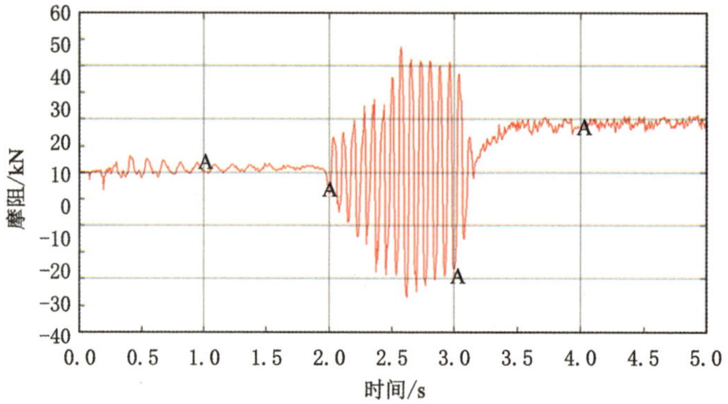

图 2-33　摩阻与时间关系曲线

由图 2-34 可知，施加大小为 2.5 kN 的激振力在托压发生后能够减少约 5 kN 的摩阻，但是减阻效果不明显，未能有效解决托压问题。2.5 kN 的激振力无法带动下部 100 m 管柱的振动。根据动摩擦计算，至少需要 3.75 kN 的激振力才能够使弹性波传递至钻头位置。虽然 2.5 kN 的激振力未能有效解决托压和屈曲现象的发生，但是起到了一定的减阻作用，这完全符合振动减阻机理的假设。

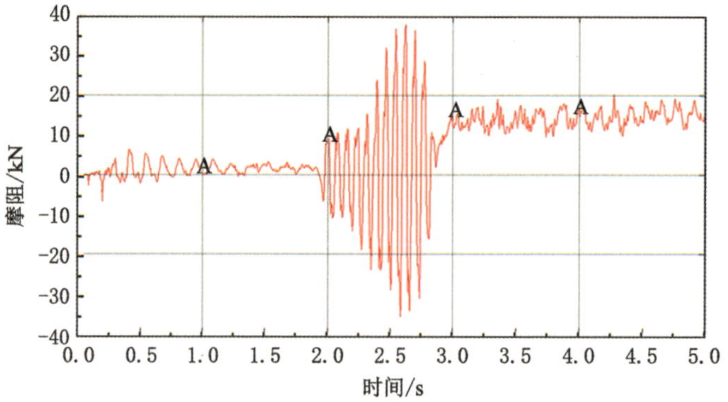

图 2-34　激振力 2 500 N 时摩阻与时间关系曲线

由图 2-35 可知，平均摩阻随频率的增大而减小。对于直径 89 mm 通缆定向钻进管柱，当频率大于 8 Hz 时，平均摩阻趋于稳定；激振力越大，减阻效率越好，减阻效率趋于平衡的频率越小。激振力越大，质点产生的振幅越大，振动效果越好，减阻效果越明显。

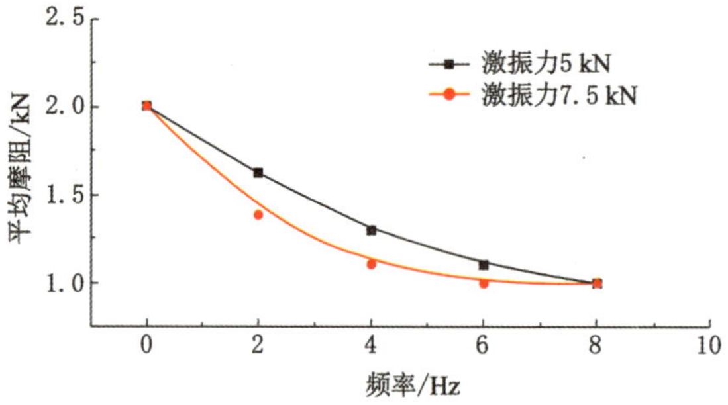

图 2-35　平均摩阻与频率关系曲线

2.7.3.3 深孔定向钻进辅助结构设计与研制

给孔内钻具施加一定大小和频率的轴向激振力可以有效减小钻具与孔壁的摩阻和钻具的屈曲变形。水力振荡器是能够为钻具提供激振力的动力来源，是实现孔内钻具轴向振动的关键钻具。合理选择水力振荡器的安装位置，使水力振荡器施加的轴向激振力一部分通过钻具传递至钻头，能够在一定程度上提高硬岩层钻进效率。

（1）水力振荡器设计

如图 2-36 所示，水力振荡器主要包括通信部分、振荡主体部分。通信部分分为上通信部分和下通信部分。振荡主体部分包括上接头、外管、活塞、复位部件、挡圈、下接头等。上接头的作用是连接外管。上通信部分对活塞起到限位作用。外管起到活塞缸套作用，同时连接下接头，通过四方孔将来自上部钻具的扭矩传递给下接头的四方柱。活塞上面加工电缆孔、节流孔、泄压孔。电缆孔为通信电缆的通过提供空间。节流孔使活塞上下两腔产生压力差进而推动活塞下行。泄压孔在活塞下行至一定位移后打开，活塞上腔泄压，在复位部件和钻具自身压缩势能的共同作用下开始复位。通信部分包括过渡短节和通缆短接。过渡短接靠近振荡器主体一侧通过挡圈限制通缆接头向振荡器主体方向运动，其外端通过通缆短接进行限位。

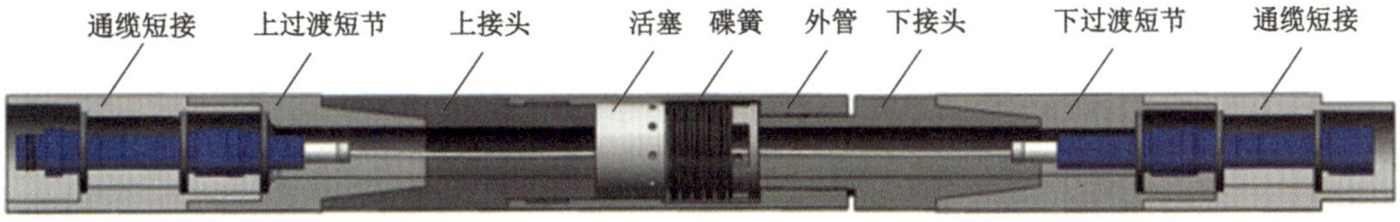

图 2-36　直径 89 mm 煤矿井下水力振荡器结构示意图

如图 2-37，振荡部分的振动功能具体实现原理为：振荡器初始状态时活塞处于最左边位置，此时泄压孔处于完全或绝大部分关闭状态，来自上部钻具的冲洗液全部或绝大部分通过节流孔流向下部钻具，此时活塞左右两腔会产生一定的压力差，活塞在压力差的作用下向前运动；当活塞向前运动一定位移后，活塞上的泄压孔打开，此时来自上部钻具的冲洗液分成两路进入下接头内孔，一路仍是沿着节流孔进入，另一路通过泄压孔、外管腔体、流体返回孔进入下接头内孔，此时活塞节流压力变小，活塞在复位部件的作用下复位。

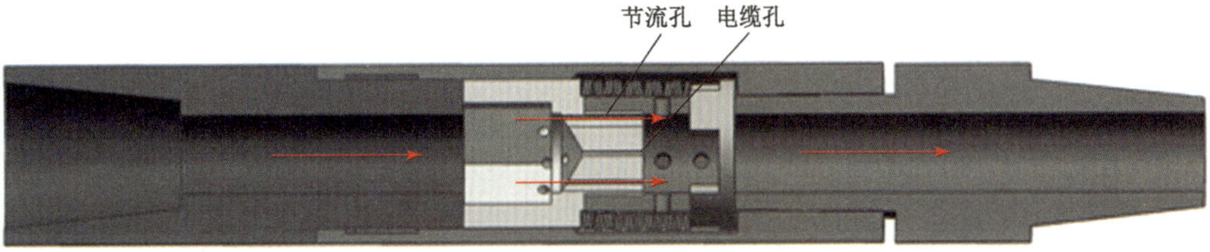

图 2-37　振荡器主体部分初始状态

对于硬岩层，当振荡器安装在近钻头位置时，一部分交变激振力可传递至钻头进行辅助碎岩，此种工况下前部钻具短、刚性大，轴向振动方式趋近于刚性振动，活塞需要较大复位力才能复位，因此选择碟簧作为复位部件。当水力振荡器安装位置使前部钻具长度较长时，可将钻具当作弹性体，在激振力作用下前部钻具压缩变形导致泄压口打开或增大，激振力减小，钻具回弹，此种工况下复位部件不需要力值太大（否则影响作用在前部钻具上的力），通过安装圆柱弹簧，以起到限位以及避开钻具固有频率的作用。

（2）水力辅助加压器设计

孔口给进力越大，钻杆在孔内弯曲变形越剧烈，产生的摩阻越大。通过水力辅助加压器施加一部分或全部钻压，以减少或取消钻具对钻头的加压力。对于下钻阻力不大的定向钻孔，这有利于减少托压问题。水力辅助加压器是实现孔底施加钻压的关键钻具。当水力辅助加压器施加压力满足钻头钻进钻压时，孔口给进力仅用来向孔内推送钻具，钻进时给进力将大幅度下降；当水力辅助加压器施加压力不能满足钻头钻进钻压时，不影响钻具施加钻压。

如图 2-38 所示，设计的水力辅助加压器由缸体、活塞、花键传动轴、端盖、变径接手组成。其工作原理为：活塞位于缸体内，活塞中心线上钻有节流孔。当水流经活塞后产生节流压力差，节流压差推动活塞下行。活塞右端为爪状结构目的是为了增大下腔部位有效面积。活塞受到的上下腔的压力差传递到花键传动轴，花键传动轴与缸体之间通过花键连接，传动轴可以沿缸体轴向移动，缸体可以通过花键传动将扭矩、转速传递给花键传动轴。端盖通过螺纹连接固定在缸体上，起到限制花键传动轴运动的作用，起钻时起到为花键传动轴及下部钻具提供拉力的作用。缸体靠近内花键位置铣有传压槽，能够为花键传动轴提供轴向压力以实现辅助加压钻进。

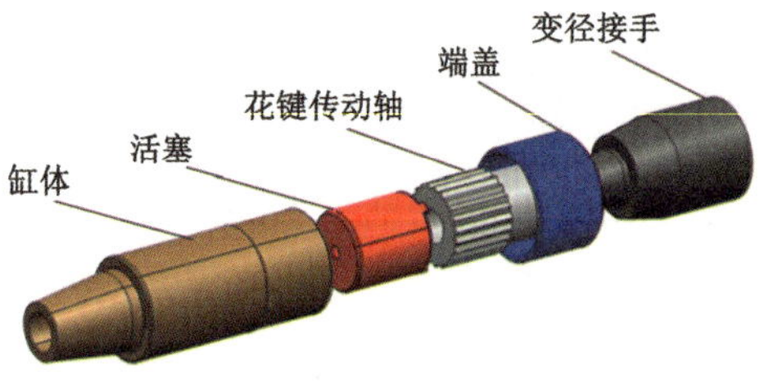

图 2-38　水力辅助加压器结构示意图

2.7.3.4　深孔定向钻进现场试验研究

试验地点位于安徽省淮南矿业集团某煤矿北区 −600 疏水巷和胶带机巷。主要目标层为 1 煤底板 $C^{3/3下}$灰岩层。目前淮南矿区水害防治采取的是“疏水降压、限压开采”的技术路线。通过钻孔探查和疏放是实现这一路线的主要手段。但是普通回转钻进施工的探放水钻孔浅，轨迹控制难，常常偏离设计层位，导致目标层位钻遇率低，有效疏放水孔段短。另外，这种短钻孔循环探查方式周期长、工程量大，影响掘进效率。定向长钻孔技术具有轨迹可控、钻孔精度高、目标层位钻遇率高、一次探放距离远等特点，为实现探、掘平行作业提供了技术支撑。针对探放目标层硬度大（岩石坚固性系数 f 为 7 ～ 8）、研磨性强等特点以及对于钻孔孔径的要求（不低于 120 mm），试验设备优选 ZDY12000LD 钻机、BLY460 泵车、YHD2-1000（A）随钻测量系统、直径 89 mm 五级螺杆钻具等配套机具。

（1）水力振荡器减阻试验

在某煤矿 -600 疏水巷 10# 孔孔深 425 m 位置安设水力振荡器；钻进至孔深 434 m 时，水力振荡器安装在螺杆马达后面 100 m 位置。10# 孔开孔位置位于一灰上部，开孔倾角 -11.7°、开孔磁方位角 353.3°。孔深 70 m 左右进入三灰下目标层位，钻孔轨迹顺目标层位延伸。浅孔段钻效 3 ～ 4 m/h，给进表压平缓上升。孔深 380 m 时，给进表压升至 5 MPa，钻进效率下降至 2 m/h。孔深 425 m 时，给进表压升至 6 ～ 6.5 MPa 时，钻进效率下降至 1.5 m/h。起钻在螺杆马达后面 100 m 位置安装水力振荡器后，下钻至孔底进行钻进。试验进尺 9 m 遇掉块卡钻事故而提钻，经过处理后成功提钻至孔口。终孔位置上下位移 20.7 m、左右位移 245 m。

钻孔轨迹如图 2-39 所示。

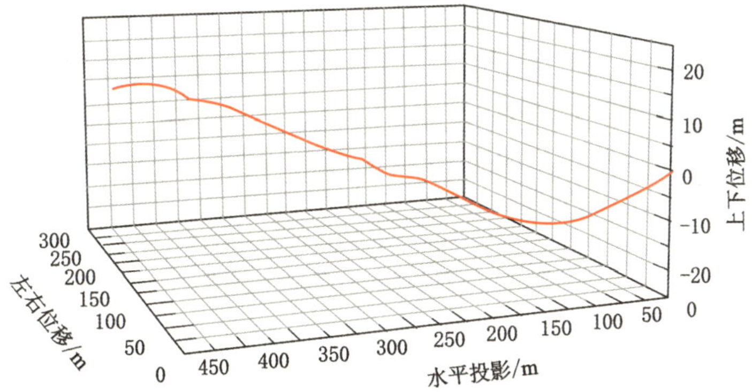

图 2-39　10# 钻孔轨迹

钻进压力如图 2-40 所示。由图 2-40 可得：

① 10# 钻孔在孔深 350 m 之前，给进表压由 0.5 MPa 缓慢增加至 3 MPa，平均上升幅度为 0.36 MPa/50 m；起拔表压由 0 MPa 缓慢增加至 2 MPa，平均上升幅度为 0.29 MPa/50 m。

② 孔深 350 m 至孔深 425 m 时，给进表压由 3 MPa 缓慢增加至 6.5 MPa，平均上升速率 2.3 MPa/50 m；起拔表压由 2 MPa 缓慢增加至 3 MPa，平均上升速率为 0.66 MPa/50 m；起拔表压上升幅度处于正常范围内，而给进表压较之前上升速率大幅度增加，托压现象明显。

③ 安装水力振荡器后，给进压力由 6.5 MPa 降至 3.5 ～ 4 MPa。

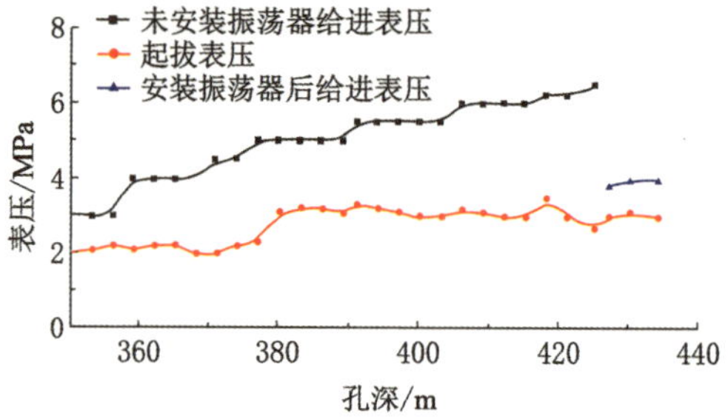

图 2-40　10# 钻孔定向钻进压力

如图 2-41 所示，未安装水力振荡器之前，孔深 350 m 至 425 m 时，纯钻进效率由 3 m/h 逐渐降低至 2 m/h；钻进时泥浆泵压力处于 5 ～ 6 MPa 之间，不钻进时泥浆泵压力为 4.5 ～ 5 MPa，钻头破碎岩石消耗泵压 0.5 ～ 1 MPa。取孔深 400 m 后压力数据进行对比。未安装水力振荡器之前，孔深 400 ～ 425 m 时，平均给进表压 6 MPa，平均钻效 1.9 m/h；安装水力振荡器后，平均给进表压降低 33%，平均钻效提高 126%，泵压升高 1.7 ～ 2.5 MPa。

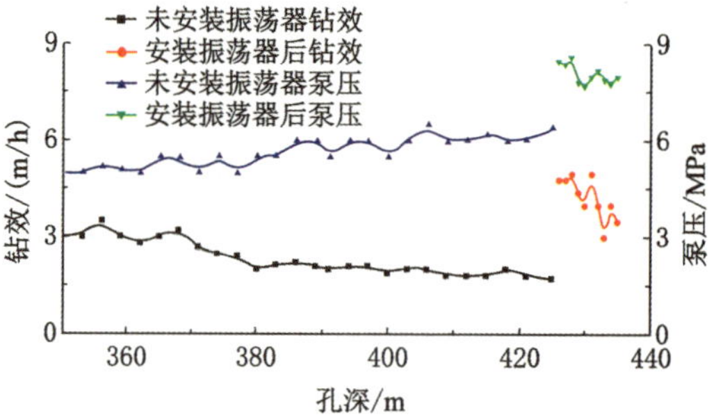

图 2-41　10# 钻孔定向钻进钻效与泵压统计

（2）水力辅助加压试验

3# 钻孔孔开孔位置位于一灰上部，开孔倾角 −11.4°、开孔磁方位角 353.3°。孔深 60 m 左右进入三灰下目标层位，钻孔轨迹顺目标层位延伸。浅孔段钻效 3 ～ 4 m/h，给进表压平缓上升。孔深 464 m 时，给进表压升至 5 MPa，钻进效率下降至 1 m/h。起钻安装水力辅助加压器进行试验。钻进至孔深 578 m 时终孔。终孔位置上下位移 10.6 m、左右位移 253 m。试验钻孔轨迹见图 2-42。

3# 钻孔钻至孔深 564 m 时，上下位移 21.65 m，左右位移已达 245 m，钻孔轨迹整体位移偏大。由于该孔自孔深 60 m 以后轨迹上仰，钻具自重分量向下，钻具不仅起不到施加钻压的作用反而增加了托压效应。目标层位平均硬度系数为 8 ～ 9，局部硬度系数高达 12 以上。根据其他近似位移钻孔施工经验，在无钻具重力辅助施加钻压、钻孔左右位移大于 100 m 的钻进工况下，钻孔孔深达到 450 m 左右就会发生严重的托压效应，严重影响钻压向孔底的传递，导致纯滑动定向钻进效率大幅度降低。

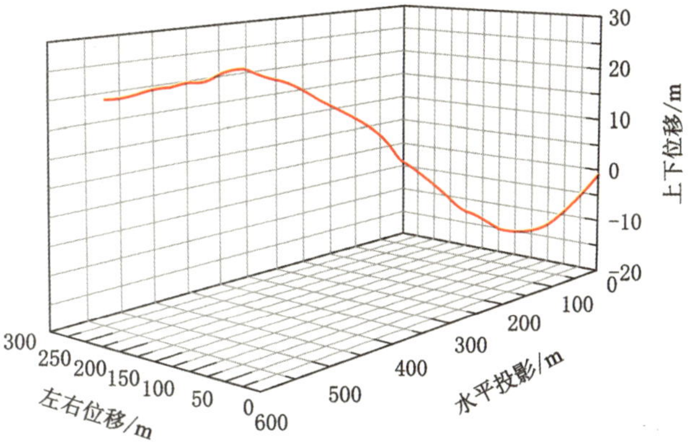

图 2-42 3# 钻孔轨迹

由图 2-43 和图 2-44 可知，3# 钻孔在孔深 350 m 之前，给进表压和起拔表压增长缓慢，局部的压力跳动主要受操作和地层变化影响。孔深 350 m 后，给进表压的增长率随孔深增大而增大，钻进效率维持在 3 m/h 左右。尤其是孔深 400 m 以后给进表压随孔深增长呈指数式增长。当孔深达到 460 m 后，定向钻进给进表压达到 5 MPa 以上，钻进效率降至 1 m/h 以下，增加给进表压未见泥浆泵压力上升，表明钻压已无法有效传递至孔底。

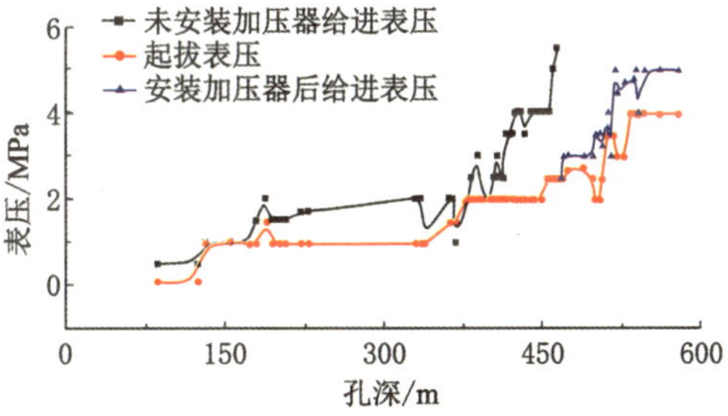

图 2-43 3# 钻孔定向钻进压力

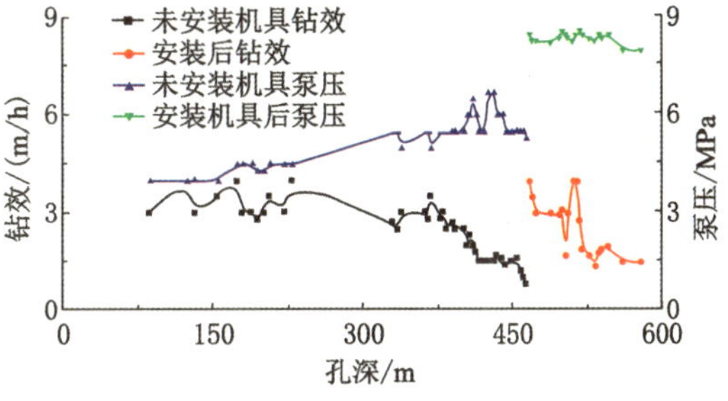

图 2-44 3# 钻孔定向钻进钻效与泵压统计

安装水力辅助加压器后，下钻至孔深 464 m 开始定向钻进。水力辅助加压器活塞选择水眼直径 12 mm，流量控制在 400 L/min，产生的推力为 9 kN。安装水力辅助加压器后，给进表压在 1.5 MPa 开始有进尺；未安装水力辅助加压器之前，给进表压在 5 MPa 开始有进尺。在给进表压 2 ～ 3 MPa 时，孔深 464 ～ 510 m 之前，平均钻效保持在 3 m/h 以上；510 ～ 530 m 之间，平均钻效保持在 2 m/h 以上；孔深 530 m 之后，平均钻效在 1.7 ～ 1.8 m/h，给进表压升至 5 MPa。孔深 550 m 后，起拔表压由 500 m 之前的 2 ～ 3 MPa 慢慢上升到 4 MPa。由于钻场地基无法打锚索，仅靠锚杆稳固，给进表压超过 5 MPa 发生两次断锚杆事故，所以在后面施工中给进表压控制在 5 MPa 以内，辅助加压力减小，泥浆泵压力由 8.5 MPa 下降至 8 MPa，钻效下降。该钻孔钻至孔深 578 m 时终孔提钻。

取孔深 400 m 后压力数据进行对比。安装水力辅助加压器之前，出现明显托压孔段 422 ～ 464 m 平均给进表压 4.2 MPa，平均钻效 1.39 m/h；安装水力辅助加压器后，孔深 464 ～ 500 m，平均给进表压 3.2 MPa，平均钻效 3.3 m/h，平均给进表压降低了 23.8%，平均钻效提高了 137%；孔深 500 m 后给进表压因钻机稳固安全性一直控制在 5 MPa 以下，钻效有所下降，总试验进尺内平均给进表压 3.9 MPa，平均钻效 2.6 m/h，平均钻效提高 93%。

第 3 章

掘进机自主定位理论与方法

掘进机机体位姿检测属于室内定位技术，是实现掘进作业智能化的基础和前提。

3.1 掘进机惯性定位解算与补偿方法

惯性定位技术是一种利用物体惯性进行位置和姿态估计的综合性技术。纯惯导定位在高度解算中存在原理性的累计误差，故纯惯导系统的高度通道是发散的。针对掘进机惯导定位中的高度发散问题，引入里程编码器以辅助惯导定位解算。

3.1.1 基于卡尔曼滤波的掘进机惯导定位解算

煤矿巷道掘进机工作在非结构化的开拓型环境，依赖外界辅助的传统被动式定位需要多次移机和对准，无法满足掘进机自主精确定位需求。绝对值里程编码器测量精度高、可靠性高、抗干扰能力强，与地面接触状态良好时可以很好地为惯导系统提供水平方向位姿约束。基于里程编码器辅助惯导系统构建掘进机自主定位系统，突破外部设备或节点的约束限制。其中，惯导系统可以自主实时地输出导航参数，而车载里程编码器可为惯导系统提供重要的里程辅助信息。导航系统下的里程信息可以有效抑制惯导系统的误差累积。

掘进机的惯性导航定位系统是一种典型的连续时间系统，其状态空间模型如下：

$$\begin{cases}\dot{\boldsymbol{X}}(t)=\boldsymbol{F}(t)\boldsymbol{X}(t)+\boldsymbol{G}(t)\boldsymbol{W}(t)\\ \boldsymbol{Z}(t)=\boldsymbol{H}(t)\boldsymbol{X}(t)+\boldsymbol{V}(t)\end{cases} \tag{3-1}$$

其中，$\boldsymbol{X}$ 为状态向量；$\boldsymbol{Z}$ 为量测向量；$\boldsymbol{F}$ 为确定性时变状态矩阵；$\boldsymbol{H}$ 为量测矩阵；$\boldsymbol{G}$ 输入噪声矩阵；$\boldsymbol{W}$ 为系统噪声向量；$\boldsymbol{V}$ 为量测噪声向量。

对于里程编码器辅助惯导掘进机定位系统，由于在惯导更新中已经进行了姿态解算，因而可以直接将里程编码器转换至导航系统下。将获得的惯导误差向量和各传感器偏置误差组合成如下状态向量：

$$\boldsymbol{X}=\begin{bmatrix}\phi^{\mathrm{T}} & (\delta v^{n})^{\mathrm{T}} & (\delta p^{n})^{\mathrm{T}} & (\varepsilon^{b})^{\mathrm{T}} & (\nabla^{b})^{\mathrm{T}} & \alpha_{\theta} & \delta K_{D} & \alpha_{\psi}\end{bmatrix}^{\mathrm{T}} \tag{3-2}$$

其中，$\boldsymbol{\phi}$、δv^n、δp^n、ε^b、∇^b、α_θ、δK_D、α_ψ 分别为实际导航系相对理想导航系的偏差角、速度误差、位置误差、陀螺零漂、加速度计零偏、里程编码器俯仰安装误差角、里程编码器尺度误差和里程编码器航向安装误差角。

在掘进机惯导系统进行实际状态更新中，需要以差分方程等效替代连续微分方程，对式（3-1）所示的连续时间状态模型进行离散化处理，使得离散化的状态在各采样时刻的取值与原连续系统取值相对应。令离散化处理周期为 T_s，则连续时间状态方程在 $[t_{k-1},t_k]$ 之间的离散解析解为：

$$\boldsymbol{X}_k=\boldsymbol{\Phi}_{k|k-1}\boldsymbol{X}_{k-1}+\boldsymbol{\Gamma}_{k-1}\boldsymbol{W}_{k-1} \tag{3-3}$$

连续量测方程的离散化主要基于将离散噪声视为连续噪声的平均这个转换思路。当系统观测在离散时间 $[t_{k-1},t_k]$ 内变化平缓时，可近似得到：

$$\boldsymbol{Z}_k=\boldsymbol{H}_k\boldsymbol{X}_k+\boldsymbol{V}_k \tag{3-4}$$

至此，里程编码器辅助惯导掘进机定位的离散系统模型构建完毕。系统的状态、噪声和量测均已确定，进而可以采用卡尔曼滤波算法对系统的误差状态进行最优递推估计。

卡尔曼滤波算法主要包括状态预测、状态协方差预测、滤波增益计算、状态估计更新、估计状态协方差更新五个步骤，如式（3-5）所示。

$$\begin{cases}\left.\begin{aligned}&\hat{\boldsymbol{X}}_{k|k-1}=\boldsymbol{\Phi}_{k|k-1}\boldsymbol{X}_{k-1}\\&\boldsymbol{P}_{k|k-1}=\boldsymbol{\Phi}_{k|k-1}\boldsymbol{P}_{k-1}\boldsymbol{\Phi}_{k|k-1}{}^{\mathrm{T}}+\boldsymbol{\Gamma}_{k-1}\boldsymbol{Q}_{k-1}\boldsymbol{\Gamma}_{k-1}{}^{\mathrm{T}}\end{aligned}\right\}\text{预测}\\\left.\begin{aligned}&\boldsymbol{K}_k=\boldsymbol{P}_{k|k-1}\boldsymbol{H}_k^{\mathrm{T}}(\boldsymbol{H}_k\boldsymbol{P}_{k|k-1}\boldsymbol{H}_k^{\mathrm{T}}+\boldsymbol{R}_k)^{-1}\\&\hat{\boldsymbol{X}}_k=\hat{\boldsymbol{X}}_{k|k-1}+\boldsymbol{K}_k\left(\boldsymbol{Z}_k-\boldsymbol{H}_k\hat{\boldsymbol{X}}_{k|k-1}\right)\\&\boldsymbol{P}_k=\left[\boldsymbol{I}-\boldsymbol{K}_k\boldsymbol{H}_k\right]\boldsymbol{P}_{k|k-1}\end{aligned}\right\}\text{预测}\end{cases} \tag{3-5}$$

其中，$\boldsymbol{Q}_{k-1}$ 为系统状态噪声方差矩阵；$\boldsymbol{R}_k$ 为量测噪声方差矩阵；$\boldsymbol{P}_k$ 为卡尔曼滤波状态估计协方差矩阵；$\boldsymbol{K}_k$ 为卡尔曼滤波增益。

卡尔曼滤波状态估计方法原理如图 3-1 所示。卡尔曼滤波状态估计方法在状态更新模型的基础上主要由两部分组成：状态估计更新和协方差更新。其中协方差更新中产生的卡尔曼滤波增益，对状态估计更新产生重要影响。除了系统结构参数 $\boldsymbol{\Phi}_{k|k-1}$、$\boldsymbol{\Gamma}_{k-1}$、$\boldsymbol{H}_k$ 之外，滤波器的主要输入参数包括系统状态噪声 $\boldsymbol{Q}_{k-1}$ 和量测噪声 $\boldsymbol{R}_k$，而卡尔曼滤波递推输出参数包括最优状态估计 $\hat{\boldsymbol{X}}_k$ 和状态估计协方差 $\boldsymbol{P}_k$。协方差 $\boldsymbol{P}_k$ 表明状态估计的不确定度。要确定系统在 t_k 时刻的最优状态估计 $\hat{\boldsymbol{X}}_k$，首先需要确定系统的初始状态 $\hat{\boldsymbol{X}}_0$ 及其协方差 $\boldsymbol{P}_0$。其中，系统噪声 $\boldsymbol{Q}$ 一般可预设为惯性陀螺仪的角速度随机游走系数的平方和加速度计速度随机游走系数的平方；量测噪声 $\boldsymbol{R}$ 一般可结合里程编码器的尺度误差系数取量测信息最大偏差的三倍进行初值预设。

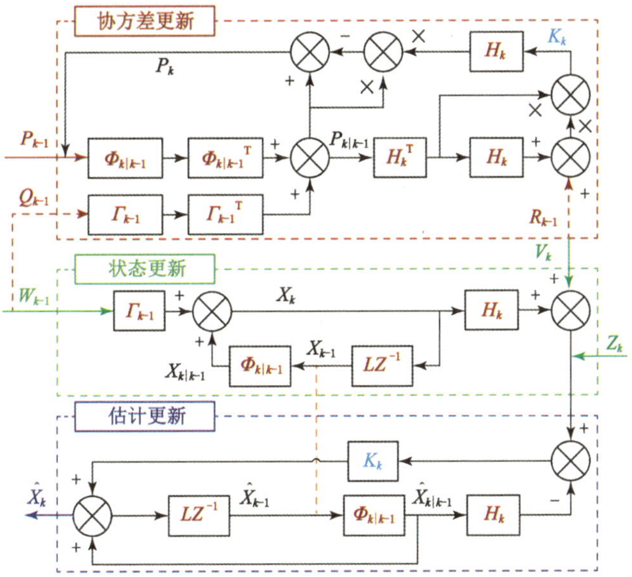

图 3-1 卡尔曼滤波状态估计方法原理

3.1.2 掘进机惯导系统零速软反馈校正

惯导系统通过积分获取载体的速度和位置，因而不可避免出现长时漂移问题。根据煤矿巷道掘进机施工工艺，掘进机每前进数米需要停车拖缆；在掘进作业时掘进机每前进 0.5 ~ 1.0 m 需要停车进行截割作业。此外，在掘进过程中经常出现掘进机长时间停车进行巷道支护作业的情况。据此可见，掘进机作业运动包含较多的停机时间区间，停车期间的载体真实速度为零，此时掘进机惯导系统输出速度即为速度误差，以该速度误差作为系统量测值可对掘进机惯导系统的状态漂移进行约束和补偿，据此可设计一种零速反馈方法校正掘进机惯导系统的长时速度偏差。

掘进机在正常行驶过程中由于其自身质量和履带式行走机构基本不会出现侧向的滑移和垂向的跳跃现象。考虑到掘进机不可避免出现振动、路面颠簸等，掘进机的横向速度和垂向速度可视为零均值的高斯白噪声，则有：

$$\begin{cases} E[v_x^b]=0, \quad E[(v_x^b-\overline{v}_x^b)^2/n]=\sigma_x^2 \\ E[v_z^b]=0, \quad E[(v_z^b-\overline{v}_z^b)^2/n]=\sigma_z^2 \end{cases} \tag{3-6}$$

式中，σ_x^2 、σ_z^2 分别为掘进机 x 轴和 z 轴的速度噪声的方差。通过设置合理的方差值来反映量测信息的可接受程度。

式（3-6）为掘进机惯导提供的速度约束仅存在于 x 轴和 z 轴上，而 y 轴的速度量测还需要里程编码器。对于掘进机在行进过程中偶然发生的大幅度侧滑移机或是跌落跳跃，则可以在卡尔曼滤波器中对量测信息进行 χ^2 检验，进而实现突变量测信息的隔离。

根据卡尔曼滤波状态估计方法和掘进机作业特征设计相应的系统状态方程。在掘进机车辆运动学约束下的卡尔曼滤波状态变量同式（3-2）。在掘进机正常前向行进过程中，x 轴和 z 轴理论速度输出值为零，而在掘进机停车期间的三轴理论速度均为零。因此，综合里程编码器和惯导的三轴速度输出误差，以式（3-6）的约束条件重新构建量测方程为：

$$\boldsymbol{Z}_{zvf}=\boldsymbol{H}_{zvf}\boldsymbol{X}+\boldsymbol{V}_{zvf}=\tilde{\boldsymbol{v}}_{ins}^{n}-\tilde{\boldsymbol{v}}_{D}^{n} \tag{3-7}$$

零速反馈校正量测噪声矩阵 $\boldsymbol{V}_{zvf}$ 的设定关系到零速反馈的精确性，因此需要在掘进机行进和静止状态下对其速度进行检测并统计其方差信息，以调整掘进机在不同运动状态下的量测噪声方差矩阵。

零速校正方法原理如图 3-2 所示。传统的零速更新校正硬性地将静止时刻的载体速度直接置零，虽然有效抑制了静态阶段的速度和位移漂移，但是这忽略了载体运动阶段产生的速度漂移，这对于掘进机载体定位误差的校正是不完整的。

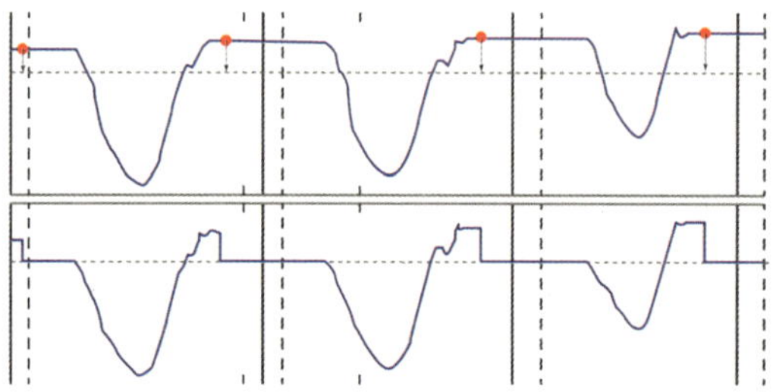

（a）速度硬置零

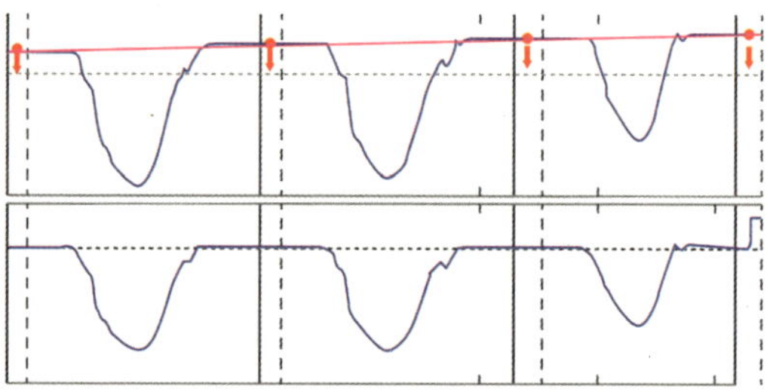

（b）速度软置零

图 3-2　两种零速校正方法原理

针对掘进机启停结合的运动特性，在原有速度硬置零方法的基础上提出一种零速软反馈校正方法，对连续速度进行软置零，即在对掘进机载体静止期间速度置零的同时，综合两相邻静止区间的速度漂移的均值对其运动区间的速度漂移进行同步校正。在实验室单一运动条件下，零速反馈校正的两种方法结果分别如图 3-3 和图 3-4 所示。采用软置零方式的零速软反馈校正的掘进机载体定位精度提升了 21.64%，进一步抑制了惯导系统的长时定位漂移。

3.2 掘进机视觉位置估计方法与技术

巷道掘进机的定位和定姿属于典型的狭窄空间移动物体自定位问题。基于视觉的位姿估计技术对于井下巷道狭小空间的掘进机定位是一种较有潜力的技术。但煤矿井下巷道环境纹理特征复杂、光照低等制约了视觉位姿估计技术在井下巷道掘进机定位中的应用。

视觉定位是一种融合相机位姿和被测环境信息的耦合位姿估计技术。煤矿巷道掘进机视觉定位流程如图 3-5 所示。视觉定位依赖于经过参数标定的相机采集的目标图像而转化的像素阵列。在获取图像特征后，对相应配准图像进行深度估计，进而进行相机位姿的估计和最小重投影误差优化，最终获得相机及其载体六自由度位姿。

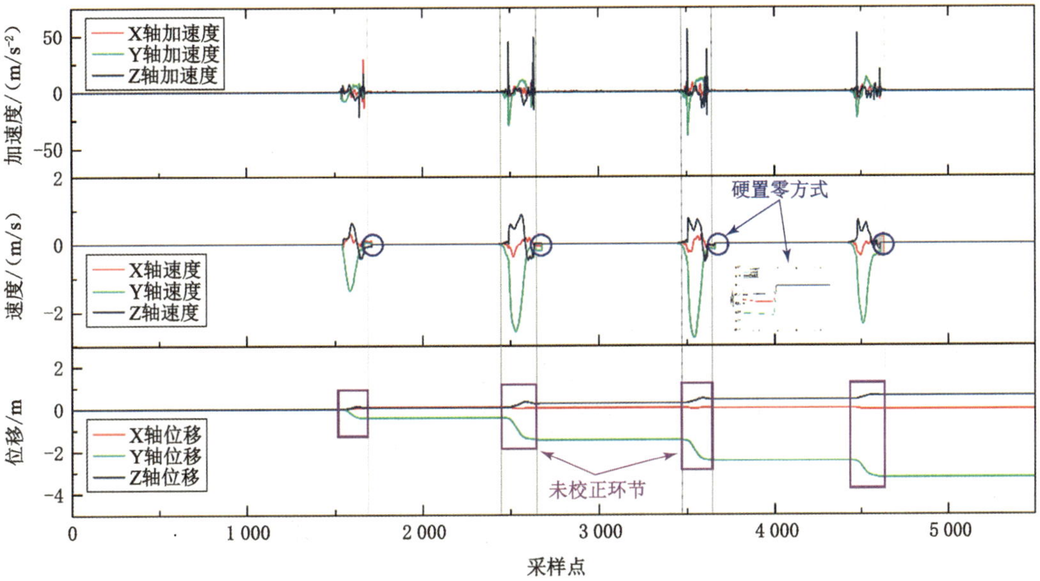

图 3-3 速度硬置零校正结果

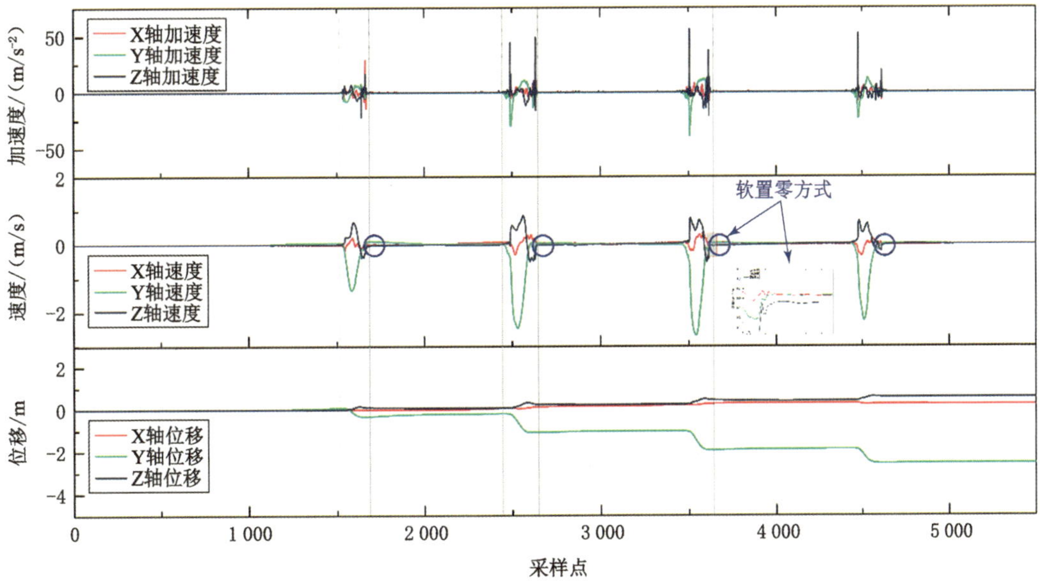

图 3-4 速度软置零校正结果

3.2.1 巷道图像预处理

基于视觉的煤矿井下巷道掘进机位姿估计，应考虑相机载体所处的环境。煤矿井下掘进巷道处于空间狭长、光照变化、潮湿多尘的复杂地下环境。常见的掘进巷道断面呈不规则的圆矩形、矩形、梯形或圆形。巷道左右侧帮和顶板均有锚杆、锚网固定，大部分巷道侧帮还架有电缆支架等辅助支撑结构。掘进机后方通常有其他辅助设备（如配电站、泵站、水站等）。巷道掘进产生的粉尘、掘进机内外喷雾系统产生的水雾、机身振动和大型电磁设备产生的干扰等都增加井下巷道掘进机视觉位姿估计的难度。因此，在合理分析煤矿巷道视觉环境特点的基础上对采集到的图像进行有针对性的预处理，以便在后续可以使用更具识别性的图像进行煤矿巷道掘进机的位姿估计，提升煤矿井下视觉定位系统的准确性、鲁棒性和适应性。

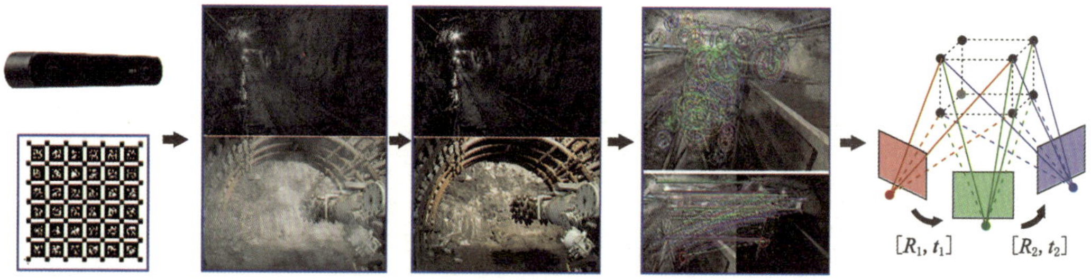

图 3-5　煤矿巷道掘进机视觉定位流程

3.2.1.1　煤矿巷道视觉环境分析

普通煤矿巷道视觉环境如图 3-6 所示。巷道空间狭长，转弯半径较大，对视觉相机的视角要求相对较低。巷道侧帮布置锚网和拖缆支架以及风筒等装置。巷道视觉环境昏暗，光照多变，导致图像噪声较大。巷道壁面纹理复杂，仅迎头断面与侧帮、顶板、底板边界相对明显。煤岩截割产生的粉尘严重，造成掘进机视觉图像模糊，淹没设备和结构的部分特征。掘进机灭尘水雾对于图像采集的光照产生散射衰减。工作面通风等气流交换更加容易造成视觉图像的漫反射，进而导致掘进机视觉定位系统图像严重退化，甚至影响图像信息估计的结论。

在煤矿巷道掘进机视觉位姿估计之前需要进行图像的去噪和增强处理。以除尘去雾的图像处理方法突出图像中的特征表达，清晰煤矿巷道掘进机的视觉图像信息，辅以煤矿用防爆隔爆类相机外部防尘清洗装置，实现煤矿井下图像特征的更高效的检测和匹配，有效提升掘进机位姿估计的精度和稳定性。

3.2.1.2　煤矿井下图像除尘去雾处理

复杂的煤矿井下尘雾环境不同于常规的室外环境和室内环境。在煤矿井下，空间狭长，光照较低，尘雾分布较密。昏暗有尘雾的煤矿场景通常包含多个光源。光源区域和非光源区域表现出不同的颜色特征，因此环境照明通常不是全局各向同性的；常用的局部最大像素法容易高估全局大气光照，这导致输出图像中光源区域周围的颜色失真和光晕伪影。因此需要考察 Retinex 算法、小波变换去雾方法（Wavelet）、直方图均衡化（HE）、基于导向滤波的暗通道去雾算法（GFDC）、快速图像去雾算法（FVR）、基于大气退化模型的卷积神经网络去雾算法（CNN-M）在煤矿巷道图像的应用。不同常规去雾算法对掘进图像实施效果如图 3-7 所示。

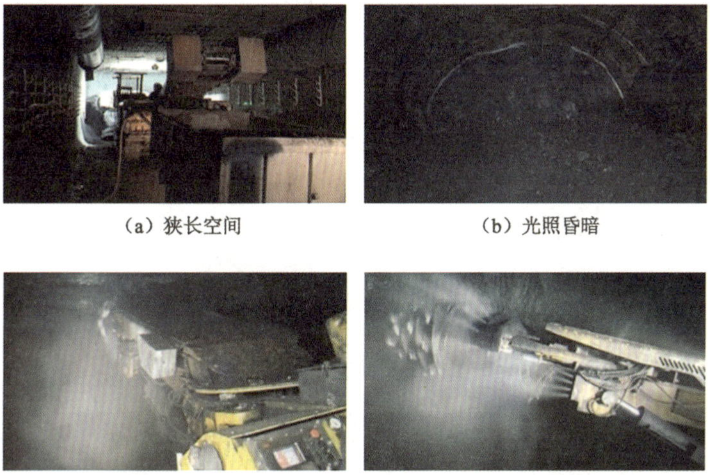

（a）狭长空间　（b）光照昏暗

（c）粉尘干扰　（d）水雾干扰

图 3-6　普通煤矿巷道视觉环境

由图 3-7 可知，小波变换算法去雾处理后的图像整体偏暗；基于导向滤波的暗通道去雾算法对于尘雾和背景的虚化较为严重，图像的纹理特征退化较为严重；相比之下，限制对比度自适应直方图均衡化去雾算法对图像的处理更为清晰，且图像中的设备和背景纹理损失较小，在图像增强和图像恢复类的去雾算法中综合表现更优。

采用 4 种评价指标（能量梯度、方差、信息熵、自相关函数）来客观评价上述 5 种算法去雾图像的清晰度，并以 4 种评价指标的平均权重之和作为最终的去雾图像清晰度的综合评价指标。不同尘雾场景中不同去雾算法清晰度评价指标如表 3-1 至表 3-3 所示。CLAHE 算法在 3 种尘雾场景中图像去雾清晰度评价指标中综合表现最佳，FVR 算法在去雾效率方面具有较强的优势。

表 3-1　煤尘水雾综合场景中不同去雾算法清晰度评价指标

清晰度评价指标	Retinex	Wavelet	CLAHE	GFDC	FVR	CNN-M
能量梯度	0.6102	0.7444	1.0000	0.2127	0.8051	0.5662
方差	1.0000	0.8316	0.8469	0.6173	0.5020	0.5408
信息熵	1.0000	0.8737	0.9893	0.9530	0.9052	0.8381
自相关性	0.7632	0.4675	1.0000	0.2887	0.7637	0.4327
综合评价	0.8433	0.7293	0.9591	0.5179	0.7440	0.5945

（a）煤尘水雾综合场景　（b）水雾场景　（c）煤尘场景

（1）原图

（a）煤尘水雾综合场景　（b）水雾场景　（c）煤尘场景

（2）Retinex算法除尘去雾效果

（a）煤尘水雾综合场景　（b）水雾场景　（c）煤尘场景

（3）Wavelet算法除尘去雾效果

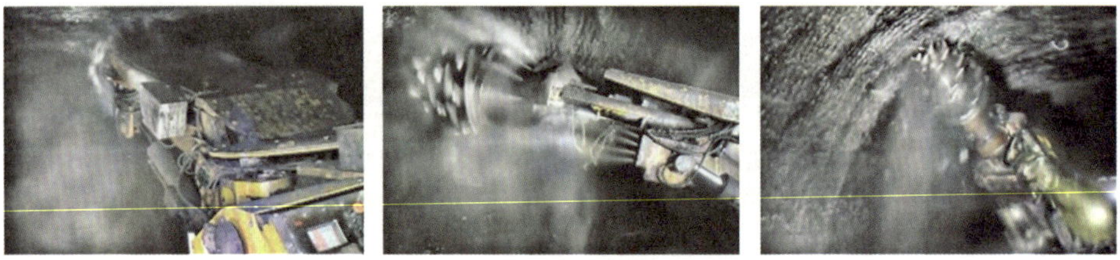

（a）煤尘水雾综合场景　（b）水雾场景　（c）煤尘场景

（4）CLAHE算法除尘去雾效果

（a）煤尘水雾综合场景　（b）水雾场景　（c）煤尘场景

（5）GFDC算法除尘去雾效果

图 3-7　不同常规去雾算法对掘进图像实施效果

（a）煤尘水雾综合场景　　（b）水雾场景　　（c）煤尘场景

（6）FVR算法除尘去雾效果

（a）煤尘水雾综合场景　　（b）水雾场景　　（c）煤尘场景

（7）CNN-M算法除尘去雾效果

图 3-7　（续）

表 3-2　水雾场景中不同去雾算法清晰度评价指标

清晰度评价指标	Retinex	Wavelet	CLAHE	GFDC	FVR	CNN-M
能量梯度	0.3303	0.4808	0.5075	0.1556	1.0000	0.3907
方差	1.0000	0.7878	0.7510	0.5388	0.9224	0.6531
信息熵	1.0000	0.8827	0.9868	0.9515	0.9487	0.8710
自相关性	0.6341	0.4859	0.7360	0.3259	1.0000	0.4742
综合评价	0.7411	0.6593	0.7453	0.4929	0.9678	0.5972

表 3-3　煤尘场景中不同去雾算法清晰度评价指标

清晰度评价指标	Retinex	Wavelet	CLAHE	GFDC	FVR	CNN-M
能量梯度	0.3876	0.5839	1.0000	0.0490	0.5967	0.4533
方差	1.0000	0.6310	0.7326	0.4455	0.3337	0.5989
信息熵	1.0000	0.8926	0.9854	0.9317	0.8928	0.8970
自相关性	0.7409	0.3714	1.0000	0.1441	0.6401	0.3904
综合评价	0.7821	0.6197	0.9295	0.3926	0.6158	0.5849

在掘进机视觉定位过程中，应对采集到的图像进行除尘去雾等去噪处理和畸变校正处理。考虑到图像畸变校正的独立性，一般直接假设用于参数和状态估计的图像已经经过了去畸变处理。

3.2.2 双目视觉位姿测量原理

3.2.2.1 双目视觉相机视差测深模型

双目视觉相机视差测深模型如图 3-8 所示。双目视觉相机通过左右相机同步成像的图像视差来估计像素点对应空间点的深度，其中左右两相机光圈中心之间的距离 b 称为基线，左右相机焦距相等为 f，记左侧相机成像点坐标为 u_L，右侧坐标为 u_R（为负值），同时记左右图像横坐标之差 $d = u_L - u_R$ 为视差，则空间点 P 的深度 z 计算如下：

$$z = fb/d \tag{3-8}$$

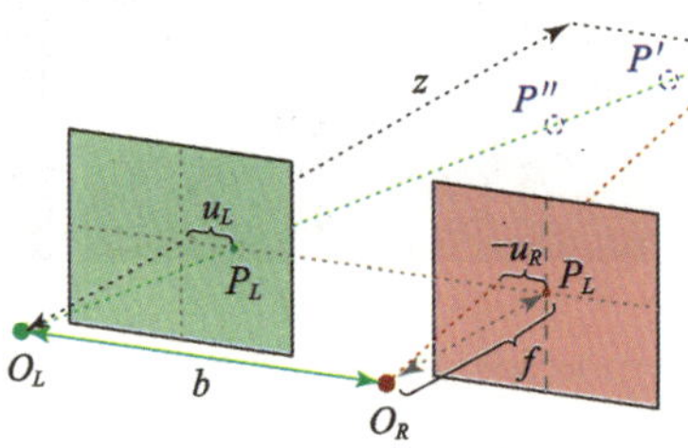

图 3-8 双目视觉相机视差测深模型

左右相机镜头加工精度不一致、左右相机安装的平行度不同、左右图像的畸变差异等造成左右图像光心不水平、成像平面不平行、成像点所在的轴不共线等问题，均对遍历或搜索成像点在图像中的确切位置和确立左右图像中成像点的对应关系制造了视觉图像处理上的困难。此外煤矿巷道掘进所处环境复杂，成像噪声繁杂，因此在利用双目视觉估计空间点位姿之前应对采集的图像建立姿态估计的约束模型和去噪增强处理。

3.2.2.2 对极约束与相机姿态估计

在使用双目视觉相机进行巷道掘进机定位前，除了需要确定相机模型之外还需要确定图像转换的约束模型，因此对左右相机同时采集的图像进行约束分析，寻求对应图像之间成像点的匹配约束关系。双目视觉对极匹配约束关系如图 3-9 所示。

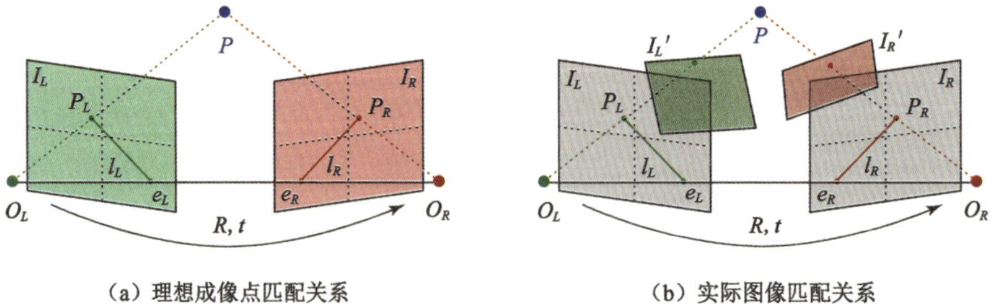

（a）理想成像点匹配关系　　（b）实际图像匹配关系

图 3-9 双目视觉对极匹配约束

左右相机同时采集到 I_L、I_R 两幅图像。空间点 P 和左右相机光心 O_L、O_R 确定的平面称为极平面，空间点 P 在 I_L、I_R 中的成像点分别为 P_L、P_R，左右相机光心 O_L、O_R 的连

线与图像平面 I_L、I_R 分别相交与 e_L、e_R 点，称为极点，成像点 P_L、P_R 与极点 e_L、e_R 的连线 l_L、l_R 称为极线。根据齐次坐标下针孔成像模型可知两幅图像成像点的像素坐标为：

$$\begin{cases} \boldsymbol{P}_L = \boldsymbol{KP} \\ \boldsymbol{P}_R = \boldsymbol{K}(\boldsymbol{RP} + \boldsymbol{t}) \end{cases} \tag{3-9}$$

其中，$\boldsymbol{K}$ 为左右相机的内参矩阵；$\boldsymbol{R}$ 为相机的相对旋转矩阵；$\boldsymbol{t}$ 为相对平移矩阵。

取 $\boldsymbol{x}_L$、$\boldsymbol{x}_R$ 为成像点对应归一化坐标，则有：

$$\begin{cases} \boldsymbol{x}_L = \boldsymbol{K}^{-1}\boldsymbol{P}_L \\ \boldsymbol{x}_R = \boldsymbol{K}^{-1}\boldsymbol{P}_R \end{cases} \tag{3-10}$$

因而，对极匹配约束的简洁表达形式为：

$$\begin{cases} \boldsymbol{x}_R^{\mathrm{T}}(\boldsymbol{t}\times)\boldsymbol{R}\boldsymbol{x}_L = 0 \\ \boldsymbol{P}_R^{\mathrm{T}}\boldsymbol{K}^{-\mathrm{T}}(\boldsymbol{t}\times)\boldsymbol{R}\boldsymbol{K}^{-1}\boldsymbol{P}_L = 0 \end{cases} \tag{3-11}$$

式（3-11）为双目对极约束关系。若记 $\boldsymbol{E} = (\boldsymbol{t}\times)\boldsymbol{R}$，$\boldsymbol{F}^c = \boldsymbol{K}^{-\mathrm{T}}(\boldsymbol{t}\times)\boldsymbol{R}\boldsymbol{K}^{-1} = \boldsymbol{K}^{-\mathrm{T}}\boldsymbol{E}\boldsymbol{K}^{-1}$，则式（3-11）可表示为：

$$\begin{cases} \boldsymbol{x}_R^{\mathrm{T}}\boldsymbol{E}\boldsymbol{x}_L = 0 \\ \boldsymbol{P}_R^{\mathrm{T}}\boldsymbol{F}^c\boldsymbol{P}_L = 0 \end{cases} \tag{3-12}$$

式（3-12）给出了两个匹配点的空间位置约束关系。矩阵 $\boldsymbol{E}$ 描述空间点在不同归一化坐标系中成像点的约束关系，被称为一次双目视觉观测的本征矩阵，仅由两相机之间的旋转和平移信息决定。$\boldsymbol{F}^c$ 描述空间点在不同像素坐标系的像素点之间的对应匹配关系，被称为一次双目视觉观测的基本矩阵，在本征矩阵的基础上又增加两相机的内参信息。对于双目相机，本征矩阵既可以估计左右相机的姿态转换关系，又可以在相机及其载体运动过程中估计姿态变化。因此，在视觉定位中，首先通常需要使用匹配的特征点来估计基本矩阵，然后进一步结合相机内参矩阵估计出双目相机之间和相机运动之间的本征矩阵，最终由本征矩阵即可分解出旋转矩阵和平移向量。

3.3 巷道图像特征提取与匹配

基于双目相机已有特征，探究双目相机在煤矿井下巷道环境中的适用性，并以精确度和计算量综合选出煤矿巷道最佳特征描述方法，进而对多帧图像之间的特征进行精确匹配，为双目相机及掘进机载体的运动姿态估计提供基础数据。

3.3.1 巷道图像特征检测

视觉位姿估计指根据多帧连续图像之间的联系推算出相机及其载体的位姿变化。而多帧图像之间的联系则依赖于图像特征及其描述方式。因此对巷道图像关键点特征进行高效准确地识别与提取是煤矿井下视觉定位的重点和难点。图像关键点又称为兴趣点或特征点，通常是图像中明暗突变或纹理交界的位置。对于煤矿巷道掘进机视觉定位而言，良好的图像关键点一般应具备以下几点属性：(a) 可重复性和显著性，应对视图变化和噪声干扰；(b) 旋转变换不变性，应对相机载体旋转视图变化；(c) 尺度变换不变性，应对相机载体平移视图变化；(d) 仿射变换不变性，应对相机载体倾斜视图变化；(e) 光照亮度不变性，应对煤矿巷道复杂光照条件变化。

应用最广泛的关键点检测主要包括 Harris 角点检测、FAST 角点检测、ORB 角点检测、Shi & Tomasi 角点检测、BRISK 角点检测和 SURF 二进制斑点检测、KAZE 二进制斑点检测等。

考虑到尺度不变性等要求，针对煤矿巷道及设备特征选取 ORB、SIFT、SURF、KAZE 和 BRISK 五种特征检测方法进行图像关键点检测，并评价其在煤矿巷道图像关键点检测中的效果，最终提出一种适用性较强的煤矿巷道图像混合特征检测方法。

选取 3 类 10 种典型煤矿井下巷道场景进行不同图像特征检测方法的改进和验证。场景一是煤矿掘进机工作环境，包括掘进机截割头、掘进机机身、掘进机机尾；场景二是煤矿巷道环境，包括底板、顶板、迎头断面；场景三是其他煤矿环境，包括巷道、井下设备、采煤工作面、刮板运输机。场景一和场景二是煤矿巷道掘进机视觉位姿估计中必不可少的环境。选取场景三主要是为了考虑掘进机巡航行进中的定位和视觉位姿估计系统在煤矿环境中的适应性和稳定性。图像为视频相邻帧。采样分辨率为 680×425。10 种典型煤矿井下巷道场景不同图像特征检测方法时检测结果如图 3-10 所示。

由图 3-10 可知：① 对于煤矿掘进机工作环境，不同图像特征检测方法均能给出不错的特征点识别效果，但 SIFT 单幅图像特征识别平均耗时约 1.5 s，高于其余四种方法的。② 对于煤矿巷道环境，ORB 和 KAZE 可以识别出最多的特征点数；SURF 表现较差，在 680×425 像素的图像上仅仅平均提取了 69 个特征点。③ 在其他煤矿环境识别中，依然是 ORB 和 KAZE 给出了最佳的识别效果；ORB 特征点更集中于图像纹理和边界部位，KAZE 特征点则相对分散在亮度梯度变化较大的像素区域。综上所述，在特征点提取数量上，存在 ORB>KAZE>SIFT>BRISK>SURF 的规律；在特征识别效率上，存在 ORB>SURF>BRISK>KAZE>SIFT 的规律。

不同图像特征检测算法时，煤矿巷道图像特征点检测分布如图 3-11 所示。如图 3-11 中蓝色虚线所示，在对不同场景的煤矿巷道图像进行特征识别中，当存在掘进机等煤矿设备或多面交界等环境特征时，不同图像特征检测算法均可以检测出较多的特征点；而对于煤矿巷道、底板、顶板和刮板运输机等平面图像，各类算法检测出的特征点数量均有不同程度的下降，因此应尽可能利用巷道轮廓和井下设备等以提供足够的特征点。

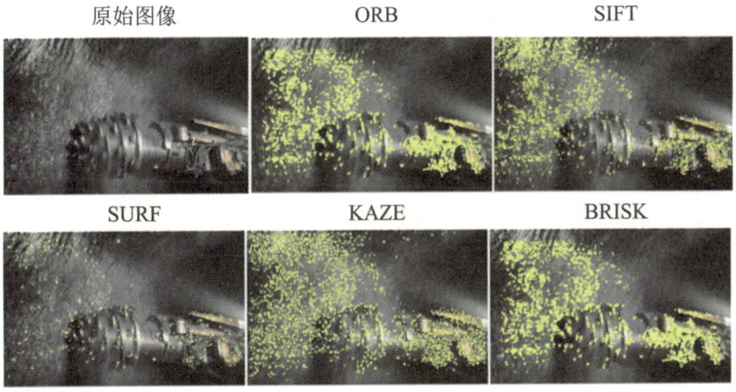

（a）掘进机截割头

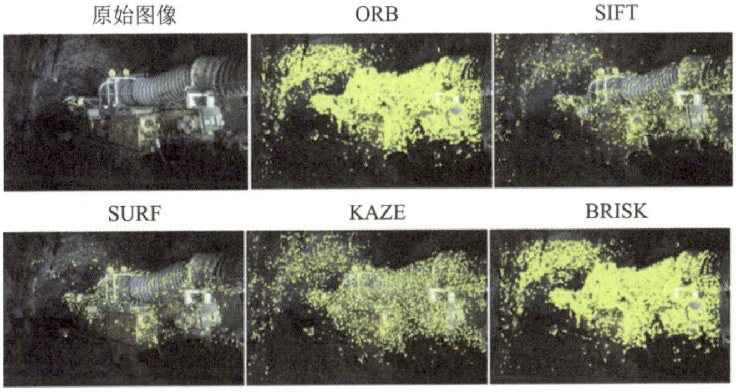

（b）掘进机机身

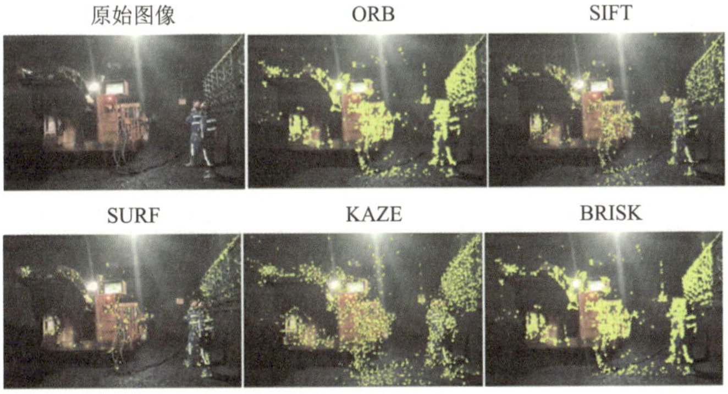

（c）掘进机机尾

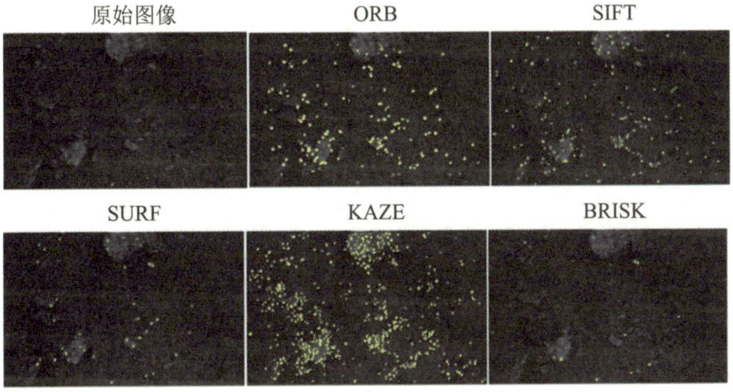

（d）底板

图 3-10　10 种典型煤矿井下场景不同图像特征检测方法时检测结果

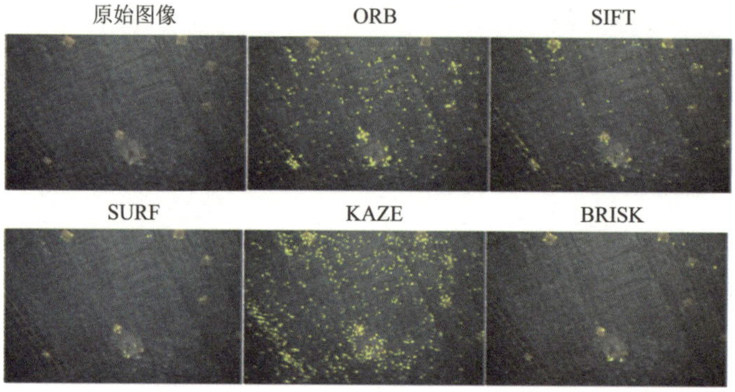

（e）顶板

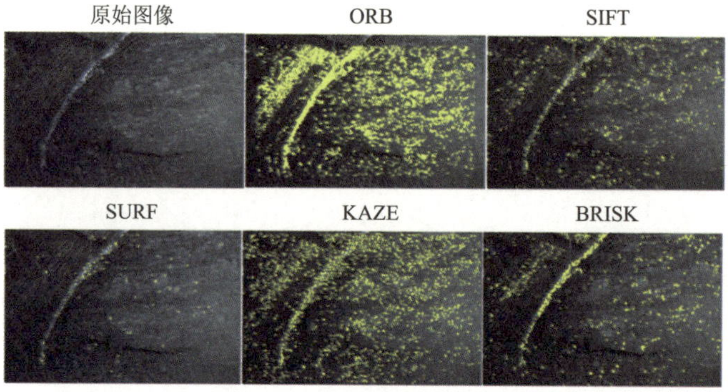

（f）迎头断面

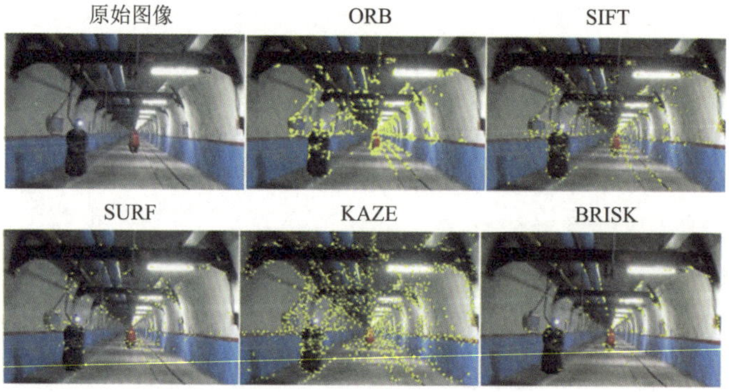

（g）巷道

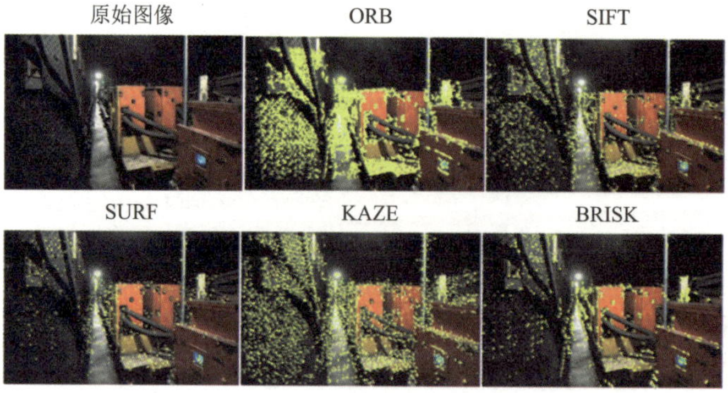

（h）井下设备

图 3-10 （续）

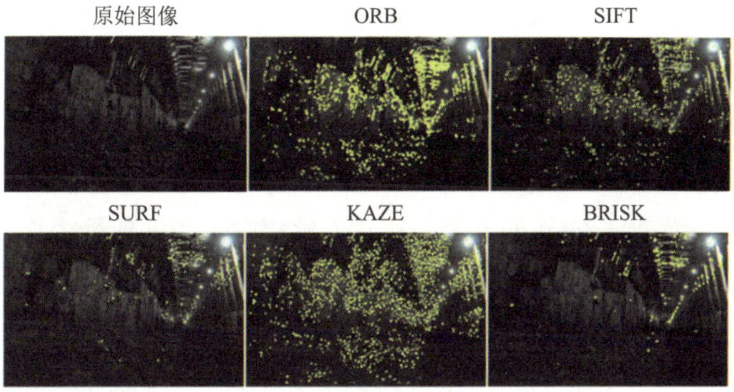

（i）采煤工作面

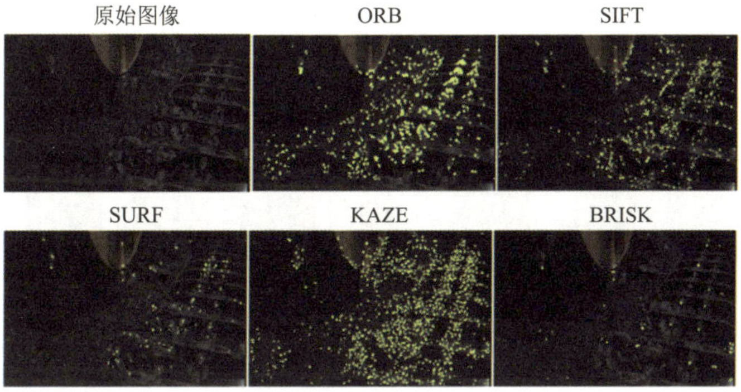

（j）刮板运输机

图 3-10　（续）

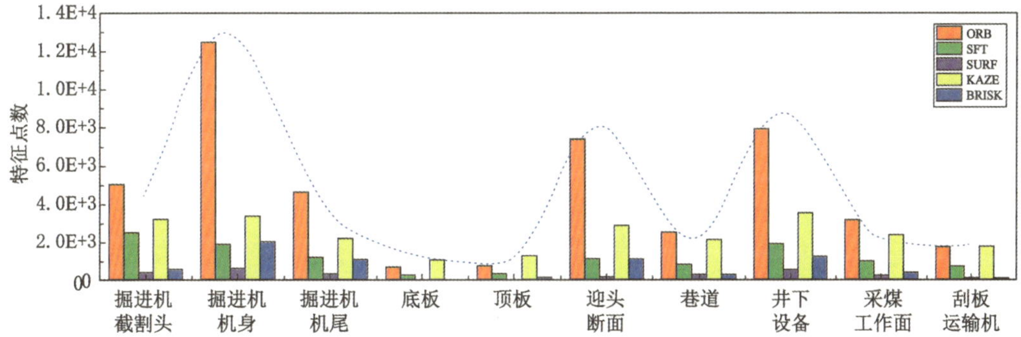

图 3-11　不同图像特征检测算法时煤矿巷道图像特征点检测分布

3.3.2　巷道图像特征匹配

煤矿巷道图像经过特征识别算法处理后，可以完成特征点的识别，并可以通过适当的描述子给出特征点的唯一性特征描述。煤矿巷道掘进机的位姿估计需要对连续图像序列进行特征点的匹配和跟踪，在完成特征点精确匹配的基础上，根据视觉对极约束估计出各帧图像之间相机及掘进机载体的位姿变化矩阵。

根据以上研究可知，ORB 特征、KAZE 特征和 BRISK 特征在特征点数和检测效率上具有明显的相对优势。为了更高效、更精确地对煤矿井下图像进行特征检测，还需要对不同特征检测算法的特征点匹配性能进行探究。基于 FLANN-RANSAC 算法对巷道图像特征点分别进行粗匹配和精匹配，其中快速近似最近邻（FLANN）算法适用于图像特征点数量较多的情况，可以实现图像特征的快速高效粗匹配，而随机抽样一致性（RANSAC）算法则可以有效地剔除误匹配的特征点对，构建出整幅图像的一致性模型。

不同特征检测算法的煤矿巷道图像特征点匹配性能如图 3-12 所示。由图 3-12 可以看出，在特征匹配率方面，SIFT、SURF 和 KAZE 要优于 ORB 和 BRISK；在特征匹配耗时方面，SURF 耗时最少，ORB 耗时较多，这与 ORB 特征点数较多有较大关系。

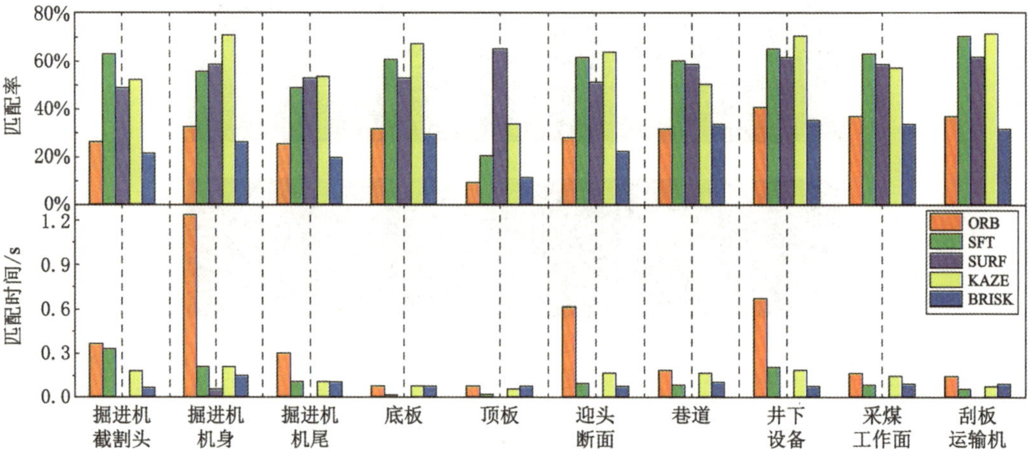

图 3-12　不同特征检测算法的煤矿巷道图像特征点匹配性能

不同特征检测算法的煤矿巷道图像特征点匹配效率如图 3-13 所示。由图 3-13 可以发现，在特征匹配效率方面，SURF 具有较大优势，KAZE 相对较高。

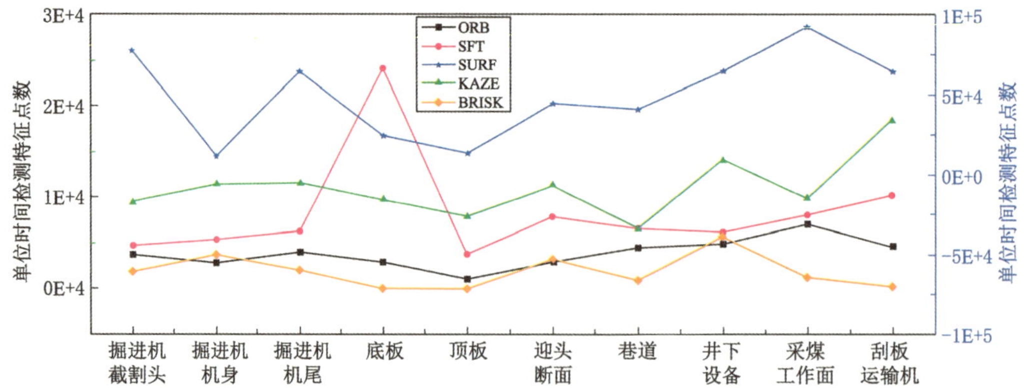

图 3-13　不同特征检测算法的煤矿巷道图像特征点匹配效率

综上所述，从特征的检测和匹配性能与效率等方面考虑，ORB 和 KAZE 算法对于煤矿井下图像特征具有较强的鲁棒性和较高的检测效率。因此，为了提升视觉定位系统在煤矿巷道掘进机定位中的效率和鲁棒性，利用上述混合特征检测与提取方法对采集到的巷道图像进行特征包（Bag of Features，BOF）制作。后续特征检测和识别过程中可以利用已有特征库进行快速检测。混合特征包的具体设计过程如图 3-14 所示。由于基于混合特征的 BOF 包含 ORB 和 KAZE 两种特征，因此需要设置两种特征的提取优先级和特征数量阈值。根据图 3-15 可知，在光照较好、图像特征较为明显的条件下，ORB 特征提取速度和综合效率具有明显的优势，因此应首先检测和提取图像的 ORB 特征。而 KAZE 特征相比之下具有更好的光照不变特性，能够在更恶劣的巷道环境下被正确提取，故在 ORB 特征数量不足以有效估计相机和载体的位姿时，应提取图像的 KAZE 特征进行系统位姿估计，以保证掘进机在低光照环境下的有效定位。

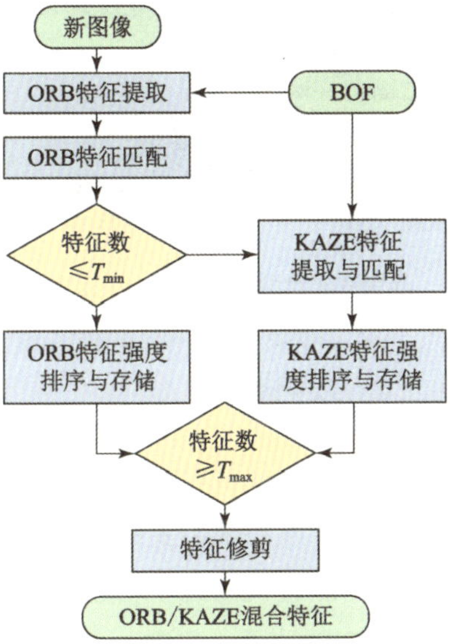

图 3-14　混合特征检测算法设计

以掘进机截割头和迎头断面图像的综合特征检测与匹配为例，分别对两种典型掘进场景图像进行 ORB 特征、KAZE 特征和混合特征的检测和匹配，其结果如图 3-15 所示。

由图 3-15 所知，掘进机截割头图像的 ORB 特征和 KAZE 特征检测时间分别为 0.0113 s 和 0.2681 s，匹配时间分别为 0.3601 s 和 0.1749 s，而图像的混合特征检测时间约为 0.3251 s，匹配时间约为 0.3915 s；掘进巷道迎头断面图像的 ORB 特征和 KAZE 特征检测时间分别为 0.0136 s 和 0.2931 s，匹配时间分别为 0.6109 s 和 0.1601 s，而图像的混合特征检测时间约为 0.3064 s，匹配时间约为 0.7154 s。由此可见，混合特征检测与匹配在仅少量增加计算用时资源的条件下可以有效提升图像的特征点检测数量及其匹配数量，有利于提升掘进机视觉位姿估计的精度。

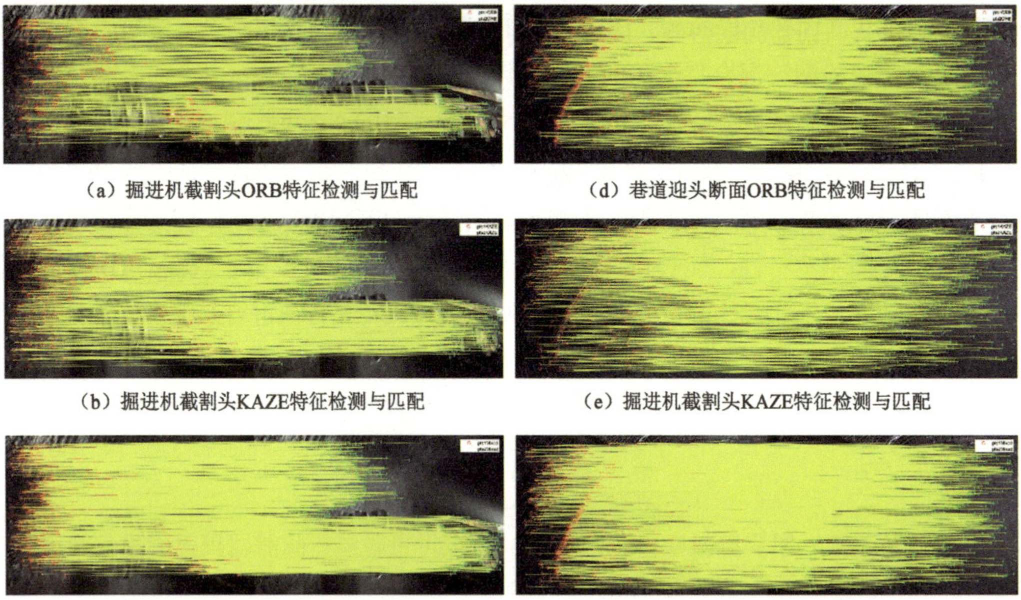

（a）掘进机截割头ORB特征检测与匹配
（d）巷道迎头断面ORB特征检测与匹配
（b）掘进机截割头KAZE特征检测与匹配
（e）掘进机截割头KAZE特征检测与匹配
（c）掘进机截割头混合特征检测与匹配
（f）巷道迎头断面混合特征检测与匹配

图 3-15　混合特征检测算法与单一特征检测算法对比

3.3.3　基于快速半全局匹配的视差图

在完成巷道图像特征点的匹配之后，便可以通过上节所述的双目视觉对极约束关系将左、右目图像进行极线对齐。提取的匹配特征需要通过稠密的立体配准生成双目视差图和三维点云，进而可以获得相机及载体掘进机的运动轨迹和相对环境的位置信息。以下针对双目图像的立体配准算法和视差深度估计进行研究。

在图像的立体配准中，主要有局部块配准（Block Matching，BM）、半全局配准（Semi-global Matching，SGM）和全局配准（Global Matching，GM）等方法。BM 方法评估两幅图像滑动窗口中的像素点的绝对差之和（Sum of Absolute Differences，SAD）。SAD 值越低，则两图像块越相似，执行速度快但精度一般。GM 方法视差计算最为精确但算法复杂度较高。因此，基于 SGM 方法通过选取每个像素点的视差，组成一个视差图，构建一个和视差图相关的全局能量函数，并使这个能量函数最小化，以达到求解每个像素最优视差的目的。

煤矿巷道双目图像视差配准如图 3-16 所示。为了模拟巷道的特征环境，在模拟巷道中进行巷道双目图像的采集，并进行 ORB 特征［图 3-16（a）］和 KAZE 特征［图 3-16（c）］的提取与匹配处理，得到特征匹配结果图［图 3-16（b）和图 3-16（d）］之后，对左右图像进行极线查询和双目视差配准方法验证。由图 3-16 可以明显看出，在巷道环境中采用 SGM 进行双目图像配准得到视差图［图 3-16（f）］相比于 BM 方法［图 3-16（e）］纹理更加丰富，视差分块不明显，可以为视觉深度估计提供更多的特征匹配信息。但与此同时，采用 SGM 方法进行巷道双目图像配准用时 0.042 s，而 BM 法仅用时 0.015 s。

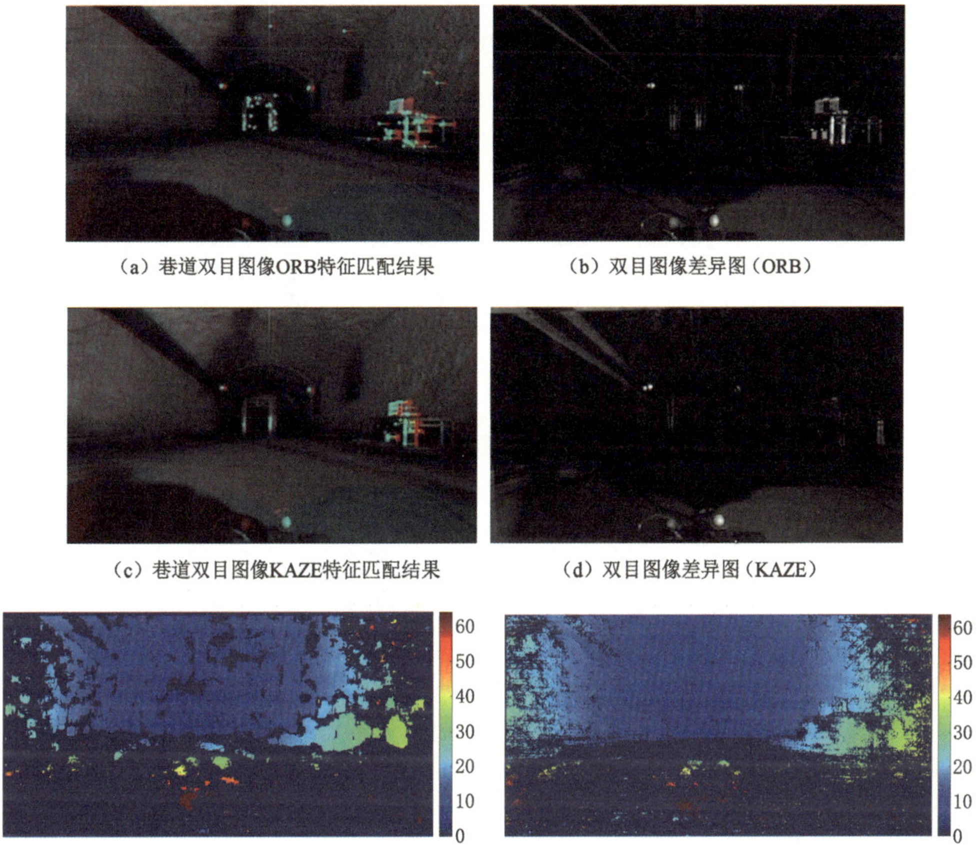

（a）巷道双目图像ORB特征匹配结果
（b）双目图像差异图（ORB）
（c）巷道双目图像KAZE特征匹配结果
（d）双目图像差异图（KAZE）
（e）局部块配准视差图
（f）半全局配准视差图

图 3-16　煤矿巷道双目图像视差配准

3.4　掘进机激光雷达定位方法与技术

激光雷达作为一种外部感知传感器，可以获取外部环境点云信息。煤矿巷道环境作为一种复杂、退化的环境，对于基于激光雷达的掘进机定位而言具有巨大的挑战性。在地下煤矿环境中，激光雷达传感器采集数据可靠性不足。在巷道环境中，激光雷达传感器将获得较大的噪声测量，这将引入不可忽略的误差。更严重的情况下，地下煤矿巷道环境属于非结构化场景，而激光雷达点云匹配的结果依赖于实际的几何特征。在退化的巷道场景中，激光雷达沿着巷道前进时，扫描得到的点云结构相似，使得匹配算法无法准确估计这个方向上的机器运动，错误的点云匹配会导致定位出现漂移。

3.4.1 激光雷达点云畸变矫正

3.4.1.1 激光雷达测量模型

不同激光发射通道具备不同的垂直俯仰角，通过匀速旋转，形成 360° 的水平方位角，并输出一帧点云。

多线激光雷达的测量模型为距离-方位角-俯仰角模型。如图 3-17 所示，坐标系原点为激光发射中心位置。根据距离值 R 、方位角 α 以及激光发射通道俯仰角 ω，可以在激光雷达坐标系中由三维极坐标测量值映射到笛卡尔坐标系，如式（3-13）所示。

$$\begin{bmatrix} X \\ Y \\ Z \end{bmatrix} = R \cdot \begin{bmatrix} \cos(\omega)\sin(\alpha) \\ \cos(\omega)\cos(\alpha) \\ \sin(\omega) \end{bmatrix} \tag{3-13}$$

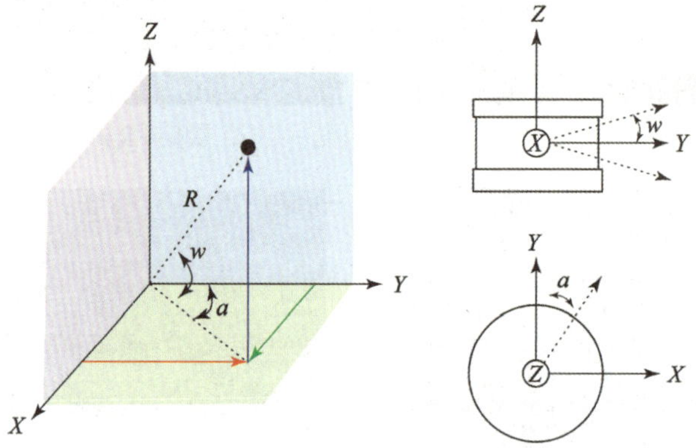

图 3-17 旋转式激光雷达坐标系定义

3.4.1.2 点云运动畸变去除

激光雷达在一个扫描周期内获取一帧点云。点云帧中各点的参考坐标系是实时激光雷达坐标系。此时若忽略激光雷达在一个扫描周期内的运动，则会误认为点云帧中各点的参考坐标系皆是固定的激光雷达坐标系，这就不可避免地出现点云畸变现象。

如图 3-18 所示，点云运动畸变主要分为平移畸变和旋转畸变。在真实环境（虚线圆环）中，真实传感器位姿（红色三角、红色线段）下的真实测量点位置（红色圆点），会因为错误的传感器位姿（绿色三角、绿色线段）而畸变到错误的测量点位置（绿色圆点）。

去除点云运动畸变的通常方法是利用激光点云帧中每个点的时间戳，通过惯性传感器的数据估计激光雷达的运动状态，进而将所有点云变换到同一个参考坐标系。位姿转换关系如式（3-14）所示。

$$^{L}\overline{\boldsymbol{P}}_i = {}_{L}^{W}\boldsymbol{T}_0^{-1} \cdot {}_{L}^{W}\boldsymbol{T}_i \cdot {}^{L}\boldsymbol{P}_i \tag{3-14}$$

其中，${}_{L}^{W}\boldsymbol{T}_0$ 表示一帧点云扫描开始时刻激光雷达在世界坐标系下的位姿；${}_{L}^{W}\boldsymbol{T}_i$ 表示由惯性

传感器估计得到 i 时刻激光雷达的位姿；${}^{L}\boldsymbol{P}_i$ 表示 i 时刻扫描点在激光雷达坐标系下的坐标；${}^{L}\overline{\boldsymbol{P}}_i$ 表示补偿畸变后的坐标。

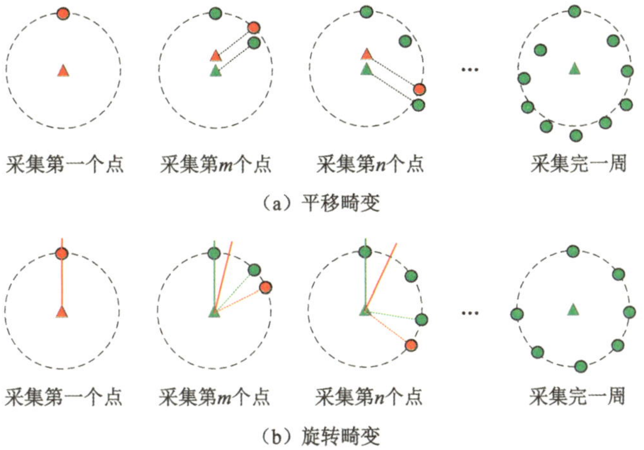

图 3-18　点云运动畸变示意图

3.4.2　巷道点云特征提取及强度辅助

激光雷达点云匹配是激光 SLAM（Simultaneous Localization and Mapping）中重中之重的一环，通过点云匹配算法可以计算连续点云帧的六自由度运动，从而输出激光里程计。多线激光雷达以无组织点云的形式输出大量扫描数据，每帧多达数万个数据点。在地下煤矿环境中，激光雷达所采集的点云数据通常会包括大量噪点以及无法提供几何约束的点云。使用这些点云数据来做点云匹配通常是不可靠并且十分耗时的。因此使用特征点来代替完整的数据帧以减少计算的时间消耗，对提高激光雷达点云匹配的实时性和精确性具有重要意义。

3.4.2.1　点云线面特征提取

由于激光雷达采集的点云信息只包含一堆无序的三维点，不方便直接提取点云中隐藏的环境信息，因此可以采用图像分割聚类的方法，提取出不同的环境几何特征。首先将激光雷达采集的 360° 三维点云投影到平面距离图像上，将三维空间上的点云投影为二维图像上的像素点。每个像素点记录该三维点到激光雷达传感器的距离，如图 3-19 所示。在距离图像上，不同行代表多线激光雷达的不同的扫描线束通道，不同列代表各扫描线束一个周期范围内的不同扫描角度。为了提升提取特征的有效性，避免特征分布不均匀，将 0 ～ 360° 的距离图像均匀分割为多段。在不同段中分别提取并保存大量特征，以达到特征均匀分布的目的。

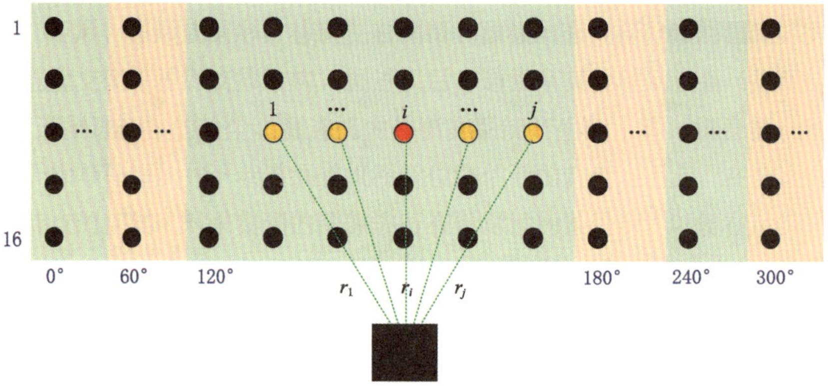

图 3-19 距离图像

计算距离图像上点的曲率，能够提取点云帧中有效的几何特征信息。点的曲率越大，表示扫描线束曲线在该点处的弯曲程度越大，则可定义这个点为边缘线点；相反，点的曲率越小，表示扫描线束曲线在该点处的弯曲程度越小，则可定义这个点为平面点。在点云中曲率较大的点被归类为边缘线特征，曲率较小的点被归类为平面特征。

$$c=\frac{1}{|S|\cdot\left\|r_i\right\|}\sum_{j\in S,j\neq i}\left\|r_j-r_i\right\| \tag{3-15}$$

该公式用来计算点 i 的曲率。S 为与点 i 处于相同扫描线上最邻近的 $2n$ 个连续点集，r_i 和 r_j 分别代表点 i 和 j 的距离值。

为了使特征提取之后的特征点集可以更有效地代表整帧点云，对于所取的点也有一定的限制。首先，提取点的周围的点不应该再被取到，这可以使整体的特征分布更加均匀。其次，所选取点不应与激光雷达扫描线束平行。图 3-20（a）中 B 点几乎与激光雷达扫描线束平行，当机器人在运动过程中发生轻微运动时，该点可能发生剧烈的变化，通常认为是不可靠的数据点。最后，避免选取遮挡区域边界上的点。图 3-20（b）中 A、B 点相邻并且距离值发生突变，这代表环境中存在不可观察的区域。A 点易被识别为边缘线点。机器人移动到另一个视角时，不可观察区域变化，则 A 点可能属于平面特征。

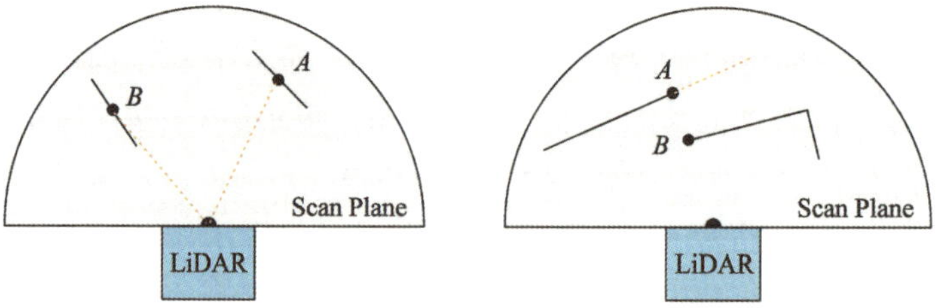

（a）与激光线束平行　　（b）断点

图 3-20 平行点及不可观察点示意图

在线面特征提取过程中，将距离图像分为 6 个区域，平面特征阈值设置为 0.1，边缘线特征阈值设置为 1.0，以获取充足的线面特征。在如图 3-21 所示的单帧点云中，绿色点表示边缘线特征点，紫色点表示平面特征点。通过线面特征提取，在降低了点云数据量的同时，保留了点云中的有效信息，能够反映环境信息。

（a）原始点云　　（b）线、面特征提取

图 3-21　线面特征提取

3.4.2.2　强度辅助特征提取

激光雷达特征匹配算法主要利用几何特征来构造点云间的约束关系，在一定程度上十分依赖环境中的几何特征。在地下巷道、长直走廊等环境，由于几何特征的稀疏，无法获取充足的场景几何特征还原机器的运动过程，导致 SLAM 的失效。因此，主要针对退化状态估计不完备的问题，展开退化状态估计点云匹配的鲁棒优化研究。

当激光雷达获取场景目标点三维坐标信息时，还记录了回波强度信息，如图 3-22 所示。在场景中，路障锥桶、汽车、墙壁等具有不同的强度信息。红色点云代表具备较高的强度信息，蓝色点云代表具备较低的强度信息。

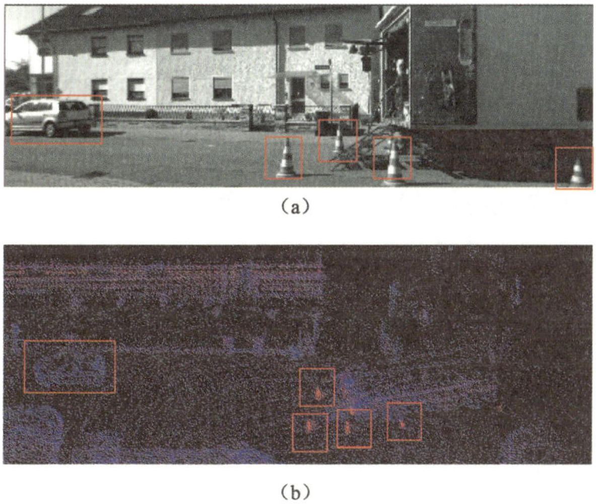

（a）

（b）

图 3-22　强度信息

通常，强度信息 I 与物体表面反射率 ρ 、激光入射角度 β 、三维点的测量距离 r 具有如下关系：

$$I \propto \frac{\rho \cos \beta}{r^2} \tag{3-16}$$

为了提高点云特征质量，删除强度过大或过小的点，因为此类点将影响雷达测距值精度。删除与激光线束平行点，因为此类点激光入射角度接近 0° 或 180°；删除遮挡区域边界点，因为此类点测量距离突变。因此，对激光雷达点云帧中同一线束中的临近点，扫描目标点属性接近，即激光入射角度与测量距离等波动不大，强度信息与物体表面反射率具有极大关联，十分有利于弥补几何特征较少带来的匹配退化。不同于几何特征提取，利用激光雷达强度信息对点云进行特征提取是通过点云中的点与附近点的强度关系进行的。采用这种提取方法得到的结果反映扫描目标表面材质的差别，有助于识别在多个点云帧中的相同特征。

但是激光强度信息的波段较少，若仅将单点的强度信息作为强度特征，极易在强度剧烈变化或者不变的组织结构中发生错误判断。因此，结合点云数据的结构特征，通过统计局部的多个点的强度信息提取强度特征：

$$\eta = \frac{1}{|S| \cdot \|I_i\|} \sum_{j \in S, j \neq i} \|I_j - I_i\| \tag{3-17}$$

该公式计算点 i 附近的强度差别。S 为与点 i 处于相同扫描线上最邻近的 $2n$ 个连续点集，I_i 和 I_j 分别代表点 i 和 j 的强度值。若相邻点之间的反射强度差别较大，则将其认为是强度特征。

由于强度特征表示不同反射率物体的轮廓边缘，因此可以将其认为是“边缘线特征”，从而辅助提取几何特征。对于第 $k+1$ 帧强度特征点云，其点云分布更加符合边缘线的几何特征，因此加入边缘线特征点集合 $\boldsymbol{P}_{k+1}^{e}$。

在典型巷道退化环境中利用强度辅助提取线面特征。该巷道环境特征退化，难以提取出充足的几何特征，其一帧点云如图 3-23（a）所示。由于在该环境墙壁上存在部分标志牌，因此，其点云帧的强度信息较为丰富，如图 3-23（b）所示。如图 3-23（c）所示，利用线面特征提取方法提取的边缘线特征稀疏，难以应用于特征匹配，而在图 3-23（d）所示的强度辅助特征提取方法中，识别出了标识牌的轮廓特征，大大增加了边缘线特征数量。

3.5 巷道点云特征匹配及退化检测

3.5.1 点线及点面特征匹配

点云匹配算法中最具代表性的是 ICP（Iterative Closest Point）算法。它的基本原理是寻找源点云与目标点云中的点对，通过最小化点对的距离残差得到点云帧间的最优位姿变换关系。利用 ICP 改进算法 Point-to-Line ICP 及 Point-to-Plane ICP 来完成点-线、点-面特征匹配。

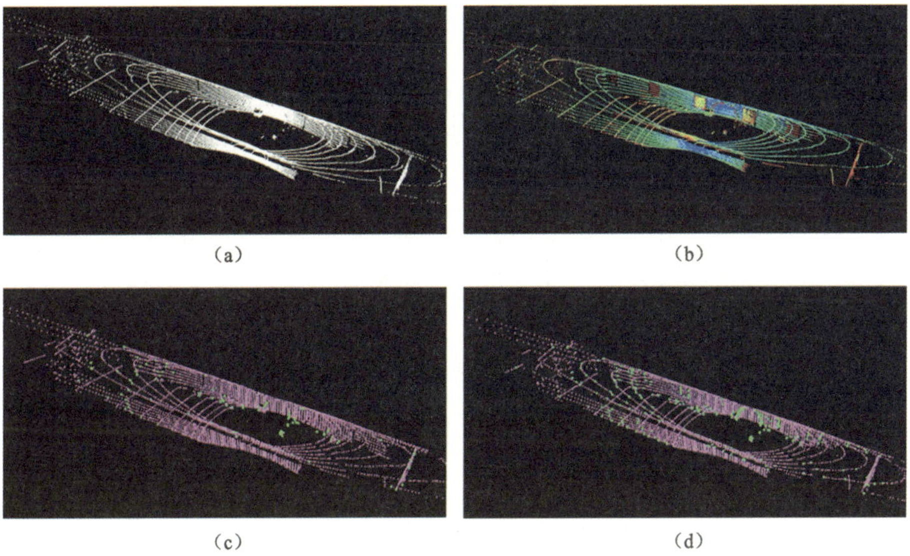

图 3-23　强度辅助提取线、面特征

3.5.1.1　Scan-to-Map 特征匹配

通过连续点云帧间匹配可还原机器的运动过程。由于帧间匹配只利用两帧激光雷达数据，极易因为数据的不可靠性而对位姿估计带来较大不利影响。并且每次帧间匹配得到的位姿都会有误差，将导致激光里程计的误差将随着时间不断累积。局部点云地图相比于单帧点云具有较大的可靠性，使用点云帧和局部地图进行 Scan-to-Map 点云匹配，可以降低单帧数据不可靠性带来的影响，进一步提高位姿估计的鲁棒性和准确性，降低积累误差。

图 3-24 为当前激光雷达点云帧与局部地图匹配的示意图。t_{k+1} 时刻的特征点云 $\boldsymbol{P}_{k+1}=\left\{\boldsymbol{P}_{k+1}^{e},\boldsymbol{P}_{k+1}^{P}\right\}$。通过滑动窗口的方法创建一个 t_k 时刻的局部点云地图 $\boldsymbol{M}_{k+1}=\left\{\boldsymbol{M}_{k}^{e},\boldsymbol{M}_{k}^{P}\right\}$，其中包含 n 个时刻的最近激光点云帧的边缘线特征和平面特征合并成的特征集合。局部点云地图 $\boldsymbol{M}_k$ 的参考坐标系为世界坐标系 $\{W\}$。$\boldsymbol{u}_k$ 为局部地图在 t_k 时刻相对于初始时刻 t_0 的全局位姿。当前时刻 t_{k+1} 的点云帧 $\boldsymbol{P}_{k+1}$ 与 $\boldsymbol{M}_k$ 匹配，优化 t_{k+1} 时刻 $\boldsymbol{P}_{k+1}$ 的全局位姿 $\boldsymbol{u}_{k+1}$，使 $\boldsymbol{P}_{k+1}$ 与 $\boldsymbol{M}_k$ 的匹配误差最小。

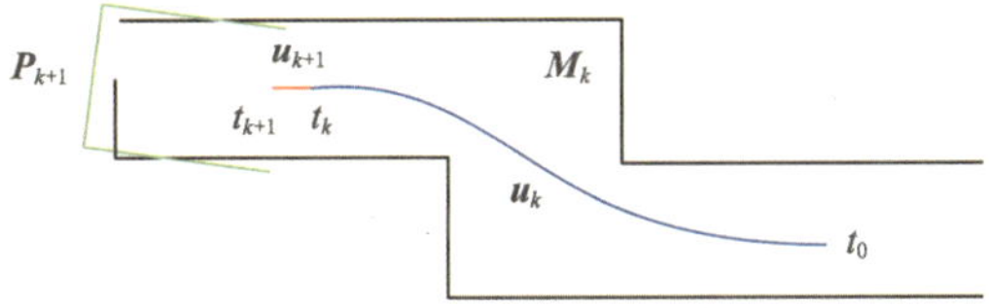

图 3-24　帧图匹配示意图

3.5.1.2 距离残差方程

对于第 $k+1$ 帧特征点云 $\boldsymbol{P}_{k+1}$ 中的边缘线特征点集合 $\boldsymbol{P}_{k+1}^e$，寻找 $\boldsymbol{P}_{k+1}^e$ 与在 $\boldsymbol{M}_k^e$ 中的邻近点组成的点到直线的距离表征点云间的约束关系。在图 3-25 中，点 $i \in \boldsymbol{P}_{k+1}^e$，边缘线由 $\boldsymbol{M}_k^e$ 中距离 i 最近的两点 (l, j) 构成。j 为 i 的最邻近点，l 为次邻近点。考虑到单个激光扫描线束不能包含来自同一边缘线的多个点，l 和 j 来自不同的扫描线束。同时为保证 l 和 j 关联的边缘线特征对应同一局部特征，故仅考虑上下相邻的两条扫描线束。

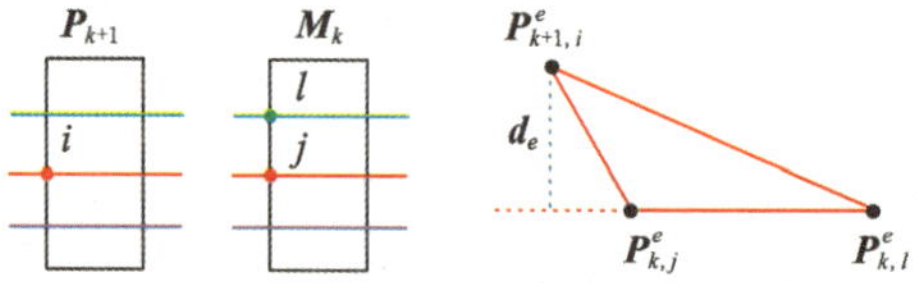

图 3-25　边缘线点几何约束关系

同理，对于第 $k+1$ 帧特征点云 $\boldsymbol{P}_{k+1}$ 中的平面特征点集合 $\boldsymbol{P}_{k+1}^p$，寻找 $\boldsymbol{P}_{k+1}^p$ 与在 $\boldsymbol{M}_k^p$ 中的邻近点组成的点到平面的距离表征点云间的约束关系。在图 3-26 中，点 $i \in \boldsymbol{P}_{k+1}^p$，平面特征由 $\boldsymbol{M}_k^p$ 中距离 i 最近的三点 (l, j, m) 构成。j 为 i 的最邻近点，l 为和 j 同一扫描线束上的次邻近点，m 为不同扫描线束上的次邻近点。为保证平面三点不共线，并且 l、j 和 m 关联的平面特征对应同一局部特征，故仅考虑上下相邻的两条扫描线束。

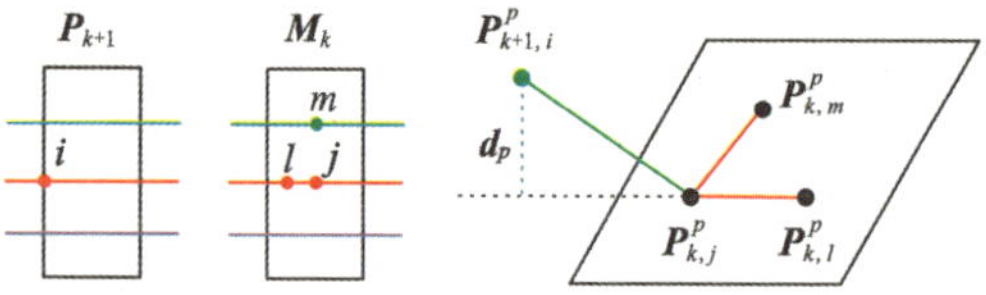

图 3-26　平面点几何约束关系

根据搜索得到的特征点对应关系，通过估计出联合最小化点-线、点-面距离残差的方式将激光点云帧 $\boldsymbol{P}_{k+1}$ 和局部点云地图 $\boldsymbol{M}_k$ 匹配，其计算方式为：

$$\min_{\boldsymbol{u}_{k+1}} \left\{ \sum_{\boldsymbol{p}_{k+1,i}^e \in \boldsymbol{P}_{k+1}^e} \boldsymbol{d}_e + \sum_{\boldsymbol{p}_{k+1,i}^p \in \boldsymbol{P}_{k+1}^p} \boldsymbol{d}_p \right\} \tag{3-18}$$

其中，$\boldsymbol{u}_{k+1}$ 是期望的最优变换，$\boldsymbol{u}_{k+1} = \{\theta_x, \theta_y, \theta_z, t_x, t_y, t_z\}$。

对于一个 $\boldsymbol{P}_{k+1}^e$ 中的边缘特征点 $\boldsymbol{p}_{k+1,i}^e$，$\boldsymbol{p}_{k,j}^e$ 和 $\boldsymbol{p}_{k,l}^e$ 是在 $\boldsymbol{M}_k^e$ 中匹配得到相应边缘线的点。则点到直线距离残差为：

$$\boldsymbol{d}_e = \frac{\left| \left(\boldsymbol{p}_{k+1,i}^e - \boldsymbol{p}_{k,j}^e \right) \times \left(\boldsymbol{p}_{k+1,i}^e - \boldsymbol{p}_{k,l}^e \right) \right|}{\left| \boldsymbol{p}_{k,j}^e - \boldsymbol{p}_{k,l}^e \right|} \tag{3-19}$$

对于一个 $\boldsymbol{P}_{k+1}^p$ 中的平面特征点 $\boldsymbol{p}_{k+1,i}^p$，$\boldsymbol{p}_{k,j}^p$、$\boldsymbol{p}_{k,l}^p$ 和 $\boldsymbol{p}_{k,m}^p$ 是在 $\boldsymbol{M}_k^p$ 中匹配得到相应平面的点。点到平面距离残差为：

$$d_p = \frac{\left|\left(p_{k+1,i}^p - p_{k,j}^p\right) \cdot \left[\left(p_{k,j}^p - p_{k,l}^p\right) \times \left(p_{k,j}^p - p_{k,m}^p\right)\right]\right|}{\left|\left(p_{k,j}^p - p_{k,l}^p\right) \times \left(p_{k,j}^p - p_{k,m}^p\right)\right|} \tag{3-20}$$

3.5.2　退化检测

激光雷达点云匹配恢复运动主要依靠源点云与目标点云中线面特征的约束关系。但是在如图 3-27 所示的巷道退化环境中，主要面特征法线方向、主要线特征方向较为一致，点-线、点-面匹配无法提供充足的约束关系，总存在并不唯一的位姿变换 $\boldsymbol{u}_{k+1}$ 使得距离残差函数中的 $\boldsymbol{d}_e \to 0, \boldsymbol{d}_p \to 0$ 成立。在实际场景中的特征退化现象不会呈现出图中的理想状况，但其在退化方向上的约束远远弱于特征良好方向的。为了降低这些错误匹配，引入退化检测机制，检测状态空间的退化方向及非退化方向，并在特征匹配的优化步骤中仅使用非退化方向的约束分量，忽略退化方向的约束分量。

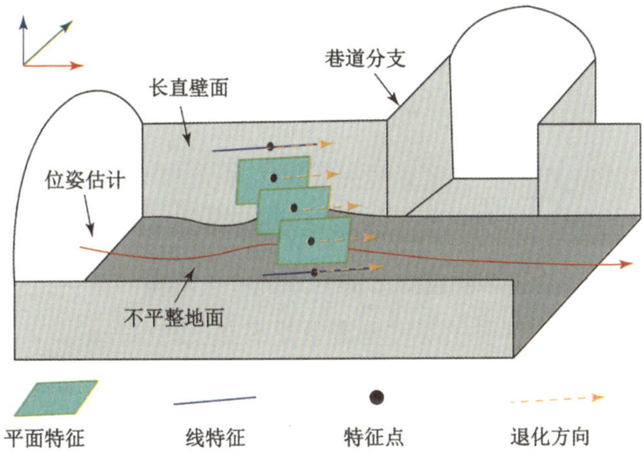

图 3-27　巷道退化特性

点-线、点-面特征匹配的非线性优化过程本质是求解最小二乘问题，即：

$$\min_x \|\boldsymbol{A}\boldsymbol{x} - \boldsymbol{b}\|^2 \tag{3-21}$$

本节采用退化因子进行退化检测及退化方向判断。对于方程 $\boldsymbol{A}\boldsymbol{x} = \boldsymbol{b}$，退化因子 D 定义为一个仅与 $\boldsymbol{A}^{\mathrm{T}}\boldsymbol{A}$ 特征值 λ 相关的量，即：

$$D = \lambda_{\min} + 1 \tag{3-22}$$

其中，$\lambda_{\min}$ 表示 $\boldsymbol{A}^{\mathrm{T}}\boldsymbol{A}$ 的最小的特征值。在点云特征匹配问题中，$\boldsymbol{A}$ 为目标函数的雅可比矩阵：

$$\boldsymbol{A} = \frac{\partial F(\boldsymbol{u}_{k+1})}{\partial \boldsymbol{u}_{k+1}} \tag{3-23}$$

$\boldsymbol{A}^{\mathrm{T}}\boldsymbol{A}$ 的六个特征向量及特征值，对应着 $\boldsymbol{u}_{k+1}$ 在状态空间的六个自由度。每个特征值都

描述了解在其相应特征向量方向上的退化程度。取 $\lambda_{\min}=\min\{\lambda_1,\cdots,\lambda_6\}$，并计算退化因子 D。当 D 小于退化阈值 D_{thr} 时，表明匹配出现退化，$\lambda_{\min}$ 对应的状态方向即为退化方向。

在非线性求解中，对于退化方向可以不用考虑，只考虑非退化方向解的增量。首先将 $\boldsymbol{A}^{\mathrm{T}}\boldsymbol{A}$ 的六个特征值以降序排列，并与退化阈值进行比较，在状态空间中分离条件良好的方向和退化的方向。定义两个矩阵：

$$\boldsymbol{V}=\left[\boldsymbol{v}_1,\cdots,\boldsymbol{v}_6\right]^{\mathrm{T}} \tag{3-24}$$

$$\overline{\boldsymbol{V}}=\left[\boldsymbol{v}_1,\cdots,\boldsymbol{v}_h,\boldsymbol{0},\cdots,\boldsymbol{0}\right]^{\mathrm{T}},h\in[0,6] \tag{3-25}$$

其中，$\boldsymbol{v}_1,\cdots,\boldsymbol{v}_6$ 分别对应着降序排列的六个特征值 $\lambda_1,\cdots,\lambda_6$；$\boldsymbol{v}_1,\cdots,\boldsymbol{v}_h$ 对应的特征值大于退化阈值，因此被视为条件良好的方向向量。

如图 3-28 所示，基于退化检测及强度辅助的特征匹配鲁棒优化从惯性里程计提供的预测开始。假设 $\boldsymbol{u}$ 为最小二乘问题的一个解，$\Delta\boldsymbol{u}$ 是非线性迭代中 $\boldsymbol{u}$ 的更新量，$\Delta\boldsymbol{u}$ 通过求解线性化系统方程来计算。在优化过程中，只在条件良好的方向上更新 $\boldsymbol{u}$，在退化的方向上保持初始猜测，即有：

$$\boldsymbol{u}\leftarrow\boldsymbol{u}+\boldsymbol{V}^{-1}\overline{\boldsymbol{V}}\Delta\boldsymbol{u} \tag{3-26}$$

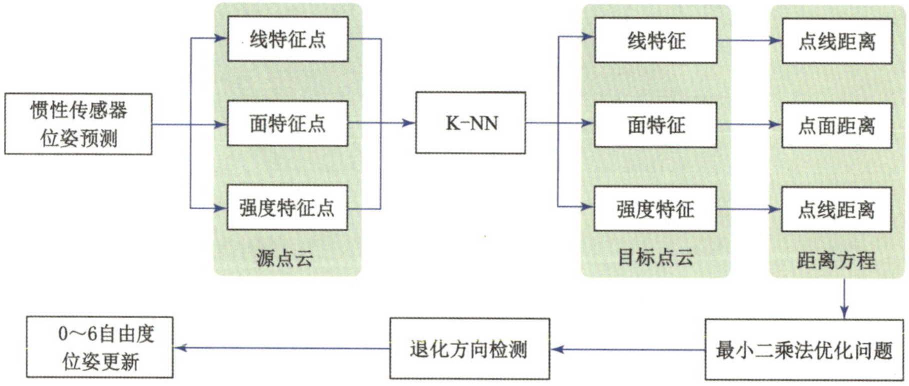

图 3-28　基于退化检测及强度辅助的特征匹配

若激光雷达感知条件良好，则在 6 自由度中优化运动，否则在 0 到 5 自由度中优化运动。若特征匹配完全恶化，则 $\overline{\boldsymbol{V}}$ 是一个零矩阵，将保持惯性预测位姿。

3.6 掘进机多传感融合自主定位方法

单传感器定位导航所能达到的精度和鲁棒性具有较大局限，因此采用不同定位技术相结合的方法来解决单传感器定位技术在实际应用中的局限性。视觉相机获取信息丰富，但它易受环境光照的影响，且帧速率低，在运动情况下对位姿估计误差大。惯性传感器数据速率高可在短时间内获得准确估计，能够有效减轻运动对相机的影响。同时相机能修正惯性传感器的读数漂移。视觉和惯性融合定位能够弥补单一视觉相机或惯性传感器的不足。激光雷达可以获得准确的距离信息，而惯性传感器可以在运动情况下准确获得角度和姿态信息。激光雷达和惯性测量单元融合可以克服激光定位过程中激光雷达垂直分辨率低、更新速率低以及由运动引起的失真等问题。

3.6.1　掘进机视觉与惯性融合定位

煤矿井下环境复杂，传统的 SLAM 技术进行掘进机的定位与建图，并且在视觉更新过程中不断地跟踪和维护大量的特征点。长时间的工作将会造成卡尔曼滤波器的维度爆炸现象，消耗大量的计算资源。而对于多状态约束卡尔曼滤波（Multi-State Constraint Kalman Filter，MSCKF）框架，在视觉更新过程中每一帧的特征点位置状态不作为滤波器的状态估计量，仅估计相机位姿信息，并且不关注由视觉特征点构建地图的环节，极大地减少了系统状态估计维数和计算资源消耗。因此，基于 MSCKF 实现掘进机在煤矿井下巷道视惯性融合定位系统的构建。里程编码器辅助的掘进机双目视觉惯性定位系统如图 3-29 所示。

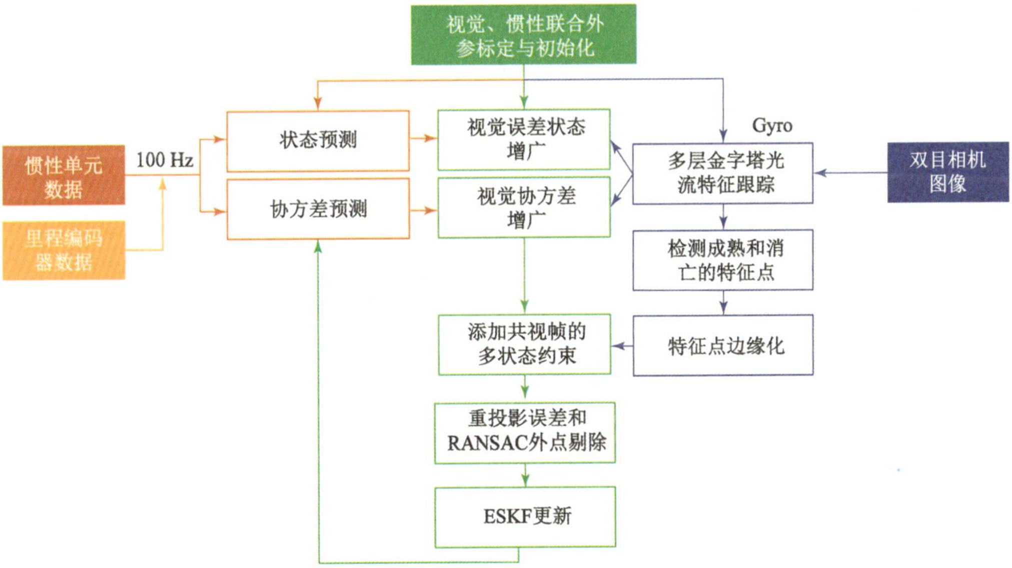

图 3-29　里程编码器辅助的掘进机双目视觉惯性定位系统

惯性单元、里程编码器和双目相机作为巷道掘进机定位的传感器基础。在经过视觉、惯性传感器的标定和初始化后，利用里程编码器和惯性单元数据根据离散化的掘进机误差状态运动学模型经过预积分处理得到下一时刻系统误差状态量及其协方差的预测值。下一时刻新的视觉图像输入后，对新的巷道图像利用多层差分高斯金字塔光流进行特征跟踪，同时利用滑动窗口对成熟和消亡的特征点进行精确三角化，并利用该特征点对当前滑窗内的多个相机位姿状态提供的几何约束来构建误差状态扩展卡尔曼滤波器的观测模型。在重投影误差计算中利用 RANSAC 算法剔除离群的特征点。根据扩展卡尔曼滤波框架的更新环节进行系统误差状态及其协方差的更新，以提升巷道掘进机视惯性定位系统精度和稳定性。

3.6.1.1 视惯性融合定位系统误差状态模型

使用惯性传感器单元测量数据求解掘进机载体位置、速度和姿态等过程中面临各种噪声的干扰，直接利用运动方程进行积分则会发生显著的漂移。使用卡尔曼滤波器融合视觉信息对惯性定位结果进行修正则可以有效抑制积分漂移现象。引入误差状态卡尔曼滤波（Error-state Kalman Filter, ESKF），将实际需要估计的状态分为名义状态和误差状态［见式（3-41）］。名义状态由惯性单元数据按照运动模型直接积分获得，其中不考虑噪声项。利用卡尔曼滤波估计系统的误差状态量，估计完成后利用误差状态量对名义状态积分结果进行修正，获得系统的真实状态量，然后重新将误差状态量置零并进行卡尔曼滤波器的循环预测和更新。

$$\boldsymbol{X}=\hat{\boldsymbol{X}}+\tilde{\boldsymbol{X}} \tag{3-27}$$

根据掘进机物理运动模型可知：

$$\begin{cases}\dot{\boldsymbol{p}}=\boldsymbol{v}\\ \dot{\boldsymbol{v}}=\mathrm{C}^{\mathrm{T}}\left(\boldsymbol{a}^{m}-\boldsymbol{b}^{a}-\boldsymbol{v}^{a}\right)-2[\boldsymbol{w}_{ie}\times]\boldsymbol{v}_{\mathrm{I}}-[\boldsymbol{w}_{ie}\times]^{2}\boldsymbol{p}_{\mathrm{I}}+\boldsymbol{g}\\ \dot{\boldsymbol{q}}=\dfrac{1}{2}\boldsymbol{q}\otimes(\boldsymbol{w}^{m}-\boldsymbol{C}\boldsymbol{w}_{ie}-\boldsymbol{b}^{g}-\boldsymbol{v}^{g})\\ \dot{\boldsymbol{b}}^{a}=\boldsymbol{n}^{a}\\ \dot{\boldsymbol{b}}^{g}=\boldsymbol{n}^{g}\\ \dot{\boldsymbol{g}}=0\end{cases} \tag{3-28}$$

整理出误差状态卡尔曼滤波器各惯性状态量相关的真实状态、名义状态和误差状态，如表 3-4 所示。

表 3-4　惯性状态量在 ESKF 中的表示

状态量	名义状态	误差状态	真实状态
位置	$\hat{\boldsymbol{p}}$	$\delta\boldsymbol{p}$	$\boldsymbol{p}=\hat{\boldsymbol{p}}+\delta\boldsymbol{p}$
速度	$\hat{\boldsymbol{v}}$	$\delta\boldsymbol{v}$	$\boldsymbol{v}=\hat{\boldsymbol{v}}+\delta\boldsymbol{v}$
旋转四元数	$\hat{\boldsymbol{q}}$	$\delta\boldsymbol{q}$	$\boldsymbol{q}=\hat{\boldsymbol{q}}\otimes\delta\boldsymbol{q}$
旋转矩阵	$\hat{\boldsymbol{C}}$	$\delta\boldsymbol{C}$	$\boldsymbol{C}=\hat{\boldsymbol{C}}\delta\boldsymbol{C}$
角度矢量	$\hat{\boldsymbol{\theta}}$	$\delta\boldsymbol{\theta}$	$\delta\boldsymbol{q}=e^{\delta\theta/2}$ $\delta\boldsymbol{C}=e^{[\delta\theta]_{\times}}$
里程编码器	$\hat{\boldsymbol{d}}^{o}$	$\delta\boldsymbol{d}^{o}$	$\boldsymbol{d}^{o}=\hat{\boldsymbol{d}}^{o}+\delta\boldsymbol{d}^{o}$
加速度计零偏	$\hat{\boldsymbol{b}}^{a}$	$\delta\boldsymbol{b}^{a}$	$\boldsymbol{b}^{a}=\hat{\boldsymbol{b}}^{a}+\delta\boldsymbol{b}^{a}$
陀螺仪零漂	$\hat{\boldsymbol{b}}^{g}$	$\delta\boldsymbol{b}^{g}$	$\boldsymbol{b}^{g}=\hat{\boldsymbol{b}}^{g}+\delta\boldsymbol{b}^{g}$

综合式（3-28）和表 3-4 可得名义状态变量和误差状态变量在连续时间下的微分方程分别如式（3-29）和式（3-30）所示。

$$\begin{cases} \dot{\hat{\boldsymbol{p}}} = \hat{\boldsymbol{v}} \\ \dot{\hat{\boldsymbol{v}}} = \hat{\boldsymbol{C}}^{\mathrm{T}}\left(\hat{\boldsymbol{a}}^{m} - \hat{\boldsymbol{b}}^{a} - \boldsymbol{v}^{a}\right) - 2[\boldsymbol{w}_{ie}\times]\hat{\boldsymbol{v}} - [\boldsymbol{w}_{ie}\times]^{2}\hat{\boldsymbol{p}} + \hat{\boldsymbol{g}} \\ \dot{\hat{\boldsymbol{q}}} = \hat{\boldsymbol{q}} \otimes \left(\hat{\boldsymbol{w}}^{m} - \hat{\boldsymbol{C}}\boldsymbol{w}_{ie} - \hat{\boldsymbol{b}}^{g} - \hat{\boldsymbol{v}}^{g}\right)/2 \\ \dot{\hat{\boldsymbol{b}}}^{a} = 0 \\ \dot{\hat{\boldsymbol{b}}}^{g} = 0 \\ \dot{\hat{\boldsymbol{g}}} = 0 \end{cases} \tag{3-29}$$

$$\begin{cases} \delta\dot{\boldsymbol{p}} = \delta\boldsymbol{v} \\ \delta\dot{\boldsymbol{v}} = -\boldsymbol{C}^{\mathrm{T}}[\hat{a}\times]\delta\boldsymbol{\theta} - \boldsymbol{C}^{\mathrm{T}}\delta\boldsymbol{b}^{a} - 2[\boldsymbol{w}_{ie}\times]\delta\boldsymbol{v} - [\boldsymbol{w}_{ie}\times]^{2}\delta\boldsymbol{p} - \boldsymbol{C}^{\mathrm{T}}\boldsymbol{v}^{a} \\ \delta\dot{\boldsymbol{\theta}} = -[\hat{\boldsymbol{w}}\times]\delta\boldsymbol{\theta} - \delta\boldsymbol{b}^{g} - \boldsymbol{v}^{g} \\ \delta\dot{\boldsymbol{b}}^{a} = \boldsymbol{n}^{a} \\ \delta\dot{\boldsymbol{b}}^{g} = \boldsymbol{n}^{g} \\ \delta\dot{\boldsymbol{g}} = 0 \end{cases} \tag{3-30}$$

其中，$\boldsymbol{\theta} = \left(\hat{\boldsymbol{w}}_{t}^{m} - \hat{\boldsymbol{b}}_{t}^{g}\right)\Delta t$；$\boldsymbol{v}^{a}$、$\boldsymbol{v}^{g}$、$\boldsymbol{n}^{a}$、$\boldsymbol{n}^{g}$ 分别为加速度计零偏不稳定性噪声、陀螺仪零偏不稳定性噪声、加速度计随机游走零均值高斯脉冲噪声、陀螺仪计随机游走零均值高斯脉冲噪声，其方差幅值均可由加速度计和陀螺仪的手册中获得。

3.6.1.2　误差状态的预测与传播

融合系统的状态估计一般分为两步进行：第一步是惯性系统状态的预测和更新；第二步是由惯性系统位姿结合视惯性系统外参对新增视觉图像的位姿进行预测。

（1）误差状态预测与增广

根据 Z 变换理论，惯性系统部分的误差状态系统方程可以表示为：

$$\dot{\hat{\boldsymbol{X}}}_{I} = \boldsymbol{f}\left(\hat{\boldsymbol{X}}_{I}, \boldsymbol{X}_{I}, \boldsymbol{u}_{I}, \boldsymbol{\tau}_{I}\right) = \boldsymbol{F}_{I}\left(\boldsymbol{X}_{I}, \boldsymbol{u}_{I}\right)\cdot\boldsymbol{X}_{I} + \boldsymbol{G}_{I}\cdot\boldsymbol{\tau}_{I} \tag{3-31}$$

其中，$\tilde{\boldsymbol{X}}_{I} \sim \boldsymbol{N}\left(\tilde{\boldsymbol{\mu}}_{I}, \boldsymbol{P}_{I}\right)$；$\boldsymbol{F}_{I}$ 为系统非线性函数 $f(\cdot)$ 对于误差状态 $\tilde{\boldsymbol{X}}_{I}$ 的雅克比矩阵，见式（3-32）；$\boldsymbol{G}_{I}$ 为系统非线性函数 $f(\cdot)$ 对于干扰噪声 $\boldsymbol{\tau}_{I}$ 的雅克比矩阵，见式（3-33）。

$$\boldsymbol{F}_{I} = \begin{bmatrix} 0_{3\times3} & \boldsymbol{I}_{3\times3} & 0_{3\times3} & 0_{3\times3} & 0_{3\times3} & 0_{3\times3} \\ -[\boldsymbol{w}_{ie}\times]^{2} & -2[\boldsymbol{w}_{ie}\times] & -\boldsymbol{C}^{\mathrm{T}}[\hat{\boldsymbol{a}}\times] & -\boldsymbol{C}^{\mathrm{T}} & 0_{3\times3} & 0_{3\times3} \\ 0_{3\times3} & 0_{3\times3} & -[\hat{\boldsymbol{w}}\times] & 0_{3\times3} & -\boldsymbol{I}_{3\times3} & 0_{3\times3} \\ 0_{3\times3} & 0_{3\times3} & 0_{3\times3} & 0_{3\times3} & 0_{3\times3} & 0_{3\times3} \\ 0_{3\times3} & 0_{3\times3} & 0_{3\times3} & 0_{3\times3} & 0_{3\times3} & 0_{3\times3} \\ 0_{3\times3} & 0_{3\times3} & 0_{3\times3} & 0_{3\times3} & 0_{3\times3} & 0_{3\times3} \end{bmatrix} \tag{3-32}$$

$$\boldsymbol{G}_I=\begin{bmatrix}0_{3\times3} & 0_{3\times3} & 0_{3\times3} & 0_{3\times3}\\ -\boldsymbol{C}^{\mathrm{T}} & 0_{3\times3} & 0_{3\times3} & 0_{3\times3}\\ 0_{3\times3} & -\boldsymbol{I}_{3\times3} & 0_{3\times3} & 0_{3\times3}\\ 0_{3\times3} & 0_{3\times3} & \mathrm{I}_{3\times3} & 0_{3\times3}\\ 0_{3\times3} & 0_{3\times3} & 0_{3\times3} & \mathrm{I}_{3\times3}\\ 0_{3\times3} & 0_{3\times3} & 0_{3\times3} & 0_{3\times3}\end{bmatrix} \tag{3-33}$$

其中，$\boldsymbol{w}_{ie}$ 为地球自转角速度；$\hat{\boldsymbol{a}}=\boldsymbol{a}^m-\boldsymbol{b}^a$ 为掘进机当前时刻的名义加速度；$\hat{\boldsymbol{w}}=\boldsymbol{w}^m-\boldsymbol{b}^g$ 为掘进机当前时刻的名义角速度。

根据卡尔曼滤波的步骤，ESKF 的状态预测和协方差预测方程为：

$$\begin{cases}\tilde{\boldsymbol{X}}_{I(k+1|k)}=\boldsymbol{\varPhi}_I\tilde{\boldsymbol{X}}_{I(k|k)}+(\boldsymbol{G}_{I(k|k)}\Delta t)\boldsymbol{\tau}_I\\ \boldsymbol{P}_{I(k+1|k)}=\boldsymbol{\varPhi}_I P_{I(k|k)}\boldsymbol{\varPhi}_I^{\mathrm{T}}+(\boldsymbol{G}_{I(k|k)}\Delta t)\boldsymbol{Q}_{I(k|k)}(\boldsymbol{G}_{I(k|k)}\Delta t)^{\mathrm{T}}\end{cases} \tag{3-34}$$

其中，$\boldsymbol{\varPhi}_I=\exp\left(\int \boldsymbol{F}_I(\tau)\mathrm{d}\tau\right)\cong \boldsymbol{I}+\boldsymbol{F}_{I(k|k)}\Delta t+(\boldsymbol{F}_{I(k|k)}\Delta t)^2/2$ 为惯性系统状态转移矩阵，考虑到积分时间区间较小，可以对其取二阶泰勒展开近似。

与此同时，视觉定位系统部分的位姿状态可以由惯性系统位姿和视惯性融合系统的外参矩阵进行预测。对于不含噪声和误差的相机位姿的名义状态为：

$$\begin{cases}{}^{C_{N+1}}_{\mathrm{G}}\hat{\bar{\boldsymbol{q}}}={}^{C}_{\mathrm{I}}\bar{\boldsymbol{q}}\otimes{}^{I_{N+1}}_{\mathrm{G}}\bar{\boldsymbol{q}}\\ {}^{G}\hat{\boldsymbol{p}}_{\mathrm{C}_{N+1}}={}^{G}\boldsymbol{p}_{\mathrm{I}_{N+1}}+{}^{I_{N+1}}_{\mathrm{G}}\hat{\bar{\boldsymbol{q}}}^{\mathrm{T}}\,{}^{I}\boldsymbol{p}_{\mathrm{C}}\end{cases} \tag{3-35}$$

其中，${}^{C_{N+1}}_{G}\hat{\bar{\boldsymbol{q}}}$、${}^{G}\hat{\boldsymbol{p}}_{C_{N+1}}$ 分别为新增相机的名义姿态四元数和位置矩阵；${}^{C}_{I}\bar{\boldsymbol{q}}$、${}^{I}\boldsymbol{p}_C$ 分别为惯性传感器与相机之间的四元数和位置矩阵，即外参；${}^{I_{N+1}}_{G}\hat{\bar{\boldsymbol{q}}}$、${}^{G}\hat{\boldsymbol{p}}_{I_{N+1}}$ 分别为新增相机图像时刻的惯性系统位姿名义姿态四元数和位置矩阵。

根据真实状态与名义状态的关系，可以通过对名义状态增加误差项计算出带误差和噪声的相机位姿的真实状态为：

$$\begin{cases}{}^{C_{N+1}}_{G}\bar{\boldsymbol{q}}=e^{(\delta\theta_{C_{N+1}\leftarrow G}\times)}\,{}^{C_{N+1}}_{G}\hat{\bar{\boldsymbol{q}}}={}^{C}_{I}\bar{\boldsymbol{q}}\otimes \mathrm{e}^{(\delta\theta_{I_{N+1}\leftarrow G}\times)}\,{}^{I_{N+1}}_{G}\hat{\bar{\boldsymbol{q}}}\\ {}^{G}\boldsymbol{p}_{C_{N+1}}={}^{G}\hat{\boldsymbol{p}}_{C_{N+1}}+\delta\,{}^{G}\boldsymbol{p}_{C_{N+1}}=\left({}^{G}\hat{\boldsymbol{p}}_{I_{N+1}}+\delta\,{}^{G}\boldsymbol{p}_{I_{N+1}}\right)+\left[\mathrm{e}^{(\delta\theta_{I_{N+1}\leftarrow G}\times)}\,{}^{I_{N+1}}_{G}\hat{\bar{\boldsymbol{q}}}\right]^{\mathrm{T}}\,{}^{I}\boldsymbol{p}_C\end{cases} \tag{3-36}$$

其中，$\delta\theta_{\mathrm{C}_{N+1}\leftarrow\mathrm{G}}$ 和 $\delta\,{}^{\mathrm{G}}\boldsymbol{p}_{\mathrm{C}_{N+1}}$ 即为第 $N+1$ 帧的位姿误差。

因为 ESKF 中讨论的状态向量为状态向量的误差，故每次新增图像产生的增广误差状态向量即为当前帧即第 $N+1$ 帧的位姿误差。

$$\begin{cases}\delta\boldsymbol{\theta}_{C_{N+1}\leftarrow G}={}^{C}_{I}\bar{q}\,\delta\boldsymbol{\theta}_{I_{N+1}\leftarrow G}\\ \delta\,{}^{G}\boldsymbol{p}_{C_{N+1}}=\delta\,{}^{G}\boldsymbol{p}_{I_{N+1}}+{}^{I_{N+1}}_{G}\hat{\bar{\boldsymbol{q}}}^{\mathrm{T}}({}^{I}\boldsymbol{p}_C\times)\delta\boldsymbol{\theta}_{I_{N+1}\leftarrow G}\end{cases} \tag{3-37}$$

最新图像帧的位姿误差状态相对于原有误差状态变量的 Jacobian 矩阵为：

$$\begin{cases}\dfrac{\partial\delta\boldsymbol{\theta}_{C_{N+1}\leftarrow G}}{\partial\delta\boldsymbol{\theta}_{I_{N+1}\leftarrow G}}=\boldsymbol{C}({}_I^C\hat{\boldsymbol{q}})\\ \dfrac{\partial\delta^G\boldsymbol{p}_{C_{N+1}}}{\partial\delta^G\boldsymbol{p}_{I_{N+1}}}=I\text{，}\dfrac{\partial\delta^G\boldsymbol{p}_{C_{N+1}}}{\partial\delta\boldsymbol{\theta}_{I_{N+1}\leftarrow G}}=C({}_G^{I_{N+1}}\hat{\boldsymbol{q}}^{\mathrm{T}})({}^Ip_C\times)\end{cases} \tag{3-38}$$

（2）协方差预测与增广

在系统状态预测之外，系统状态协方差矩阵也被用来预测下一时刻状态预测的不确定度。系统下一惯性时刻全局协方差矩阵传播方式为：

$$\begin{aligned}\boldsymbol{P}_{k+1|k}&=\begin{bmatrix}\boldsymbol{P}_{II(k+1|k)} & \boldsymbol{P}_{IC(k+1|k)}\\ \boldsymbol{P}_{IC(k+1|k)}^{T} & \boldsymbol{P}_{CC(k|k)}\end{bmatrix}\\ &=\begin{bmatrix}\boldsymbol{\Phi}_I\boldsymbol{P}_{II(k|k)}\boldsymbol{\Phi}_I^{\mathrm{T}}+(\boldsymbol{G}_{I(k|k)}\Delta t)\boldsymbol{Q}_{I(k|k)}(\boldsymbol{G}_{I(k|k)}\Delta t)^{\mathrm{T}} & \boldsymbol{\Phi}_I^{\mathrm{T}}\boldsymbol{P}_{IC(k|k)}\\ \boldsymbol{P}_{IC(k|k)}^{\mathrm{T}}\boldsymbol{\Phi}_I^{\mathrm{T}} & \boldsymbol{P}_{CC(k|k)}\end{bmatrix}\end{aligned} \tag{3-39}$$

当新的一帧图像信息加入系统观测序列之后，相机的姿态估计附加到状态向量中，相应的系统协方差矩阵可做如下增广：

$$\begin{aligned}\boldsymbol{P}_{k|k}^{[18+6(N+1)]\times[18+6(N+1)]}&=\left(\frac{\partial\delta\boldsymbol{T}_{C_{N+1}\leftarrow G}}{\partial\tilde{\boldsymbol{X}}}\right)\mathrm{P}_{k|k}^{(18+6N)\times(18+6N)}\left(\frac{\partial\delta\boldsymbol{T}_{C_{N+1}\leftarrow G}}{\partial\tilde{\boldsymbol{X}}}\right)^{\mathrm{T}}\\ &=\begin{bmatrix}\boldsymbol{P}_{k|k} & \boldsymbol{P}_{k|k}\boldsymbol{J}^{\mathrm{T}}\\ \boldsymbol{J}\boldsymbol{P}_{k|k} & \boldsymbol{J}\boldsymbol{P}_{k|k}\boldsymbol{J}^{\mathrm{T}}\end{bmatrix}\end{aligned} \tag{3-40}$$

其中，$\delta\boldsymbol{T}_{C_{N+1}\leftarrow G}=\begin{bmatrix}\delta\boldsymbol{\theta}_{C_{N+1}\leftarrow G} & \delta^G\boldsymbol{p}_{C_{N+1}}\end{bmatrix}$为相机位姿的误差状态变量；$\dfrac{\partial\delta\boldsymbol{T}_{C_{N+1}\leftarrow G}}{\partial\tilde{\boldsymbol{X}}}=\begin{bmatrix}I^{15+6N}\\ J\end{bmatrix}$为相机位姿协方差增广矩阵对误差状态的 Jacobian 矩阵。

Jacobian 矩阵中的偏导矩阵块 J 可由下式计算：

$$J=\begin{bmatrix}\dfrac{\partial\delta\boldsymbol{\theta}_{C_{N+1}}}{\partial\delta\boldsymbol{\theta}_{I_{N+1}}} & 0_{3\times9} & \dfrac{\partial\delta\boldsymbol{\theta}_{C_{N+1}}}{\partial\delta^G\boldsymbol{p}_{I_{N+1}}} & 0_{3\times6N}\\ \dfrac{\partial\delta^G\boldsymbol{p}_{C_{N+1}}}{\partial\delta\boldsymbol{\theta}_{I_{N+1}}} & 0_{3\times9} & \dfrac{\partial\delta^G\boldsymbol{p}_{C_{N+1}}}{\partial\delta^G\boldsymbol{p}_{I_{N+1}}} & 0_{3\times6N}\end{bmatrix}=\begin{bmatrix}\boldsymbol{C}({}_I^C\bar{\boldsymbol{q}}) & 0_{3\times9} & 0_{3\times3} & 0_{3\times6N}\\ \boldsymbol{C}_{\hat{q}}^{\mathrm{T}}({}^I\boldsymbol{p}_C\times) & 0_{3\times9} & I_{3\times3} & 0_{3\times6N}\end{bmatrix} \tag{3-41}$$

3.6.2　视觉观测模型与滤波更新

由于所提出的里程编码器辅助掘进机双目视觉惯性定位系统状态预测过程依赖于惯性系统状态的传播，而视觉系统状态预测也是在惯性系统状态的基础上结合相机与惯性单元的外参矩阵进一步传播和增广的，因此掘进机视觉惯性定位系统全局状态预测过程中必然会存在随时间累积的误差。鉴于双目视觉在掘进机运行过程中能够利用图像中的特征和双目视差深度等信息进行相机和载体位姿的测量，因此在视觉特征识别和跟踪的基础上进行视觉观测模型的构建，并基于视觉观测重投影误差对 ESKF 中的误差状态进行约束和滤波更新，进而限制和消减惯性系统积分累积误差的传播，提升掘进机双目视觉惯性定位系统的定位精度和鲁棒性。

视觉观测与滤波状态更新过程如图 3-30 所示。掘进机视觉惯性定位系统在运行过程中首先进行当前时刻的惯性状态预测（$\tilde{\boldsymbol{X}}_{\mathrm{IMU4}} \leftarrow \tilde{\boldsymbol{X}}_{\mathrm{IMU3}}$），在接收到新图像帧 $\boldsymbol{C}_{k4}$ 的信息后，原滑动窗口内的相机位姿（$\boldsymbol{T}_0$，$\boldsymbol{T}_1$，$\boldsymbol{T}_2$，$\boldsymbol{T}_3$）暂时保持不变，新图像帧对应的相机位姿状态被增广至全局状态中（$\tilde{\boldsymbol{X}}_4 \leftarrow \begin{bmatrix}\tilde{\boldsymbol{X}}_3 & \boldsymbol{T}_4\end{bmatrix}^{\mathrm{T}}$）。接下来，对于滑动窗口内各相机位姿下图像视觉特征（以 $\boldsymbol{f}_1$，$\boldsymbol{f}_2$，$\boldsymbol{f}_3$ 为例）进行识别和跟踪后，统计在所有相机位姿均能被观测到的成熟特征点（如 $\boldsymbol{f}_1$）和在最新相机位姿下已经观测不到的消亡特征点（如 $\boldsymbol{f}_2$），并对该类特征点进行三角化优化得出其三维全局坐标，再以对极约束和本质矩阵为基础计算成熟和消亡特征点（$\boldsymbol{f}_1$，$\boldsymbol{f}_2$）在归一化相机坐标系中坐标的估计值，对比特征点在归一化相机坐标系中的观测值和估计值获得每个特征点在各相机位姿中的重投影误差。将得到的特征点重投影误差进行线性化和左零空间投影处理后即可获得各相机位姿之间的约束关系，此时即可删除成熟和消亡特征点（$\boldsymbol{f}_1$，$\boldsymbol{f}_2$），同时将滑动窗口中仅能观测到成熟和消亡特征点的相机位姿（$\boldsymbol{T}_0$，$\boldsymbol{T}_1$）移除，并进行 ESKF 的状态和协方差更新。

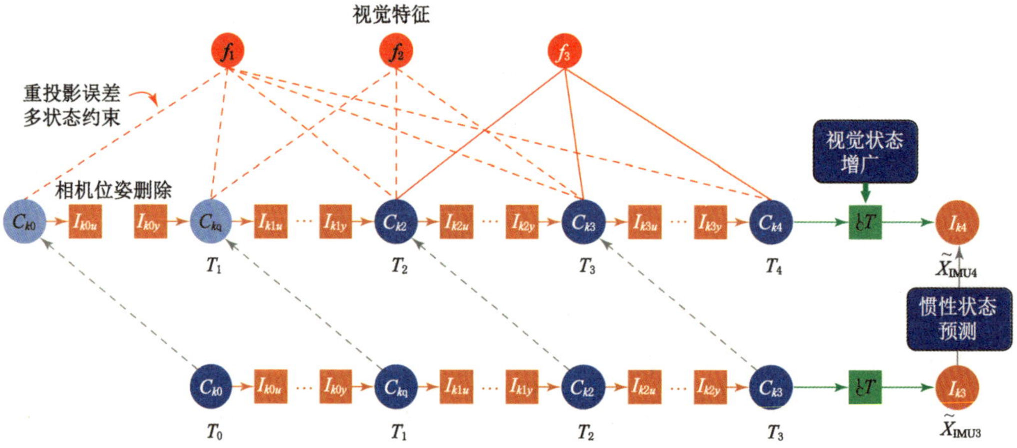

图 3-30　视觉观测与滤波状态更新过程示意图

（1）双目视觉观测模型

视觉观测中通常将特征点坐标通过相机内参矩阵转换到相机归一化平面的重投影误差作为约束。对于第 j 个成熟或消亡特征点，其在第 i 个相机中的重投影误差 $\boldsymbol{e}_i$ 可以由下式计算：

$$\boldsymbol{e}_i^{j4\times1} = z_i^j - \hat{z}_i^j \tag{3-42}$$

其中，z_i^j 为实际观测的特征点在双目相机归一化坐标系中的齐次坐标，见式（3-43）；$\hat{z}_i^j$ 为三角化的特征点在双目相机归一化坐标系中的齐次坐标，见式（3-44）。

$$\boldsymbol{Z}_i=\begin{bmatrix} x_{ci,1}/z_{ci,1} \\ y_{ci,1}/z_{ci,1} \\ x_{ci,2}/z_{ci,2} \\ y_{ci,2}/z_{ci,2} \end{bmatrix}+\boldsymbol{n}_c=\begin{bmatrix} (u-c_{xi,1})/f_{x,1} \\ (v-c_{yi,1})/f_{y,1} \\ (u-c_{xi,2})/f_{x,2} \\ (v-c_{yi,2})/f_{y,2} \end{bmatrix}+\begin{bmatrix} n_{c,1} \\ n_{c,1} \\ n_{c,2} \\ n_{c,2} \end{bmatrix} \tag{3-43}$$

$$\begin{aligned}\hat{\boldsymbol{Z}}_i &= \boldsymbol{T}_h{}^{\mathrm{C}}\hat{\mathrm{p}}'_c=\begin{bmatrix} \boldsymbol{T}_{h,1}{}^{C,1}\hat{\boldsymbol{p}}'_j \\ \boldsymbol{T}_{h,2}{}^{C,2}\hat{\boldsymbol{p}}'_j \end{bmatrix} \\ &= \begin{bmatrix} \begin{bmatrix} 1/\hat{z}_{tci,1} & 0 & 0 \\ 0 & 1/\hat{z}_{tci,1} & 0 \end{bmatrix}\boldsymbol{C}\left({}^{C_{i,1}}_{G}\hat{\bar{\boldsymbol{q}}}\right)\left({}^{G}\hat{\boldsymbol{p}}_j-{}^{G}\boldsymbol{p}_{C_{i,1}}\right) \\ \begin{bmatrix} 1/\hat{z}_{tci,2} & 0 & 0 \\ 0 & 1/\hat{z}_{tci,2} & 0 \end{bmatrix}\boldsymbol{C}\left({}^{C_{i,2}}_{G}\hat{\bar{\boldsymbol{q}}}\right)\left({}^{G}\hat{\boldsymbol{p}}_j-{}^{G}\boldsymbol{p}_{C_{i,2}}\right) \end{bmatrix} \\ &= \begin{bmatrix} \begin{bmatrix} 1/\hat{z}_{tci,1} & 0 & 0 \\ 0 & 1/\hat{z}_{tci,1} & 0 \end{bmatrix}\boldsymbol{C}\left({}^{C_{i,1}}_{G}\hat{\bar{\boldsymbol{q}}}\right)\left({}^{G}\hat{\boldsymbol{p}}_j-{}^{G}\boldsymbol{p}_{C_{i,1}}\right) \\ \begin{bmatrix} 1/\hat{z}_{tci,2} & 0 & 0 \\ 0 & 1/\hat{z}_{tci,2} & 0 \end{bmatrix}\boldsymbol{C}\left({}^{C_{i,2}}_{C_{i,1}}\hat{\bar{\boldsymbol{q}}}\right)\left({}^{C_{i,1}}\hat{\boldsymbol{p}}_j-{}^{C_{i,1}}\boldsymbol{p}_{C_{i,2}}\right) \end{bmatrix}\end{aligned} \tag{3-44}$$

其中，$\boldsymbol{n}_c$ 为归一化坐标系下的视觉测量误差噪声；$\boldsymbol{C}\left({}^{C_{i,1}}_{G}\hat{\bar{\boldsymbol{q}}}\right)$、$\boldsymbol{C}\left({}^{C_{i,2}}_{G}\hat{\bar{\boldsymbol{q}}}\right)$ 为世界坐标系到第 i 个左、右目相机坐标系的旋转矩阵；${}^{C,1}\hat{\boldsymbol{p}}'_j$、${}^{C,2}\hat{\boldsymbol{p}}'_j$ 为左、右目相机坐标系下特征点的位置坐标；${}^{G}\hat{\boldsymbol{p}}_j$ 为世界坐标系下特征点的位置坐标；${}^{G}\hat{\boldsymbol{p}}_{C_{i,1}}$、${}^{G}\hat{\boldsymbol{p}}_{C_{i,2}}$ 为世界坐标系下第 i 个左、右目相机的位置坐标。

为了构建视觉观测结果与系统全局误差状态向量的观测模型，需探究视觉重投影误差 $\boldsymbol{e}_i^j$ 与系统全局误差状态 $\tilde{\boldsymbol{X}}$ 和第 j 个特征点位置 ${}^{G}\hat{\boldsymbol{p}}_j$ 的函数关系。

首先假设视觉特征的重投影误差服从高斯分布，根据高斯—牛顿（Gauss-Newton）优化求解方法，将视觉特征的重投影误差在零点处近似线性化展开可得：

$$\underset{4\times1}{\boldsymbol{e}_i^j}\cong\underset{4\times(18+6N)}{\boldsymbol{H}_{X_i}^j}\ \underset{(18+6N)\times1}{\tilde{\boldsymbol{X}}_i}+\underset{4\times3}{\boldsymbol{H}_{f_i}^j}\ \underset{3\times1}{{}^{G}\hat{\boldsymbol{p}}_j}+\underset{4\times1}{\boldsymbol{n}_{ci}^j} \tag{3-45}$$

其中，$\boldsymbol{H}_{X_i}^j$、$\boldsymbol{H}_{f_i}^j$ 分别为视觉观测重投影误差关于全局误差状态向量 $\tilde{\boldsymbol{X}}_i$ 和特征点 ${}^{G}\hat{\boldsymbol{p}}_j$ 的 Jacobian 矩阵。由于 $\boldsymbol{H}_{X_i}^j=\begin{bmatrix}0_{4\times18} & \cdots & \boldsymbol{H}_{c_i}^j & \cdots & 0_{4\times6}\end{bmatrix}$，接下来讨论重投影误差关于视觉误差状态向量 $\tilde{\boldsymbol{X}}_{ci}$ 的 Jacobian 矩阵 $\boldsymbol{H}_{c_i}^j$ 及 $\boldsymbol{H}_{f_i}^j$；观测噪声 $\boldsymbol{n}_{ci}^j$ 的协方差为 $\boldsymbol{R}_c=\sigma_{\mathrm{image}}^2\boldsymbol{I}_4$，$\sigma_{\mathrm{image}}$ 取 0.16 像素。

根据矩阵链式相乘法则有：

$$\begin{cases} \boldsymbol{H}_{c_i}^j=\dfrac{\partial\boldsymbol{e}_i^j}{\partial\tilde{\boldsymbol{X}}_{ci}}=\dfrac{\partial\boldsymbol{e}_i^j}{\partial{}^{C_{i,1}}\boldsymbol{p}'_j}\dfrac{\partial{}^{C_{i,1}}\boldsymbol{p}'_j}{\partial\tilde{\boldsymbol{X}}_{ci}}+\dfrac{\partial\boldsymbol{e}_i^j}{\partial{}^{C_{i,2}}\boldsymbol{p}'_j}\dfrac{\partial{}^{C_{i,2}}\boldsymbol{p}'_j}{\partial\tilde{\boldsymbol{X}}_{ci}} \\ \boldsymbol{H}_{f_i}^j=\dfrac{\partial\boldsymbol{e}_i^j}{\partial{}^{G}\hat{\boldsymbol{p}}_j}=\dfrac{\partial\boldsymbol{e}_i^j}{\partial{}^{C_{i,1}}\boldsymbol{p}'_j}\dfrac{\partial{}^{C_{i,1}}\boldsymbol{p}'_j}{\partial{}^{G}\boldsymbol{p}_j}+\dfrac{\partial\boldsymbol{e}_i^j}{\partial{}^{C_{i,2}}\boldsymbol{p}'_j}\dfrac{\partial{}^{C_{i,2}}\boldsymbol{p}'_j}{\partial{}^{G}\boldsymbol{p}_j} \end{cases} \tag{3-46}$$

其中，

$$\frac{\partial \boldsymbol{e}_i^j}{\partial^{C_{i,1}}\boldsymbol{p}_j'}=\frac{1}{^{C_{i,1}}\hat{z}_j}\begin{bmatrix}1 & 0 & -\dfrac{^{C_{i,1}}\hat{x}_j}{^{C_{i,1}}\hat{z}_j}\\ 0 & 1 & -\dfrac{^{C_{i,1}}\hat{x}_j}{^{C_{i,1}}\hat{z}_j}\\ 0 & 0 & 0\\ 0 & 0 & 0\end{bmatrix};\quad \frac{\partial \boldsymbol{e}_i^j}{\partial^{C_{i,2}}\boldsymbol{p}_j'}=\frac{1}{^{C_{i,2}}\hat{z}_j}\begin{bmatrix}0 & 0 & 0\\ 0 & 0 & 0\\ 1 & 0 & -\dfrac{^{C_{i,2}}\hat{x}_j}{^{C_{i,2}}\hat{z}_j}\\ 0 & 1 & -\dfrac{^{C_{i,2}}\hat{x}_j}{^{C_{i,2}}\hat{z}_j}\end{bmatrix}$$

$$\frac{\partial^{C_{i,1}}\boldsymbol{p}_j'}{\partial\tilde{\boldsymbol{X}}_{ci}}=\left[\left(^{C_{i,1}}\boldsymbol{p}_j'\times\right)-\boldsymbol{C}\left(^{C_{i,1}}_{\mathrm{G}}\hat{\boldsymbol{q}}\right)\right];\quad \frac{\partial^{C_{i,2}}\boldsymbol{p}_j'}{\partial\tilde{\boldsymbol{X}}_{ci}}=\boldsymbol{C}\left(^{C_{i,1}}_{C_{i,1}}\hat{\boldsymbol{q}}\right)^{\mathrm{T}}\left[\left(^{C_{i,1}}\boldsymbol{p}_j'\times\right)-\boldsymbol{C}\left(^{C_{i,1}}_{\mathrm{G}}\boldsymbol{q}\right)\right]$$

$$\frac{\partial^{C_{i,1}}\boldsymbol{p}_j'}{\partial^{G}\hat{\boldsymbol{p}}_j}=\boldsymbol{C}\left(^{C_{i,1}}_{G}\hat{\boldsymbol{q}}\right);\quad \frac{\partial^{C_{i,2}}\boldsymbol{p}_j'}{\partial^{G}\hat{\boldsymbol{p}}_j}=\boldsymbol{C}\left(^{C_{i,1}}_{C_{i,2}}\hat{\boldsymbol{q}}\right)^{\mathrm{T}}\boldsymbol{C}\left(^{C_{i,1}}_{G}\boldsymbol{q}\right)$$

若第 j 个成熟或消亡特征点被 M 个相机观测到，则系统重投影误差观测为：

$$\underset{4M\times 1}{\boldsymbol{e}^j}\cong\underset{4M\times(18+6N)}{\boldsymbol{H}_X^j}\ \underset{(18+6N)\times 1}{\tilde{\boldsymbol{X}}}+\underset{4M\times 3}{\boldsymbol{H}_f^j}\ \underset{3\times 1}{^{G}\hat{\boldsymbol{p}}_{f_j}}+\underset{4M\times 1}{\boldsymbol{n}_c} \tag{3-47}$$

多观测帧重投影误差关于全局状态和特征点的 Jacobian 矩阵分布如图 3-31 所示，重投影误差关于全局状态的 Jacobian 矩阵仅在观测到该特征点的视觉观测帧对应的相机位姿下存在，即 $\boldsymbol{H}_{X_i}^j=\left[0_{4\times 18}\ \ \cdots\ \ \boldsymbol{H}_{c_i}^j\ \ \cdots\ \ 0_{4\times 6}\right]$，其他位置均为 0，而其关于特征点坐标向量的 Jacobian 矩阵则分布在最后一列。

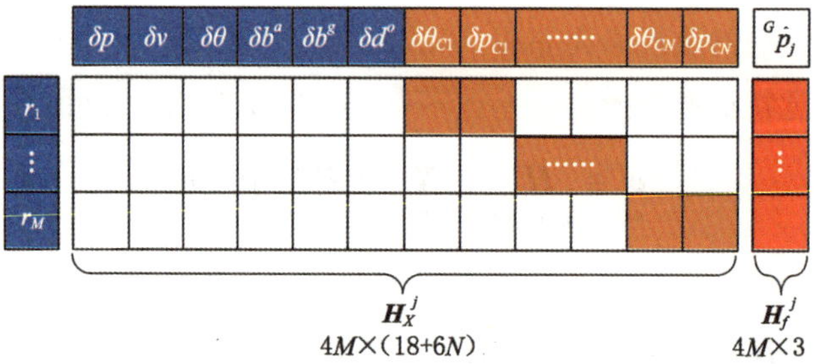

图 3-31　M 帧观测重投影误差关于全局状态和特征点的 Jacobian 矩阵分布

然而，由于系统视觉重投影误差除与系统误差状态向量有关之外，还与特征点的变化有关，从而导致了式（3-47）无法满足标准 ESKF 的观测模型。三维特征点是通过状态中的相机位姿三角化处理得到的，因此三维点与状态量之间必然存在一定的耦合关系。为了使重投影误差与误差状态向量呈线性化关系，且噪声为与状态向量无关的零均值高斯分布项，这里采用左零空间（Left Null Space）投影法将特征点项进行边缘化处理，以解除特征点不确定性对重投影误差的耦合影响。对式（3-47）两边同时左乘一个半正交矩阵（即 $\boldsymbol{A}^{\mathrm{T}}\boldsymbol{A}=\boldsymbol{I}$），$\boldsymbol{A}$ 的列即组成了 $\boldsymbol{H}_f^j$ 的左零空间，则有：

$$\begin{aligned}\underset{(4M-3)\times 1}{\boldsymbol{e}_0^j} &= \underset{(4M-3)\times 4M}{\boldsymbol{A}^{\mathrm{T}}} \boldsymbol{e}^j = \underset{(4M-3)\times(18+6N)}{\boldsymbol{A}^{\mathrm{T}}\boldsymbol{H}_X^j} \tilde{\boldsymbol{X}} + \underset{\substack{\Downarrow \\ 0}}{\boldsymbol{A}^{\mathrm{T}}\boldsymbol{H}_f^j} {}^G\hat{\boldsymbol{p}}_j + \underset{(4M-3)\times 1}{\boldsymbol{A}^{\mathrm{T}}\boldsymbol{n}_c^j} \\ &= \boldsymbol{H}_0^j \tilde{\boldsymbol{X}} + \boldsymbol{n}_0^j\end{aligned} \tag{3-48}$$

其中，在实际代码实现中并不需要 $\boldsymbol{A}^{\mathrm{T}}$ 的求解，$\boldsymbol{e}_0^j$ 和 $\boldsymbol{H}_0^j$ 可以通过吉文斯旋转（Givens Rotation）直接快速得出。

对于成熟的特征点，有可能出现观测到该特征点的图像帧已经超过了相机状态帧。此时，$\boldsymbol{H}_0^j$ 的行数大于列数。为了降低系统资源消耗，提升计算效率，需要对系统观测矩阵 $\boldsymbol{H}_0^j$ 进行 QR 分解：

$$\boldsymbol{H}_0^j = \begin{bmatrix}\boldsymbol{Q}_1 & \boldsymbol{Q}_2\end{bmatrix}\begin{bmatrix}\boldsymbol{T}_H \\ 0\end{bmatrix} \tag{3-49}$$

式（3-48）可以转化为：

$$\begin{bmatrix}\boldsymbol{Q}_1^{\mathrm{T}}\boldsymbol{e}_0^j \\ \boldsymbol{Q}_2^{\mathrm{T}}\boldsymbol{e}_0^j\end{bmatrix} = \begin{bmatrix}\boldsymbol{T}_H \\ 0\end{bmatrix}\tilde{\boldsymbol{X}} + \begin{bmatrix}\boldsymbol{Q}_1^{\mathrm{T}}\boldsymbol{n}_0^j \\ \boldsymbol{Q}_2^{\mathrm{T}}\boldsymbol{n}_0^j\end{bmatrix} \tag{3-50}$$

忽略仅为噪声项的 $\boldsymbol{Q}_2^{\mathrm{T}}\boldsymbol{n}_0^j$，则可得：

$$\boldsymbol{e}^j = \boldsymbol{Q}_1^{\mathrm{T}}\boldsymbol{e}_0^j = \boldsymbol{T}_H\tilde{\boldsymbol{X}} + \boldsymbol{Q}_1^{\mathrm{T}}\boldsymbol{n}_0^j \tag{3-51}$$

其中，观测噪声 $\boldsymbol{Q}_1^{\mathrm{T}}\boldsymbol{n}_0^j$ 的协方差矩阵为 $\boldsymbol{R} = \boldsymbol{Q}_1^{\mathrm{T}}\boldsymbol{A}^{\mathrm{T}}\boldsymbol{R}_c$。

至此，式（3-51）即为掘进机双目视觉惯性定位系统所需的视觉观测模型。该模型提供了所有观测帧之间对于特征点的共视约束，体现了视觉观测能给出的全部有效信息，保证了 ESKF 结果是最优估计的。

（2）成熟特征点位置精确估计

根据上述推导可知，系统观测模型是建立在特征点坐标已知的假设上的，特征点的三维坐标通过三角测量来优化得到，因此需要提前计算出特征点的三维坐标，且三角测量的精度将直接影响观测模型的准确性。特征点三角测量的优化精度主要与以下因素有关：① 理论上观测帧越多，三角化精度越高。为了获得足够多的观测，等到特征被跟丢后再用于观测更新，特征跟丢意味着该特征点的观测不会再继续增加。② 特征运动视差越大，三角化精度越高。因此首先判断特征点的视差，若特征之间视差不够，则将其丢弃掉，不进行三角化和观测更新。③ 使用经过 ESKF 更新后的相机位姿进行特征三角测量优化可以提升精度。

然而，三维空间特征点除受上述因素作用外，其不同的参数化形式也对其数值稳定性产生较大的影响。由于采用常用的三维笛卡尔坐标表示特征点 $\boldsymbol{p}_j(x_j, y_j, z_j)$ 在当前相机位姿下的位置时，其三轴坐标 x_j、y_j、z_j 之间可能存在明显的相关性，反映在协方差矩阵中则表现为非对角元素不为零，这影响协方差矩阵的对称性。而使用特征点的归一化相机坐标和逆深度（即深度的倒数）来参数化特征点 $\boldsymbol{p}_j(u_j, v_j, \rho_j)$，既可以在限制深度范围使其更符合高斯分布，又使其$u_j$、$v_j$、$\rho_j$之间近似独立，进而优化其位置协方差矩阵近似为对角阵，同时具有更好的数值稳定性。因此借助特征点逆深度参数化模型提升其三角化精度。

设特征点$\boldsymbol{p}_j(x_j, y_j, z_j)$，以初始化相机位姿$C_0$为参考，则点$\boldsymbol{p}_j$在第$i$帧相机位姿下的坐标可以表示为：

$$ {}^{C_i}\boldsymbol{p}_j = \boldsymbol{C}({}^{C_i}_{C_0}\boldsymbol{q}){}^{C_0}\boldsymbol{p}_j + {}^{C_i}\boldsymbol{p}_{C_0} \tag{3-52} $$

其中，$\boldsymbol{C}({}^{C_i}_{C_0}\boldsymbol{q})$、${}^{C_0}\boldsymbol{p}_j$、${}^{C_i}\boldsymbol{p}_{C_0}$分别为初始相机位姿到第$i$帧相机位姿的旋转矩阵、特征点在初始相机位姿下的坐标、初始相机位姿到第i帧相机位姿的平移向量。

将特征点$\boldsymbol{p}_j$的逆深度参数带入式（3-52），则有：

$$ \begin{aligned} {}^{C_i}\boldsymbol{p}_j &= {}^{C_0}z_j\left(\boldsymbol{C}({}^{C_i}_{C_0}\boldsymbol{q})\begin{bmatrix} {}^{C_0}x_j/{}^{C_0}z_j \\ {}^{C_0}y_j/{}^{C_0}z_j \\ 1 \end{bmatrix} + \frac{1}{{}^{C_0}z_j}{}^{C_i}\boldsymbol{p}_{C_0}\right) \\ &= \frac{1}{\rho}\left(\boldsymbol{C}({}^{C_i}_{C_0}\boldsymbol{q})\begin{bmatrix} \alpha \\ \beta \\ 1 \end{bmatrix} + \rho\,{}^{C_i}\boldsymbol{p}_{C_0}\right) = \frac{1}{\rho}\begin{bmatrix} f_{1i}(\alpha,\beta,\rho) \\ f_{2i}(\alpha,\beta,\rho) \\ f_{3i}(\alpha,\beta,\rho) \end{bmatrix} \end{aligned} \tag{3-53} $$

其中，$\alpha = {}^{C_0}x_j/{}^{C_0}z_j$、$\beta = {}^{C_0}y_j/{}^{C_0}z_j$、$\rho = 1/{}^{C_0}z_j$。

特征点$\boldsymbol{p}_j$在第i帧相机位姿的归一化坐标为：

$$ {}^{C_i}\hat{\boldsymbol{h}}_j = \frac{1}{f_{3i}}\begin{bmatrix} f_{1i} \\ f_{2i} \end{bmatrix} \tag{3-54} $$

设特征点$\boldsymbol{p}_j$在第$1\sim m$帧相机位姿下的归一化观测坐标和预测坐标分别为${}^{C_1}\boldsymbol{h}_j \sim {}^{C_m}\boldsymbol{h}_j$和${}^{C_1}\hat{\boldsymbol{h}}_j \sim {}^{C_m}\hat{\boldsymbol{h}}_j$。为了最优化估计特征点在初次观测相机位姿下的坐标${}^{C_0}\boldsymbol{p}_j(\hat{\alpha},\hat{\beta},\rho)$，使用其在其他相机位姿下的观测坐标和基于初次观测值推导的预测坐标构建关于${}^{C_0}\boldsymbol{p}_j(\alpha,\beta,\rho)$的最小二乘法优化估计问题为：

$$ \min_{{}^{C_0}\boldsymbol{p}_j(\alpha,\beta,\rho)} \frac{1}{2}\sum_{i=1}^{m}\left\|\boldsymbol{r}_j(\alpha,\beta,\rho)\right\|^2 = \min_{(\alpha,\beta,\rho)} \frac{1}{2}\sum_{i=1}^{m}\left\|{}^{C_i}\boldsymbol{h}_j - {}^{C_i}\hat{\boldsymbol{h}}_j\right\|^2 \tag{3-55} $$

对上述优化函数进行展开和求导处理，可得其对应的增量方程为：

$$ \boldsymbol{J}^{\mathrm{T}}\boldsymbol{J}\boldsymbol{\delta}_j = -\boldsymbol{J}\boldsymbol{r} \tag{3-56} $$

观测坐标和估计坐标之误差对优化参数的 Jacobian 矩阵和残差向量为：

$$ \begin{cases} \boldsymbol{J} = \begin{bmatrix} \boldsymbol{J}_1 & \boldsymbol{J}_2 & \cdots & \boldsymbol{J}_m \end{bmatrix}^{\mathrm{T}} \\ \boldsymbol{r} = \begin{bmatrix} \boldsymbol{r}_1 & \boldsymbol{r}_2 & \cdots & \boldsymbol{r}_m \end{bmatrix}^{\mathrm{T}} \end{cases} \tag{3-57} $$

其中

$$\boldsymbol{J}_i=\frac{\partial \boldsymbol{r}_i}{\partial(\alpha,\beta,\rho)}=-\frac{\partial {}^{C_i}\hat{\boldsymbol{h}}_j}{\partial \boldsymbol{f}}\frac{\partial \boldsymbol{f}}{\partial(\alpha,\beta,\rho)}$$
$$=-\begin{bmatrix}\frac{1}{f_{1i}} & 0 & -\frac{f_{1i}}{f_{3i}^2}\\ 0 & f_{3i} & -\frac{f_{2i}}{f_{3i}^2}\end{bmatrix}\left(\boldsymbol{C}({}^{C_i}_{C_0}\boldsymbol{q})\begin{bmatrix}1\\0\\0\end{bmatrix}\quad \boldsymbol{C}({}^{C_i}_{C_0}\boldsymbol{q})\begin{bmatrix}0\\1\\0\end{bmatrix}\quad {}^{C_i}\boldsymbol{p}_{C_0}\right) \tag{3-58}$$

利用高斯-牛顿法迭代求解增量方程并获得特征点在首个观测到它的相机帧下的坐标 ${}^{C_0}\boldsymbol{p}_j(\hat{\alpha},\hat{\beta},\rho)$。根据式（3-59）便可将初始参考相机位姿坐标系 C_0 下的特征点坐标转换到世界坐标系下，恢复出特征点的最优世界坐标。

$${}^{G}\hat{\boldsymbol{p}}_j=\frac{1}{\hat{\rho}}\boldsymbol{C}({}^{G}_{C_0}\boldsymbol{q})\begin{bmatrix}\hat{\alpha}\\ \hat{\beta}\\ 1\end{bmatrix}+{}^{G}\boldsymbol{p}_{C_0} \tag{3-59}$$

在实际程序代码实现中，考虑到三角化精度的影响因素，这里取观测到该特征点的第一帧的左相机归一化坐标和观测到该特征点的最后一帧的右相机归一化坐标进行三角测量优化来估计深度，其目的是通过足够大的相机位姿平移来保证特征点三维坐标的高精度。

（3）基于滑窗的视觉观测更新机制

根据式（3-51）提供的掘进机双目视觉惯性定位系统所需的视觉观测模型和 ESKF 更新步骤，可以计算出新的视觉观测产生的卡尔曼滤波器增益为：

$$\boldsymbol{K}_{k+1}=\boldsymbol{P}_{k+1|k}\boldsymbol{T}_{H(k+1)}^{\mathrm{T}}(\boldsymbol{T}_{H(k+1)}\boldsymbol{P}_{k+1|k}\boldsymbol{T}_{H(k+1)}^{\mathrm{T}}+\boldsymbol{R}_{k+1})^{-1} \tag{3-60}$$

由于式（3-27）所示误差状态和真实状态的区别，基于 ESKF 的掘进机视觉惯性定位系统状态更新与式（3-13）不同：

$$\tilde{\boldsymbol{X}}_{k+1}=\boldsymbol{K}_{k+1}\boldsymbol{e} \tag{3-61}$$

值得注意的是，在真实状态更新后，需要将式（3-61）中的误差状态 $\tilde{\boldsymbol{X}}_{k+1}$ 置零再进行下一循环中的误差状态预测和更新。

为保证更新后的协方差仍是对称正定矩阵，掘进机视觉惯性定位系统需要使用如下对称正定式协方差更新公式：

$$\boldsymbol{P}_{k+1}=\left[\boldsymbol{I}-\boldsymbol{K}_{k+1}\boldsymbol{T}_{H(k+1)}\right]\boldsymbol{P}_{k+1|k}\left[\boldsymbol{I}-\boldsymbol{K}_{k+1}\boldsymbol{T}_{H(k+1)}\right]^{\mathrm{T}}+\boldsymbol{K}_{k+1}\boldsymbol{R}_{k+1}\boldsymbol{K}_{k+1}^{\mathrm{T}} \tag{3-62}$$

掘进机视觉惯性定位系统更新机制如下：在对惯性帧进行积分预测和对新图像帧进行特征跟踪后，系统首先判断第一次观测到某特征点时的相机位置和最后一次观测到该特征点时的相机位置（当前相机位置）是否存在足够的平移，若相机运动不满足最小阈值要求，则判断与关键相机位姿相近的位置存在较新冗余相机位姿；若相机运动满足最小阈值要求，则进行特征点位置估计，进而计算视觉观测模型的观测矩阵，此时可以进入观测更新阶段，并修正系统状态和协方差。进一步对滑动窗口中的相机位姿数进行检测，若相机位姿未超出最大阈值要求，则系统在观测更新之后重置系统的误差状态并进入下一预测和更新循环过程；若相机位姿超出最大阈值要求，则判断为较老的相机位姿存在冗余，此时系统里较新的冗余相机位姿和较老的冗余相机位姿达到两帧时，则遍历这两个位姿产生共视的所有特征点，并构建特征雅可比矩阵，删除冗余相机位姿的观测，对这些共视点和 2 个相机位姿进行 ESKF 更新。最终从相机状态向量里删除冗余相机位姿和状态协方差里关于冗余相机位姿的矩阵块即可。

3.6.3 掘进机激光雷达与惯性融合定位

通过激光雷达点云信息及特征匹配得到掘进机位姿进行关联并构建地图，随着机器人行驶距离增加，点云特征匹配的误差也在不断积累，将导致地图出现偏移和扭曲。而基于优化的传感器融合方案，可以综合考虑所有时刻的有效传感器数据，乃至对过去时刻的里程计信息做出更新和调整，从而降低积累误差。基于此，采用基于位姿图的优化方式来解决以上问题，即由点云特征匹配获取激光里程计，结合闭环检测以及惯性传感器数据所构成的约束，计算最优位姿。

3.6.3.1 位姿估计图优化方法

基于优化的 SLAM 方法通常分两步进行。首先识别传感器观测数据和地图之间的约束关系。然后计算给定约束情况下的机器位姿和地图。因此，SLAM 问题的核心是根据传感器观测数据，计算机器的运动轨迹和地图。如式（3-13）和式（3-14）所示，移动机器的运动方程用于描述从 $k-1$ 到 k 时刻的位姿变化，传感器的观测方程用于描述在 x_k 处获取的观测数据 z_k。

$$x_k = f(x_{k-1}) \tag{3-63}$$

$$z_k = h(x_k) \tag{3-64}$$

误差函数可以表示为 $e_k = z_k - h(x_k)$。SLAM 问题则以位姿 x_k 为优化变量，以误差作为优化目标函数，即：

$$\min_x F_k(x_k) = \frac{1}{2}\|e_k\|_2^2 \tag{3-65}$$

图优化指以图的形式来表达一个常规的优化问题。SLAM 问题可以表示成位姿图，如图 3-32 所示。在 SLAM 位姿图中，顶点表示待优化变量，对应机器位姿 x_k，相应的边表示两个位姿间的相对运动约束，如点云匹配激光里程计数据、闭环约束及惯性传感器测量数据等。边的方程为：

$$\Delta \boldsymbol{T}_{ij} = \boldsymbol{T}_i^{-1} \cdot \boldsymbol{T}_j \tag{3-66}$$

其中，每条边由其误差函数 e_{ij} 和信息矩阵 $\boldsymbol{W}_{ij}$ 定义。误差函数是实际测量值 z_{ij}，与近似约束 $\hat{z}_{ij}$ 之间的差异。

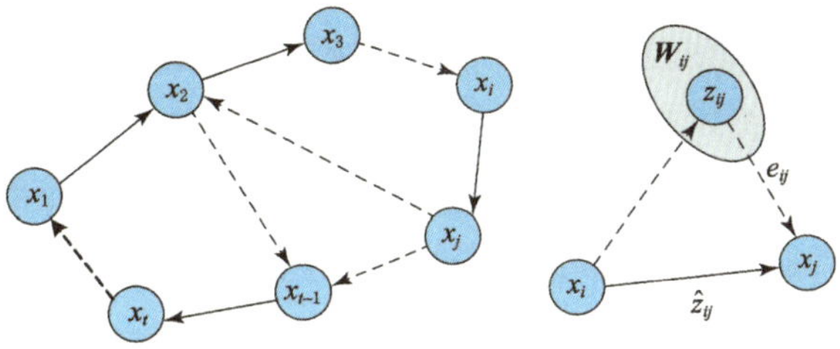

图 3-32　SLAM 问题的位姿图

3.6.3.2　激光惯性融合框架

基于优化实现激光雷达与惯性传感器紧耦合 SLAM 系统，组合惯性里程计和激光惯性里程计进行两步优化过程，由粗略到精细地恢复运动。激光雷达-惯性系统融合框架如图 3-33 所示。该系统从激光雷达、惯性传感器接收数据，根据 IMU 数据计算预积分并输出 IMU 频率的惯性里程计。激光点云帧起止时刻间的惯性里程计，可以用于矫正激光雷达点云的运动畸变。激光点云帧间的惯性里程计，可以用于提供激光点云帧的位姿估计。为了减少冗余噪声，提取激光点云帧的有效线、面特征以代替完整点云，通过强度特征辅助增强点云特征有效性。并且基于退化检测进行帧-局部地图间的特征匹配以输出实时的激光惯性里程计。构造特征匹配因子、预积分因子、闭环检测因子优化全局位姿。作为反馈，构建激光惯性里程计因子提供位姿约束更新 IMU 零偏，从而使惯性里程计保持良好的精度。

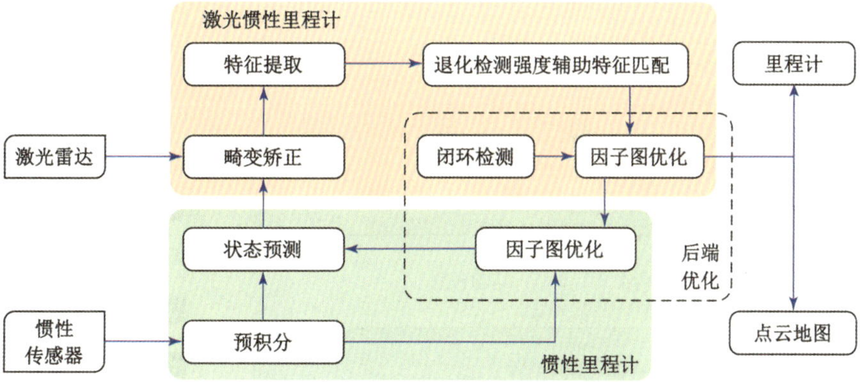

图 3-33　激光雷达-惯性系统融合框图

惯性传感器作为内部传感器始终是可靠的。惯性传感器产生带有噪声的平滑测量，很少有异常值，并且不受外部环境影响。对于井下复杂结构场景，利用惯性传感器的高频数据提供运动预测；利用激光雷达建立帧间位姿约束关系，可以估计出惯性传感器加速度计和陀螺仪的零偏，避免误差累积的问题。如图 3-34 所示，SLAM 系统维护激光惯性里程计及惯性里程计两步优化过程。在 $k-1$ 时刻获得了位姿图优化后的激光惯性里程计信息，并且施加 $k-1$ 至 k 时刻的预积分量，预测惯性里程计（IMU 频率）。k 时刻的惯性里程计可以为激光雷达点云匹配提供位姿估计。在获取 k 时刻位姿图优化后的激光惯性里程计信息后，可以为惯性里程计提供观测约束，结合 $k-1$ 时刻的惯性里程计和两时刻间的预积分量，构建因子图并优化 k 时刻惯性里程计的位姿、速度，并对 IMU 的零偏进行矫正，有效提升预积分的精度。预积分精度提高能够为 $k-1$ 时刻的激光雷达点云匹配提供较为精确的初始估计值。

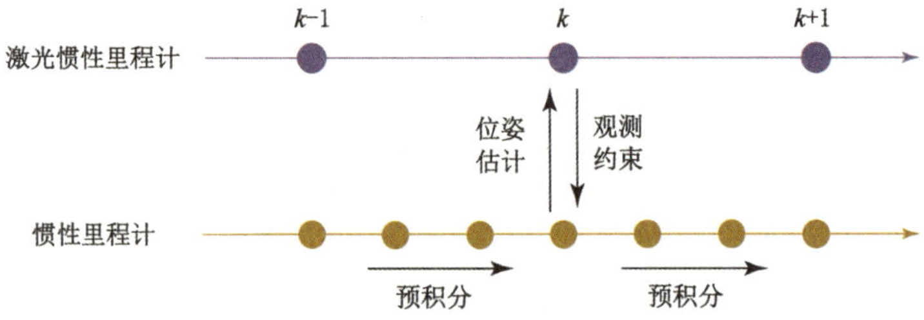

图 3-34　惯性里程计及激光惯性里程计关系示意图

3.6.3.3　后端优化

（1）惯性里程计优化

惯性里程计因子图结构如图 3-35（a）所示。因子图优化了预积分因子和激光惯性里程计先验因子。该因子图定期重置，并保证 IMU 频率下的惯性里程计估计。惯性里程计的估计状态不仅包含位置、速度和方向，还包含加速度计零偏和陀螺仪零偏。因子图中的每个节点都与上一个状态相关联。两个相邻节点之间的双元边表示预积分因子，单元边表示激光惯性里程计先验因子。

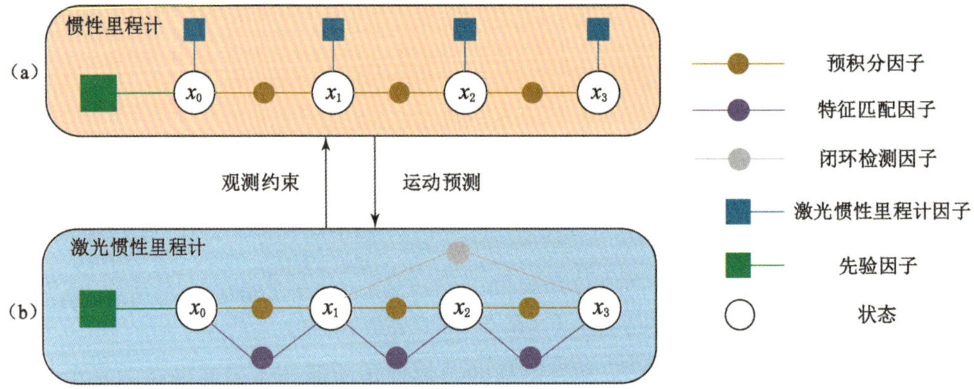

图 3-35　因子图模型

由 IMU 状态传递及预积分可以构建预积分因子为：

$$r_{imu}(Z_{i,j}^{imu},X)=\begin{bmatrix}\alpha_{ij}\\\beta_{ij}\\\gamma_{ij}\\b_j^a\\b_j^\omega\end{bmatrix}\ominus\begin{bmatrix}R_i^{BW}\left(p_j-p_i-v_i\Delta t-\frac{1}{2}g\Delta t^2\right)\\R_i^{BW}\left(v_j-v_i-g\Delta t\right)\\R_i^{BW}R_j^{WB}\\b_i^a\\b_i^\omega\end{bmatrix} \tag{3-67}$$

其中，$Z_{i,j}^{imu}$ 为连续两帧激光雷达 i 、 j 之间的预积分测量值； X 为待优化状态节点。

由于激光惯性里程计的全局参考是基于移动机器的第一个位姿的，因此使用激光惯性里程计提供激光点云帧的绝对位姿构造状态节点的先验观测约束。由激光惯性里程计构建激光惯性里程计先验因子表示为 E_{lio}^{prior} 。

对于每一个新帧，惯性里程计的优化过程可表示为最小化预积分因子和激光惯性里程计先验因子组成的优化问题，即：

$$\min_X\left\{\sum_{(i,j)\in B}\left\|r_{imu}\left(Z_{i,j}^{imu},X\right)\right\|_{\Sigma_{i,j}^{imu}}^2+E_{lio}^{prior}\right\} \tag{3-68}$$

（2）激光惯性里程计优化

激光惯性里程计因子图的结构如图 3-35（b）所示。因子图优化了特征匹配因子、预积分因子、闭环检测因子。在整个运行过程中始终保持该因子图。由于惯性里程计计算效率及输出频率非常高，所以它预积分因子可以很自然地加入激光惯性里程计的因子图中并连接因子图中的连续激光雷达关键帧。两个相邻节点之间的双元边表示预积分因子、特征匹配因子以及闭环检测因子。

由关键帧–局部地图特征匹配获取当前帧的特征匹配因子：

$$r_{\text{lidar}}\left(Z_{k,k+1}^{\text{lidar}},u\right)=\Delta u_{k,k+1}-u_k^{-1}u_{k+1} \tag{3-69}$$

其中，$Z_{k,k+1}^{\text{lidar}}$ 表示局部特征地图 k 、关键帧 $k-1$ 之间的位姿变换测量值； u 表示待优化位姿节点。

同理，利用关键帧–局部地图匹配将激光雷达关键帧与一些历史数据做配准，构建闭环检测因子。当一个新的位姿状态 u_{k+1} 被添加到位姿图中时，从激光特征匹配得到一个位姿估计。并且在欧氏空间中基于半径搜索找到接近 u_{k+1} 的闭环位姿集合。基于关键帧–局部地图匹配获取闭环检测。闭环检测因子可以表示为：

$$r_{lc}\left(Z_{m,k+1}^{\text{lidar}},u\right)=\Delta u_{m,k+1}-u_m^{-1}u_{k+1} \tag{3-70}$$

其中，$Z_{m,k+1}^{lidar}$ 表示局部地图 m 、关键帧 $k-1$ 之间的位姿变换测量值。

在激光惯性里程计位姿图优化中，最优位姿 u 需要最小化：

$$\min_u\left\{\begin{array}{l}\sum\limits_{(k,k+1)\in L}\left\|r_{\text{lidar}}(Z_{k,k+1}^{\text{lidar}},u)\right\|_{\Sigma_{k,k+1}^{\text{lidar}}}^2+\sum\limits_{(m,k+1)\in L}\left\|r_{lc}(Z_{m,k+1}^{\text{lidar}},u)\right\|_{\Sigma_{m,k+1}^{lc}}^2\\\sum\limits_{(i,j)\in B}\left\|r_{\text{imu}}(Z_{i,j}^{\text{imu}},u)\right\|_{\Sigma_{i,j}^{imu}}^2+E_{\text{prior}}\end{array}\right\} \tag{3-71}$$

其中，$\boldsymbol{E}_{\mathrm{prior}}$ 表示先验因子。由于所有测量值都是在关键帧处获取，因此可以更新全部关键帧位姿以及全局地图。并且位姿图不断迭代优化从而具有较好精度。

3.7 掘进机自主定位试验

搭建里程编码器辅助的掘进机双目视觉惯性定位系统和激光惯性融合定位系统，利用红外运动测量系统评价模拟巷道环境中掘进机试验平台的定位精度，并从误差的最大值、均值和均方根值等方面对比分析不同定位方法的定位表现。

3.7.1 视觉与惯性融合定位模拟试验

为验证里程编码器辅助的掘进机双目视觉惯性定位系统在巷道环境中的实际定位性能，选择中国矿业大学煤矿瓦斯煤尘爆炸实验室为试验场地，进行模拟巷道环境下的定位试验。试验巷道内光照非常弱，适合自带光源以方便调节巷道照明环境。所进行的验证试验选择使用履带车试验平台搭载掘进机视觉惯性融合定位系统进行。

3.7.1.1 试验系统搭建

基于履带车试验平台搭建里程编码器辅助的掘进机双目视觉惯性定位试验系统如图 3-36 所示。该试验系统主要包括履带车试验平台、里程编码器辅助惯导定位模块、双目视觉定位模块、数据采集系统和红外运动测量系统以及电源、通信、光照和激光对准等辅助模块等。其中，红外运动测量系统的标定和布置借助激光水平仪进行校准。

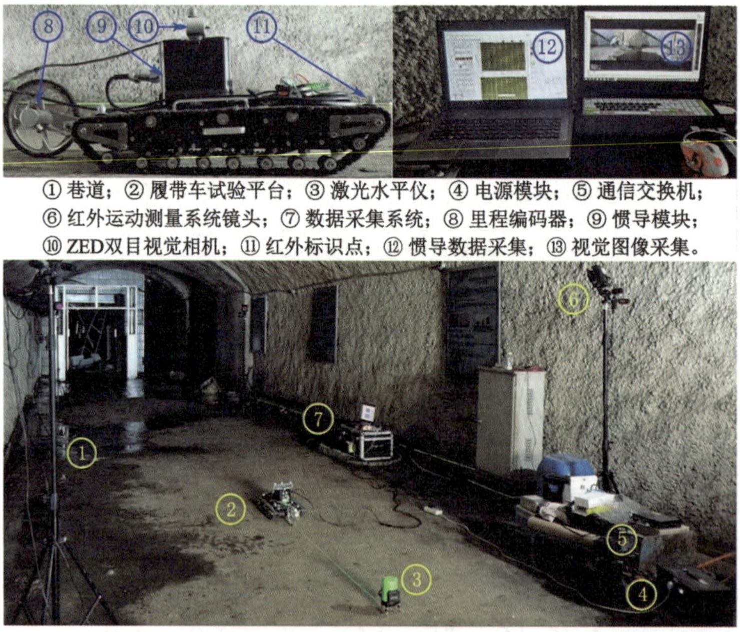

图 3-36 掘进机视惯性定位系统的巷道模拟试验系统布置

3.7.1.2 视惯性传感器联合标定

在进行视惯性系统模拟巷道定位试验之前，还需要对惯性传感器和视觉相机的相对旋转和平移参数进行标定。构建视惯性传感器外部参数的标定试验原理如图 3-37（a）所示。标定过程以重力矢量为参考，将棋盘式标定板垂直放置，则可视棋盘 Y 轴始终和重力矢量同向。标定过程中，棋盘标定板位置固定不变，调整视惯性传感器的位置和姿态，采集若干传感器位姿［如图 3-37（b）所示］。根据相机内参和本征矩阵估计出标定板两条铅垂线在球面的交汇点（红色箭头），同时根据加速度各轴比力分量获得惯性传感器方位（黄色箭头），以相机旋转和加速度计姿态变化对各个姿态进行优化估计，便可得到惯性传感器相对于相机坐标系的外部变换参数（紫色箭头）。

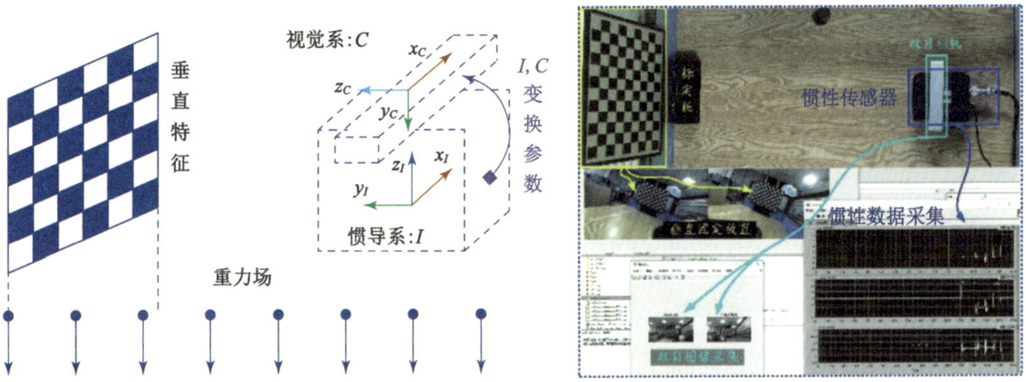

（a）原理图　　　　（b）试验图

图 3-37　视惯性传感器联合标定原理及试验

经过视惯性传感器联合标定以及惯性传感器和相机的安装尺寸和各自坐标系的定义，可得惯性传感器相对于相机坐标系的齐次坐标转换矩阵为：

$$
{}_{I}^{C}\boldsymbol{T}=\begin{bmatrix} 0.9999 & -0.0163 & -0.0001 & -0.06821 \\ -0.0008 & -0.0466 & -0.9989 & 0.07537 \\ 0.0162 & 0.9988 & -0.0467 & -0.02605 \\ 0 & 0 & 0 & 1 \end{bmatrix}
$$

3.7.1.3 模拟巷道掘进机定位试验

为考察掘进机视惯性融合定位系统在综合路径（直线行走 + 转弯状态）下的定位性能，控制试验平台沿类矩形路径行进，采集惯性传感器及双目视觉相机信息，并分别基于惯性定位系统、视觉定位系统以及视惯性融合定位系统对所得信息进行处理，得到模拟巷道掘进机视惯性融合定位系统模拟试验结果如图 3-38 所示。由图 3-38 可知，通过红外运动测量系统可以获取试验的真实值（黑色曲线），惯性定位方法（红色曲线）虽然在水平方向上能较好恢复真实路径，但由于里程编码器无法约束垂直方向的定位信息而出现天向位置漂移问题。另外，相比其他方法，惯性定位方法输出结果较为平滑。视觉定位方法（绿色曲线）虽然在垂直方向上会出现一定的偏差，但整体未出现随时间漂移的现象。总体来看，视觉定位方法在巷道环境中对于履带行走平台的定位结果波动较大；而视惯性融合定位方法（蓝色曲线）则能够较好还原试验平台的真实运动轨迹，虽然在转弯时定位结果依然有波动，但整体来看已基本能够贴合真实情况。

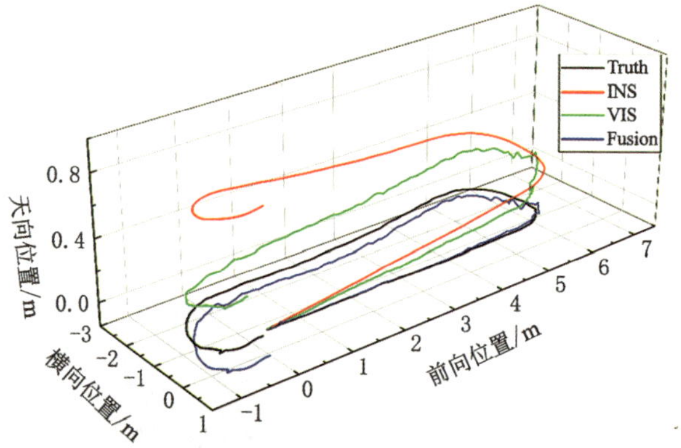

图 3-38　巷道掘进机视惯性融合定位系统模拟试验结果

分别统计各定位方法结果与真实值之间的误差，如图 3-39 所示。由图 3-39 可以看出：惯性定位方法随着模拟试验平台的行进会出现明显的天向误差漂移现象，在试验平台行进约 17 m 的 55 s 时间内，惯性定位系统天向误差漂移 0.78 m，而在水平方向上，惯性定位方法在直线行进阶段误差保持基本恒定，而在转弯过程中出现约 0.5 m 的定位误差。视觉定位方法在巷道环境中定位误差波动较大，尤其在试验平台转弯过程中，运动模糊、帧率低和暗环境导致的水平误差与载体的运动状态相关性较大，水平定位误差在 0.64 m 范围内，天向定位误差在 0.32 m 之内。掘进机视惯性定位方法的三轴定位误差均较小，且在直线和转弯过程中均能够维持较好的定位精度，三轴定位误差均能够保持在 0.13 m 以内。

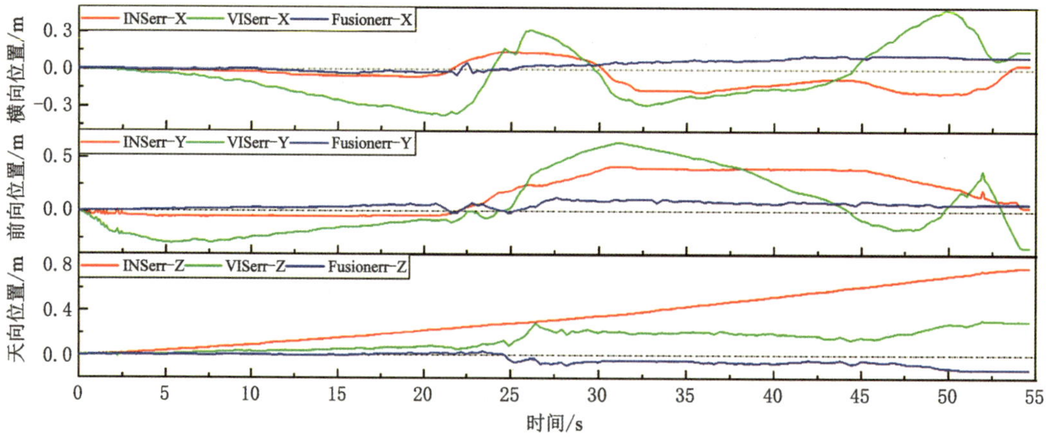

图 3-39　不同定位方法在模拟巷道掘进机定位试验中的位置误差

进一步统计各种方法定位结果误差的最大值、均值及其均方根值，如图 3-40 所示。惯性定位方法整体最大误差较大，其误差均方根值约为 0.25 m。视觉定位方法最大误差较大但平均误差较小，这说明视觉定位方法波动幅度较大，其误差均方根值约为 0.3 m。视惯性融合定位方法三轴误差分布较为均衡且波动较小，最大定位误差仅为 0.127 m，误差均方根值则控制在 0.05 m 以内，因此在短程运动范围内该方法可以满足掘进机定位精度要求。

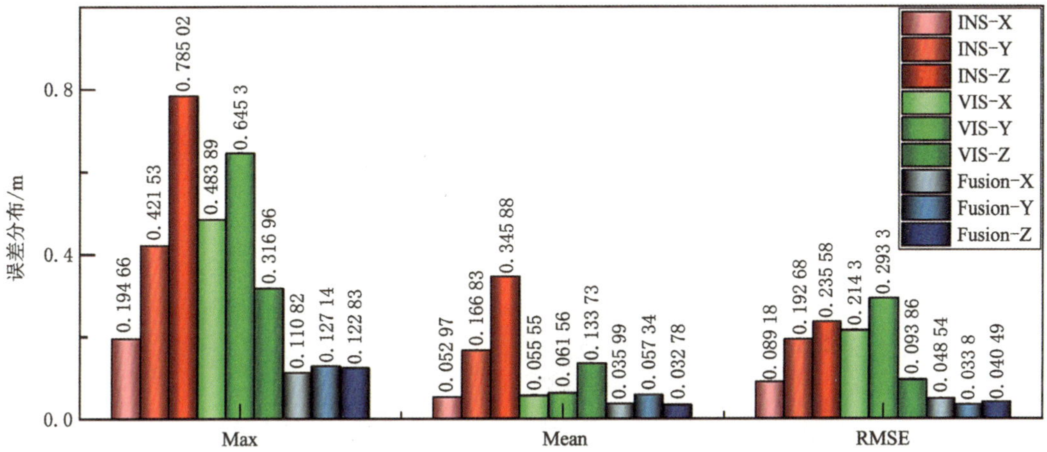

图 3-40 不同掘进机定位方法的误差分布

不同定位方法所得试验平台的姿态如图 3-41 所示。从图 3-41 中可以看出：采用惯性定位方法时，俯仰角在运行过程中始终在正向波动，导致其天向误差出现漂移，而其横滚角则正反交替变化。采用视觉定位方法时，俯仰角在水平方向上均呈现较大的波动现象，说明姿态估计结果较差，而横滚角和俯仰角的波动幅度约在 10° 范围内正负交替。采用视惯性融合定位方法则可以较好地贴合试验平台真实姿态，整体均在真实值上下波动，且幅度较小，仅横滚角在转弯后出现小幅偏差（约 2°）。从航向角观察可知，惯性定位方法和视觉定位方法均存在不同程度的航向滞后问题，而视惯性融合定位方法对掘进机航向跟踪性能较好，仅在模拟试验平台转弯处存在约 0.48° 的航向估计误差。

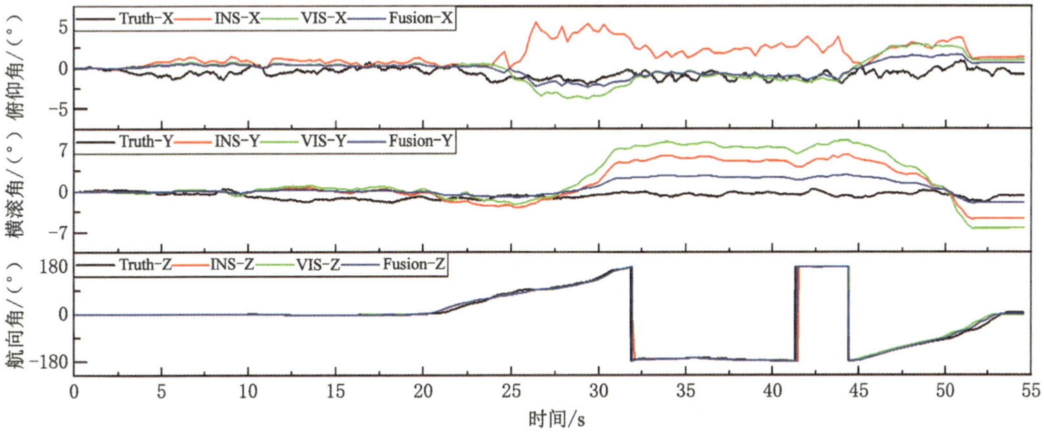

图 3-41 不同定位方法在模拟巷道掘进机定位试验中的姿态

3.7.2 激光雷达与惯性融合定位模拟试验

为验证掘进机激光惯性定位系统在巷道环境中的实际定位性能，选择中国矿业大学煤矿瓦斯煤尘爆炸实验室为试验场地，进行模拟巷道环境下的定位试验。该环境充分模拟了井下环境，是典型的退化环境，具有特征稀疏、光线灰暗等特征。所进行的验证试验选择使用履带车试验平台搭载掘进机激光惯性融合定位系统进行。

3.7.2.1 试验系统搭建

基于履带车试验平台搭建掘进机激光惯性定位试验系统如图 3-42 所示。该试验系统主要包括履带车试验平台、激光惯性融合定位模块和红外运动测量系统以及电源等辅助模块等。

图 3-42 履带机器人试验平台

3.7.2.2 激光惯性传感器联合标定

在进行激光惯性系统模拟巷道定位试验之前，还需要对惯性传感器和激光雷达的相对旋转和平移参数进行标定。构建激光惯性传感器外部参数的标定试验原理如图 3-43 所示。

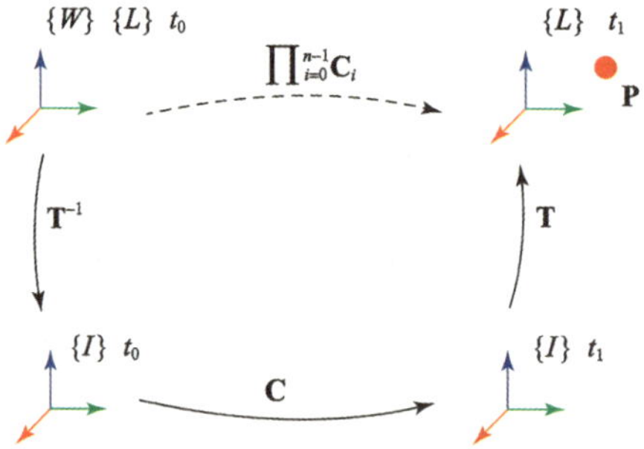

图 3-43 外参标定示意图

通过点云匹配以及惯性传感器积分两过程，以点云匹配距离残差作为优化目标，迭代求取激光雷达与惯性传感器的外参变换矩阵。在搭建的试验平台上，传感器间外参矩阵标定结果为：

$$
\begin{bmatrix}
0.0348994 & 0.9993892 & -0.0016651 & -0.00237277 \\
-0.993883 & 0.0349034 & -0.0023285 & 0.006278152 \\
-0.0022689 & -0.0017453 & 0.9999959 & -0.2295516 \\
0 & 0 & 0 & 1
\end{bmatrix}
$$

3.7.2.3　模拟定位试验

控制试验平台以 L 形轨迹行走，包括直线行走以及向右转向两个阶段，通过 Nokov 红外动作捕捉系统获取履带试验平台真实运动轨迹，并通过里程计轨迹的绝对轨迹误差分析所提 Modified-Method 与 FAST-LIO、LIO-SAM、LINS 等方法在巷道中的定位结果。巷道定位试验环境如图 3-44 所示。

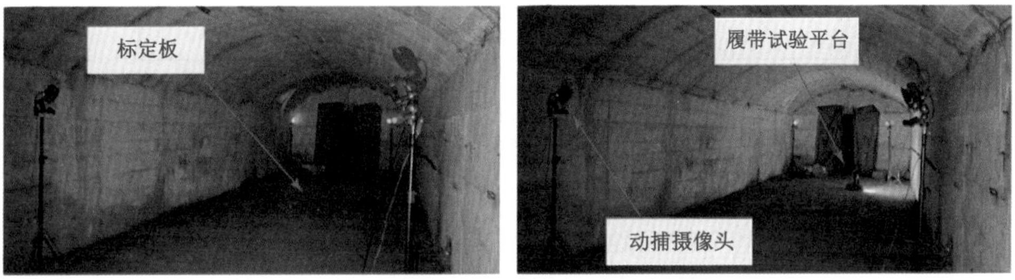

图 3-44　巷道定位试验环境

表 3-5 所示为绝对轨迹误差结果。由于该巷道环境几何特征稀疏，所以 FAST-LIO、LIO-SAM 的均方根误差（Root mean squared error，RMSE）均保持在 0.041 m 以上。Modified-Method 方法由于利用强度特征辅助特征匹配，对退化环境的适应度更高，将均方根误差降低到 0.030 m。

表 3-5　绝对轨迹误差

	Modified-Method / m	FAST-LIO / m	LIO-SAM / m	LINS / m
mean	0.0276	0.037862	0.037672	0.031082
rmse	0.030151	0.041546	0.044427	0.039324
max	0.065262	0.15747	0.099739	0.12274
min	0.0076176	0.0039341	0.0045001	0.0017934
std	0.012162	0.017121	0.023595	0.024161
median	0.024211	0.033921	0.033208	0.025475

定位试验结果如图 3-45 所示。由图 3-45 可以看出，定位误差主要集中体现在 Z 轴方向，而在 X 、Y 方向定位较为准确，并且当履带试验平台进入向右转向阶段时，Y 轴定位误差逐渐增大，而 X 轴定位较为准确。

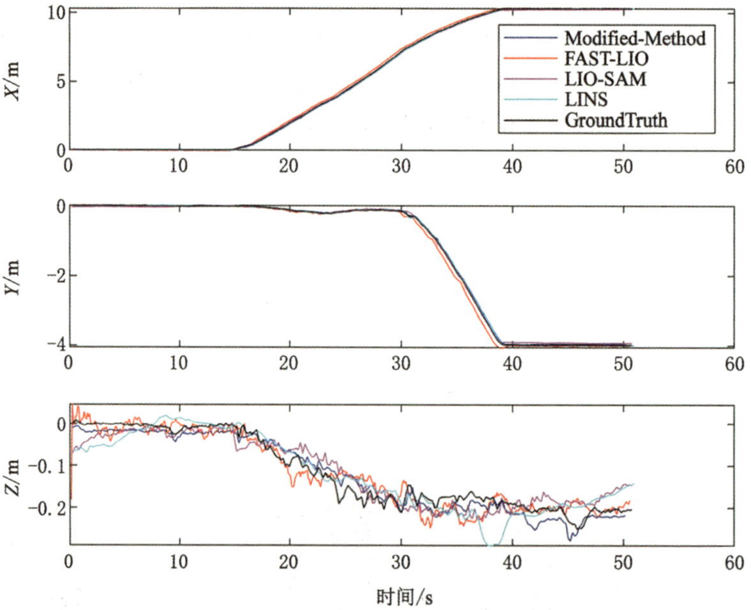

图 3-45　定位试验结果

3.7.3　掘进机视惯性融合定位样机试验

经过模拟巷道环境下的定位试验可以验证掘进机视惯性融合定位系统在巷道环境中的准确性和鲁棒性。为进一步探究视惯性定位系统在掘进机上的实际定位性能与掘进机机运动参数和动态特性之间的关系，搭建掘进机视惯性融合定位样机试验系统，并针对不同行驶速度下的掘进机进行定位试验研究。

3.7.3.1　掘进机样机自主定位试验系统

掘进机视惯性融合定位样机试验系统如图 3-46 所示。该试验系统主要包括红外运动测量系统、掘进机、惯导系统、视觉相机、通信与信号采集模块与计算机等。设计掘进机沿直线和曲线路径行进。掘进机在定位过程中的初始位姿、中间位姿和终点位姿如图 3-46 所示。鉴于 EBZ160 掘进机行走速度范围通常为 0 ～ 6 m/min，因而掘进机样机行进速度分别设置为 3 m/min、4 m/min、5 m/min 和 6 m/min，以进一步考察行走速度对于掘进机自主定位性能的影响。掘进机行走距离约为 6.5 m。为模拟煤矿巷道昏暗的环境特征，试验在夜间进行，光照亮度约为 0.9 Lx。

3.7.3.2　掘进机样机自主定位试验结果

以行走速度为 5 m/min 的掘进机样机自主定位试验结果为例，利用惯性技术、视觉技术、视惯性融合定位技术以及红外运动测量系统对掘进机在暗环境下的试验运动轨迹进行位姿解算，其各轴定位结果及误差分别如图 3-47 和图 3-48 所示。

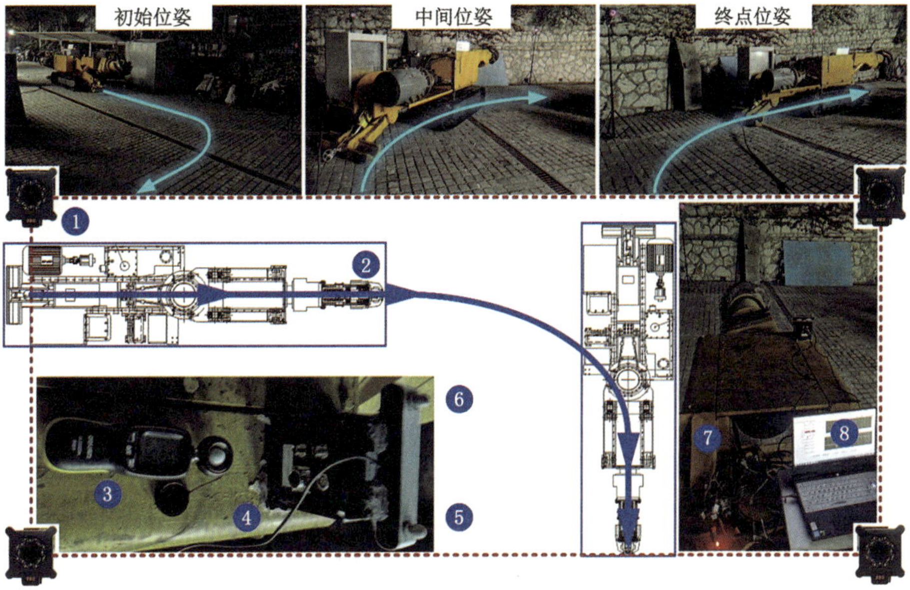

图 3-46　掘进机视惯性融合定位样机试验系统

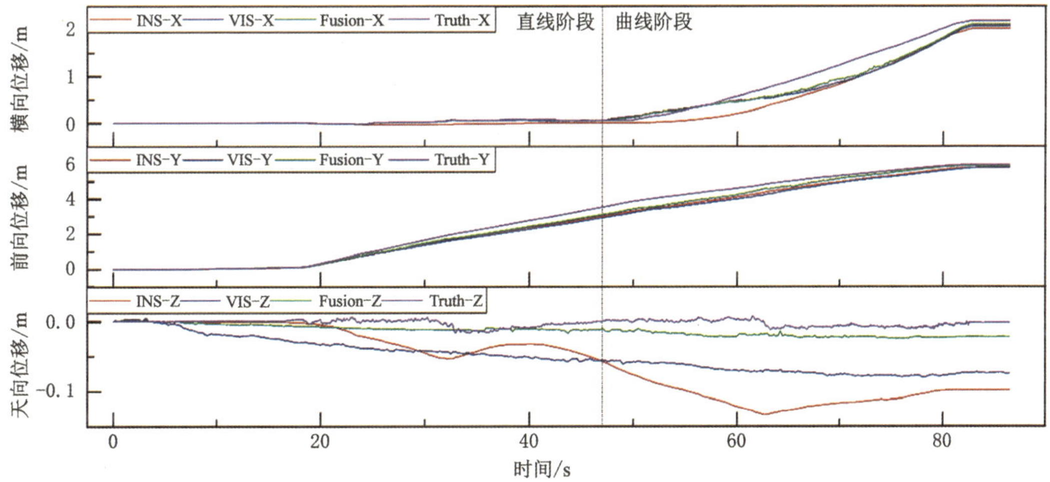

图 3-47　行走速度 5 m/min 时掘进机样机定位试验结果

由图 3-47 和图 3-48 可知：在直线前进阶段，掘进机前向位姿及误差呈逐渐增大的趋势，而掘进机自身电机和泵站的振动导致其横向位置出现一定的波动，进而对惯性定位结算结果产生约 0.1 m 的解算偏差；与此同时，掘进机纵向尺度较大使得掘进机的天向位移产生了一定的摇摆，而安装在掘进机截割臂上的视惯性定位系统所在的位置波动相比掘进机中心处的更加明显。进入曲线转弯阶段后，掘进机前向位移趋势变缓，横向位移及误差逐渐明显；在转向 45° 后，调整并驱动掘进机姿态使其沿 45° 直线行进，此时掘进机横向误差达到最大，约为 0.3 m；同时掘进机天向位置误差缓慢增大。而在掘进机整个运动过程完成之后并继续沿直线行进时，其水平方向误差则有所减小。

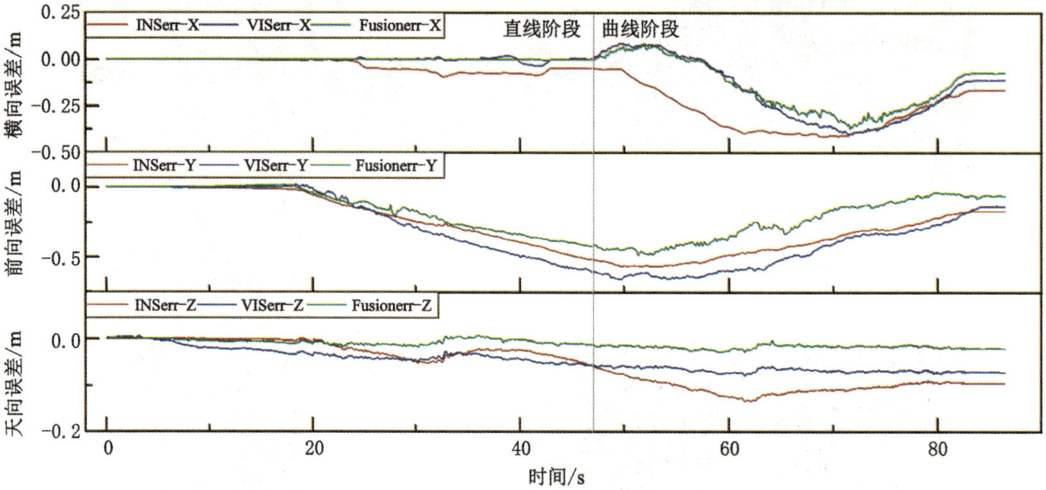

图 3-48　行走速度 5 m/min 时掘进机样机定位误差

通过改变掘进机样机驱动马达的比例阀开度，使掘进机以不同速度进行相同轨迹运动，统计各行走速度下掘进机自主定位误差结果，如表 3-6 所示。

表 3-6　不同行走速度下掘进机样机定位误差统计结果

行走速度	最大误差 /m			平均误差 /m			误差均方根值 /m		
	X 轴	*Y* 轴	*Z* 轴	*X* 轴	*Y* 轴	*Z* 轴	*X* 轴	*Y* 轴	*Z* 轴
3 m/min	0.214	0.437	0.031	−0.103	−0.165	−0.024	0.131	0.164	0.015
4 m/min	0.263	0.451	0.032	−0.086	−0.141	−0.019	0.114	0.143	0.017
5 m/min	0.373	0.489	0.028	−0.066	−0.186	−0.010	0.116	0.158	0.007
6 m/min	0.386	0.473	0.027	−0.072	−0.132	−0.010	0.102	0.136	0.012

不同行走速度导致掘进机样机的振动特性差异明显，进而影响掘进机自主定位系统性能。由表 3-6 可知，在低行走速度下，掘进机水平方向的最大误差相对较小，而此时掘进机液压系统的低速冲击现象也相对明显，这导致掘进机样机定位误差的均方根值比高速状态下的更大。整体来看，行走速度对掘进机定位精度的影响并不大。在硬质、凹凸不平的路面条件和手动驱动方式下，基于掘进机样机的视惯性融合定位试验的横向定位误差约为 0.11 m，前向定位误差约为 0.15 m，天向定位误差在 0.02 m 以内，满足掘进机定位精度要求。

第 4 章

掘进机位姿调控与补偿方法

目前，巷道掘进机是综掘工作面关键的施工装备。由于地质条件、底板条件、截割参数等影响，巷道掘进机位姿极易发生偏差。随着巷道掘进长度的增加，若不及时进行位姿调控，则巷道掘进机位姿偏差将逐渐累积，造成实际掘进巷道偏斜，降低巷道断面成形质量，甚至引起巷道掘进安全事故。此外，在巷道掘进机施工过程中，频繁移机进行纠偏的方式，降低了巷道掘进效率。因此，有必要对巷道掘进机位姿调与补偿方法进行研究，掌握巷道掘进机位姿偏差对巷道断面成形的影响，为实现巷道定向掘进提供理论依据。

4.1 掘进机运动学与动力学模型

掘进机的运动学和动力学模型可以帮助工程师更好地了解机器的性能和行为，为优化设计和操作提供支持。在矿山或隧道工程中，掘进机的运动学和动力学模型可以用于预测机器的行进速度、加速度、燃油消耗量等关键参数以及评估不同设计参数对机器性能的影响。为此，对掘进机的空间运动学、定向行走运动学、俯仰运动学以及截割机构运动学进行分析。

4.1.1 掘进机空间运动学

在理想情况下，巷道断面由巷道掘进机截割头在截割运动作用下截割而成。为了获得巷道掘进机位姿偏差对巷道断面成形的影响规律，以便研究位姿偏差调控策略及控制方法，必须建立巷道掘进机空间运动学模型。为了更好描述巷道掘进机以及截割头的空间姿态，建立如图 4-1 所示的坐标系统，主要包含截割机构坐标系 $o_ix_iy_ix_i$ $(i=1,2,3)$，掘进机机体坐标系 $o_0x_0y_0z_0$，巷道迎头断面坐标系 $o_hx_hy_hz_h$，巷道坐标系 $oxyz$ 和测量坐标系 $o_cx_cy_cz_c$。

为了描述巷道掘进机截割头在巷道中空间姿态，可将巷道掘进机截割机构视为刚体，简化为由一系列关节组成的运动链。基于 D-H 法建立巷道掘进机截割机构简图如图 4-2 所示。O_0 点为掘进机重心，O_1 点为巷道掘进机截割机构横摆转动中心，O_2 点为巷道掘进机截割机构升降转动中心，O_3 点为巷道掘进机截割头末端。

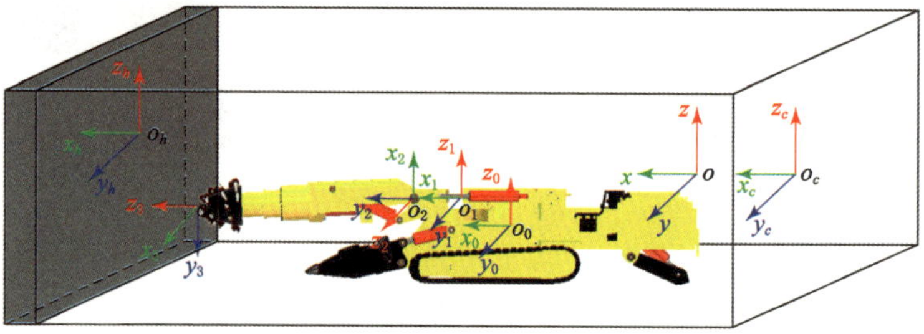

图 4-1　巷道掘进机坐标系定义

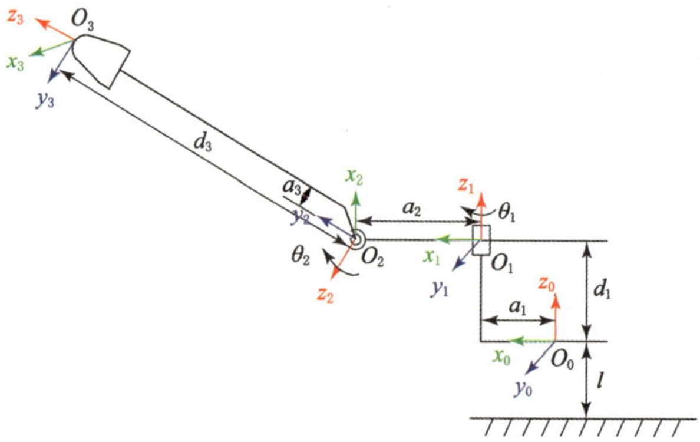

图 4-2　巷道掘进机截割机构运动简图

巷道掘进机截割机构简图中的相关参数如表 4-1 所示。其中 α_i、a_i、d_i、ϑ_i 分别表示绕 x_{i-1} 轴的转角、沿 x_{i-1} 轴的移动距离、沿 z_{i-1} 轴的移动距离、绕 z_{i-1} 轴的转角。需注意的是 ϑ_1、ϑ_2 分别表示截割机构横摆角和升降角，为关节变量，其他关键参数为常量。因此，巷道掘进机空间位姿变换矩阵可利用坐标变换关系推导获得。

表 4-1　截割机构相关参数定义

i	α_i	a_i	d_i	ϑ_i
0–1	0°	a_1	d_1	ϑ_1
1–2	−90°	a_2	0	ϑ_2
2–3	−90°	a_3	d_3	0

根据 D–H 法则，掘进机截割机构的相邻两坐标系之间的转化矩阵可表示为：

$$
{}^{i-1}\boldsymbol{T}_i=\begin{bmatrix} c\theta_i & -s\theta_i & 0 & a_{i-1} \\ s\theta_i c\alpha_{i-1} & c\theta_i c\alpha_{i-1} & -s\alpha_{i-1} & -d_i s\alpha_{i-1} \\ s\theta_i s\alpha_{i-1} & c\theta_i s\alpha_{i-1} & c\alpha_{i-1} & d_i c\alpha_{i-1} \\ 0 & 0 & 0 & 1 \end{bmatrix} \tag{4-1}
$$

式中，${}^{i-1}\boldsymbol{T}_i\,(i=1,2,3)$ 描述连杆坐标系 $\{i+1\}$ 相对于 $\{i\}$ 的位姿矩阵；c 表示 cos，s 表示 sin。基于坐标系转换矩阵［即式（4–1）］，结合巷道掘进机截割机构连杆参数定义可分别获得

${}^{0}\boldsymbol{T}_1$、${}^{1}\boldsymbol{T}_2$、${}^{2}\boldsymbol{T}_3$ 的表达式如下：

$$
{}^{0}\boldsymbol{T}_1=\begin{bmatrix} c\theta_1 & -s\theta_1 & 0 & a_1 \\ s\theta_1 & c\theta_1 & 0 & 0 \\ 0 & 0 & 1 & d_1 \\ 0 & 0 & 0 & 1 \end{bmatrix}\quad
{}^{1}\boldsymbol{T}_2=\begin{bmatrix} c\theta_2 & -s\theta_2 & 0 & a_2 \\ 0 & 0 & 1 & 0 \\ -s\theta_2 & c\theta_2 & 0 & 0 \\ 0 & 0 & 0 & 1 \end{bmatrix}\quad
{}^{2}\boldsymbol{T}_3=\begin{bmatrix} 1 & 0 & 0 & a_3 \\ 0 & 0 & 1 & d_3 \\ 0 & -1 & 0 & 0 \\ 0 & 0 & 0 & 1 \end{bmatrix}
$$

因此，掘进机截割头坐标系 {3} 相对于机体坐标系 {0} 的位姿矩阵 ${}^{0}\boldsymbol{T}_3$ 为：

$$
{}^{0}\boldsymbol{T}_3={}^{0}\boldsymbol{T}_1\,{}^{1}\boldsymbol{T}_2\,{}^{2}\boldsymbol{T}_3=\begin{bmatrix} c\theta_1 c\theta_2 & s\theta_1 & -s\theta_2 c\theta_1 & -d_3 c\theta_1 s\theta_2+a_3 c\theta_1 c\theta_2+a_2 c\theta_1+a_1 \\ c\theta_2 s\theta_1 & -c\theta_1 & -s\theta_1 s\theta_2 & -d_3 s\theta_1 s\theta_2+a_3 s\theta_1 c\theta_2+a_2 s\theta_1 \\ -\sin\theta_2 & 0 & -c\theta_2 & -d_3 c\theta_2-a_3 s\theta_2+d_1 \\ 0 & 0 & 0 & 1 \end{bmatrix} \tag{4-2}
$$

巷道掘进机截割头在巷道掘进机机体坐标系中的空间坐标为：

$$
\begin{cases} x=-d_3\, c\theta_1 s\theta_2+a_3\, c\theta_1 c\theta_2+a_2\, c\theta_1+a_1 \\ y=-d_3 s\theta_1 s\theta_2+a_3 s\theta_1 c\theta_2+a_2 s\theta_1 \\ z=-d_3 c\theta_2-a_3 s\theta_2+d_1 \end{cases} \tag{4-3}
$$

巷道掘进机截割机构工作空间可由巷道掘进机截割头在巷道掘进机机体坐标系中的空间坐标［即式（4-3）］计算得到。实测巷道掘进机试验台截割机构相关参数如表 4-2 所示。获得巷道掘进机截割试验台工作空间如图 4-3 所示。

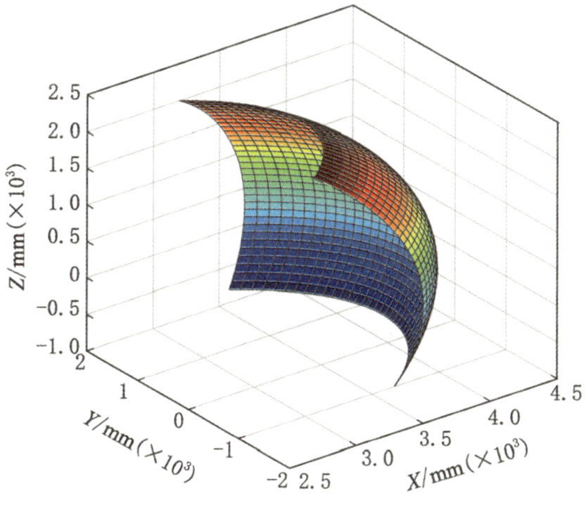

（a）三维工作空间

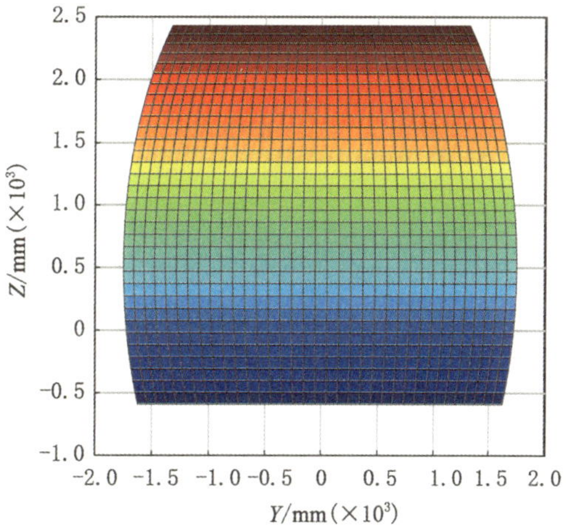

（b）*YOZ*平面内工作空间投影

图 4-3　巷道掘进机截割机构工作空间

表 4-2　截割机构连杆参数取值

a_1 / mm	a_2 / mm	a_3 / mm	l / mm	d_1 / mm	d_3 / mm	θ_1 / (°)	θ_2 / (°)
1000	516	70	735	423	2814	−35 ～ 35	−23 ～ 43 (−67 ～ −133)

4.1.2 掘进机定向行走运动学

巷道掘进机属于典型的履带式工程车辆，其行走是由两侧履带液压马达驱动的。受巷道底板条件及巷道掘进机内外侧参数不同的影响，巷道掘进机履带行走速度不能达到预期速度，进而影响巷道掘进机行走轨迹，产生航向位姿偏差。

4.1.2.1 理想条件下行走运动分析

在进行理想条件下，巷道掘进机定向行走运动及动力学分析之前，需作出如下假设：巷道掘进机的质心与巷道掘进机履带平面几何中心重合；巷道掘进机在巷道底板上低速行走，不考虑离心力的作用，不存在打滑；巷道掘进机两侧履带接地压力均匀分布，不考虑履带宽度的影响。

（1）定向行走运动学分析

巷道掘进机定向行走过程中的转向运动可看作巷道掘进机质心绕瞬时转动中心的转动。设巷道掘进机两履带中心距为 B，巷道掘进机转动半径为 R。根据巷道掘进机转弯半径不同，巷道掘进机转动状态可分为如图 4-4 所示的三种。其中 O 为瞬时转动中心。

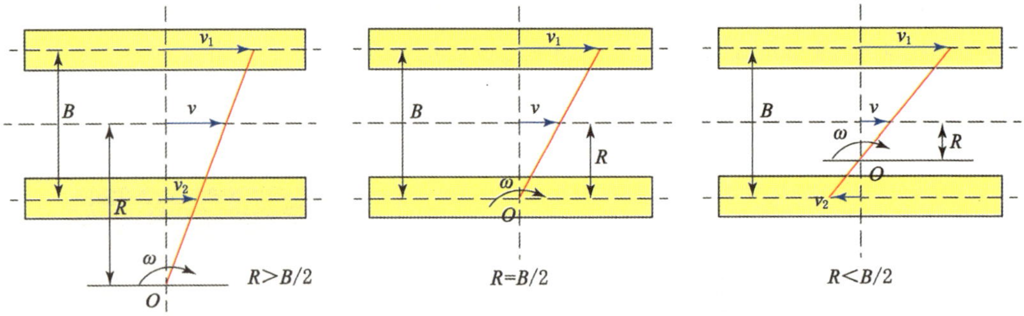

图 4-4　理想条件下巷道掘进机行走速度梯度图

设 v 为转向前巷道掘进机履带行走速度，ω 为巷道掘进机绕瞬时转动中心转动的角速度，v_1 为巷道掘进机外侧履带行走速度，v_2 为巷道掘进机内侧履带行走速度。根据速度梯度有：

$$\begin{cases} v_1 = v\dfrac{R+B/2}{R} = v + \dfrac{\omega B}{2} \\ v_2 = v\dfrac{R-B/2}{R} = v - \dfrac{\omega B}{2} \end{cases} \tag{4-4}$$

巷道掘进机内外侧履带由液压马达驱动。设外侧履带驱动马达输出角速度为 ω_{r1}，内侧履带驱动马达输出角速度为 ω_{r2}，履带半径为 r，则：

$$\begin{cases} v_1 = \omega_{r1} r \\ v_2 = \omega_{r2} r \end{cases} \tag{4-5}$$

根据式（4-4）、式（4-5）可得在理想条件下，巷道掘进机行走运动学方程为：

$$\begin{cases} v = \dfrac{v_1 + v_2}{2} = \dfrac{\omega_{r1} r + \omega_{r2} r}{2} \\ \omega = \dfrac{v_1 - v_2}{B} = \dfrac{\omega_{r1} r - \omega_{r2} r}{B} \end{cases} \tag{4-6}$$

（2）定向行走动力学分析

在巷道掘进机定向行走过程中，作用在两侧履带上的力主要有牵引力、前向阻力和转向阻力。设 F_{x1}、F_{x2} 为巷道掘进机履带牵引力，F_{R1}、F_{R2} 为巷道掘进机履带的摩擦阻力，F_{u1}、F_{u2} 为巷道掘进机履带转向时所受的转向阻力，M_u 为转向时所受的转向阻力矩。在理想条件下，巷道掘进机行走过程中的受力情况如图 4-5 所示。

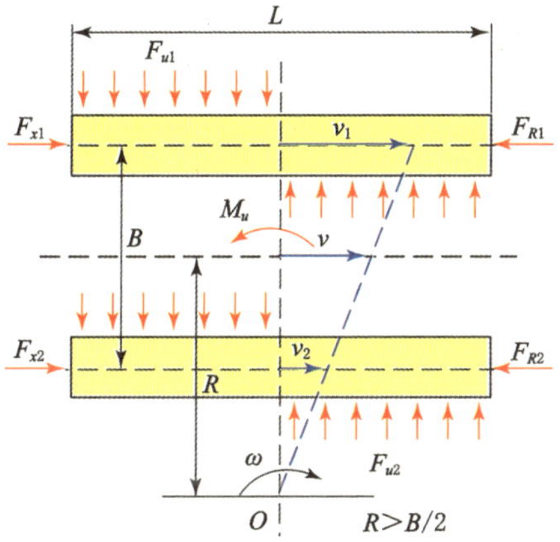

图 4-5　理想条件下巷道掘进机行走过程中受力分析

① 牵引力：巷道掘进机履带牵引力由液压马达转矩提供，其大小必须大于底板附着力，以确保掘进机正常行走和打滑，即：

$$\begin{cases} F_{x1}, F_{x2} \geqslant N = \varphi_\mu m_0 g \cos\vartheta \\ F_{x1} = T_1 i / r, F_{x2} = T_2 i / r \end{cases} \tag{4-7}$$

式中，φ_μ 为履带与底板附着系数；N 为掘进机底板附着力；ϑ 为巷道坡度角；T_1，T_2 为液压马达转矩；r 为驱动轮半径；i 为液压马达传动比；m_0 为掘进机质量。

② 前向阻力：巷道掘进机履带前向阻力是履带与巷道底板发生滑动摩擦引起的，其大小与底板摩擦系数以及与底板接触面上压力分布有关。假设巷道掘进机履带与巷道底板接触面上压力均匀分布，则前向阻力为：

$$F_{R1} = F_{R2} = f m_0 g / 2 \tag{4-8}$$

式中，f 为掘进机履带与巷道底板的摩擦系数。

③ 转向阻力及转向阻力矩：巷道掘进机履带在转向过程中与巷道底板产生转向滑动，进而产生转向阻力和转向阻力矩。转向阻力与履带法向负荷（即整机重量成正比），假设

转向阻力在履带与底板接触面上均匀分布且垂直于履带，则有：

$$\begin{cases} F_{u1} = F_{u2} = \mu m_0 g / 2 \\ M_u = 4\int_0^{L/2} \dfrac{\mu m_0 g}{2L} x\mathrm{d}x = \dfrac{\mu m_0 gL}{4} \end{cases} \tag{4-9}$$

式中，μ 为转向阻力系数，与转向半径、底板性质、接地段压力、履带板结构等有关，可用经验公式 $\mu = \mu_{\max} / \left(0.925 + 0.15R / B\right)$ 来计算。

根据平面汇交力系平衡条件，可得在理想条件下，巷道掘进机行走动力学方程为：

$$\begin{cases} m_0 \dot{v} = F_{x1} + F_{x2} - F_{R1} - F_{R2} \\ J\dot{\omega} = \left(F_{x1} - F_{x2}\right) B / 2 - M_\mu \end{cases} \tag{4-10}$$

结合式（4-7）至式（4-10），可得在理想条件下两侧履带牵引力为：

$$\begin{cases} F_{x1} = \dfrac{fm_0 g}{2} + \dfrac{m_0 \dot{v}}{2} + \dfrac{J\dot{\omega}}{B} + \dfrac{\mu m_0 gL}{4B} \\ F_{x2} = \dfrac{fm_0 g}{2} + \dfrac{m_0 \dot{v}}{2} - \dfrac{J\dot{\omega}}{B} - \dfrac{\mu m_0 gL}{4B} \end{cases} \tag{4-11}$$

从式（4-11）可以看出，由于转向阻力系数随转动半径的减小而增大，所以 F_{x1} 随巷道掘进机转动半径减小而增大，F_{x2} 随巷道掘进机转动半径减小而减小。

4.1.2.2　打滑条件下行走运动分析

由于巷道掘进机履带与底板复杂的相互作用，巷道掘进机在定向行走过程中不可避免地出现打滑现象。巷道掘进机在行走过程中内外侧履带出现的打滑现象不同，巷道掘进机内侧履带相对于巷道底板有向后移动的趋势，而外侧履带相对于巷道底板有向前移动的趋势。巷道掘进机两侧履带的前后移动趋势导致其实际行走速度及受力情况与理想条件下的不同。因此，对打滑条件下巷道掘进机行走运动学及动力学进行分析。

（1）行走运动学分析

巷道掘进机内侧履带相对于巷道底板产生的向后移动的趋势会使内侧履带线速度小于驱动马达提供的线速度，而巷道掘进机外侧履带相对于巷道底板产生的向前移动的趋势会使外侧履带线速度大于驱动马达提供的线速度。此外，若巷道掘进机在转向过程中转速过大，转向阻力不足，会出现横向打滑。根据上述分析，打滑条件下巷道掘进机履带行走速度梯度图如图 4-6 所示。

在图 4-6 中，O 仍为理想条件下巷道掘进机的瞬时转动中心；O' 为打滑条件下巷道掘进机的瞬时转动中心；O_1 和 O_2 为打滑条件下巷道掘进机两侧履带瞬时的转动中心；v 仍为转向前巷道掘进机履带行走速度；v_1，v_2 仍为巷道掘进机两侧履带行走速度；v_{r1}，v_{r2} 为履带驱动马达提供的行走速度；v_x，v_{x1}，v_{x2} 分别为打滑条件下 v，v_1，v_2 的横向行走速度分量；v_y，v_{y1}，v_{y2} 为分别为打滑条件下 v，v_1，v_2 的纵向行走速度分量。设 A_1，A_2

分别为两侧履带的纵向偏移量，A_3 为巷道掘进机横向偏移量，则有：

$$\begin{cases} v_{x1} = v_x + \omega B/2 \\ v_{x2} = v_x - \omega B/2 \\ v_{y1} = v_{y2} = v_y = \omega A_3 \end{cases} \tag{4-12}$$

根据速度梯度有：

$$\begin{cases} v_{r1} - (v_x + \omega B/2) = \omega A_1 \\ (v_x - \omega B/2) - v_{r2} = \omega A_2 \end{cases} \tag{4-13}$$

式中，$v_{r1} = \omega_{r1} r$，$v_{r2} = \omega_{r2} r$。

根据式（4-12）和式（4-13）可得，打滑条件下巷道掘进机行走运动学方程为：

$$\begin{cases} v_x = v_{r1} - \left(A_1 + \dfrac{B}{2}\right)\omega \\ v_y = \omega A_3 \\ \omega = \dfrac{v_{r1} - v_{r2}}{A_1 + A_2 + B} \end{cases} \tag{4-14}$$

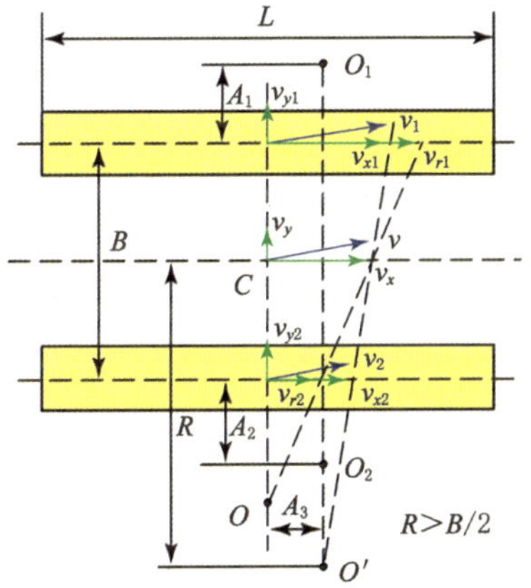

图 4-6　打滑条件下履带巷道掘进机行走速度梯度图

（2）行走动力学分析

巷道掘进机在行走过程中出现的打滑不仅使其速度产生了变化，同时使其受力状态产生了变化。由于巷道掘进机行走属于低速运动，在其转向时离心力很小，所以可忽略横向打滑对巷道掘进机动力学的影响。因此，打滑条件下，作用在两侧履带上的力主要有牵引力、摩擦阻力和转向阻力。打滑条件下巷道掘进机行走过程中受力情况如图 4-7 所示。

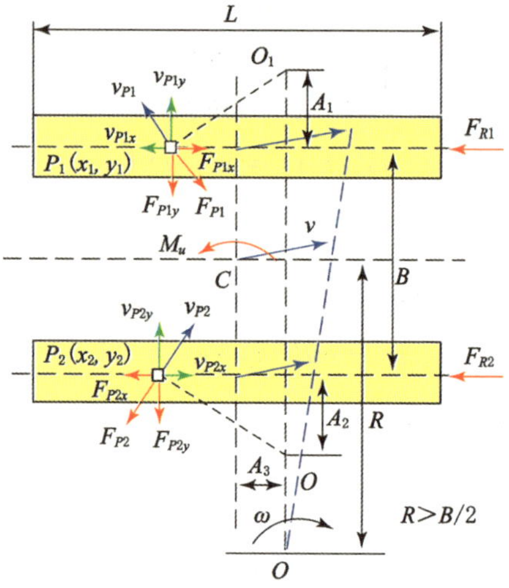

图 4-7　打滑条件下巷道掘进机行走过程中受力分析

① 牵引力：巷道掘进机在转向过程中，其外侧履带实际行走速度低于驱动马达提供的速度，内侧履带实际行走速度高于驱动马达提供的速度。在巷道掘进机内外侧履带上分别取微元 P_1、P_2 进行分析：在 x 方向上外侧履带接地点的绝对速度 v_{Px1} 沿 x 的负方向，内侧履带接地点的绝对速度 v_{Px1} 沿 x 的正方向；微元 P_1、P_2 与巷道底板的相互作用力 F_{P1}、F_{P2} 与该点的速度方向相反。考虑到履带承受压力沿履带均匀分布，单位履带上受到的压力为：

$$q = m_0 g / (2L) \tag{4-15}$$

基于转向阻力系数对 F_{P1}、F_{P2} 进行计算，首先将微元 P_1、P_2 与巷道底板相互作用力在 x 坐标轴上进行投影，得到投影到 x 坐标轴上的力的微分为：

$$\begin{cases} \mathrm{d}F_{Px1} = q\mu\cos\beta_1 \mathrm{d}x \\ \mathrm{d}F_{Px2} = q\mu\cos\beta_2 \mathrm{d}x \end{cases} \tag{4-16}$$

式中，$\cos\beta_i = \dfrac{v_{Pix}}{\sqrt{v_{Pix}^2 + v_{Piy}^2}}$，$v_{Pix} = \omega x_i$，$v_{Piy} = \omega y_i \, (i = 1, 2)$。

沿整个履带的接地长进行积分得：

$$\begin{cases} F_{x1} = \displaystyle\int_{-L/2}^{L/2} \mathrm{d}F_{Px1} = \frac{mg\mu a_1}{4} \ln \frac{\sqrt{1+a_1^2}+1}{\sqrt{1+a_1^2}-1} \\ F_{x2} = \displaystyle\int_{-L/2}^{L/2} \mathrm{d}F_{Px2} = \frac{mg\mu a_1}{4} \ln \frac{\sqrt{1+a_2^2}+1}{\sqrt{1+a_2^2}-1} \end{cases} \tag{4-17}$$

式中，$a_i = A_i / (L/2)$，其方向如图 4-7 所示。

② 前向阻力：巷道掘进机打滑条件下受到的摩擦阻力计算过程与理想条件下巷道掘

进机受到前向阻力的计算过程相同，见式（4-8）。

③ 转向阻力及转向阻力矩：将微元 P_1、P_2 与巷道底板相互作用力在 y 坐标轴上进行投影，得到投影到 y 坐标轴上的力的微分为：

$$\begin{cases} \mathrm{d}F_{Py1} = q\mu\sin(\beta_1)\mathrm{d}x \\ \mathrm{d}F_{Py2} = q\mu\sin(\beta_2)\mathrm{d}x \end{cases} \tag{4-18}$$

式中，$\sin\beta_i = \dfrac{v_{Piy}}{\sqrt{v_{Pix}^2 + v_{Piy}^2}}$，$v_{Pix} = \omega x_i$，$v_{Piy} = \omega y_i\,(i=1,2)$。

分别将 $\mathrm{d}F_{Py1}$、$\mathrm{d}F_{Py2}$ 对巷道掘进机质心 C 进行求力矩，并在整个履带长度上进行积分，可得：

$$\begin{cases} M_{\mu1} = \displaystyle\int_{-L/2}^{L/2} x\mathrm{d}F_{Py1} = \frac{mg\mu L}{8}\left(\sqrt{1+a_1^2} - \frac{a_1^2}{2}\ln\frac{\sqrt{1+a_1^2}+1}{\sqrt{1+a_1^2}-1}\right) \\ M_{\mu2} = \displaystyle\int_{-L/2}^{L/2} x\mathrm{d}F_{Py2} = \frac{mg\mu L}{8}\left(\sqrt{1+a_2^2} - \frac{a_2^2}{2}\ln\frac{\sqrt{1+a_2^2}+1}{\sqrt{1+a_2^2}-1}\right) \end{cases} \tag{4-19}$$

因此，打滑条件下巷道掘进机受到的转向阻力矩为：

$$M_\mu = \frac{mg\mu L}{8}\left(2\sqrt{1+a_1^2} - \frac{a_1^2}{2}\ln\frac{\sqrt{1+a_1^2}+1}{\sqrt{1+a_1^2}-1} - \frac{a_2^2}{2}\ln\frac{\sqrt{1+a_2^2}+1}{\sqrt{1+a_2^2}-1}\right) \tag{4-20}$$

根据平面汇交力系平衡条件，可得打滑条件下巷道掘进机行走动力学方程与理想条件下巷道掘进机行走动力学方程一致，但是其中牵引力和转向阻力计算方式不同，打滑条件下掘进机行走动力学与巷道掘进机打滑所产生的偏移量有关。

4.1.3　掘进机俯仰位姿运动学

巷道掘进机在截割作业之前，需将支撑机构撑起以保证其稳定性。巷道掘进机俯仰位姿由支撑机构的撑起状态以及撑起量所决定。为研究巷道掘进机俯仰位姿调控自动调控方法，以自主研制的巷道掘进机试验台为研究对象，首先分析巷道掘进机试验台俯仰姿态与支撑机构撑起状态之间关系，然后建立巷道掘进机试验台俯仰位姿与支撑机构撑起量之间的运动关系方程。巷道掘进机试验台支撑机构撑起状态可分为四种：前支撑不撑起，后支撑不撑起；前支撑撑起，后支撑不撑起；前支撑不撑起，后支撑撑起；前支撑撑起，后支撑撑起，如图 4-8 所示。由图 4-8 中的支撑机构的撑起状态可知：当前支撑、后支撑均不撑起时，巷道掘进机俯仰位姿由巷道底板与履带决定；当前支撑撑起、后支撑不撑起时，巷道掘进机俯仰位姿由巷道底板、履带以及前支撑决定；当前支撑不撑起、后支撑撑起时，巷道掘进机俯仰位姿由巷道底板、履带以及后支撑决定；当前支撑、后支撑均撑起时，巷道掘进机俯仰位姿由巷道底板、前支撑以及后支撑决定。

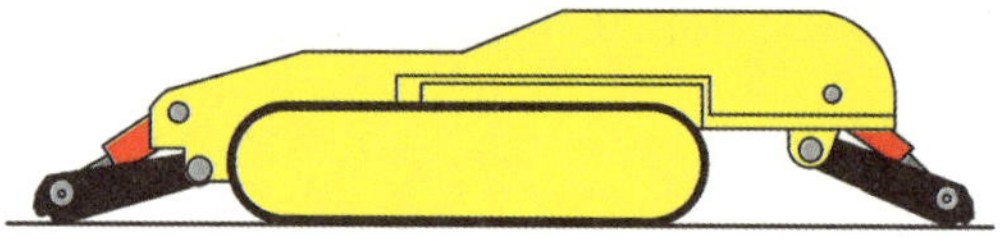

（a）前支撑、后支撑均不撑起

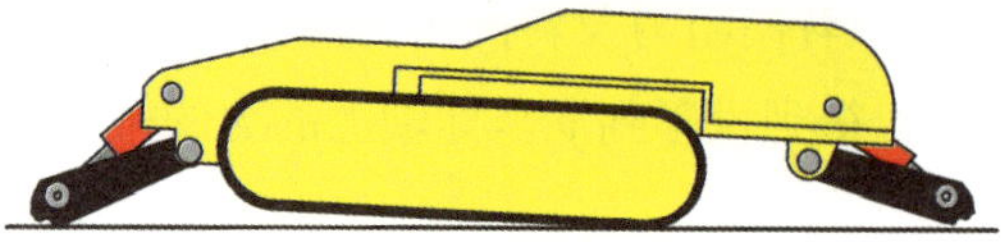

（b）前支撑撑起、后支撑不撑起

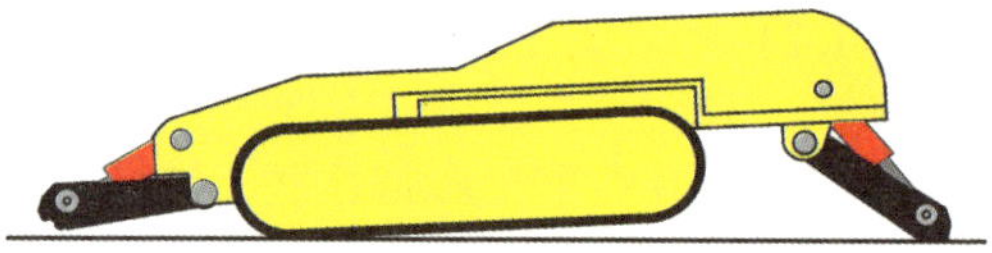

（c）前支撑不撑起、后支撑撑起

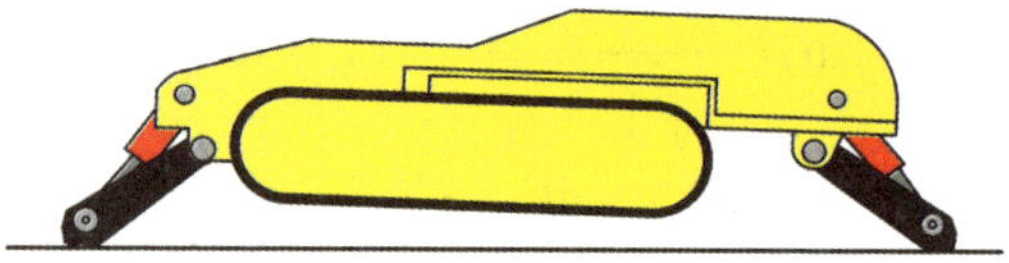

（d）前支撑、后支撑均撑起

图 4-8　巷道掘进机试验台支撑机构撑起状态

从上述分析可看出，巷道地板对巷道掘进机俯仰位姿有着重要的影响。忽略巷道底板俯仰程度对巷道掘进机俯仰位姿的影响，以近水平理想巷道底板工况进行研究。此外，由于前支撑、后支撑均不撑起工况不影响巷道掘进机俯仰位姿，将不讨论此种工况。为获得巷道掘进机俯仰位姿与支撑机构撑起量之间的运动关系方程，将对其余三种情况进行分别讨论。

（1）工况一：前支撑撑起、后支撑不撑起

忽略巷道底板的影响，此种工况下巷道掘进机俯仰位姿由前支撑接地点与履带接地点决定。如图 4-9 所示，$x_0o_0z_0$ 为巷道掘进机机体坐标系，xyz 为巷道坐标系，o_0x_0 轴与 ox 轴间的夹角为巷道掘进机俯仰角 β。为了更好地描述巷道掘进机位姿与支撑机构之间的几何关系，将巷道掘进机整体逆时针旋转 β，则巷道掘进机机体坐标系与巷道坐标系平行。

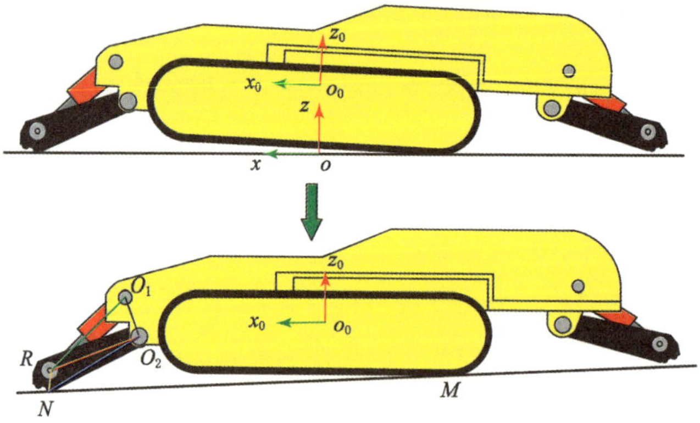

图 4-9　前支撑撑起、后支撑不撑起工况下俯仰位姿

定义履带接地点为 M，其在平面坐标系 $x_0o_0z_0$ 中的坐标为 $M\left(x_M, z_M\right)$，前支撑接地点为 N，其在平面坐标系 $x_0o_0z_0$ 中的坐标为 $N\left(x_N, z_N\right)$，则直线 MN 在平面坐标系 $x_0o_0z_0$ 中的斜率与巷道掘进机俯仰角之间关系为：

$$\tan\beta=\frac{z_N-z_M}{x_N-x_M} \tag{4-21}$$

由于履带接地点 M 的坐标不变，而前支撑接地点 N 的坐标可由前支撑驱动液压缸伸长量进行调整，因此需建立前支撑接地点 N 的坐标与前支撑驱动液压缸伸长量之间的关系。在 ΔO_1O_2R 中，O_1O_2、O_2R 为固定不变可测量，故有：

$$\angle O_1O_2R=\arccos\frac{O_1O_2^2+O_2R^2-O_1R^2}{2O_1O_2\cdot O_2R} \tag{4-22}$$

在 ΔRO_2N 中，RO_2、O_2N、RN 均为已知量，由三角函数关系可知：

$$\angle RO_2N=\arccos\frac{RO_2^2+O_2N^2-RN^2}{2RO_2\cdot O_2N} \tag{4-23}$$

定义 O_2 在平面坐标系 $x_0o_0z_0$ 中的坐标为 $O_2(x_{O_2},z_{O_2})$，则 N 点坐标为：

$$\begin{cases}x_N=x_{O_2}+O_2N\cos(\angle O_1O_2R-\angle O_1O_2x_0+\angle RO_2N)\\ z_N=z_{O_2}-O_2N\sin(\angle O_1O_2R-\angle O_1O_2x_0+\angle RO_2N)\end{cases} \tag{4-24}$$

因此，式（4-21）可以表示为：

$$\tan\beta=\frac{\begin{array}{c}z_{O_2}-O_2N\sin(\arccos\dfrac{O_1O_2^2+O_2R^2-O_1R^2}{2O_1O_2\cdot O_2R}\\-\angle O_1O_2x_0+\angle RO_2N)-z_M\end{array}}{\begin{array}{c}x_{O_2}+O_2N\cos(\arccos\dfrac{O_1O_2^2+O_2R^2-O_1R^2}{2O_1O_2\cdot O_2R}\\-\angle O_1O_2x_0+\angle RO_2N)-x_M\end{array}} \tag{4-25}$$

式（4-25）即为前支撑撑起、后支撑不撑起工况下，巷道掘进机俯仰位姿与支撑机构撑起量间的理想运动关系方程。据此可以看出，式中唯一变量为 O_1R，其长度由前支撑驱动液压缸伸长量决定。因此，可通过调控前支撑驱动液压缸伸长量调整其长度，进而调节前支撑撑起、后支撑不撑起工况下的巷道掘进机俯仰位姿。

（2）工况二：前支撑不撑起、后支撑撑起

此工况下巷道掘进机俯仰位姿由后支撑接地点与履带接地点决定。如图 4-10 所示，将巷道掘进机整体顺时针旋转 β，则巷道掘进机机体坐标系与巷道坐标系平行。定义履带接地点为 Q，其在平面坐标系 $x_0o_0z_0$ 中的坐标为 $Q(x_Q,z_Q)$；定义后支撑接地点为 P，其在平面坐标系 $x_0o_0z_0$ 中的坐标为 $P(x_P,z_P)$，则直线 PQ 在平面坐标系中的斜率与巷道掘进机俯仰角之间关系为：

$$\tan\beta=\frac{z_Q-z_P}{x_Q-x_P} \tag{4-26}$$

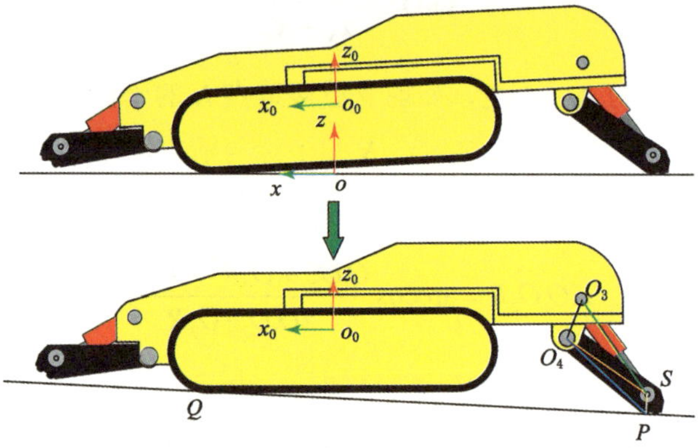

图 4-10　前支撑不撑起、后支撑撑起工况下俯仰位姿

同样地，履带接地点 Q 的坐标不变，后支撑接地点 P 的坐标可由后支撑驱动油缸伸长量进行调整。根据三角函数关系可建立后支撑接地点 P 的坐标与后支撑驱动油缸伸长量之间的关系。在 ΔO_3O_4S 中：

$$\angle O_3O_4S = \arccos\frac{O_3O_4^2 + O_4S^2 - O_3S^2}{2O_3O_4 \cdot O_4S} \tag{4-27}$$

在 ΔSO_4P 中：

$$\angle SO_4P = \arccos\frac{SO_4^2 + O_4P^2 - SP^2}{2SO_4 \cdot O_4P} \tag{4-28}$$

定义 O_4 在平面坐标系 $x_0o_0z_0$ 中的坐标为 $O_4\left(x_{O_4}, z_{O_4}\right)$，则 P 点坐标为：

$$\begin{cases} x_P = x_{O_4} - O_4P\cos\left(\angle O_3O_4S + \angle O_3O_4x_0 - \pi + \angle SO_4P\right) \\ z_P = z_{O_4} - O_4P\sin\left(\angle O_3O_4S + \angle O_3O_4x_0 - \pi + \angle SO_4P\right) \end{cases} \tag{4-29}$$

因此，在前支撑不撑起、后支撑撑起工况下，巷道掘进机俯仰位姿与支撑机构撑起量间理想运动关系方程可表示为：

$$\tan\beta = \frac{z_Q - z_{O_4} + O_4P\sin\left(\arccos\frac{O_3O_4^2 + O_4S^2 - O_3S^2}{2O_3O_4 \cdot O_4S} + \angle O_3O_4x_0 - \pi + \angle SO_4P\right)}{x_Q - x_{O_4} + O_4P\cos\left(\arccos\frac{O_3O_4^2 + O_4S^2 - O_3S^2}{2O_3O_4 \cdot O_4S} + \angle O_3O_4x_0 - \pi + \angle SO_4P\right)} \tag{4-30}$$

从式（4-30）中可以看出，式中唯一变量为 O_3S，其长度由后支撑驱动油缸伸长量决定。因此，可通过调控后支撑驱动油缸伸长量来调节掘进机俯仰位姿。

（3）工况三：前支撑、后支撑均撑起

此工况下巷道掘进机俯仰位姿由前支撑接地点与后支撑接地点决定。如图 4-11 所示，将巷道掘进机同样旋转 β，以使巷道掘进机机体坐标系与巷道坐标系平行。巷道掘进机俯仰角可用直线 NP 在平面坐标系中的斜率表示：

$$\tan\beta = \frac{z_N - z_P}{x_N - x_P} \tag{4-31}$$

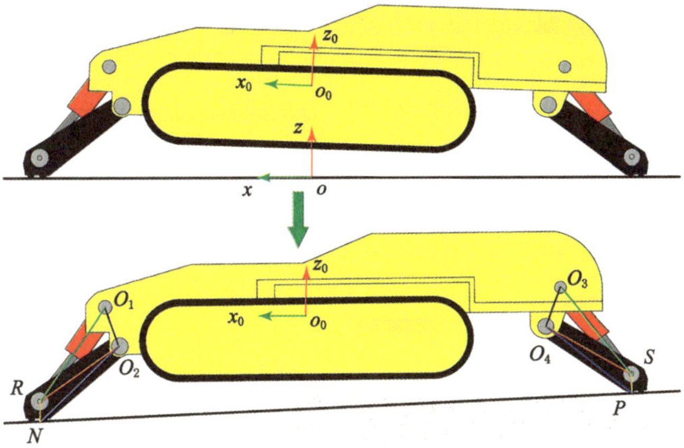

图 4-11　前支撑、后支撑均撑起工况下俯仰位姿

前支撑接地点 N 的坐标可由前支撑驱动油缸伸长量进行调整，后支撑接地点 P 的坐标可由后支撑驱动油缸伸长量进行调整。如前所述，根据三角函数关系，可建立前、后支撑接地点的坐标与前、后支撑驱动油缸伸长量之间的关系，即式（4-24）和式（4-29）。将上述两式带入式（4-31），可得在前支撑、后支撑均撑起工况下，巷道掘进机俯仰位姿与支撑机构撑起量间的理想运动关系方程为：

$$\tan\beta = \frac{\begin{array}{l} z_{O_2} - O_2N\sin\left(\arccos\dfrac{O_1O_2^2 + O_2R^2 - O_1R^2}{2O_1O_2 \cdot O_2R} - \angle O_1O_2x_0 + \angle RO_2N\right) \\ -z_{O_4} + O_4P\sin\left(\arccos\dfrac{O_3O_4^2 + O_4S^2 - O_3S^2}{2O_3O_4 \cdot O_4S} + \angle O_3O_4x_0 - \pi + \angle SO_4P\right) \end{array}}{\begin{array}{l} x_{O_2} + O_2N\cos\left(\arccos\dfrac{O_1O_2^2 + O_2R^2 - O_1R^2}{2O_1O_2 \cdot O_2R} - \angle O_1O_2x_0 + \angle RO_2N\right) \\ -x_{O_4} + O_4P\cos\left(\arccos\dfrac{O_3O_4^2 + O_4S^2 - O_3S^2}{2O_3O_4 \cdot O_4S} + \angle O_3O_4x_0 - \pi + \angle SO_4P\right) \end{array}} \tag{4-32}$$

式（4-32）中变量为 O_1R 、 O_3S ，它们的长度分别由前、后支撑驱动液压缸伸长量决定。因此，可通过调控前、后支撑驱动油缸伸长量来调整 O_1R 、 O_3S 的长度，进而调节前支撑、后支撑均撑起工况下的巷道掘进机俯仰位姿。

4.1.4　掘进机截割机构运动学

巷道掘进机截割运动是巷道断面成形的直接环节，主要包含截割升降运动和截割横摆运动，分别由两对油缸驱动实现相关运动。实现巷道掘进机截割机构对巷道掘进机位姿偏差的补偿，需建立驱动油缸活塞杆的位移与截割运动角之间的运动关系方程。

（1）截割升降运动

截割升降运动由两驱动油缸同步伸缩实现。建立截割升降运动简图如图 4-12 所示。其中 O_1 为截割臂与机体铰接点，O_2 为截割臂升降运动驱动油缸与机体铰接点，A 为截割臂关节点，B 为截割臂与升降运动驱动油缸铰接点，C 为截割头主视末端点。

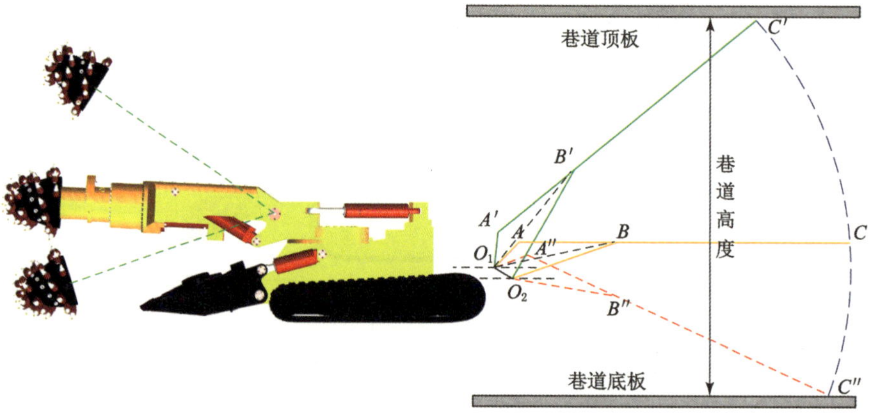

图 4-12　巷道掘进机截割升降运动分析

定义逆时针截割升降运动的升降角为正，记为 θ_2；其驱动油缸伸长为正，收缩为负，记为 l_1。在 ΔO_2O_1B 中：

$$O_2B=\sqrt{O_1O_2{}^2+O_1B^2-2O_1O\cdot O_1B\cdot\cos\angle O_1O_2B} \tag{4-33}$$

由于截割升降运动过程中 O_1、O_2 点固定，且 B 点相对于 A 点的位置不变，因此 $O_1B=O_1B'$。在 $\Delta O_2O_1B'$ 中：

$$O_2B'^2=O_1O_2{}^2+O_1B^2-2O_1O_2\cdot O_1B\cdot\cos\left(\angle O_1O_2B+\theta_2\right) \tag{4-34}$$

则截割升降运动与其驱动油缸伸长量之间运动关系方程为：

$$\begin{aligned}l_1=O_2B'-O_2B=&\sqrt{O_1O_2{}^2+O_1B^2-2O_1O_2\cdot O_1B\cdot\cos\left(\angle O_1O_2B+\theta_2\right)}\\&-\sqrt{O_1O_2{}^2+O_1B^2-2O_1O_2\cdot O_1B\cdot\cos\angle O_1O_2B}\end{aligned} \tag{4-35}$$

（2）截割横摆运动

截割横摆运动由两驱动油缸协调伸缩实现。建立截割横摆运动简图如图 4-13 所示。其中 O_3 为巷道掘进机横摆截割运动转动中心，O_4、O_5 分别为截割臂横摆运动驱动油缸与回转台铰接点，M、N 分别为横摆运动驱动油缸与回转台铰接点，P 为截割头俯视末端点。

定义逆时针截割横摆运动的横摆角为正，记为 θ_2；驱动油缸伸长为正，收缩为负，两驱动油缸变化量分别记为 l_2、l_3。在 ΔO_3O_4M 中：

$$O_4M=-\sqrt{O_3O_4^2+O_3M^2-2O_3O_4\cdot O_3M\cdot\cos\angle O_4O_3M} \tag{4-36}$$

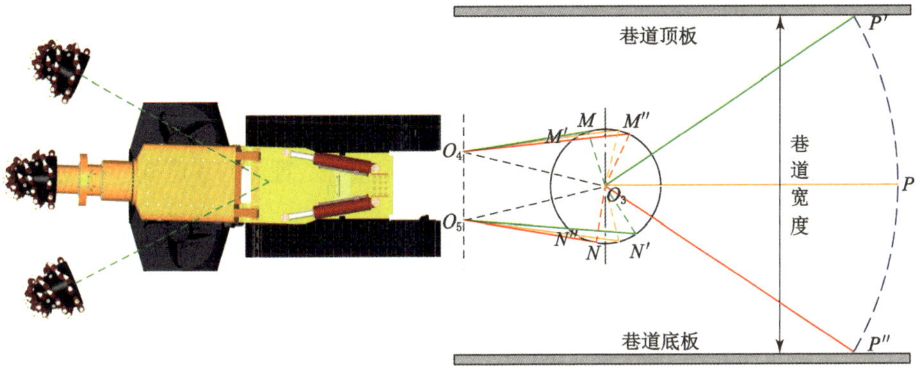

图 4-13　巷道掘进机截割横摆运动分析

由于截割横摆运动过程中 O_3、O_4、O_5 点固定，且左右驱动油缸对称布置，因此 $O_3O_4 = O_3O_5$，$O_3N = O_3N' = O_3M = O_3M'$，$\angle O_5O_3N = \angle O_4O_3M$。截割横摆运动与其驱动油缸伸长量和收缩量之间运动关系方程为：

$$l_2 = O_4M' - O_4M = \sqrt{O_3O_4^{\ 2} + O_3M^2 - 2O_3O_4 \cdot O_3M \cdot \cos(\angle O_4O_3M + \theta_1)} - \sqrt{O_3O_4^{\ 2} + O_3M^2 - 2O_3O_4 \cdot O_3M \cdot \cos\angle O_4O_3M} \tag{4-37}$$

$$l_3 = O_5N' - O_5N = \sqrt{O_3O_4^{\ 2} + O_3M^2 - 2O_3O_4 \cdot O_3M \cdot \cos(\angle O_4O_3M - \theta_1)} - \sqrt{O_3O_4^{\ 2} + O_3M^2 - 2O_3O_4 \cdot O_3M \cdot \cos\angle O_4O_3M} \tag{4-38}$$

令 $X = \sqrt{O_3O_4^{\ 2} + O_3M^2 - 2O_3O_4 \cdot O_3M \cdot \cos\angle O_4O_3M}$，分别用 l_2、l_3 表示 θ_1，可得

$$\begin{aligned} \theta_1 &= \angle O_4O_3M - \arccos\frac{O_3O_4^{\ 2} + O_3M^2 - (l_2 + X)^2}{2O_3O_4 \cdot O_3M} \\ &= -\angle O_4O_3M + \arccos\frac{O_3O_4^{\ 2} + O_3M^2 - (l_3 + X)^2}{2O_3O_4 \cdot O_3M} \end{aligned} \tag{4-39}$$

因此截割横摆运动两驱动油缸协调运动关系方程为：

$$2\angle O_4O_3M = \arccos\frac{O_3O_4^{\ 2} + O_3M^2 - (l_2 + X)^2}{2O_3O_4 \cdot O_3M} + \arccos\frac{O_3O_4^{\ 2} + O_3M^2 - (l_3 + X)^2}{2O_3O_4 \cdot O_3M} \tag{4-40}$$

4.2　掘进机位姿调控策略与方法

掘进机位姿调控策略与方法研究可以帮助掘进机在地下开挖作业中实现高精度的定位和控制，避免了误差积累和误差放大的情况，从而保证了掘进机的开挖精度和施工质量。此外，合理的位姿调控策略和方法能够使掘进机在开挖过程中更加高效地运转，从而缩短施工周期，提高生产效率。

4.2.1　掘进机位姿偏差产生因素

4.2.1.1　掘进机位姿描述

巷道掘进机作业过程中的位姿描述是其位姿调控与补偿控制的基础，主要描述巷道掘进机机体相对于巷道设计轴线平面与底板平面的位置和姿态。理想的巷道掘进机位姿要求如下：

① 巷道掘进机的中轴线与设计巷道轴线重合；

② 巷道掘进机机体与巷道底板平面平行；

③ 巷道掘进机与巷道迎头断面距离合理。

根据上述要求，结合巷道掘进机位姿描述，定义巷道坐标系如图 4-14 所示。图中绿色平面为巷道设计轴线所在平面，蓝色平面为巷道底板平面，红色平面为巷道掘进机重心所在宽度方向平面。

根据图 4-14 中巷道坐标系的定义，定义巷道掘进机机体重心与巷道迎头断面的距离为车前距，记为 ΔX；定义巷道掘进机机体重心轴线与巷道设计轴线的距离为偏航距，记为 ΔY；定义巷道掘进机机体重心与巷道底板的距离为车高距，记为 ΔZ。

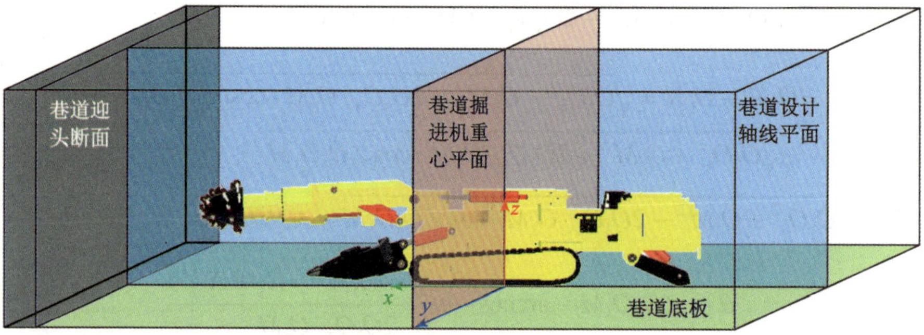

图 4-14　巷道坐标系定义

采用 RPY 角描述巷道掘进机姿态，定义巷道掘进机机体绕 x 轴的转角为翻滚角，记为 α；定义巷道掘进机机体绕 y 轴的转角为俯仰角，记为 β；定义巷道掘进机机体绕 z 轴的转角为偏航角，记为 γ。至此，巷道掘进机的位姿已得到全部描述，如图 4-15 所示。

4.2.1.2　掘进机位姿偏差产生因素

巷道掘进机服役于复杂、恶劣的条件下，多种因素耦合作用导致巷道掘进机出现侧滑、甩尾等位姿偏差现象。巷道掘进机位姿偏差产生的原因在不同作业工序中不同：在巷道掘进机空载行走过程中，巷道掘进机位姿偏差产生的原因主要是巷道底板不平整及巷道掘进机运动控制精度存在误差；在巷道掘进机截割作业过程中，由于缺少侧向支撑以及巷道底板支撑力不足，巷道掘进机处于欠约束工作状态，截割过程中平衡条件一旦被打破，巷道掘进机就会发生错位与偏斜。

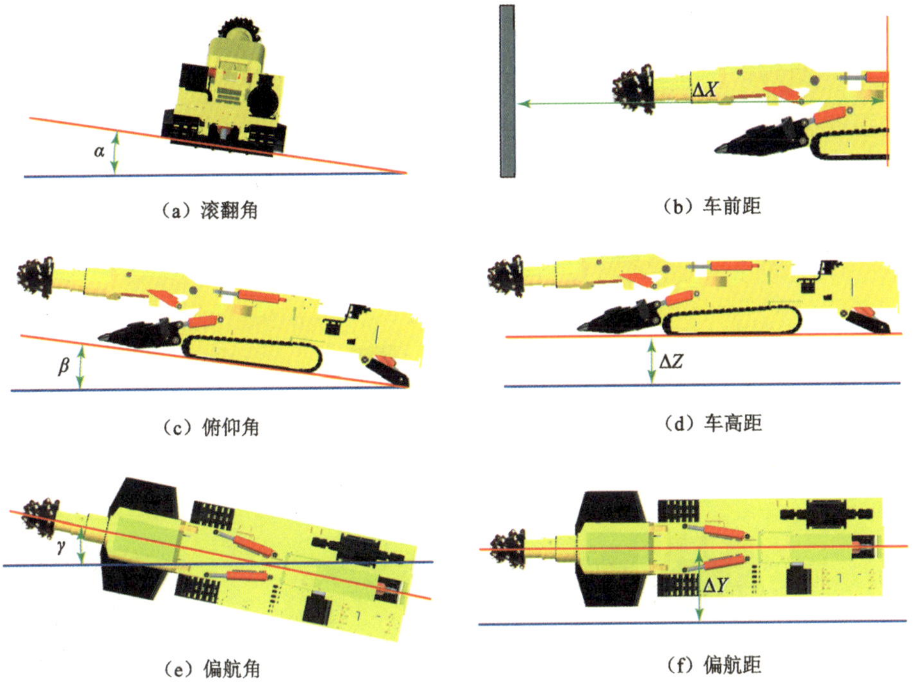

（a）滚翻角　（b）车前距　（c）俯仰角　（d）车高距　（e）偏航角　（f）偏航距

图 4-15　巷道掘进机位姿描述

通过分析巷道掘进机服役过程中不稳定因素可知，截割载荷变化是导致巷道掘进机位姿偏差的主动因素，而巷道底板地质条件是引起巷道掘进机位姿偏差的随动因素。巷道掘进机作业工序中与煤岩发生互作用的工序有钻进掏槽和摆动截割两个过程。两个与煤岩互作用的工序中，施加在巷道掘进机截割头上的截割载荷方向不同。下面将分别对不同作业工序下的巷道掘进机整机进行受力分析，进一步阐明不同截割作业工序中巷道掘进机位姿产生偏差的原因。

（1）钻进掏槽作业工序

在巷道掘进机钻进掏槽过程中，巷道掘进机履带与底板接触，在液压马达驱动下，巷道掘进机沿巷道轴线方向推进掏槽。因此，作用在巷道掘进机上的力和力矩包含：液压马达提供的驱动力 Z，沿截割臂的截割阻力 F，绕截割头的截割扭矩 M，巷道掘进机自身重力 G，巷道底板提供的支撑力 F_n 以及履带与巷道底板摩擦力 F_μ。将作用在巷道掘进机上的力和力矩分别分解到空间坐标系三个平面内，如图 4-16 所示。

在图 4-16 中，l 为巷道掘进机重心的高度，l_1 为截割力作用点与巷道掘进机重心在巷道轴线方向上的距离，l_2 为底板支撑力与巷道掘进机重心在巷道轴线方向上的距离，l_3 为截割力作用点与巷道掘进机重心在巷道高度方向上的距离，l_4 为截割力作用点与巷道掘进机重心在巷道宽度方向上的距离。根据空间汇交力系平衡条件，可得巷道掘进机钻进掏槽过程力与力矩平衡条件为：

$$
\begin{aligned}
&F_x + F_{\mu x1} + F_{\mu x2} - Z = 0 \\
&F_y - F_{\mu y1} - F_{\mu y1} = 0 \\
&F_z + F_{n1} + F_{n2} - G = 0
\end{aligned}
\tag{4-41}
$$

$$
\begin{aligned}
&F_z l_1 - F_x l_3 + F_n l_{21} - F_{\mu x} l + M_y = 0 \\
&F_y l_1 - F_x l_4 - \left(F_{\mu y1} + F_{\mu y1}\right) l_{21} - M_z = 0 \\
&F_z l_4 - F_y l_3 + \left(F_{\mu y1} + F_{\mu y1}\right) l - M_x = 0
\end{aligned}
\tag{4-42}
$$

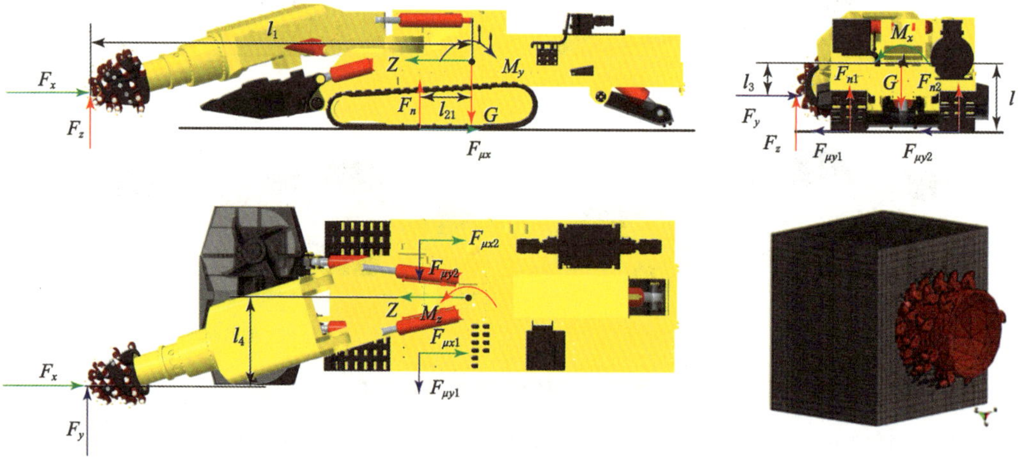

图 4-16　巷道掘进机钻进掏槽受力分析

从巷道掘进机钻进掏槽过程力与力矩平衡条件中可以看出，z 坐标轴上的力矩平衡条件较为容易被打破，若巷道底板提供给履带的侧向摩擦力不足，则巷道掘进机会产生绕 z 轴方向的偏移或偏转，即产生航向位姿偏差。

（2）横摆截割作业工序

在掘进机横摆截割过程中，掘进机前产板与后支撑需撑起，在横摆油缸驱动下，巷道掘进机截割机构沿巷道高度方向上摆动截割。作用在巷道掘进机上的力和力矩包含：垂直于截割头沿水平方向的截割阻力 F，绕截割头的截割扭矩 M，巷道掘进机自身重力 G，巷道底板提供的支撑力 F_n 及摩擦力 F_μ。同样将作用在巷道掘进机上的力和力矩分别分解到空间坐标系三个平面内，如图 4-17 所示。

在图 4-17 中，l、l_1、l_3、l_4 与上述参数含义相同，l_{22} 为前铲板接地点与巷道掘进机重心在巷道轴线方向上的距离，l_{23} 为后支撑接地点与巷道掘进机重心在巷道轴线方向上的距离。根据空间汇交力系平衡条件，可得巷道掘进机横摆截割过程力与力矩平衡条件为：

$$
\begin{aligned}
&F_x + F_{n2x} - F_{n1x} - F_{\mu x1} - F_{\mu x2} = 0 \\
&F_y - F_{\mu y1} + F_{\mu y2} = 0 \\
&F_{n1z} + F_{n2z} - G = 0
\end{aligned}
\tag{4-43}
$$

$$
\begin{aligned}
&F_x l_3 - F_{n1z} l_{22} + F_{n2z} l_{23} - \left(F_{\mu x1} + F_{\mu x2} + F_{n1x} - F_{n2x}\right) l - M_y = 0 \\
&F_x l_4 - F_y l_1 - F_{\mu y1} l_{22} - F_{\mu y2} l_{23} + M_z = 0 \\
&F_y l_3 - \left(F_{\mu y1} - F_{\mu y2}\right) l - M_x = 0
\end{aligned}
\tag{4-44}
$$

从巷道掘进机横摆截割过程力与力矩平衡条件中可以看出，z 坐标轴上的力矩平衡条件较为容易被打破，若巷道底板提供给支撑机构的侧向摩擦力不足，则巷道掘进机会产生绕 z 轴方向的偏移或偏转，即产生航向位姿偏差。

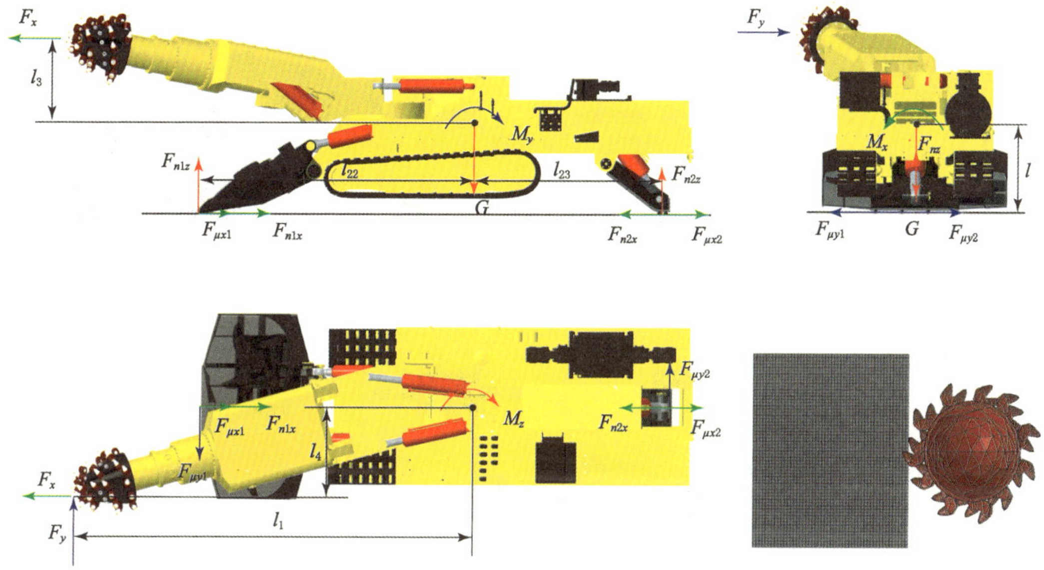

图 4-17　巷道掘进机横摆截割受力分析

（3）升降截割作业工序

在巷道掘进机升降截割过程中，巷道掘进机前产板与后支撑需撑起，在升降油缸驱动下，巷道掘进机截割机构沿巷道高度方向上摆动截割。作用在巷道掘进机上的力和力矩包含：相切截割头运动且与截割头运动方向相反的截割阻力 $\boldsymbol{F}$，绕截割头的截割扭矩 $\boldsymbol{M}$，巷道掘进机自身重力 $\boldsymbol{G}$，巷道底板提供的支撑力 $\boldsymbol{F}_n$ 及摩擦力 $\boldsymbol{F}_\mu$。同样将作用在巷道掘进机上的力和力矩分别分解到空间坐标系三个平面内，如图 4-18 所示。

在图 4-18 中，l、l_1、l_{22}、l_{23}、l_3、l_4 与上述参数含义相同。根据空间汇交力系平衡条件，可得巷道掘进机升降截割过程力与力矩平衡条件为：

$$
\begin{aligned}
&F_x + F_{n2x} - F_{n1x} - F_{\mu x1} - F_{\mu x2} = 0 \\
&F_y - F_{\mu y1} + F_{\mu y2} = 0 \\
&F_z - F_{n1z} - F_{n2z} + G = 0
\end{aligned}
\tag{4-45}
$$

$$
\begin{aligned}
&F_x l_3 + F_z l_1 - F_{n1z} l_{22} + F_{n2z} l_{23} + \left(F_{\mu x1} + F_{\mu x2} + F_{n1x} - F_{n2x}\right) l_1 + M_y = 0 \\
&F_y l_1 + F_x l_4 - F_{\mu y1} l_{22} - F_{\mu y2} l_{23} - M_z = 0 \\
&F_z l_4 - F_y l_3 + \left(F_{\mu y2} - F_{\mu y1}\right) l - M_x = 0
\end{aligned}
\tag{4-46}
$$

从巷道掘进机升降截割过程力与力矩平衡条件中可以看出，y 坐标轴上的力矩平衡条件较为容易被打破，若巷道底板提供给前支撑的支撑力不足，则巷道掘进机会产生绕 y 轴方向的偏移或偏转，即产生俯仰位姿偏差。

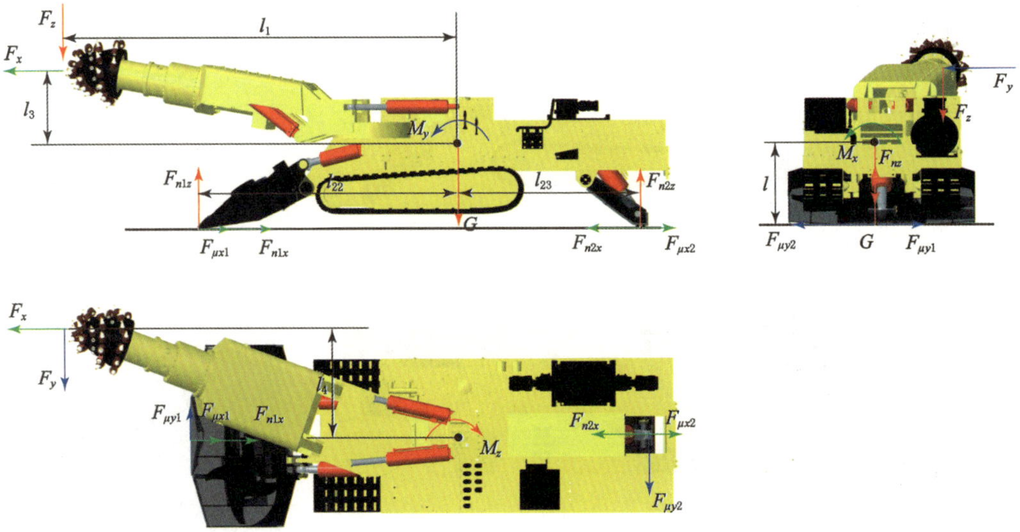

图 4-18　巷道掘进机升降截割受力分析

此外，巷道掘进机不同截割作业工序下力与力矩平衡条件中，截割力 $\boldsymbol{F}$ 与截割力矩 $\boldsymbol{M}$ 是影响平衡条件的主动因素。巷道底板提供的支撑力 F_n 和摩擦力 F_μ 受截割力 $\boldsymbol{F}$ 与截割力矩 $\boldsymbol{M}$ 的影响。巷道底板提供的支撑力和摩擦力随着作用在截割头上的截割力与截割力矩变化而变化，而作用在截割头上的截割力与截割力矩受截割煤岩性质的影响。当巷道掘进机截割硬质煤岩时，若巷道底板提供的侧向摩擦力或者支撑力不足，则巷道掘进机力与力矩平衡条件将会被打破，进而产生位姿偏差。

4.2.2　掘进机位姿偏差对断面成形的影响

为了获得巷道掘进机位姿偏差对截割断面的影响规律，可认为测量坐标系 $O_cX_cY_cZ_c$ 与巷道坐标系重合 $oxyz$。巷道掘进机机体坐标系 $o_0x_0y_0z_0$ 可以由巷道坐标系 $oxyz$ 经过以下步骤获得：先沿 o_0o 平移矢量 $\boldsymbol{L}(\Delta X, \Delta Y, \Delta Z)$，然后绕 z 轴旋转 γ 角，再绕 y 轴旋转 β 角，最后绕 x 轴旋转 α 角。因此，巷道掘进机相对于巷道坐标系的机体位姿矩阵为：

$$
\begin{aligned}
{}^{0}\boldsymbol{T} &= Trans(\boldsymbol{L})R(\gamma,\beta,\alpha) = Trans(\Delta x,\Delta y,\Delta z)R(z,\gamma)R(y,\beta)R(x,\alpha) \\
&= \begin{bmatrix} c\gamma c\beta & c\gamma s\beta s\alpha - s\gamma c\alpha & c\gamma s\beta c\alpha + s\gamma s\alpha & \Delta x \\ s\gamma c\beta & s\gamma s\beta s\alpha + c\gamma c\alpha & s\gamma s\beta c\alpha - c\gamma s\alpha & \Delta y \\ -s\beta & c\beta s\alpha & c\beta c\alpha & \Delta z \\ 0 & 0 & 0 & 1 \end{bmatrix}
\end{aligned} \tag{4-47}
$$

式中，c 表示 cos，s 表示 sin。因此，截割头坐标系 {3} 相对于巷道坐标系的坐标转换矩阵可由 ${}^{0}\boldsymbol{T}\,{}^{3}\boldsymbol{T}_0$ 获得：

$$
\begin{aligned}
\boldsymbol{T} &= {}^{0}\boldsymbol{T}\,{}^{3}\boldsymbol{T}_0 \\
&= \begin{bmatrix} c\theta_1 c\theta_2 & s\theta_1 & -s\theta_2 c\theta_1 & -d_3 c\theta_1 s\theta_2 + a_3 c\theta_1 c\theta_2 + a_2 c\theta_1 + a_1 \\ c\theta_2 s\theta_1 & -c\theta_1 & -s\theta_1 s\theta_2 & -d_3 s\theta_1 s\theta_2 + a_3 s\theta_1 c\theta_2 + a_2 s\theta_1 \\ -\sin\theta_2 & 0 & -c\theta_2 & -d_3 c\theta_2 - a_3 s\theta_2 + d_1 \\ 0 & 0 & 0 & 1 \end{bmatrix} \\
&\otimes \begin{bmatrix} c\gamma c\beta & c\gamma s\beta s\alpha - s\gamma c\alpha & c\gamma s\beta c\alpha + s\gamma s\alpha & \Delta x \\ s\gamma c\beta & s\gamma s\beta s\alpha + c\gamma c\alpha & s\gamma s\beta c\alpha - c\gamma s\alpha & \Delta y \\ -s\beta & c\beta s\alpha & c\beta c\alpha & \Delta z \\ 0 & 0 & 0 & 1 \end{bmatrix}
\end{aligned} \tag{4-48}
$$

定义巷道掘进机的姿态角逆时针偏转为正，顺时针偏转为负；巷道掘进机的位置沿坐标轴正向偏移为正，沿坐标轴正向偏移为负。分别设置航向姿态偏航角和偏航距为 10° 和 200 mm，俯仰姿态俯仰角和车高距为 10° 和 −200 mm，滚翻姿态滚翻角为 10°。截割机构连杆长度参数保持与表 4-2 中参数一致。通过计算获得巷道掘进机不同位姿偏差下极限截割断面与理想条件下极限截割断面间的关系如图 4-19 所示。

从图 4-19 可以看出，不同巷道掘进机位姿偏差对巷道断面成形影响不同。① 巷道掘进机偏航角与偏航距影响巷道宽度方向成形，若巷道掘进机存在航向位姿偏差，则会导致巷道实际轴线偏离设计中线，造成巷道在轴线方向上偏斜。② 巷道掘进机俯仰角与车高距影响巷道高度方向成形。若巷道掘进机存在俯仰位姿偏差，则会导致巷道切顶或切底，造成巷道在高度方向上偏斜。③ 巷道掘进机滚翻角同时影响巷道宽度与高度方向的成形。若巷道掘进机存在滚翻姿态偏差，则会导致巷道超挖或者欠挖，造成截割断面不符合巷道成形要求。

4.2.3　掘进机位姿偏差调控与补偿策略

通过 4.2.2 节的分析可知，巷道掘进机位姿偏差对巷道断面成形有着重要的影响。因此，在巷道掘进机作业过程中，其位姿偏差需及时得到纠正。将结合设计巷道断面与极限巷道断面成形关系，确定巷道掘进机截割机构位姿偏差补偿能力，即确定巷道掘进机截割机构对机体位姿偏差补偿界限。

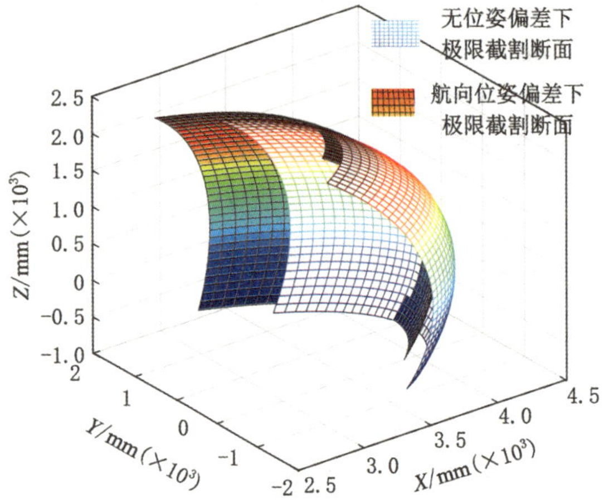

（a）航向位姿偏差下的极限截割断面

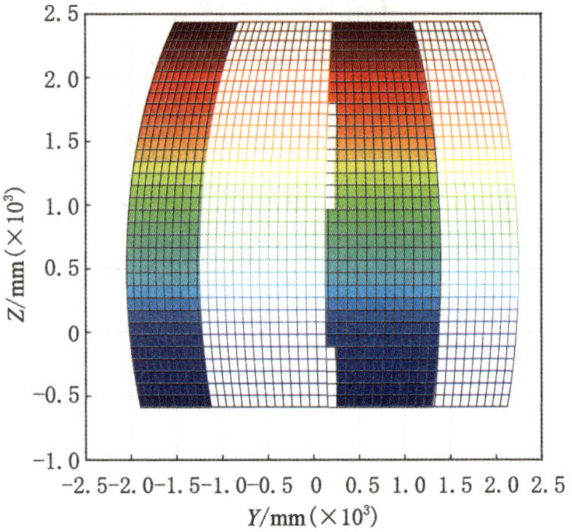

（b）航向位姿偏差下极限截割断面的投影

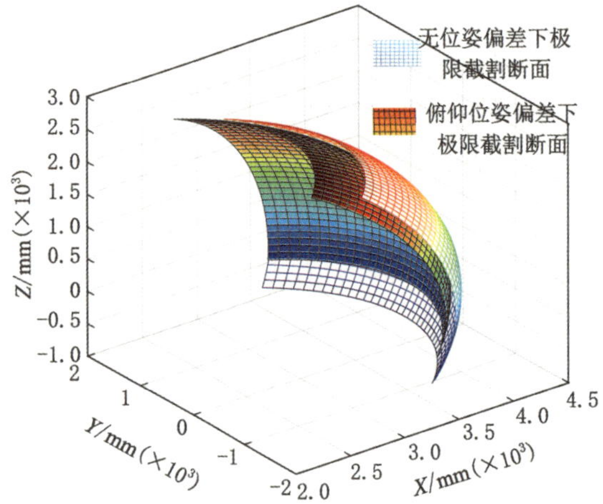

（c）俯仰位姿偏差下的极限截割断面

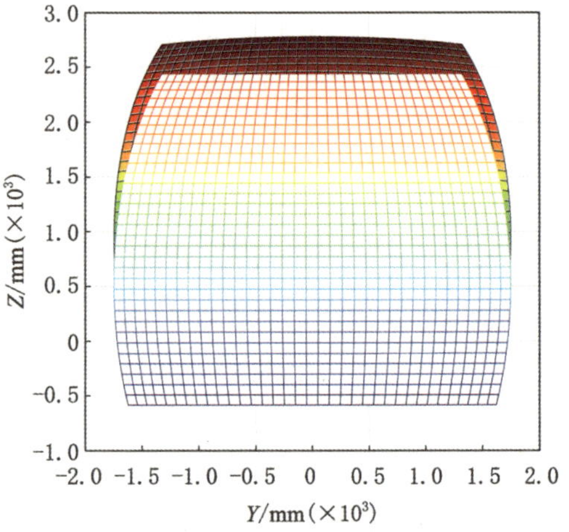

（d）俯仰位姿偏差下极限截割断面的投影

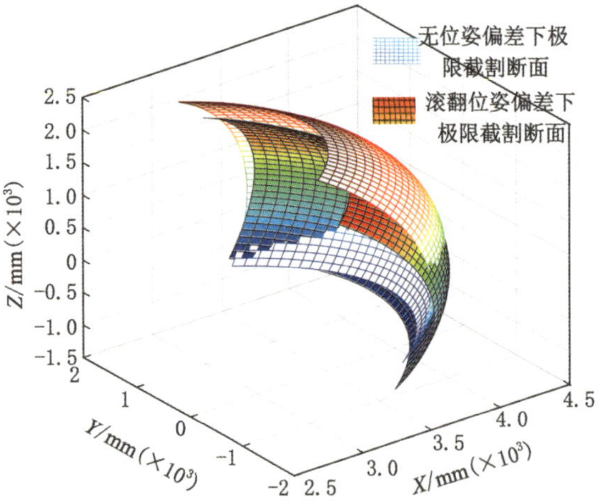

（e）滚翻位姿偏差下的极限截割断面

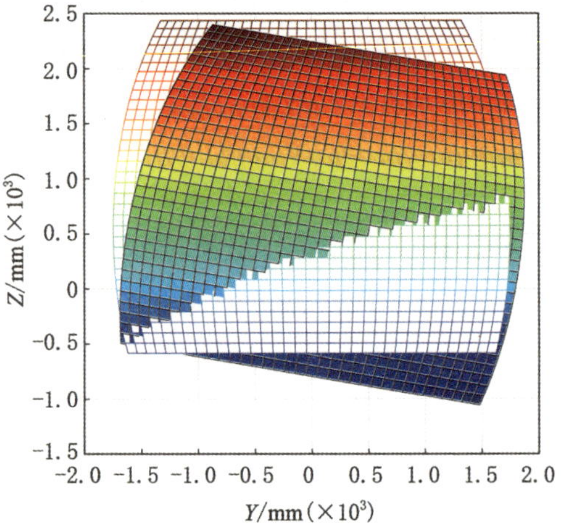

（f）滚翻位姿偏差下极限截割断面的投影

图 4-19　不同位姿偏差下极限截割断面与理想极限截割断面间关系

4.2.3.1　掘进机截割机构位姿补偿界限

在进行巷道掘进机位姿调控时，需要确认巷道掘进机大小位姿偏差界限，即确认巷道掘进机截割机构对位姿偏差的最大补偿能力，才能制定合理的巷道掘进机位姿调控与补偿策略。由于巷道掘进机滚翻位姿偏差只能通过截割机构运动补偿，所以仅分析巷道掘进机截割机构对航向位姿与俯仰位姿偏差的补偿界限。

（1）截割机构航向位姿偏差补偿界限

当巷道掘进机出现航向位姿偏差（偏航角、偏航距）时，可采用巷道掘进机截割机构横摆运动进行补偿。根据航向位姿偏差对巷道断面成形的影响可知，巷道掘进机航向位姿偏差仅影响巷道宽度方向的成形。将巷道掘进机截割机构极限截割断面、设计巷道断面及航向位姿偏差影响下的极限截割断面投影到 *YOZ* 平面，可得到三个截割断面之间的关系如图 4-20 所示。

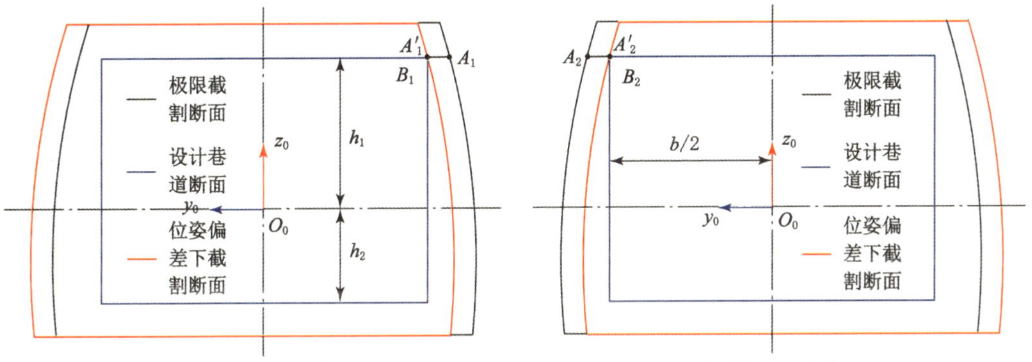

（a）截割断面左偏　　（b）截割断面右偏

图 4-20　航向位姿偏差影响下巷道断面间关系

巷道掘进机截割机构极限截割断面在航向位姿偏差的影响下沿巷道宽度方向左右偏移。由于极限截割断面投影为上窄下宽的腰鼓形，设计巷道断面顶端侧面先与极限截割断面接触。若巷道掘进机航向位姿偏差过大，部分设计巷道断面将超出极限截割断面，即部分设计巷道断面超出巷道掘进机截割机构横摆运动范围，巷道掘进机截割机构横摆运动无法对航向位姿偏差进行完全补偿。

巷道掘进机航向位姿偏差对巷道断面的影响在宽度方向一致。取图 4-20（a）进行分析。定义极限截割断面右侧边界与设计巷道断面顶端延长线的交点为 A_1，设计巷道断面右侧边界顶端端点为 B_1，点 A_1 在航向位姿偏差影响下偏移后的点为 A'_1。A_1 点为巷道掘进机截割头运动轨迹中一点。因此，A_1 点坐标满足式（4-3）。

$$
\begin{cases}
x_{A_1} = -d_3 c\theta_{1R} s\theta_2 + a_3 c\theta_{1R} c\theta_2 + a_2 c\theta_{1R} + a_1 \\
y_{A_1} = -d_3 s\theta_{1R} s\theta_2 + a_3 s\theta_{1R} c\theta_2 + a_2 s\theta_{1R} \\
z_{A_1} = -d_3 c\theta_2 - a_3 s\theta_2 + d_1
\end{cases} \tag{4-49}
$$

式中，θ_{1R}为截割机构右极限横摆角。

A_1点与B_1点平齐，即在巷道高度方向上两点的坐标一致，则$z_{A_1}=z_{B_1}$，有：

$$-d_3c\theta_2-a_3s\theta_2+d_1=h_1 \tag{4-50}$$

对式（4-50）进行求解可得：

$$\theta_2=\arcsin\frac{d_1-h_1}{\sqrt{d_3^2+a_3^2}}-\arcsin\frac{a_3}{\sqrt{d_3^2+a_3^2}} \tag{4-51}$$

A_1点坐标计算公式（4-49）中所有参数都已知，进而可求出A_1点坐标。假设巷道掘进机仅存在航向位姿偏差：偏航角γ，偏航距Δy，则A'_1的坐标可由A_1点坐标［式（4-49）］与巷道掘进机位姿变换矩阵［式（4-47）］相乘得到：

$$\begin{bmatrix}x_{A'_1}\\y_{A'_1}\\z_{A'_1}\\1\end{bmatrix}=\begin{bmatrix}c\gamma&-s\gamma&0&0\\s\gamma&c\gamma&0&\Delta y\\0&0&1&0\\0&0&0&1\end{bmatrix}\begin{bmatrix}x_{A_1}\\y_{A_1}\\z_{A_1}\\1\end{bmatrix}=\begin{bmatrix}x_{A_1}c\gamma-y_{A_1}s\gamma\\x_{A_1}s\gamma+y_{A_1}c\gamma+\Delta y\\z_{A_1}\\1\end{bmatrix} \tag{4-52}$$

因此，A'_1点的巷道宽度方向坐标$y_{A'_1}=x_{A_1}s\gamma+y_{A_1}c\gamma+\Delta y$。若要使全部设计巷道断面在巷道掘进机截割机构横摆运动范围，则要求$\left|y_{A'_1}\right|\geqslant b/2$，即：

$$x_{A_1}s\gamma+y_{A_1}c\gamma+\Delta y\leqslant -b/2 \tag{4-53}$$

求解不等式（4-53）可得，该工况下巷道掘进机偏航角与偏航距满足：

$$\gamma\leqslant\arcsin\frac{-b/2-\Delta y}{\sqrt{x_{A_1}^2+y_{A_1}^2}}-\arcsin\frac{y_{A_1}}{\sqrt{x_{A_1}^2+y_{A_1}^2}} \tag{4-54}$$

对于图4-20（b）所示的工况，再求出A_2点坐标为$(x_{A_2}, y_{A_2}, z_{A_2})$后，同理可得该工况下巷道掘进机偏航角与偏航距满足条件：

$$\gamma\geqslant\arcsin\frac{b/2-\Delta y}{\sqrt{x_{A_2}^2+y_{A_2}^2}}-\arcsin\frac{y_{A_2}}{\sqrt{x_{A_2}^2+y_{A_2}^2}} \tag{4-55}$$

综上巷道掘进机截割机构航向位姿偏差补偿界限为：

$$\arcsin\frac{b/2-\Delta y}{\sqrt{x_{A_2}^2+y_{A_2}^2}}-\arcsin\frac{y_{A_2}}{\sqrt{x_{A_2}^2+y_{A_2}^2}}\leqslant\gamma\leqslant\arcsin\frac{-b/2-\Delta y}{\sqrt{x_{A_1}^2+y_{A_1}^2}}-\arcsin\frac{y_{A_1}}{\sqrt{x_{A_1}^2+y_{A_1}^2}} \tag{4-56}$$

从式（4-56）巷道掘进机截割机构航向位姿偏差补偿界限中可以看出，截割机构对航向位姿的偏航角与偏航距的补偿界限互相影响，且都受设计巷道宽度的影响。同时，从A'_1、A_2点的坐标计算过程知道需设计巷道的高度。因此，截割机构对偏航角与偏航距的补偿界限也受设计巷道高度的影响。为了定量研究巷道掘进机截割机构航向位姿偏差补偿界限，基于巷道掘进机试验台的极限截割断面，定义设计巷道上侧高度$h_1=2200\text{ mm}$，宽

度 $b = 2000 \sim 2400$ mm，偏航距 $\Delta y = -200 \sim 200$ mm，计算获得的截割机构航向位姿偏差补偿界限如图 4-21 所示。

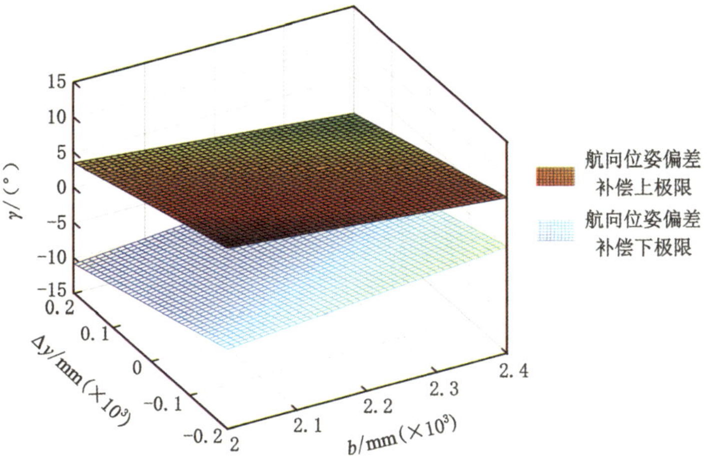

图 4-21　截割机构航向位姿偏差补偿界限

在图 4-21 中，截割机构航向位姿偏差补偿上极限面与下极限面之间包裹的区域即为巷道掘进机截割机构航向位姿偏差补偿范围。从图 4-21 可以看出，巷道掘进机截割机构对航向位姿偏差补偿能力随着设计巷道宽度的增大而降低。当设计巷道宽度一定时，截割机构对偏航角补偿的极限随着偏航距的增大而减小。当巷道掘进机向右偏航距离达到最大时，截割机构对向左偏的航向角补偿能力达到最大；当巷道掘进机向左偏航距离达到最大时，截割机构对向右偏的航向角补偿能力达到最大。当 $b = 2000$ mm，偏航距 $\Delta y = -200$ mm 时，巷道掘进机截割机构对偏航角补偿能力达到最大，可补偿最大偏航角为 10.77°；当设计巷道宽度 $b = 2000$ mm，偏航距 $\Delta y = -200$ mm 时，巷道掘进机截割机构对偏航角补偿能力达到最小，可补偿最小偏航角为 -10.77°。

（2）截割机构俯仰位姿偏差补偿界限

当巷道掘进机出现俯仰位姿偏差（俯仰角、车高距）时，可采用巷道掘进机截割机构升降运动进行补偿。根据俯仰位姿偏差对巷道断面成形的影响可知，巷道掘进机航向位姿偏差仅影响巷道高度方向的成形。将巷道掘进机截割机构极限截割断面、设计巷道断面及俯仰位姿偏差影响下的极限截割断面投影到 YOZ 平面，可得到三个截割断面之间的关系如图 4-22 所示。

由于巷道掘进机截割机构极限截割断面在俯仰位姿偏差的影响下沿巷道高度方向上下偏移，设计巷道断面顶端或底端先与极限截割断面接触。若巷道掘进机俯仰位姿偏差过大，部分设计巷道断面将超出巷道掘进机截割机构升降运动范围，巷道掘进机截割机构升降运动无法对俯仰位姿偏差进行完全补偿。

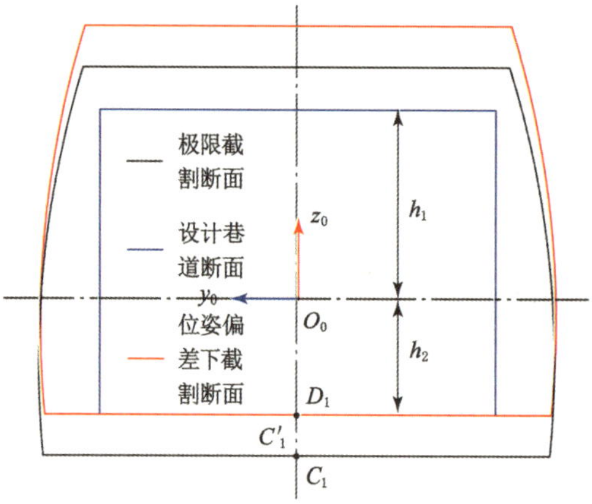

（a）截割断面上偏

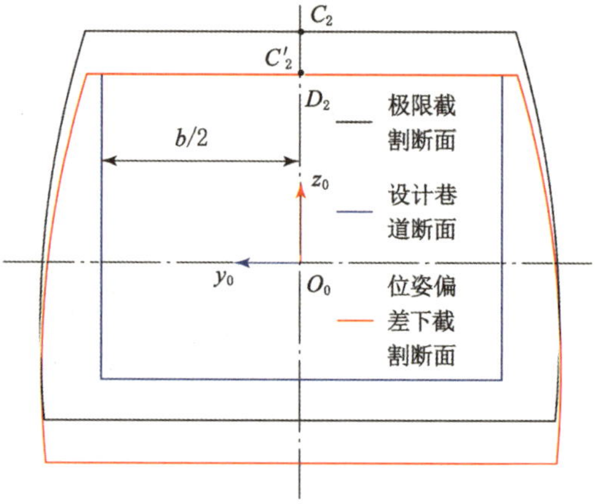

（b）截割断面下偏

图 4-22　俯仰位姿偏差影响下巷道断面间关系

如图 4-22（a）所示，分析巷道掘进机截割机构俯仰位姿偏差补偿界限。定义极限截割断面下边界中点为 C_1，设计巷道断面下边界中点为 D_1，点 C_1 在俯仰位姿偏差影响下向上偏移后的点为 C'_1。由于 C_1 点为巷道掘进机截割头运动轨迹中一点且为极限截割断面下边界中点，故 C_1 点坐标满足式（4-3）且 θ_1=0。故 C_1 点坐标为：

$$\begin{cases} x_{C_1} = -d_3 s\theta_{2B} + a_3 c\theta_{2B} + a_2 + a_1 \\ y_{C_1} = 0 \\ z_{C_1} = -d_3 c\theta_{2B} - a_3 s\theta_{2B} + d_1 \end{cases} \tag{4-57}$$

式中，θ_{2B} 为截割机构下极限升降角。C_1 点坐标计算公式（4-57）中所有参数都已知，进而 C_1 点坐标已知。

假设巷道掘进机仅存在俯仰位姿偏差：偏航角 β，偏航距 Δz，则 C'_1 的坐标可由 C_1 点坐标［式（4-57）］与巷道掘进机位姿变换矩阵［式（4-47）］相乘得到：

$$\begin{bmatrix} x_{C'_1} \\ y_{C'_1} \\ z_{C'_1} \\ 1 \end{bmatrix} = \begin{bmatrix} c\beta & 0 & s\beta & 0 \\ 0 & 1 & 0 & 0 \\ -s\beta & 0 & c\beta & \Delta z \\ 0 & 0 & 0 & 1 \end{bmatrix} \begin{bmatrix} x_{C_1} \\ 0 \\ z_{C_1} \\ 1 \end{bmatrix} = \begin{bmatrix} x_{C_1} c\beta + z_{C_1} s\beta \\ 0 \\ -x_{C_1} s\beta + z_{C_1} c\beta + \Delta z \\ 1 \end{bmatrix} \tag{4-58}$$

因此，C'_1 点的巷道高度方向坐标 $z_{C'_1} = -x_{C_1} s\beta + z_{C_1} c\beta + \Delta z$。若要使全部设计巷道断面在巷道掘进机截割机构升降运动范围内，则要求 $\left|z_{C'_1}\right| \geqslant h_2$，即：

$$-x_{C_1} s\beta + z_{C_1} c\beta + \Delta z \leqslant -h_2 \tag{4-59}$$

求解不等式（4-59）可得，该工况下巷道掘进机俯仰角与车高距满足式：

$$\beta \geqslant \arcsin\frac{h_2 + \Delta z}{\sqrt{x_{C_1}^2 + z_{C_1}^2}} - \arcsin\frac{-z_{C_1}}{\sqrt{x_{C_1}^2 + z_{C_1}^2}} \tag{4-60}$$

对于图 4-22（b）所示的工况，θ_2 取截割机构上极限升降角，再求出 C_2 点坐标为 $(x_{C_2},\ 0,\ z_{C_2})$ 后，同理可得该工况下巷道掘进机俯仰角与车高距满足条件：

$$\beta \leqslant \arcsin\frac{-h_1+\Delta z}{\sqrt{x_{C_2}^2+z_{C_2}^2}}-\arcsin\frac{-z_{C_1}}{\sqrt{x_{C_2}^2+z_{C_2}^2}} \tag{4-61}$$

综上巷道掘进机截割机构俯仰位姿偏差补偿界限为：

$$\arcsin\frac{h_2+\Delta z}{\sqrt{x_{C_1}^2+z_{C_1}^2}}-\arcsin\frac{-z_{C_1}}{\sqrt{x_{C_1}^2+z_{C_1}^2}} \leqslant \beta \leqslant \arcsin\frac{-h_1+\Delta z}{\sqrt{x_{C_2}^2+z_{C_2}^2}}-\arcsin\frac{-z_{C_1}}{\sqrt{x_{C_2}^2+z_{C_2}^2}} \tag{4-62}$$

从式（4-62）巷道掘进机截割机构俯仰位姿偏差补偿界限中可以看出，截割机构对俯仰姿态的俯仰角与车高距的偏差补偿界限互相影响，且都受设计巷道高度的影响，与设计巷道宽度无关。为了定量研究巷道掘进机截割机构俯仰位姿偏差补偿界限，基于巷道掘进机试验极限截割断面，定义设计巷道高度 $h_1 = 1800 \sim 2200\ \text{mm}$，$h_2 = 0 \sim 500\ \text{mm}$，车高距 $\Delta z = -200 \sim 200\ \text{mm}$。为了清晰地表达截割机构俯仰位姿偏差补偿界限，将计算得到的俯仰位姿偏差上、下极限平面在巷道高度方向坐标平移后统一，得到的截割机构俯仰位姿偏差补偿界限如图 4-23 所示。

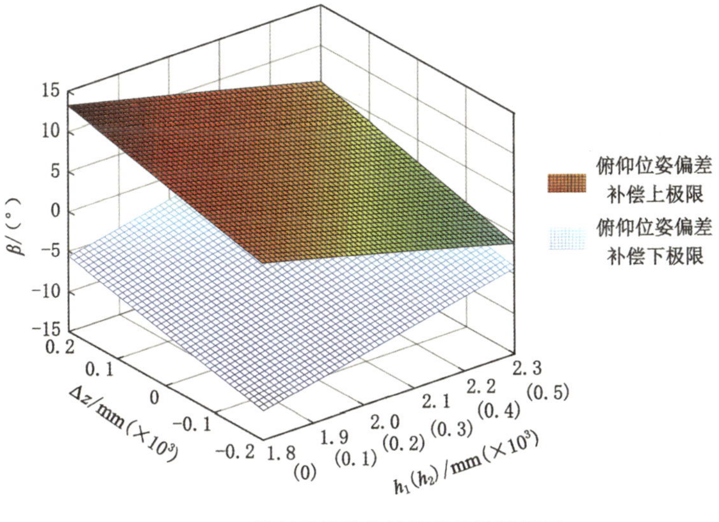

图 4-23　截割机构俯仰位姿偏差补偿界限

在图 4-23 中，截割机构俯仰位姿偏差补偿上极限面与下极限面之间包裹的区域即为巷道掘进机截割机构俯仰位姿偏差补偿范围。从图 4-23 可以看出，巷道掘进机截割机构对俯仰位姿偏差补偿能力随着设计巷道高度的增大而降低。当设计巷道高度一定时，截割机构对俯仰角补偿的极限随着车高距的增大而增大。当巷道掘进机向上车高距达到最大时，截割机构对向下偏的俯仰角补偿能力达到最大；当巷道掘进机向下车高距达到最大时，截割机构对向上偏的俯仰角补偿能力达到最大。当 $h_1 = 1800\ \text{mm}$，车高距 $\Delta z = 200\ \text{mm}$ 时，巷道掘进机截割机构对俯仰角补偿能力达到最大，可补偿最大俯仰角为 13.21°；当设计巷

道宽度 $h_2 = 0\ \text{mm}$，车高距 $\Delta z = -200\ \text{mm}$ 时，巷道掘进机截割机构对俯仰角补偿能力达到最小，可补偿最小俯仰角为 $-11.34°$。

4.2.3.2 掘进机位姿偏差调控与补偿策略

巷道掘进机的位姿偏差可以通过巷道掘进机执行机构进行调控与补偿。巷道掘进机的航向位姿可通过巷道掘进机行走机构的两履带速度差实现调控，巷道掘进机的俯仰位姿可通过巷道掘进机支撑机构的撑起量实现调控。由于巷道掘进机执行机构的特点，巷道掘进机机身滚翻角无法通过行走机构或者支撑机构实现调控。此外，巷道掘进工作面设备繁多及空间受限，巷道掘进机不可能通过频繁的调整机身进行位姿调控，因此，巷道掘进机位姿偏差首先要考虑巷道掘进机的截割机构，通过升降或横摆截割运动进行相关位姿偏差的补偿。

巷道掘进机位姿调控与补偿策略是巷道掘进机自动纠偏控制技术的基础。为了实现巷道掘进机位姿偏差的及时纠正，必须基于巷道掘进机位姿偏差实际情况确定调控方法。基于上述分析，提出如下巷道掘进机位姿偏差调控与补偿策略。

① 当巷道掘进机位姿偏差较大时，调控对象为巷道掘进机的行走系统和支撑机构。通过控制行走系统驱动马达输出速度，使巷道掘进机两侧履带行走速度满足设定行走速度，进而实现巷道掘进机航向位姿偏差调控。同样，通过控制支撑机构驱动油缸伸长量，使巷道掘进机前后支撑撑起量满足设定长度，进而实现巷道掘进机俯仰位姿偏差调控。

② 当巷道掘进机位姿偏差较小时，调控对象为巷道掘进机截割机构，无需调整巷道掘进机的行走系统与支撑机构而进行机身位姿调控。由于巷道掘进机俯仰位姿影响巷道断面高度方向上的成形，因此巷道掘进机俯仰位姿偏差可通过其截割机构升降运动实现补偿。同样，巷道掘进机航向位姿影响巷道断面宽度方向上的成形。因此巷道掘进机航向位姿偏差可通过其截割机构横摆运动实现补偿。巷道掘进机滚翻角同时影响巷道断面高度和宽度方向上的成形，只能通过巷道掘进机截割机构横摆与升降的协调运动实现补偿。

基于巷道掘进机位姿偏差调控与补偿策略，结合巷道掘进机位姿测控系统及执行机构驱动系统，构建巷道掘进机位姿调控总体方案如图 4-24 所示。

如图 4-24 所示，巷道掘进机作业过程中，其位姿可由位姿检测系统获得。基于巷道设计尺寸与巷道掘进机尺寸，结合巷道掘进机位姿偏差调控与补偿界限，通过伺服控制中心判断巷道掘进机位姿偏差类型及大小。若巷道掘进机位姿偏差不满足截割机构对航向位姿偏差补偿界限或俯仰位姿偏差补偿界限，则属于大位姿偏差，需通过巷道掘进机行走系统与支撑机构进行调控；若巷道掘进机位姿偏差满足截割机构航向位姿偏差补偿界限或俯仰位姿偏差补偿界限，则属于小位姿偏差，可通过巷道掘进机截割机构运动进行补偿。需注意的是：

① 巷道掘进机滚翻位姿偏差无法通过调节机体进行调控，只能通过截割机构的横摆与升降截割运动进行补偿。

② 通过巷道掘进机行走系统与支撑机构调控大位姿偏差时，可直接将巷道掘进机位姿调控为无位姿偏差理想状态，也可将巷道掘进机位姿调控到截割机构可补偿的范围内。

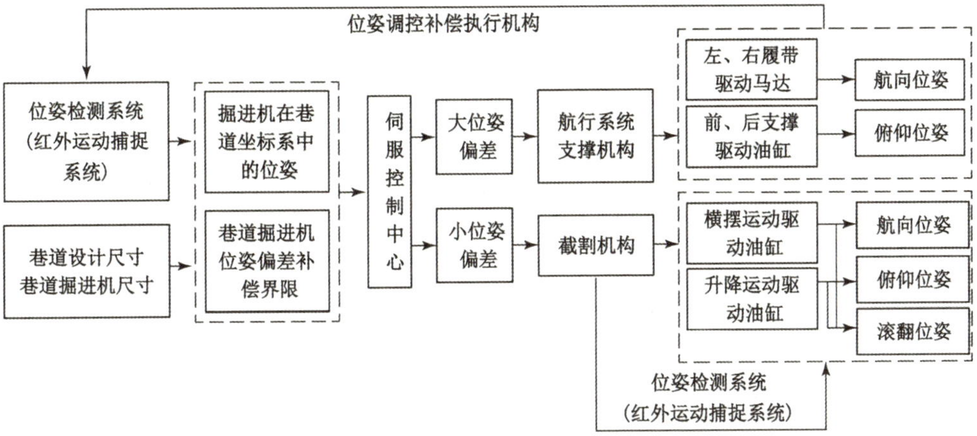

图 4-24　巷道掘进机位姿调控与补偿总体方案

4.3　掘进机定向行走调控方法与补偿技术

巷道掘进机作为履带式矿山工程机械，其行走过程受巷道底板复杂路况影响。巷道掘进机行走轨迹偏离设计轨迹，产生航向位姿偏差，极易造成巷道偏斜。巷道掘进机的前进方向为待截割迎头断面，因此无法实现对巷道掘进机航向位姿偏差的前进纠偏，只能采用先后退再前进策略进行纠偏。如图 4-25 所示，当巷道掘进机存在航向位姿偏差时，主要存在“圆弧 + 直线”和“直线 + 原地转向 + 直线”两种纠偏轨迹。

在“圆弧 + 直线”纠偏轨迹中，巷道掘进机通过圆弧轨迹行走至巷道轴线，使巷道掘进机轴线与巷道轴线重合，即通过圆弧轨迹完成航向位置和姿态偏差的同时调控；再沿巷道轴线进行直线轨迹行走至合理车前距位置。在“直线 + 原地转向 + 直线”纠偏轨迹中，巷道掘进机先通过直线轨迹行走至巷道轴线，使巷道掘进机中心与巷道轴线重合，完成航向位置偏差调控；再原地转向，完成航向姿态偏差调控；然后沿巷道轴线进行直线轨迹行走至合理车前距位置。

无论何种纠偏轨迹，巷道掘进机行走轨迹通常由直线轨迹和圆弧轨迹组成。要想实现巷道掘进机航向位姿纠偏，必须实现对巷道掘进机行走轨迹精确控制。巷道掘进机行走由阀控马达液压系统驱动。该系统具有高度的非线性特性，仅依靠调节流量调控履带运动速度难以实现巷道掘进机定向行走。因此，有必要设计合理的巷道掘进机定向行走调控策略，考虑行走驱动系统速度控制及巷道掘进机行走轨迹跟踪控制，实现巷道掘进机航向位姿精确调控与补偿。

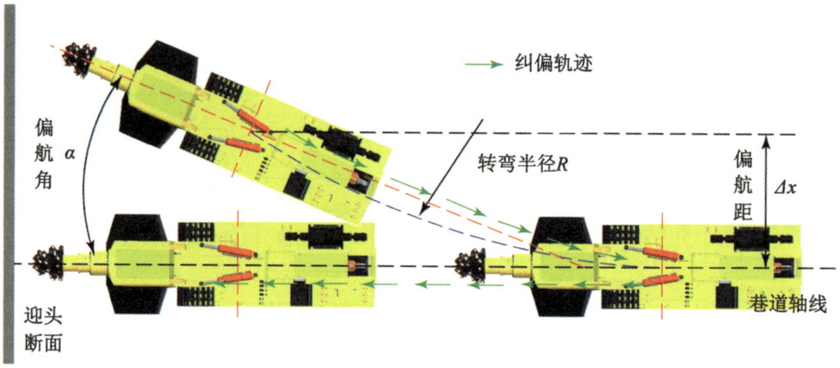

（a）“圆弧+直线”纠偏轨迹

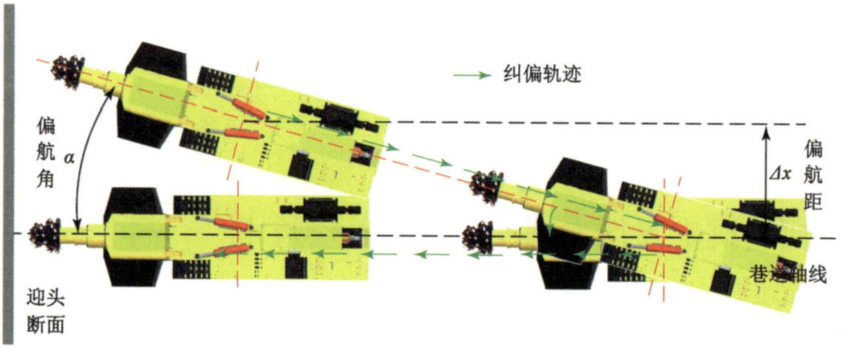

（b）“直线+原地转向+直线”纠偏轨迹

图 4-25　巷道掘进机航向位姿偏差纠偏轨迹

4.3.1　掘进机定向行走影响因素

巷道掘进机属于典型的履带式工程车辆，其行走是由两侧履带液压马达驱动的。受巷道底板条件及巷道掘进机内外侧参数不同的影响，巷道掘进机履带行走速度不能达到预期速度，进而影响巷道掘进机行走轨迹，产生航向位姿偏差。巷道掘进机无法实现精确定向行走的主要因素如下所述。

（1）巷道掘进机行走驱动系统非线性特性

巷道掘进机行走驱动采用的是液压驱动方式。而液压系统是典型的非线性系统且存在死区和滞后。同时，巷道环境较为恶劣，温度、湿度变化大，液压元器件会产生磨损及老化，导致液压元器件精度及液压油黏度降低且液压系统内外泄漏量增大。这些因素使得巷道掘进机行走驱动系统速度无法精确控制，造成巷道掘进机不能按照预定行走轨迹行走。

（2）巷道底板复杂工况导致打滑

巷道煤岩赋存条件复杂，通常煤、软岩与硬岩共生。巷道掘进机截割过程中会使巷道底板残留部分破碎煤岩，降低巷道底板提供给巷道掘进机的附着力，极易造成巷道掘进机在转弯行走过程中出现打滑。这种打滑进一步加剧了巷道掘进机行走速度与理想值的偏离程度，使巷道掘进机偏离设定行走轨迹。

（3）巷道掘进机两侧履带负载变化

由于巷道底板因素，巷道掘进机行走驱动系统负载会发生变化。行走驱动系统负载的变化会使巷道掘进机行走驱动系统参数产生扰动，造成行走速度控制误差增大，进而导致巷道掘进机定向行走轨迹控制误差增大。

4.3.2　掘进机定向行走驱动系统建模

根据对定向行走影响因素的分析，巷道掘进机定向行走过程中产生的误差与驱动系统速度控制误差有关。因此，在分析巷道掘进机行走系统工作原理的基础上，建立行走驱动系统的数学模型，为巷道掘进机行走驱动系统速度控制器的设计奠定基础。研究对象为自主研制的巷道掘进机试验台，其行走驱动系统简化的液压回路工作原理如图 4-26 所示。

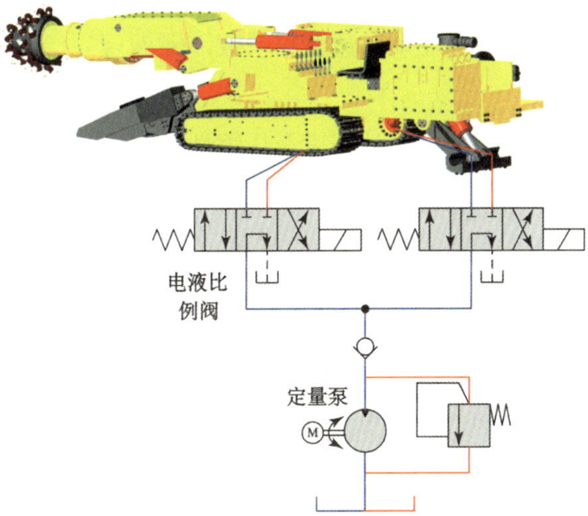

图 4-26　巷道掘进机行走驱动系统工作原理

从图 4-26 可以看出，巷道掘进机行走驱动系统属于典型的“定量泵 + 阀控马达”系统。巷道掘进机行走时，控制器产生电压信号，通过比例放大器施加在比例阀电磁线圈上，根据施加电压信号不同来调节比例阀阀口开度，从而改变驱动马达输入流量，实现驱动马达输出转速调节。当左右两驱动马达输出速度不同时，左右两履带会产生“差动”，实现巷道掘进机转向。

实现巷道掘进机行走驱动系统速度调控，需建立阀控驱动马达系统数学模型，包含驱动马达力矩平衡方程、驱动马达连续流量方程以及比例阀流量方程。推导阀控驱动马达系统数学模型时，假设：阀为理想的零开口阀，且对称；驱动马达进出口液压油的弹性模量一致；驱动马达的进出油压力在供回油压力之间。

（1）驱动马达力矩平衡方程

驱动马达通过传动机构与履带驱动轮相连，进而驱动履带行走，需将负载惯性、负载阻尼等折算到液压马达输出端。根据牛顿转动定律有：

$$D_m P_L = J\ddot{\theta} + B_m\dot{\theta} + T_L \tag{4-63}$$

式中，D_m 为驱动马达排量，m^3/rad；ϑ 为驱动马达角位移，（°）；J 为总转动惯量，$kg\cdot m^2$；B_m 为驱动马达和负载的黏性阻尼系数，N·m·s/rad；T_L 为外负载力矩，N·m。

（2）驱动马达连续流量方程

忽略液压管路阻力损失及油液动态特性的影响，不考虑驱动马达的外泄露，建立其连续流量方程为：

$$\frac{V_m}{4\beta_e}\dot{P}_L = Q_L - D_m\dot{\theta} - C_t P_L \tag{4-64}$$

式中，V_m 为驱动马达两腔及连接管道的总容积，m^3；β_e 为有效体积弹性模量，Pa；Q_L 为通过比例阀的流量，m^3/s；C_t 为驱动马达泄露系数，$m^5/N\cdot s^{-1}$。

（3）比例阀流量方程

忽略供油压力、回油压力、液压油密度及压缩性的变化，则比例阀流量方程为：

$$Q_L = C_d w x_v \sqrt{[P_S - \mathrm{sgn}(x_v)P_L]/\rho} \tag{4-65}$$

式中，C_d 为比例阀流量系数；w 为比例阀节流口的面接梯度；P_S 为供油压力，Pa；P_L 为负载压力，Pa；sgn（·）为符号函数；x_v 为比例阀阀芯位移量，设比例阀阀芯位移 x_v 与比例阀两端的电压 u 为线性环节，即 $x_v = k_v u$，k_v 为增益系数。

基于行走驱动系统的驱动马达力矩平衡方程、驱动马达连续流量方程以及比例阀流量方程，可采用状态空间方程形式表示行走驱动系统的数学模型。定义系统状态变量 $\boldsymbol{x} = \begin{bmatrix} x_1 & x_2 \end{bmatrix}^{\mathrm{T}} = \begin{bmatrix} \dot{\theta} & \ddot{\theta} \end{bmatrix}^{\mathrm{T}}$，结合式（1-63）至式（1-65），可得行走驱动系统状态空间方程如下：

$$\begin{cases} \dot{x}_1 = x_2 \\ \dot{x}_2 = \dfrac{4D_m\beta_e}{JV_m}\left\{-D_m x_1 - C_t P_L + C_d w k_v u\sqrt{[P_S - \mathrm{sgn}(u)P_L]/\rho}\right\} - \dfrac{B_m}{J}x_2 - \dfrac{\mathrm{d}T_L}{J} \end{cases} \tag{4-66}$$

从式（4-66）可以看出，在建模过程中，忽略了外泄露量及回油压力，且假定了比例阀阀芯位移与阀两端电压为比例环节。除此之外，受外负载干扰、机械磨损及电机不稳定驱动的影响，液压油油温发生变化，导致 C_t、β_e、C_d、w、ρ、P_s 等参数发生扰动，且参数 D_m、V_m 无法精确测量获得。因此，行走驱动系统是一个具有模型不准确、参数扰动、外负载干扰等特点的非线性系统。

令

$$C_u = C_d w k_v \sqrt{1/\rho}\,,\quad \mathrm{d}(t) = -\frac{\mathrm{d}T_L}{J}$$

$$f(x)=\frac{4D_m\beta_e}{JV_m}(-D_m x_1-C_t P_L)-\frac{B_m}{J}x_2,\quad g(x)=C_u\sqrt{P_S-\operatorname{sgn}(u)P_L}$$

则巷道掘进机行走驱动系统状态空间方程为：

$$\begin{cases}\dot{\boldsymbol{x}}=\boldsymbol{A}\boldsymbol{x}+\boldsymbol{b}[f(\boldsymbol{x})+g(\boldsymbol{x})u+\mathrm{d}(t)]\\ y=\boldsymbol{C}^{\mathrm{T}}\boldsymbol{x}\end{cases}\tag{4-67}$$

式中，$\boldsymbol{x}=[x_1\quad x_2]^{\mathrm{T}}$；$\boldsymbol{A}=\begin{bmatrix}0&1\\0&0\end{bmatrix}$；$\boldsymbol{b}=[0\quad 1]^{\mathrm{T}}$；$\boldsymbol{C}=[1\quad 0]^{\mathrm{T}}$；$\mathrm{d}(t)$ 为有界扰动，$|\mathrm{d}(t)|\leqslant D$。

4.3.3　掘进机定向行走速度控制研究

根据巷道掘进机行走驱动系统状态空间方程的分析可知，实现巷道掘进机行走驱动系统速度精确控制需要克服驱动系统数学模型的不准确、参数扰动及外负载干扰等。此外，驱动马达的角加速度状态通过传感器测量较为困难。

因此，为实现行走驱动系统输出速度的精确控制，提出状态观测器与模糊自适应控制相结合的控制方法。采用模糊自适应状态观测器观测行走驱动系统状态，以克服驱动马达的角加速度状态测量困难问题，采用输出反馈模糊自适应滑模控制器以克服驱动系统的模型不准确、参数扰动及外负载干扰等问题。

4.3.3.1　掘进机行走驱动系统观测器设计

针对式（4-67）可设计如下观测器：

$$\begin{cases}\dot{\hat{\boldsymbol{x}}}=\boldsymbol{A}\boldsymbol{x}+\boldsymbol{b}\left[\hat{f}(\boldsymbol{x})+\hat{g}(\boldsymbol{x})u-v(t)\right]+\boldsymbol{K}(y-\boldsymbol{C}^{\mathrm{T}}x)\\ \hat{\boldsymbol{y}}=\boldsymbol{C}^{\mathrm{T}}\boldsymbol{x}\end{cases}\tag{4-68}$$

式中，$\hat{\boldsymbol{x}}$ 为 $\boldsymbol{x}$ 的估计值；$\boldsymbol{K}$ 为观测器的增益，$\boldsymbol{K}=[k_1\quad k_2]$，其参数的选择必须使特征多项式 $\boldsymbol{A}-\boldsymbol{K}\boldsymbol{C}^{\mathrm{T}}$ 是严格的 Hurwitz 矩阵；$\hat{f}(\hat{\boldsymbol{x}})$、$\hat{g}(\hat{\boldsymbol{x}})$ 为 $f(\boldsymbol{x})$、$g(\boldsymbol{x})$ 的估计；$v(t)$ 为鲁棒项，用来处理有界扰动。

定义观测器状态估计误差为 $\tilde{\boldsymbol{x}}=\boldsymbol{x}-\hat{\boldsymbol{x}}$，观测器输出估计误差为 $\tilde{\boldsymbol{y}}=\boldsymbol{y}-\hat{\boldsymbol{y}}$，则有：

$$\begin{cases}\dot{\tilde{\boldsymbol{x}}}=\left(\boldsymbol{A}-\boldsymbol{K}\boldsymbol{C}^{\mathrm{T}}\right)\tilde{\boldsymbol{x}}+\boldsymbol{b}\left[\tilde{f}(\boldsymbol{x},\hat{\boldsymbol{x}})+\tilde{g}(\boldsymbol{x},\hat{\boldsymbol{x}})u+\mathrm{d}(t)+v(t)\right]\\ \tilde{\boldsymbol{y}}=\boldsymbol{C}^{\mathrm{T}}\tilde{\boldsymbol{x}}\end{cases}\tag{4-69}$$

式中，$\tilde{f}(\boldsymbol{x},\hat{\boldsymbol{x}})$、$\tilde{g}(\boldsymbol{x},\hat{\boldsymbol{x}})$ 分别为 $f(\boldsymbol{x})$、$g(\boldsymbol{x})$ 的估计误差，即 $\tilde{f}(\boldsymbol{x},\hat{\boldsymbol{x}})=f(\boldsymbol{x})-\hat{f}(\boldsymbol{x})$，$\tilde{g}(\boldsymbol{x},\hat{\boldsymbol{x}})=g(\boldsymbol{x})-g(\boldsymbol{x})$。

因此，输出估计误差方程为：

$$\tilde{y}=H(s)\left[\tilde{f}(\boldsymbol{x},\hat{\boldsymbol{x}})+\tilde{g}(\boldsymbol{x},\hat{\boldsymbol{x}})u+\mathrm{d}(t)+v(t)\right]\tag{4-70}$$

式中，$H(s)$ 为传递函数，$H(s)=\boldsymbol{C}^{\mathrm{T}}\left[s\boldsymbol{I}-(\boldsymbol{A}-\boldsymbol{K}\boldsymbol{C}^{\mathrm{T}})\right]^{-1}\boldsymbol{b}$，其形式为：

$$H(s)=\frac{b_1 s^{n-1}+\cdots+b_{n-1}s+b_n}{s^n+k_1 s^{n-1}+\cdots+k_{n-1}s+k_n}$$

式中，向量$\boldsymbol{b}$均为正常数。

基于模糊系统良好的逼近特性，可采用模糊系统对$\hat{f}(\hat{\boldsymbol{x}})$、$\hat{g}(\hat{\boldsymbol{x}})$进行在线估计。IF-THEN 模糊系统的模糊规则如下：

$$R^{(j)}\text{：IF } x_l \text{ is } A_1^j \text{ and} \cdots \text{ and } x_n \text{ is } A_1^j \text{ THEN } y \text{ is } B^j$$

IF-THEN 模糊系统输出为：

$$y(\boldsymbol{x})=\sum_{j=1}^{m} y^j\left(\prod_{i=1}^{n}\mu_{A_i^j}(x_i)\right)\Big/\sum_{j=1}^{m}\left(\prod_{i=1}^{n}\mu_{A_i^j}(x_i)\right) \tag{4-71}$$

式中，$\mu_{A_i^j}(x_i)$为x_i的隶属函数。

引入模糊基向量$\boldsymbol{\xi}(\boldsymbol{x})$，令

$$\boldsymbol{\xi}(\boldsymbol{x})=\prod_{i=1}^{n}\mu_{A_i^j}(x_i)\Big/\sum_{j=1}^{m}\left(\prod_{i=1}^{n}\mu_{A_i^j}(x_i)\right)$$

则式（4-71）可表示为：

$$y(\boldsymbol{x})=\boldsymbol{\theta}^{\mathrm{T}}\boldsymbol{\xi}(\boldsymbol{x}) \tag{4-72}$$

式中，$\boldsymbol{\theta}^{\mathrm{T}}=(y^1,y^2,\cdots,y^m)$，$\boldsymbol{\xi}(\boldsymbol{x})=\left(\xi^1(x),\xi^2(x),\cdots,\xi^m(x)\right)^{\mathrm{T}}$。

采用模糊系统逼近$f(\boldsymbol{x})$和$g(\boldsymbol{x})$，则：

$$\begin{cases}\hat{f}(\hat{\boldsymbol{x}})=\boldsymbol{\theta}_f^{\mathrm{T}}\boldsymbol{\xi}_f(\boldsymbol{x})\\ \hat{g}(\hat{\boldsymbol{x}})=\boldsymbol{\theta}_g^{\mathrm{T}}\boldsymbol{\xi}_g(\boldsymbol{x})\end{cases} \tag{4-73}$$

设最优参数为：

$$\begin{cases}\boldsymbol{\theta}_f^{*}=\arg\min\limits_{\boldsymbol{\theta}\in\boldsymbol{\Omega}_f}\left[\sup\limits_{\boldsymbol{x}\in\boldsymbol{R}^2}\left|\hat{f}(\hat{\boldsymbol{x}})-f(\boldsymbol{x})\right|\right]\\ \boldsymbol{\theta}_g^{*}=\arg\min\limits_{\boldsymbol{\theta}\in\boldsymbol{\Omega}_g}\left[\sup\limits_{\boldsymbol{x}\in\boldsymbol{R}^2}\left|\hat{g}(\hat{\boldsymbol{x}})-g(\boldsymbol{x})\right|\right]\end{cases} \tag{4-74}$$

式中，Ω_f、Ω_g分别为$\boldsymbol{\theta}_f^{\mathrm{T}}$、$\boldsymbol{\theta}_g^{\mathrm{T}}$的集合。

则

$$\begin{cases}f(\boldsymbol{x})=\boldsymbol{\theta}_f^{*\mathrm{T}}\boldsymbol{\xi}_f(\boldsymbol{x})+\varepsilon_f\\ g(\boldsymbol{x})=\boldsymbol{\theta}_g^{*\mathrm{T}}\boldsymbol{\xi}_g(\boldsymbol{x})+\varepsilon_g\end{cases} \tag{4-75}$$

式中，ε_f和ε_g为模糊系统逼近误差。

则

$$\begin{cases}f(\boldsymbol{x})-\hat{f}(\hat{\boldsymbol{x}})=\boldsymbol{\theta}_f^{*\mathrm{T}}\boldsymbol{\xi}_f(\boldsymbol{x})+\varepsilon_f-\boldsymbol{\theta}_f^{\mathrm{T}}\boldsymbol{\xi}_f(\boldsymbol{x})=\tilde{\boldsymbol{\theta}}_f^{\mathrm{T}}\boldsymbol{\xi}(\boldsymbol{x})+\varepsilon_f\\ g(\boldsymbol{x})-\hat{g}(\hat{\boldsymbol{x}})=\boldsymbol{\theta}_g^{*\mathrm{T}}\boldsymbol{\xi}_g(\boldsymbol{x})+\varepsilon_g-\boldsymbol{\theta}_g^{\mathrm{T}}\boldsymbol{\xi}_g(\boldsymbol{x})=\tilde{\boldsymbol{\theta}}_g^{\mathrm{T}}\boldsymbol{\xi}_g(\boldsymbol{x})+\varepsilon_g\end{cases} \tag{4-76}$$

因此，模糊自适应观测器定义如下：

$$\begin{cases}\dot{\hat{\boldsymbol{x}}}=\boldsymbol{A}\boldsymbol{x}+\boldsymbol{b}\left[\boldsymbol{\theta}_f^{\mathrm{T}}\boldsymbol{\xi}_f\left(\boldsymbol{x}\right)+\boldsymbol{\theta}_g^{\mathrm{T}}\boldsymbol{\xi}_g\left(\boldsymbol{x}\right)u-v_1-v_2\right]+\boldsymbol{K}(y-\boldsymbol{C}^{\mathrm{T}}\boldsymbol{x})\\ \hat{\boldsymbol{y}}=\boldsymbol{C}^{\mathrm{T}}\boldsymbol{x}\end{cases}\tag{4-77}$$

式中，鲁棒项为：

$$v_i(t)=-D_i\frac{\tilde{y}}{|\tilde{y}|},i=1,2$$

式中，$D_1\geqslant\beta_1\sigma_M$；$D_2\geqslant\beta_2\sigma_M u_d$；$\sigma_M=\sigma_{\max}[L^{-1}(s)]$；$\sigma_{\max}[\bullet]$为最大奇异值；$L^{-1}(s)$是极点稳定传递函数，且$L(s)$的选取要严格保证$H(s)L(s)$是严格正实的。

证明　模糊自适应观测器误差方程为：

$$\begin{cases}\dot{\tilde{\boldsymbol{x}}}=(\boldsymbol{A}-\boldsymbol{K}\boldsymbol{C}^{\mathrm{T}})\boldsymbol{x}+\boldsymbol{b}\left[\tilde{\boldsymbol{\theta}}_f^{\mathrm{T}}\boldsymbol{\xi}_f\left(\boldsymbol{x}\right)+\tilde{\boldsymbol{\theta}}_g^{\mathrm{T}}\boldsymbol{\xi}_g\left(\boldsymbol{x}\right)u+\varepsilon_f+v_1+\varepsilon_g u+v_2+\mathrm{d}(t)\right]\\ \hat{\boldsymbol{y}}=\boldsymbol{C}^{\mathrm{T}}\boldsymbol{x}\end{cases}\tag{4-78}$$

定义$\tilde{\boldsymbol{u}}=\tilde{\boldsymbol{\theta}}_f^{\mathrm{T}}\boldsymbol{\xi}_f\left(\boldsymbol{x}\right)+\tilde{\boldsymbol{\theta}}_g^{\mathrm{T}}\boldsymbol{\xi}_g\left(\boldsymbol{x}\right)u+\varepsilon_f+v_1+\varepsilon_g u+v_2+\mathrm{d}(t)$，则状态估计误差方程为：

$$\dot{\tilde{\boldsymbol{x}}}=\left(\boldsymbol{A}-\boldsymbol{K}\boldsymbol{C}^{\mathrm{T}}\right)\tilde{\boldsymbol{x}}+\boldsymbol{b}\tilde{\boldsymbol{u}}\tag{4-79}$$

不考虑$\tilde{\boldsymbol{u}}$的时候，$\dot{\tilde{\boldsymbol{x}}}=\left(\boldsymbol{A}-\boldsymbol{K}\boldsymbol{C}^{\mathrm{T}}\right)\tilde{\boldsymbol{x}}$的解为：

$$\tilde{\boldsymbol{x}}(t)=\tilde{\boldsymbol{x}}(0)\mathrm{e}^{\int_0^t\left(\boldsymbol{A}-\boldsymbol{K}\boldsymbol{C}^{\mathrm{T}}\right)\mathrm{d}t}$$

进一步可以求解$\dot{\tilde{\boldsymbol{x}}}=\left(\boldsymbol{A}-\boldsymbol{K}\boldsymbol{C}^{\mathrm{T}}\right)\tilde{\boldsymbol{x}}+\boldsymbol{b}\tilde{\boldsymbol{u}}$的解为：

$$\tilde{\boldsymbol{x}}(t)=\tilde{\boldsymbol{x}}(0)\mathrm{e}^{\int_0^t\left(\boldsymbol{A}-\boldsymbol{K}\boldsymbol{C}^{\mathrm{T}}\right)\mathrm{d}t}+\mathrm{e}^{\int_0^t\left(\boldsymbol{A}-\boldsymbol{K}\boldsymbol{C}^{\mathrm{T}}\right)\mathrm{d}t}\int_0^t\boldsymbol{b}\boldsymbol{u}(\tau)\mathrm{e}^{-\int_0^t\left(\boldsymbol{A}-\boldsymbol{K}\boldsymbol{C}^{\mathrm{T}}\right)\mathrm{d}\tau}\mathrm{d}\tau$$

取$\boldsymbol{\Phi}\left(t,0\right)=\mathrm{e}^{\int_0^t\left(\boldsymbol{A}-\boldsymbol{K}\boldsymbol{C}^{\mathrm{T}}\right)\mathrm{d}t}$，$\boldsymbol{\Phi}\left(t,\tau\right)=\mathrm{e}^{\int_0^t\left(\boldsymbol{A}-\boldsymbol{K}\boldsymbol{C}^{\mathrm{T}}\right)\mathrm{d}t-\int_0^t\left(\boldsymbol{A}-\boldsymbol{K}\boldsymbol{C}^{\mathrm{T}}\right)\mathrm{d}\tau}$，则状态误差方程的解为：

$$\tilde{\boldsymbol{x}}(t)=\boldsymbol{\Phi}\left(t,0\right)\tilde{\boldsymbol{x}}\left(0\right)+\int_0^t\boldsymbol{\Phi}(t,\tau)\boldsymbol{b}\boldsymbol{u}\left(\tau\right)\mathrm{d}\tau\tag{4-80}$$

引理　考虑线性时不变系统的状态空间表达式为：

$$\dot{\boldsymbol{x}}=\boldsymbol{A}\boldsymbol{x}(t)+\boldsymbol{B}\boldsymbol{u}(t)，\quad x(0)=x_0$$

式中，$\boldsymbol{x}(t)\in\mathbf{R}^n$；$\boldsymbol{u}(t)\in\mathbb{R}^m$；$\boldsymbol{A}\in\mathbf{R}^{n\times n}$；$\boldsymbol{B}\in\mathbf{R}^{n\times m}$。线性时不变系统的状态空间表达式的解满足：

$$\left\|\boldsymbol{x}(t)\right\|\leqslant k_1+k_2\left\|\boldsymbol{u}\right\|_2^{\alpha}，\quad t\geqslant 0$$

式中，k_1随x_0指数衰减到零；k_2是正常数，取决于$\boldsymbol{A}$的特征值；α为正实数。

由引理可得：

$$\left\|\tilde{\boldsymbol{x}}(t)\right\|\leqslant k_1+k_2\left\|\tilde{\boldsymbol{u}}\right\|_2^{\alpha}\tag{4-81}$$

式中，$\left\|\tilde{\boldsymbol{u}}\right\|_2^{\alpha}=\left\|\tilde{\boldsymbol{\theta}}_f^{\mathrm{T}}\boldsymbol{\xi}_f\left(\boldsymbol{x}\right)+\tilde{\boldsymbol{\theta}}_g^{\mathrm{T}}\boldsymbol{\xi}_g\left(\boldsymbol{x}\right)u+\varepsilon_f+v_1+\varepsilon_g\boldsymbol{u}+v_2+\mathrm{d}(t)\right\|_2^{\alpha}$。

定义$c=\varepsilon_f+v_1+\varepsilon_g u+v_2+\mathrm{d}(t)$，则有：

$$\|\tilde{\boldsymbol{u}}\|_2^\alpha=\left\|\tilde{\boldsymbol{\theta}}_f^{\mathrm{T}}\boldsymbol{\xi}_f(\boldsymbol{x})+\tilde{\boldsymbol{\theta}}_g^{\mathrm{T}}\boldsymbol{\xi}_g(\boldsymbol{x})u+c\right\|_2^\alpha\leqslant\left\|\tilde{\boldsymbol{\theta}}_f^{\mathrm{T}}\boldsymbol{\xi}_f(\boldsymbol{x})\right\|_2^\alpha+\left\|\tilde{\boldsymbol{\theta}}_g^{\mathrm{T}}\boldsymbol{\xi}_g(\boldsymbol{x})u\right\|_2^\alpha+\|c\|_2^\alpha \tag{4-82}$$

由于$\|\boldsymbol{A}\boldsymbol{x}\|_2\leqslant\|\boldsymbol{A}\|_{\mathrm{F}}\|\boldsymbol{x}\|_2$，$\|x\|_2^\alpha=\sqrt{\int_0^t \mathrm{e}^{-\alpha(t-\tau)}x^{\mathrm{T}}(\tau)x(\tau)\mathrm{d}\tau}$，则

$$\begin{aligned}\left\|\tilde{\boldsymbol{\theta}}_f^{\mathrm{T}}\boldsymbol{\xi}_f(\boldsymbol{x})\right\|_2^\alpha&\leqslant\left\|\tilde{\boldsymbol{\theta}}_f^{\mathrm{T}}\right\|_{\mathrm{F}}^\alpha\left\|\boldsymbol{\xi}_f(\boldsymbol{x})\right\|_2^\alpha=\left\|\tilde{\boldsymbol{\theta}}_f^{\mathrm{T}}\right\|_{\mathrm{F}}^\alpha\sqrt{\int_0^t \mathrm{e}^{-\alpha(t-\tau)}\boldsymbol{\xi}_f^{\mathrm{T}}(\boldsymbol{x})\boldsymbol{\xi}_f(\boldsymbol{x})\mathrm{d}\tau}\\&=\left\|\tilde{\boldsymbol{\theta}}_f^{\mathrm{T}}\right\|_{\mathrm{F}}^\alpha\left\|\boldsymbol{\xi}_f(\boldsymbol{x})\right\|\sqrt{\int_0^t \mathrm{e}^{-\alpha(t-\tau)}\mathrm{d}\tau}\\&=\left\|\tilde{\boldsymbol{\theta}}_f^{\mathrm{T}}\right\|_{\mathrm{F}}^\alpha\left\|\boldsymbol{\xi}_f(\boldsymbol{x})\right\|\frac{1}{\sqrt{\alpha}}\sqrt{\int_0^t \mathrm{e}^{-\alpha(t-\tau)}\mathrm{d}[-\alpha(t-\tau)]}\\&=\left\|\tilde{\boldsymbol{\theta}}_f^{\mathrm{T}}\right\|_{\mathrm{F}}^\alpha\left\|\boldsymbol{\xi}_f(\boldsymbol{x})\right\|\frac{1}{\sqrt{\alpha}}\sqrt{1-\mathrm{e}^{-\alpha t}}\end{aligned} \tag{4-83}$$

类似地可得：

$$\left\|\tilde{\boldsymbol{\theta}}_g^{\mathrm{T}}\boldsymbol{\xi}_g(\boldsymbol{x})u\right\|_2^\alpha\leqslant\left\|\tilde{\boldsymbol{\theta}}_g^{\mathrm{T}}\right\|_{\mathrm{F}}^\alpha\left\|\boldsymbol{\xi}_g(\boldsymbol{x})\right\|\frac{1}{\sqrt{\alpha}}\sqrt{1-\mathrm{e}^{-\alpha t}}u_d \tag{4-84}$$

进而，

$$\|\tilde{\boldsymbol{x}}(t)\|\leqslant k_1+k_2\left(\left(\left\|\tilde{\boldsymbol{\theta}}_f^{\mathrm{T}}\right\|_{\mathrm{F}}^\alpha\left\|\boldsymbol{\xi}_f(\boldsymbol{x})\right\|+\left\|\tilde{\boldsymbol{\theta}}_g^{\mathrm{T}}\right\|_{\mathrm{F}}^\alpha\left\|\boldsymbol{\xi}_g(\boldsymbol{x})\right\|u_d\right)\frac{1}{\sqrt{\alpha}}\sqrt{1-\mathrm{e}^{-\alpha t}}+\|c\|_2^\alpha\right) \tag{4-85}$$

因此，模糊自适应观测器状态观测误差是收敛的。

4.3.3.2 掘进机行走驱动系统速度控制器设计

针对巷道掘进机行走驱动系统状态空间方程［式（4-67）］，定义滑模切换函数为：

$$s=\eta_1 e+\dot{e} \tag{4-86}$$

式中，$e=x_1-x_d$；$\dot{e}=x_2-\dot{x}_d$；$\eta_1>0$，且满足 Hurwitz 多项式条件。可设计滑模控制律为：

$$u=\frac{1}{g(x)}[-f(x)-\eta_1\dot{e}+\ddot{x}_d-u_{sw}] \tag{4-87}$$

式中，u_{sw}为趋近率，$u_{sw}=\eta_2\operatorname{sgn}(s)$，$\eta_2>0$。

由于控制律中的$f(x)$、$g(x)$不能精确建模，且相关参数不确定。此外，滑模控制器会产生“抖振”。因此，利用 IF-THEN 模糊系统估计未知函数$f(x)$、$g(x)$和趋近率u_{sw}，可有效克服模型精确及参数扰动等问题，同时可将切换项连续化，降低“抖振”。

采用 IF-THEN 模糊系统输出的$\hat{f}(\hat{x})$、$\hat{g}(x)$和$\hat{h}(s)$逼近未知函数$f(x)$、$g(x)$和趋近率u_{sw}，则控制律［式（4-87）］可表示为：

$$u=\frac{1}{\hat{g}(\hat{x})}\left[-\hat{f}(\hat{x})-\eta_1\dot{e}+\ddot{x}_d-h(s)\right] \tag{4-88}$$

式中，$\hat{f}(\hat{\boldsymbol{x}})=\boldsymbol{\theta}_f^{\mathrm{T}}\boldsymbol{\xi}_f(\boldsymbol{x})$，$\hat{g}(\hat{\boldsymbol{x}})=\boldsymbol{\theta}_g^{\mathrm{T}}\boldsymbol{\xi}_g(\boldsymbol{x})$，$\hat{h}(s)=\boldsymbol{\theta}_h^{\mathrm{T}}\phi(s)$。其中 $\boldsymbol{\xi}(\boldsymbol{x})$ 和 $\phi(s)$ 为模糊向量；向量 $\boldsymbol{\theta}_f^{\mathrm{T}}$、$\boldsymbol{\theta}_g^{\mathrm{T}}$ 和 $\boldsymbol{\theta}_h^{\mathrm{T}}$ 根据自适应律变化。定义向量 $\boldsymbol{\theta}_f^{\mathrm{T}}$、$\boldsymbol{\theta}_g^{\mathrm{T}}$ 的最优参数与式（4-74）一致，$\boldsymbol{\theta}_h^{\mathrm{T}}$ 的最优参数定义如下：

$$\boldsymbol{\theta}_h^* = \arg\min_{\boldsymbol{\theta}\in\Omega_h}\left[\sup_{\boldsymbol{x}\in\mathbf{R}^2}\left|h(s)-u_{sw}\right|\right] \tag{4-89}$$

式中，Ω_h 为 $\boldsymbol{\theta}_h^{\mathrm{T}}$ 的集合。

定义最小误差 $\omega = f(\boldsymbol{x})-\hat{f}\left(\hat{\boldsymbol{x}}\middle|\boldsymbol{\theta}_f^*\right)+\left[g(\boldsymbol{x})-\hat{g}\left(\boldsymbol{x}\middle|\boldsymbol{\theta}_g^*\right)\right]u$，$|\omega|\leqslant\omega_{\max}$，并将控制律带入可得：

$$\begin{aligned}\dot{s} &= \eta_1\dot{e}+f(\boldsymbol{x})+g(\boldsymbol{x})u+\mathrm{d}(t)-\ddot{x}_d\\ &= \eta_1\dot{e}+f(\boldsymbol{x})+\left[-\hat{f}(\hat{\boldsymbol{x}})-\eta_1\dot{e}+\ddot{x}_d-h(s)\right]+\left[g(\boldsymbol{x})-\hat{g}(\boldsymbol{x})\right]u+\mathrm{d}(t)-\ddot{x}_d\\ &= \hat{f}\left(\hat{\boldsymbol{x}}\middle|\boldsymbol{\theta}_f^*\right)-f(\boldsymbol{x})-h(s)+\left[\hat{g}\left(\boldsymbol{x}\middle|\boldsymbol{\theta}_g^*\right)-g(\boldsymbol{x})\right]u+\mathrm{d}(t)+\omega\\ &= \boldsymbol{\varphi}_f^{\mathrm{T}}\boldsymbol{\xi}(x_f)+\boldsymbol{\varphi}_g^{\mathrm{T}}\boldsymbol{\xi}(x_g)u+\boldsymbol{\varphi}_h^{\mathrm{T}}\phi(s)+\mathrm{d}(t)+\omega-\hat{h}\left(s\middle|\boldsymbol{\theta}_h^*\right)\end{aligned} \tag{4-90}$$

式中，$\boldsymbol{\varphi}_f=\boldsymbol{\theta}_f^*-\boldsymbol{\theta}_f$，$\boldsymbol{\varphi}_g=\boldsymbol{\theta}_g^*-\boldsymbol{\theta}_g$，$\boldsymbol{\varphi}_h=\boldsymbol{\theta}_h^*-\boldsymbol{\theta}_h$。

定义 Lyapunov 函数为：

$$V=\frac{1}{2}\left(s^2+\frac{1}{r_1}\boldsymbol{\varphi}_f^{\mathrm{T}}\boldsymbol{\varphi}_f+\frac{1}{r_2}\boldsymbol{\varphi}_g^{\mathrm{T}}\boldsymbol{\varphi}_g+\frac{1}{r_3}\boldsymbol{\varphi}_h^{\mathrm{T}}\boldsymbol{\varphi}_h\right) \tag{4-91}$$

式中，r_1、r_2 和 r_3 为正常数。则

$$\begin{aligned}\dot{V} &= s\dot{s}+\frac{1}{r_1}\boldsymbol{\varphi}_f^{\mathrm{T}}\dot{\boldsymbol{\varphi}}_f+\frac{1}{r_2}\boldsymbol{\varphi}_g^{\mathrm{T}}\dot{\boldsymbol{\varphi}}_g+\frac{1}{r_3}\ddot{\boldsymbol{o}}_h^{\mathrm{T}}\dot{\boldsymbol{\varphi}}_h\\ &= s\left[\boldsymbol{\varphi}_f^{\mathrm{T}}\boldsymbol{\xi}(x_f)+\boldsymbol{\varphi}_g^{\mathrm{T}}\boldsymbol{\xi}(x_g)u+\boldsymbol{\varphi}_h^{\mathrm{T}}\phi(s)+\mathrm{d}(t)+\omega-\hat{h}\left(s\middle|\boldsymbol{\theta}_h^*\right)\right]\\ &\quad+\frac{1}{r_1}\boldsymbol{\varphi}_f^{\mathrm{T}}\dot{\boldsymbol{\varphi}}_f+\frac{1}{r_2}\boldsymbol{\varphi}_g^{\mathrm{T}}\dot{\boldsymbol{\varphi}}_g+\frac{1}{r_3}\boldsymbol{\varphi}_h^{\mathrm{T}}\dot{\boldsymbol{\varphi}}_h\\ &= \frac{1}{r_1}\boldsymbol{\varphi}_f^{\mathrm{T}}\left[r_1s\boldsymbol{\xi}(x_f)+\dot{\boldsymbol{\varphi}}_f\right]+\frac{1}{r_2}\boldsymbol{\varphi}_g^{\mathrm{T}}\left[r_2s\boldsymbol{\xi}(x_g)u+\dot{\boldsymbol{\varphi}}_g\right]\\ &\quad+\frac{1}{r_3}\boldsymbol{\varphi}_h^{\mathrm{T}}\left[r_3s\phi(s)-\dot{\boldsymbol{\varphi}}_h\right]+s\left[\mathrm{d}(t)-\hat{h}\left(s\middle|\boldsymbol{\theta}_h^*\right)\right]+s\omega\end{aligned} \tag{4-92}$$

式中，$\dot{\boldsymbol{\varphi}}_f=-\dot{\boldsymbol{\theta}}_f$，$\dot{\boldsymbol{\varphi}}_g=-\dot{\boldsymbol{\theta}}_g$，$\dot{\boldsymbol{\varphi}}_h=-\dot{\boldsymbol{\theta}}_h$，$|\mathrm{d}(t)|\leqslant D$，$\hat{h}(s|\boldsymbol{\theta}_h^*)=(D+\eta_2)\mathrm{sgn}(s)$。设计自适应率为：

$$\begin{cases}\dot{\boldsymbol{\theta}}_f=r_1s\boldsymbol{\xi}(x_f)\\ \dot{\boldsymbol{\theta}}_g=r_2s\boldsymbol{\xi}(x_g)u\\ \dot{\boldsymbol{\theta}}_h=r_3s\boldsymbol{\xi}(x_h)\end{cases} \tag{4-93}$$

$$\dot{V}=s\mathrm{d}(t)+s\omega-(D+\eta_2)|s|\leqslant s\omega-\eta_2|s| \tag{4-94}$$

根据模糊系统逼近理论，自适应模糊系统可实现逼近误差非常小，通过取足够大的η可保证$\dot{V}\leqslant 0$。当$\dot{V}\equiv 0$时，$s\equiv 0$；当$t\to\infty$时，$s\to 0$。因此，采用模糊系统逼近滑模控制律中的未知参数及趋近率并进行巷道掘进机行走驱动系统速度控制是稳定的。

4.3.4 掘进机行走轨迹跟踪控制研究

在掘进机定向行走速度控制研究中通过设计行走驱动系统速度控制器，实现了行走驱动系统的速度精确跟踪控制。由于巷道掘进机为多输入多输出非线性系统且受打滑的影响，巷道掘进机行走驱动系统速度控制器无法保证巷道掘进机按设计轨迹行走。因此，需设计巷道掘进机行走轨迹跟踪控制器，以巷道掘进机航向位姿作为反馈量，进行巷道掘进机行走轨迹精确跟踪控制。

如图 4-27 所示，巷道掘进机行走状态可由其在巷道坐标系中的位置及航向角来表示。

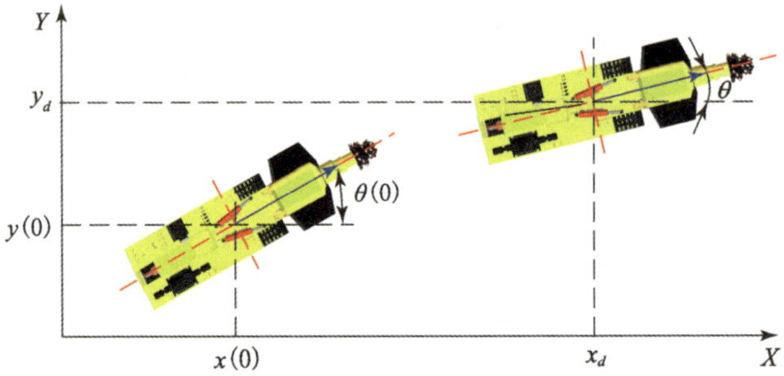

图 4-27 巷道掘进机定向行走运动

令$\boldsymbol{p}=\begin{bmatrix}x & y & \theta\end{bmatrix}^{\mathrm{T}}$，$\boldsymbol{q}=\begin{bmatrix}v & \omega\end{bmatrix}^{\mathrm{T}}$，其中，$X$和$Y$为巷道掘进机的位置；$\theta$为巷道掘进机前进方向与$X$轴的夹角，即巷道掘进机的行走姿态；$v$和$\omega$分别为巷道掘进机行走时的线速度和角速度。巷道掘进机行走轨迹跟踪模型为：

$$\dot{\boldsymbol{p}}=\begin{bmatrix}\dot{x}\\ \dot{y}\\ \dot{\theta}\end{bmatrix}=\begin{bmatrix}\cos\theta & 0\\ \sin\theta & 0\\ 0 & 1\end{bmatrix}\boldsymbol{q} \tag{4-95}$$

设巷道掘进机参考轨迹坐标为$\boldsymbol{p}_r=\begin{bmatrix}x_r & y_r & \theta_r\end{bmatrix}^{\mathrm{T}}$，对应的参考速度为$\boldsymbol{q}_r=\begin{bmatrix}v_r & \omega_r\end{bmatrix}^{\mathrm{T}}$，则参考巷道掘进机的行走轨迹跟踪模型为：

$$\begin{bmatrix}\dot{x}_r\\ \dot{y}_r\\ \dot{\theta}_r\end{bmatrix}=\begin{bmatrix}\cos\theta_r & 0\\ \sin\theta_r & 0\\ 0 & 1\end{bmatrix}\begin{bmatrix}v_r\\ \omega_r\end{bmatrix} \tag{4-96}$$

通过将巷道坐标系转换为巷道掘进机自身坐标系，巷道掘进机与实际巷道掘进机的行走轨迹跟踪误差模型为：

$$\begin{bmatrix} e_x \\ e_y \\ e_\theta \end{bmatrix} = \begin{bmatrix} \cos\theta & \sin\theta & 0 \\ -\sin\theta & \cos\theta & 0 \\ 0 & 0 & 1 \end{bmatrix} \begin{bmatrix} x_r - x \\ y_r - y \\ \theta_r - \theta \end{bmatrix} \tag{4-97}$$

式中，e_x、e_y 为巷道掘进机位置误差；e_θ 为巷道掘进机姿态误差。对行走轨迹跟踪误差模型进行微分，有：

$$\begin{aligned} \dot{e}_x &= (\dot{x}_r - \dot{x})\cos\theta - (x_r - x)\dot{\theta}\sin\theta + (\dot{y}_r - \dot{y})\sin\theta + (y_r - y)\dot{\theta}\cos\theta \\ &= (v_r\cos\theta_r - v\cos\theta)\cos\theta + (v_r\sin\theta_r - v\sin\theta)\sin\theta + \dot{\theta}\left[-(x_r - x)\sin\theta + (y_r - y)\cos\theta\right] \\ &= v_r\cos\theta_r\cos\theta + v_r\sin\theta_r\sin\theta - (v\cos^2\theta + v\sin^2\theta) + \dot{\theta}e_y \\ &= v_r\cos(\theta_r - \theta) - v + \dot{\theta}e_y \\ &= v_r\cos e_\theta - v + \omega e_y \end{aligned}$$

$$\begin{aligned} \dot{e}_x &= (\dot{x}_r - \dot{x})\sin\theta - (x_r - x)\dot{\theta}\cos\theta + (\dot{y}_r - \dot{y})\cos\theta + (y_r - y)\dot{\theta}\sin\theta \\ &= (v_r\cos\theta_r - v\cos\theta)\sin\theta + (v_r\sin\theta_r - v\sin\theta)\cos\theta - \dot{\theta}\left[(x_r - x)\cos\theta + (y_r - y)\sin\theta\right] \\ &= -v_r\cos\theta_r\sin\theta + v_r\sin\theta_r\cos\theta - \dot{\theta}e_x \\ &= v_r\sin(\theta_r - \theta) - \dot{\theta}e_x \\ &= v_r\sin e_\theta - \omega e_x \end{aligned}$$

$$\dot{e}_\theta = \dot{\theta}_r - \dot{\theta} = \omega_r - \omega$$

因此，巷道掘进机行走轨迹跟踪动态误差模型为：

$$\begin{bmatrix} \dot{e}_x \\ \dot{e}_y \\ \dot{e}_\theta \end{bmatrix} = \begin{bmatrix} v_r\cos e_\theta \\ v_r\sin e_\theta \\ \omega_r \end{bmatrix} + \begin{bmatrix} e_y \\ -e_x \\ -1 \end{bmatrix}\omega + \begin{bmatrix} -1 \\ 0 \\ 0 \end{bmatrix}v \tag{4-98}$$

巷道掘进机定向行走轨迹跟踪控制目标是寻找控制输入$\begin{bmatrix} v & \omega \end{bmatrix}$，使行走轨迹跟踪误差一致有界，并且$\lim\limits_{t\to\infty}\left\|\begin{bmatrix} e_x & e_y & e_\theta \end{bmatrix}^{\mathrm{T}}\right\| = 0$。

构造 Lyapunov 函数为：

$$V = \frac{1}{2}e_x^2 + \frac{1}{2}e_y^2 + 2\sin^2\left(\frac{e_\theta}{2}\right) \tag{4-99}$$

对式（4-99）求导有：

$$\begin{aligned} \dot{V} &= \dot{e}_x e_x + \dot{e}_y e_y + \dot{e}_\theta\sin e_\theta \\ &= \left(v_r\cos e_\theta - v + \omega e_y\right)e_x + \left(v_r\sin e_\theta - \omega e_x\right) + \left(\omega_r - \omega\right)\sin e_\theta \\ &= e_x v_r\cos e_\theta - e_x v + e_y v_r\sin e_\theta + \left(\omega_r - \omega\right)\sin e_\theta \\ &= e_x\left(v_r\cos e_\theta - v\right) + \left(e_y v_r + \omega_r - \omega\right)\sin e_\theta \end{aligned}$$

设计控制律为：

$$\begin{cases} v = v_r\cos e_\theta + K_1 e_x \\ \omega = e_y v_r + \omega_r + K_2\sin e_\theta \end{cases} \tag{4-100}$$

则有：

$$\begin{aligned}\dot{V} &= e_x(v_r\cos e_\theta - v) + (e_y v_r + \omega_r - \omega)\sin e_\theta \\ &= -K_1 e_x^2 - K_2\sin^2 e_\theta \leqslant 0\end{aligned} \tag{4-101}$$

因此，采用式（4-100）进行巷道掘进机定向行走轨迹控制是渐进稳定的，即 $\lim\limits_{t\to\infty}\left\|\begin{bmatrix}e_x & e_y & e_\theta\end{bmatrix}^{\mathrm{T}}\right\| = 0$。

4.4 掘进机俯仰位姿调控方法与补偿技术

巷道掘进机俯仰位姿对巷道断面高度方向成形有着重要的影响。巷道掘进机俯仰位姿偏差过大，会造成巷道切顶或切底，影响巷道掘进的安全性。传统的巷道掘进机俯仰位姿调控，仍依靠司机的经验手动调节，距离巷道掘进机智能化作业尚存一定的差距。此外，巷道掘进机俯仰位姿需通过支撑机构进行调控。然而，支撑机构的驱动系统属于典型的非线性系统，存在大量的非线性因素，使得经典的 PID 控制难以精确完成巷道掘进机俯仰位姿调控。因此，有必要设计合理的巷道掘进机俯仰位姿调控策略，控制巷道掘进机俯仰位姿精确变化，进而实现巷道掘进机俯仰位姿精确自动调控与补偿。

4.4.1 掘进机支撑机构驱动系统建模

通过分析可知，巷道掘进机俯仰位姿可通过调控前、后支撑驱动油缸伸长量来调节。巷道掘进机试验台支撑机构驱动系统（如图 4-28 所示），属于典型阀控非对称缸电液伺服系统。

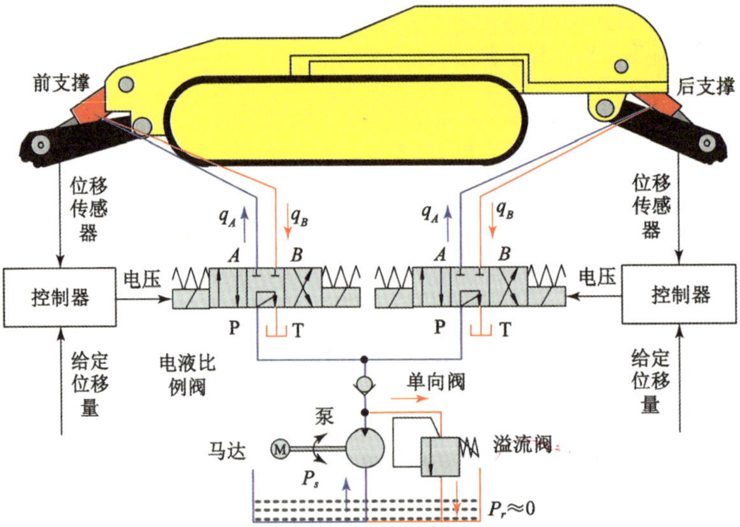

图 4-28 巷道掘进机支撑机构驱动系统

其工作原理如下：控制器算法根据设定的位移量以及位移传感器采集到的当前液压缸

伸长量，计算得到电液比例阀的输入量电压。电液比例阀根据输入电压不同控制阀口开度以调节入口流量，直至液压缸伸长量达到设定量。此时加载在电液伺服阀两端电压为零，电液伺服阀处于中位，以保持液压缸伸长量不变，进而保持巷道掘进机俯仰位姿不变。

为获得巷道掘进机支撑机构驱动系统的控制模型，要建立支撑机构驱动油缸负载平衡方程、流量压力特性方程和比例阀流量方程。

（1）驱动油缸负载平衡方程

在俯仰位姿调控过程中，支撑机构驱动油缸主要受到来自巷道掘进机机体的外负载力、油液黏性阻力的影响。考虑撑起过程中的来自巷道底板的等效弹性变形，可获得支撑机构驱动油缸负载平衡方程为：

$$p_1A_1 - p_2A_2 = m_p\ddot{x}_p + B_p\dot{x}_p + kx_p + F_d \tag{4-102}$$

式中，p_1、p_2 分别为支撑机构驱动油缸进、回油腔压力，Pa；A_1、A_2 分别为支撑机构驱动油缸进、回油腔面积，m^2；m_p 为支撑机构驱动油缸活塞杆上的总等效质量，kg；x_p 为支撑机构驱动油缸活塞位移，m；B_p 为支撑机构驱动油缸活塞杆及负载的黏性阻尼系数，N・m；F_d 为支撑机构驱动油缸活塞杆上受到的总外负载干扰力，N。

（2）驱动油缸流量压力特性方程

忽略液压管路阻力损失及油液动态特性的影响，不考虑驱动油缸的外泄露，假定驱动油缸两腔内泄露和有效体积弹性模量相同，且内泄露为层流流动，由可压缩流体压力特性方程可得到驱动油缸流量压力特性方程为：

$$\begin{cases} \dfrac{V_1}{\beta_e}\dot{p}_1 = q_1 - A_1\dot{x}_p - C_{ip}\left(p_1 - p_2\right) \\ \dfrac{V_2}{\beta_e}\dot{p}_2 = -q_2 + A_2\dot{x}_p + C_{ip}\left(p_1 - p_2\right) \end{cases} \tag{4-103}$$

式中，q_1、q_2 为支撑机构驱动油缸进、回油腔的流量，m^3/s；C_{ip} 为内泄露系数，$m^5/N \cdot s^{-1}$；β_e 为支撑机构驱动油缸进、回油腔的有效体积弹性模量，Pa；V_1、V_2 分别为支撑机构驱动油缸进、回油腔的容积，包含阀、连接管道和进回油腔容积。V_1、V_2 可由下式计算：

$$\begin{cases} V_1 = V_{10} + A_1x_p \\ V_2 = V_{20} - A_2x_p \end{cases} \tag{4-104}$$

式中，V_{10}、V_{20} 分别为比例阀与驱动油缸进油、回油连接管道容积，m^3。

（3）比例阀流量方程

支撑机构驱动系统中采用的比例阀为三位四通阀。建立比例阀流量方程需满足比例阀为理想的零开口四边滑阀、节流处的流体流动为紊流流动等条件。假定支撑机构驱动系统供油压力不变，回油压力为零。以驱动油缸伸长时阀芯移动方向为正，则驱动油缸伸长时，其无杆腔和有杆腔内的流量为：

$$
\begin{cases}
q_1 = C_d w x_v \sqrt{\dfrac{2}{\rho}\left(p_s - p_1\right)} \\
q_2 = C_d w x_v \sqrt{\dfrac{2p_2}{\rho}}
\end{cases}
\tag{4-105}
$$

式中，x_v为阀芯位移，m；C_d为阀的流量系数；w为阀的面积梯度，m；ρ为液压油的密度，kg/m^3；p_s为系统供油压力，Pa。

当驱动油缸回缩时，其无杆腔和有杆腔内的流量为：

$$
\begin{cases}
q_1 = C_d w x_v \sqrt{\dfrac{2p_1}{\rho}} \\
q_2 = C_d w x_v \sqrt{\dfrac{2}{\rho}\left(p_s - p_2\right)}
\end{cases}
\tag{4-106}
$$

为统一比例阀流量方程表达形式，引入符号函数$s(\cdot)$，其表达形式如下：

$$
s(\cdot) = \begin{cases}
1, & \cdot > 0 \\
0, & \cdot = 0 \\
-1, & \cdot < 0
\end{cases}
\tag{4-107}
$$

则比例阀流量方程为：

$$
\begin{cases}
q_1 = C_d w x_v \sqrt{\dfrac{2}{\rho}\left(\dfrac{\left(1 + s(x_v)\right)p_s}{2} - s(x_v)p_1\right)} \\
q_2 = C_d w x_v \sqrt{\dfrac{2}{\rho}\left(\dfrac{\left(1 - s(x_v)\right)p_s}{2} + s(x_v)p_2\right)}
\end{cases}
\tag{4-108}
$$

在俯仰位姿调控过程中，比例阀的动态响应频率远高于支撑机构驱动油缸的，因此可将比例阀阀芯位移与加载在比例阀两端的控制电压看作呈线性关系，即有：

$$
x_v = k_u u \tag{4-109}
$$

式中，k_u为比例阀阀芯增益系数；u为比例阀输入电压。因此，式（1-108）为：

$$
\begin{cases}
q_1 = C_d k_u w u \sqrt{\dfrac{2}{\rho}\left(\dfrac{\left(1 + s(u)\right)p_s}{2} - s(u)p_1\right)} \\
q_2 = C_d k_u w u \sqrt{\dfrac{2}{\rho}\left(\dfrac{\left(1 - s(u)\right)p_s}{2} + s(u)p_2\right)}
\end{cases}
\tag{4-110}
$$

基于支撑机构驱动油缸负载平衡方程、流量压力特性方程和比例阀流量方程，为提高巷道掘进机俯仰位姿调控精度，将支撑机构驱动系统的数学模型采用状态空间方程形式表示。定义系统状态变量$\boldsymbol{x} = \left[x_1, x_2, x_3, x_4\right]^{\mathrm{T}} = \left[x_p, \dot{x}_p, p_1, p_2\right]^{\mathrm{T}}$，结合式（4-98）至式（4-110），推导出巷道掘进机支撑机构驱动系统状态空间方程为：

$$\begin{cases} \dot{x}_1 = x_2 \\ \dot{x}_2 = \dfrac{1}{m_p}\left(A_1x_3 - A_2x_4 - kx_1 - B_px_2 - F_d\right) \\ \dot{x}_3 = \dfrac{\beta_e}{V_1}\left(-A_1x_2 - C_{ip}\left(x_3 - x_4\right) + C_dk_uwu\sqrt{\dfrac{2}{\rho}}\sqrt{\dfrac{\left(1+s(u)\right)p_s}{2} - s(u)x_3}\right) \\ \dot{x}_4 = \dfrac{\beta_e}{V_2}\left(A_2x_2 + C_{ip}\left(x_3 - x_4\right) - C_dk_uwu\sqrt{\dfrac{2}{\rho}}\sqrt{\dfrac{\left(1+s(u)\right)p_s}{2} + s(u)x_4}\right) \end{cases} \tag{4-111}$$

从支撑机构驱动系统状态空间方程式（4-111）中可以看出，支撑机构驱动系统是一个四阶控制非线性系统。在建模过程中，忽略了外泄露量及回油压力，且假定了比例阀阀芯位移与阀两端电压为比例环节。除此之外，受外负载干扰、机械磨损及电机不稳定驱动的影响，液压油油温发生变化，导致 C_{ip}、β_e、C_d、w、ρ、p_s 等参数发生扰动，且参数 V_1、V_2 无法精确测量获得。因此，支撑机构驱动系统是一个典型的具有不匹配、模型不准确、参数扰动等特点的非线性高阶系统。

4.4.2　掘进机俯仰位姿调控与补偿算法设计

反步法可以将复杂的高阶系统分解为多个低阶子系统，通过依次设计每个低阶子系统中间虚拟控制变量，进而完成完整的控制算法设计。然而采用反步法进行控制算法设计依赖于系统参数，存在“微分爆炸”现象，导致控制精度降低，甚至影响系统的工作稳定性。

因此，为了对支撑机构驱动系统参数摄动和“微分爆炸”进行有效抑制，采用反步动态面抗扰控制算法。该控制算法将反步法与动态面控制及干扰观测器相结合，采用动态面控制克服反步法设计控制算法过程中产生的“微分爆炸”，采用干扰观测器观测每个子系统中包含外负载干扰及参数扰动在内的复合扰动进行补偿，以提高支撑机构驱动系统的控制精度。

4.4.2.1　支撑机构驱动系统严格反馈形式状态方程

为进行控制器设计，首先将支撑机构驱动系统状态空间方程转换为严格反馈形式。定义 $x_3' = A_1x_3 - A_2x_4$，则严格反馈形式支撑机构驱动系统状态空间方程为：

$$\begin{cases} \dot{x}_1 = x_2 \\ \dot{x}_2 = \dfrac{1}{m_p}\left(x_3' - kx_1 - B_px_2 - F_d\right) \\ \dot{x}_3' = -\beta_e\left(\dfrac{A_1^2}{V_1} + \dfrac{A_2^2}{V_2}\right)x_2 - \beta_e\left(\dfrac{A_1}{V_1} + \dfrac{A_2}{V_2}\right)C_{ip}\left(x_3 - x_4\right) \\ \quad +\beta_eC_dk_uw\sqrt{\dfrac{2}{\rho}}\left(\dfrac{A_1}{V_1}\sqrt{\dfrac{\left(1+s(u)\right)p_s}{2} - \mathrm{s}(u)x_3} + \dfrac{A_2}{V_2}\sqrt{\dfrac{\left(1+s(u)\right)p_s}{2} + s(u)x_4}\right)u \end{cases} \tag{4-112}$$

令

$$f_1(x)=\frac{1}{m_p}(-kx_1-B_px_2)\,,\quad g_1(x)=\frac{1}{m_p}\,,\quad d=\frac{F_d}{m_p}$$

$$f_2(x)=-\beta_e\left(\frac{A_1^2}{V_1}+\frac{A_2^2}{V_2}\right)x_2-\beta_e\left(\frac{A_1}{V_1}+\frac{A_2}{V_2}\right)C_{ip}\left(x_3-x_4\right)$$

$$g_2(x)=\beta_e C_d k_u w\sqrt{\frac{2}{\rho}}\left(\frac{A_1}{V_1}\sqrt{\frac{\left(1+\mathrm{s}(u)\right)p_s}{2}-\mathrm{s}(u)x_3}+\frac{A_2}{V_2}\sqrt{\frac{\left(1+\mathrm{s}(u)\right)p_s}{2}+\mathrm{s}(u)x_4}\right)$$

则式（4-112）可写为：

$$\begin{cases}\dot{x}_1=x_2\\ \dot{x}_2=f_1(x)+g_1(x)x_3'+d_1\\ \dot{x}_3'=f_2(x)+g_2(x)u+d_2\end{cases}\tag{4-113}$$

式中，d_1 为包含参数摄动以及外部扰动的复合扰动，d_2 为仅包含参数摄动的复合扰动。其中，$d_1=\Delta f_1(x)+\Delta g_1(x)x_3'+d$，$d_2=\Delta f_2(x)+\Delta g_2(x)u$。

4.4.2.2 复合干扰观测器

针对子系统 $\dot{x}_i=f_{i-1}(\boldsymbol{x})+g_{i-1}(\boldsymbol{x})x_{i+1}+d_{i-1}(\boldsymbol{x},t)$，设计非线性干扰观测器，用于观测复合干扰 $d_{i-1}(\boldsymbol{x},t)$。假设复合扰动是慢干扰，则 $\dot{d}_{i-1}(\boldsymbol{x},t)=0$，设 $\hat{d}_{i-1}(\boldsymbol{x},t)$ 为 $d_{i-1}(\boldsymbol{x},t)$ 的观测值。干扰观测器设计为：

$$\begin{cases}\hat{d}_{i-1}(\boldsymbol{x},t)=z_{i-1}+p_{i-1}(\boldsymbol{x})\\ \dot{z}_{i-1}=-L_{i-1}(\boldsymbol{x})z_{i-1}+L_{i-1}(\boldsymbol{x})\left[-p_{i-1}(\boldsymbol{x})-f_{i-1}(\boldsymbol{x})-g_{i-1}(\boldsymbol{x})x_{i+1}\right]\end{cases}\tag{4-114}$$

式中，$p_{i-1}(\boldsymbol{x})$ 应满足 $\dot{p}_{i-1}(\boldsymbol{x})=L_{i-1}(\boldsymbol{x})\dot{x}_i$。设计 $L_{i-1}(\boldsymbol{x})$ 可以使复合扰动观测误差按指数收敛。

选取 $L_{i-1}(\boldsymbol{x})=c_{i-1}$，$p_{i-1}(\boldsymbol{x})=c_{i-1}x_i$，则复合扰动观测误差动态方程为：

$$\begin{aligned}\dot{\tilde{d}}_{i-1}(\boldsymbol{x},t)&=\dot{d}_{i-1}(\boldsymbol{x},t)-\dot{\hat{d}}_{i-1}(\boldsymbol{x},t)\\ &=-\left[\dot{z}_{i-1}+\dot{p}_{i-1}(\boldsymbol{x})\right]\\ &=-\begin{pmatrix}-L_{i-1}(\boldsymbol{x})z_{i-1}+L_{i-1}(\boldsymbol{x})\left(-p_{i-1}(\boldsymbol{x})-f_{i-1}(\boldsymbol{x})-g_{i-1}(\boldsymbol{x})x_{i+1}\right)\\ +L_{i-1}(\boldsymbol{x})\dot{x}_i\end{pmatrix}\\ &=L_{i-1}(\boldsymbol{x})z_{i-1}+L_{i-1}(\boldsymbol{x})p_{i-1}(\boldsymbol{x})+L_{i-1}(\boldsymbol{x})\left[f_{i-1}(\boldsymbol{x})+g_{i-1}(\boldsymbol{x})x_{i+1}-\dot{x}_i\right]\\ &=L_{i-1}(\boldsymbol{x})\left[z_{i-1}+p_{i-1}(\boldsymbol{x})\right]-L_{i-1}(\boldsymbol{x})d_{i-1}(\boldsymbol{x},t)\\ &=L_{i-1}(\boldsymbol{x})\hat{d}_{i-1}(\boldsymbol{x},t)-L_{i-1}(\boldsymbol{x})d_{i-1}(\boldsymbol{x},t)\\ &=L_{i-1}(\boldsymbol{x})\tilde{d}_{i-1}(\mathbf{x},t)\end{aligned}\tag{4-115}$$

该方程的解为

$$\tilde{d}_{i-1}(\boldsymbol{x},t)=\tilde{d}_{i-1}(\boldsymbol{x},t_0)\mathrm{e}^{-L_{i-1}(\boldsymbol{x})t}$$

具上述求解可知，干扰观测器按指数逼近，可通过调节 $L_{i\text{-}1}(\boldsymbol{x})$ 来调节观测的收敛精度。

4.4.2.3 反步动态面抗扰控制算法设计

以严格反馈形式支撑机构驱动系统状态空间方程为控制对象，以驱动油缸的输出位移为控制目标，进行反步动态面抗扰控制算法的设计。

Step 1：从式（4-113）可看出，第一个子系统无外部扰动以及参数扰动，因此不需设计干扰观测器。

定义系统位移跟踪误差为：

$$e_1 = x_1 - x_{1d} \tag{4-116}$$

式中，x_{1d} 为驱动油缸输出位移的期望值。因此，

$$\dot{e}_1 = \dot{x}_1 - \dot{x}_{1d} = x_2 - \dot{x}_{1d} \tag{4-117}$$

取 Lyapunov 函数为：

$$V_1 = \frac{1}{2}e_1^2 \tag{4-118}$$

则有：

$$\dot{V}_1 = e_1\dot{e}_1 = e_1(x_2 - \dot{x}_{1d}) \tag{4-119}$$

令 $\alpha_1 = -k_1e_1 + \dot{x}_{1d}$，$e_2 = x_2 - \alpha_1$，则有：

$$\dot{V}_1 = -k_1e_1^2 + e_1e_2 \tag{4-120}$$

取 α_1 为 $\bar{x}_2$ 的低通滤波器 $\dfrac{1}{\tau_1 s + 1}$ 的输出，定义虚拟控制器 $\bar{x}_2 = -k_1e_1 + \dot{x}_{1d}$，并满足 $\begin{cases}\tau_1\dot{\alpha}_1 + \alpha_1 = \bar{x}_2 \\ \alpha_1(0) = \bar{x}_2(0)\end{cases}$，因此 $\dot{\alpha}_1 = \dfrac{\bar{x}_2 - \alpha_1}{\tau_1}$，所产生的滤波误差为 $y_2 = \alpha_1 - \bar{x}_2$，即有：

$$\dot{y}_2 = \dot{\alpha}_1 - \dot{\bar{x}}_2 = \frac{\bar{x}_2 - \alpha_1}{\tau_1} + k_1\dot{e}_1 - \ddot{x}_{1d} = -\frac{y_2}{\tau_1} + k_1\dot{e}_1 - \ddot{x}_{1d} \tag{4-121}$$

Step 2：从式（4-112）可以看出，第二个子系统存在复合扰动，因此利用干扰观测器对复合扰动进行估计，并在虚拟控制器中进行补偿。干扰观测器设计如下：

$$\begin{cases}\hat{d}_1(\boldsymbol{x},t) = z_1 + p_1(\boldsymbol{x}) \\ \dot{z}_1 = -L_1(\boldsymbol{x})z_1 + L_1(\boldsymbol{x})\left[-p_1(\boldsymbol{x}) - f_1(\boldsymbol{x}) - g_1(\boldsymbol{x})x_3'\right]\end{cases} \tag{4-122}$$

设计 $L_1(\boldsymbol{x}) = c_1$，$p_1(\boldsymbol{x}) = c_1x_2$，满足 $\dot{p}_{i\text{-}1}(\boldsymbol{x}) = L_{i\text{-}1}(\boldsymbol{x})\dot{x}_i$，$c_1$ 为大于 0 的常数。

定义系统状态变量 x_2 误差为：

$$e_2 = x_2 - x_{2d} \tag{4-123}$$

式中，x_{2d} 为驱动油缸输出速度的期望值。

对误差 e_2 进行求导可得：

$$\dot{e}_2 = \dot{x}_2 - \dot{\alpha}_1 = f_1(x) + g_1(x)x_3' + d_1 - \dot{\alpha}_1 \tag{4-124}$$

取 Lyapunov 函数为：

$$V_2 = \frac{1}{2}e_1^2 + \frac{1}{2}e_2^2 + \frac{1}{2}y_2^2 + \frac{1}{2}\tilde{d}_1^2 \tag{4-125}$$

则有：

$$\begin{aligned}
\dot{V}_2 &= e_1\dot{e}_1 + e_2\dot{e}_2 + y_2\dot{y}_2 + \tilde{d}_1\dot{\tilde{d}}_1 \\
&= e_1\left(x_2 - \dot{x}_{1d}\right) + e_2\left[f_1(x) + g_1(x)x_3' + d_1 - \dot{\alpha}_1\right] \\
&\quad + y_2\left(-\frac{y_2}{\tau} + k_1\dot{e}_1 - \ddot{x}_{1d}\right) + \tilde{d}_1\dot{\tilde{d}}_1 \\
&= e_1\left(\alpha_1 + e_2 - \dot{x}_{1d}\right) + e_2\left[f_1(x) + g_1(x)x_3' + d_1 - \dot{\alpha}_1\right] \\
&\quad + y_2\left(-\frac{y_2}{\tau} + k_1\dot{e}_1 - \ddot{x}_{1d}\right) - c_1\tilde{d}_1^2 \\
&= e_1\left(y_2 + \overline{x}_2 + e_2 - \dot{x}_{1d}\right) + e_2\left[f_1(x) + g_1(x)x_3' + d_1 - \dot{\alpha}_1\right] \\
&\quad + y_2\left(-\frac{y_2}{\tau} + k_1\dot{e}_1 - \ddot{x}_{1d}\right) - c_1\tilde{d}_1^2
\end{aligned} \tag{4-126}$$

令 $\alpha_2 = \frac{1}{g_1(x)}\left[-k_2e_2 - f_1(x) - \hat{d}_1 + \dot{\alpha}_1\right]$， $e_3 = x_3' - \alpha_2$，则有：

$$x_3' = \frac{1}{g_1(x)}\left[-k_2e_2 - f_1(x) - \hat{d}_1 + \dot{\alpha}_1\right] + e_3 \tag{4-127}$$

因此，

$$\begin{aligned}
\dot{V}_2 &= e_1\left(y_2 + \overline{x}_2 + e_2 - \dot{x}_{1d}\right) + e_2\left[f_1(x) + g_1(x)x_3' + d_1 - \dot{\alpha}_1\right] \\
&\quad + y_2\left(-\frac{y_2}{\tau_1} + k_1\dot{e}_1 - \ddot{x}_{1d}\right) - c_1\tilde{d}_1^2 \\
&= e_1(y_2 + e_2) - k_1e_1^2 - k_2e_2^2 + g_1(x)e_2e_3 + e_2\tilde{d}_1 \\
&\quad + y_2\left(-\frac{y_2}{\tau_1} + k_1\dot{e}_1 - \ddot{x}_{1d}\right) - c_1\tilde{d}_1^2
\end{aligned} \tag{4-128}$$

取 α_2 为 $\overline{x}_3'$ 的低通滤波器 $\frac{1}{\tau_2 s + 1}$ 的输出，定义 $\overline{x}_3' = \frac{1}{g_1(x)}\left[-k_2e_2 - f_1(x) - \hat{d}_1 + \dot{\alpha}_1\right]$，并满足 $\begin{cases}\tau_2\dot{\alpha}_2 + \alpha_2 = \overline{x}_3' \\ \alpha_2(0) = \overline{x}_3'(0)\end{cases}$，因此 $\dot{\alpha}_2 = \frac{\overline{x}_3' - \alpha_2}{\tau_2}$，所产生的滤波误差为 $y_3 = \alpha_2 - \overline{x}_3'$，则：

$$\begin{aligned}
\dot{y}_3 &= \dot{\alpha}_2 - \dot{\overline{x}}_3' = \frac{\overline{x}_3 - \alpha_2}{\tau_2} + \frac{1}{g_1(x)}\left[k_2\dot{e}_2 + f_1(x) - \hat{d}_1 - \ddot{\alpha}_1\right] \\
&= -\frac{y_3}{\tau_2} + \frac{1}{g_1(x)}\left[k_2\dot{e}_2 + f_1(x) - \hat{d}_1 - \ddot{\alpha}_1\right]
\end{aligned} \tag{4-129}$$

Step 3：从式（4-112）可以看出，第三个子系统也存在复合扰动，同第二个子系统一致，利用干扰观测器对复合扰动进行估计并进行扰动补偿。设计干扰观测器如下：

$$\begin{cases}\hat{d}_2(\boldsymbol{x},t)=z_2+p_2(\boldsymbol{x})\\ \dot{z}_2=-L_2(\boldsymbol{x})z_2+L_2(\boldsymbol{x})\left[-p_2(\boldsymbol{x})-f_2(\boldsymbol{x})-g_2(\boldsymbol{x})u\right]\end{cases} \tag{4-130}$$

设计 $L_2(\boldsymbol{x})=c_2$， $p_2(\boldsymbol{x})=c_2x_3'$，满足 $\dot{p}_{i\text{-}1}(\boldsymbol{x})=L_{i\text{-}1}(\boldsymbol{x})\dot{x}_i$， c_2 为大于 0 的常数。

定义系统状态变量 x_3' 误差为：

$$e_3=x_3'-x_{3d} \tag{4-131}$$

式中， x_{3d} 为驱动油缸负载压力的期望值。

对误差 e_3 进行求导可得：

$$\dot{e}_3=\dot{x}_3'-\dot{\alpha}_2=f_2(x)+g_2(x)u+d_2-\dot{\alpha}_2 \tag{4-132}$$

取 Lyapunov 函数为：

$$V_3=\frac{1}{2}e_1^2+\frac{1}{2}e_2^2+\frac{1}{2}e_3^2+\frac{1}{2}y_2^2+\frac{1}{2}y_3^2+\frac{1}{2}\tilde{d}_2^2 \tag{4-133}$$

$$\begin{aligned}\dot{V}_3&=e_1(y_2+e_2)-k_1e_1^2-k_2e_2^2+g_1(x)e_2e_3+y_2\left(-\frac{y_2}{\tau_1}+k_1\dot{e}_1-\ddot{x}_{1d}\right)+e_3\dot{e}_3+y_3\dot{y}_3+\tilde{d}_2\dot{\tilde{d}}_2\\ &=e_1(y_2+e_2)-k_1e_1^2-k_2e_2^2+e_3\left[g_1(x)e_2+f_2(x)+g_2(x)u+d_2-\dot{\alpha}_2\right]\\ &\quad+y_2\left(-\frac{y_2}{\tau_1}+k_1\dot{e}_1-\ddot{x}_{1d}\right)+y_3\left\{-\frac{y_3}{\tau_2}+\frac{1}{g_1(x)}\left[k_2\dot{e}_2+f_1(x)-\hat{d}_1-\ddot{\alpha}_1\right]\right\}-c_2\tilde{d}_2^2\end{aligned} \tag{4-134}$$

设计控制器为：

$$u=\frac{1}{g_2(x)}\left[-k_3e_3-g_1(x)e_2-f_2(x)-\hat{d}_2+\dot{\alpha}_2\right] \tag{4-135}$$

因此，

$$\begin{aligned}\dot{V}_3&=e_1(y_2+e_2)-k_1e_1^2-k_2e_2^2-k_3e_3^2+e_3\tilde{d}_2\\ &\quad+y_2\left(-\frac{y_2}{\tau_1}+k_1\dot{e}_1-\ddot{x}_{1d}\right)+y_3\left\{-\frac{y_3}{\tau_2}+\frac{1}{g_1(x)}\left[k_2\dot{e}_2+f_1(x)-\ddot{\alpha}_1\right]\right\}-c_2\tilde{d}_2^2\end{aligned} \tag{4-136}$$

记 $B_2=k_1\dot{e}_1-\ddot{x}_{1d}$， $B_3=\dfrac{1}{g_1(x)}\left(k_2\dot{e}_2+f_1(x)-\ddot{\alpha}_1\right)$，则有：

$$\begin{aligned}\dot{V}_3&=e_1(y_2+e_2)-k_1e_1^2-k_2e_2^2-k_3e_3^2+e_3\tilde{d}_2+y_2\left(-\frac{y_2}{\tau_1}+B_2\right)+y_3\left(-\frac{y_3}{\tau_2}+B_3\right)-c_2\tilde{d}_2^2\\ &\leqslant|e_1||y_2|+|e_1||e_2|+|e_3||\tilde{d}_2|+|y_2||B_2|+|y_3||B_3|-k_1e_1^2-k_2e_2^2-k_3e_3^2-c_2\tilde{d}_2^2-\frac{y_2^2}{\tau_1}-\frac{y_3^2}{\tau_2}\\ &\leqslant\frac{1}{2}\left(e_1^2+y_2^2\right)+\frac{1}{2}\left(e_1^2+e_2^2\right)+\frac{1}{2}\left(e_3^2+\tilde{d}_2^2\right)+\frac{1}{2}y_2^2B_2^2+\frac{1}{2}y_3^2B_3^2-k_1e_1^2-k_2e_2^2-k_3e_3^2-c_2\tilde{d}_2^2-\frac{y_2^2}{\tau_1}-\frac{y_3^2}{\tau_2}\\ &=(1-k_1)e_1^2+\left(\frac{1}{2}-k_2\right)e_2^2+\left(\frac{1}{2}-k_3\right)e_3^2+\left(\frac{1}{2}-c_2\right)\tilde{d}_2^2+\left(\frac{1}{2}B_2^2+\frac{1}{2}-\frac{1}{\tau_1}\right)y_2^2+\left(\frac{1}{2}B_3^2-\frac{1}{\tau_2}\right)y_3^2+1\end{aligned} \tag{4-137}$$

记 M_2、M_3 分别为 B_2、B_3 上界，取 $k_1 \geqslant 1+r$，$r>0$，$k_2 \geqslant \frac{1}{2}+r$，$k_3 \geqslant \frac{1}{2}+r$，$c_2 \geqslant \frac{1}{2}+r$，$\frac{1}{\tau_1} \geqslant \frac{1}{2}M_2+\frac{1}{2}+r$，$\frac{1}{\tau_2} \geqslant \frac{1}{2}M_3+r$，则有：

$$\begin{aligned}\dot{V}_3 &\leqslant -re_1^2-re_2^2-re_3^2-r\tilde{d}_2^2 \\ &\quad +\left(\frac{1}{2}B_2^2-\frac{1}{2}M_2^2-r\right)y_2^2+\left(\frac{1}{2}B_3^2-\frac{1}{2}M_3^2-r\right)y_3^2+1 \\ &= -2rV_3+\left(\frac{1}{2}B_2^2-\frac{1}{2}M_2^2\right)y_2^2+\left(\frac{1}{2}B_3^2-\frac{1}{2}M_3^2\right)y_3^2+1 \\ &\leqslant -2rV_3+1\end{aligned} \tag{4-138}$$

引理 针对 V：$[0,\infty)\in\mathbf{R}$，不等式方程 $\dot{V}\leqslant-\sigma V+f,\ \forall t\geqslant t_0\geqslant 0$ 的解为：

$$V(t)\leqslant \mathrm{e}^{-\sigma(t-t_0)}V(t_0)+\int_{t_0}^{t}\mathrm{e}^{-\sigma(t-\tau)}f(\tau)\mathrm{d}\tau \tag{4-139}$$

式中，σ 为任意常数。

证明 取 $\omega(t)\triangleq\dot{V}-\sigma V+f$，则 $\omega(t)\leqslant 0$，且 $\dot{V}=-\sigma V+f+\omega$ 解为：

$$V(t)=\mathrm{e}^{-\sigma(t-t_0)}V(t_0)+\int_{t_0}^{t}\mathrm{e}^{-\sigma(t-\tau)}f(\tau)\mathrm{d}\tau+\int_{t_0}^{t}\mathrm{e}^{-\sigma(t-\tau)}\omega(\tau)\mathrm{d}\tau \tag{4-140}$$

由于 $\omega(t)\leqslant 0$，$\forall t\geqslant t_0\geqslant 0$，则有：

$$V(t)\leqslant \mathrm{e}^{-\sigma(t-t_0)}V(t_0)+\int_{t_0}^{t}\mathrm{e}^{-\sigma(t-\tau)}f(\tau)\mathrm{d}\tau \tag{4-141}$$

若 σ 为正实数，则 $V(t)$ 以指数形式收敛于零，证毕。

利用引理，式（4-138）的解为：

$$V_3(t)\leqslant \mathrm{e}^{-2rt}V(0)+\int_{0}^{t}\mathrm{e}^{-2r(t-\tau)}\mathrm{d}\tau=\mathrm{e}^{-2rt}\left[V(0)-\frac{1}{2r}\right]+\frac{1}{2r} \tag{4-142}$$

即有：

$$\lim_{t\to\infty}V_3(t)\leqslant\frac{1}{2r} \tag{4-143}$$

因此，$V_3(t)$ 渐进收敛，其收敛精度取决于 r。根据上述证明可知，采用反步动态面抗扰控制算法控制支撑机构驱动系统是稳定的。

4.4.2.4 支撑机构驱动系统位置跟踪控制

为实现巷道掘进机俯仰位姿调控，验证所提出的反步动态面抗扰控制算法的有效性，将对支撑机构驱动系统位置跟踪控制进行仿真研究。根据反步动态面抗扰控制算法，设计支撑机构驱动系统位置跟踪控制研究方案如图 4-29 所示。

选取 PID 控制及反步控制同样对支撑机构驱动系统位置跟踪进行控制，以充分说明反步动态抗扰控制器在支撑机构驱动系统位置跟踪控制中的优点。反步动态面抗扰控制仅包含图 4-30 中的虚拟控制器以及实际控制器，不包含用于克服“微分爆炸”的滤波器以及用于观测复合扰动的干扰观测器。

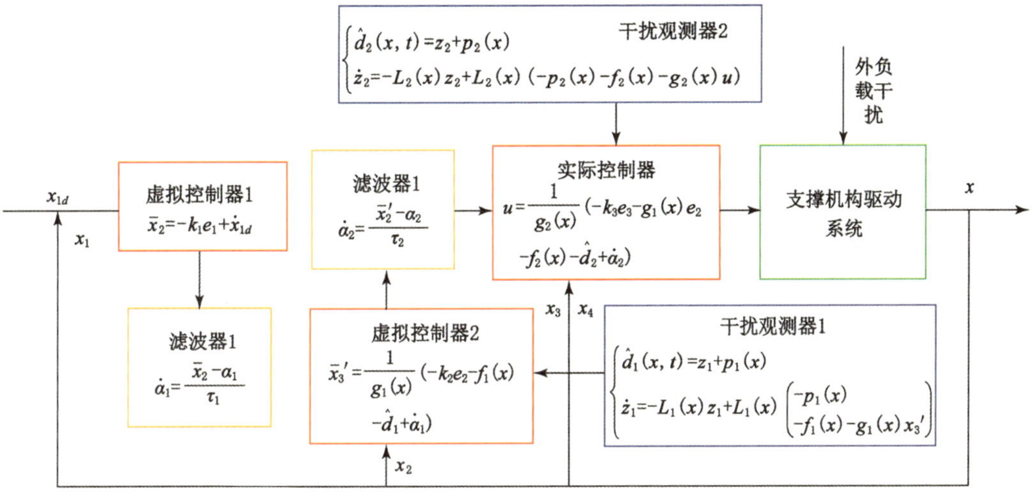

图 4-29　支撑机构驱动系统位置跟踪控制方案

设置支撑机构驱动系统位置跟踪目标为 $x_{1d}=0.1\sin(0.4\pi t)$。为了验证干扰观测器的观测性能，设置复合干扰 d_1 为 $d_1=F_d/m+N_{o1}$。其中，F_d 表示外部扰动，$F_d=100\,000+2\,000\sin(0.2\pi t+3)+1\,500\cos(\pi t+1.5)$；$N_{o1}$ 表示外部扰动下的参数扰动。设置复合干扰 d_2 为 $d_2=A_1 3\sin(t)-A_2 4\sin(t)$，仅表示外部扰动下的参数扰动。

支撑机构驱动系统相关参数设置如表 4-3 所示。

表 4-3　支撑机构驱动系统相关参数

	参数名称	数值	参数名称	数值	参数名称	数　值
驱动油缸	A_1/m^2	0.031	V_{01}/m^3	0.0124	$\rho/(\mathrm{kg\cdot m^{-3}})$	840
	A_2/m^2	0.012	V_{02}/m^3	0.08	$C_{ip}/[\mathrm{m^3\cdot(s\cdot Pa)^{-1}}]$	1×10^{-12}
	p_s/Pa	1.6×10^7	β_e/Pa	7×10^8		
比例阀	C_d	0.6	w/m^2	0.0468	$k_u/(\mathrm{m\cdot V^{-1}})$	1.23×10^{-4}
	m/kg	10000	$k/\mathrm{N\cdot m^{-1}}$	4×10^4	$B/(\mathrm{N\cdot m})$	1.26×10^{-6}

采用三种控制方法对巷道掘进机试验台支撑机构驱动系统进行位置跟踪控制。结合控制器设计过程，通过多次测试确定控制参数如下所述。

① PID 控制器：$k_p=3000$，$k_i=20$，$k_d=0$，滤波系数 $N=100$。

② 反步控制器：$k_1=180$，$k_2=200$，$k_3=60$。

③ 反步动态面抗扰控制算法：$k_1=100$，$k_2=350$，$k_3=5$；滤波参数 $\tau_1=0.02$，$\tau_1=0.01$；干扰观测器系数 $c_1=c_2=50$。

基于上述控制参数和设定条件对支撑机构驱动系统进行位置跟踪控制仿真研究，得到的位移跟踪曲线、跟踪误差曲线及控制输入如图 4-30 所示。

从图4-30中位移跟踪曲线可知，三种方法都可以实现外部扰动及参数扰动下的驱动油缸的位置精确跟踪控制，但初始响应的跟踪误差都较大。与PID控制以及反步控制相比，反步动态面抗扰控制可以有效地提高稳定阶段位移跟踪性能，这是由于引入了干扰观测器可以观测外部扰动及参数扰动，实现复合扰动补偿。通过控制输入曲线可以看出，三种控制方法在控制稳定阶段控制输入基本一致。

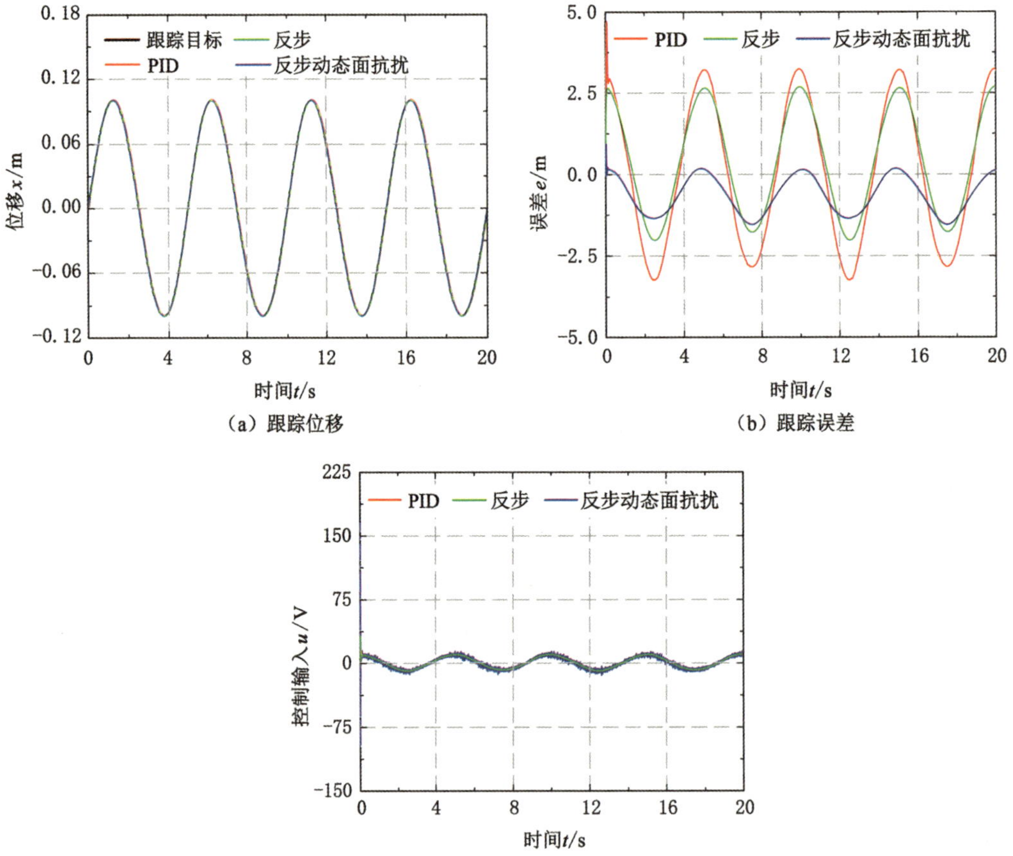

(a) 跟踪位移　(b) 跟踪误差　(c) 控制输入

图4-30　支撑机构驱动系统位置跟踪控制结果

为了进一步评价控制器稳定阶段的控制性能，定义了三个性能评价指标：稳定阶段最大误差e_{max}、稳定阶段平均误差e_{ave}、稳定阶段误差标准偏差e_{sd}，即：

$$e_{max}=\max_{i=1,2,\cdots,n}\{|e(i)|\} \tag{4-144}$$

$$e_{ave}=\frac{1}{n}\sum_{i=1}^{n}|e(i)| \tag{4-145}$$

$$e_{sd}=\sqrt{\frac{1}{n}\sum_{i=1}^{n}\left(|e(i)|-e_{ave}\right)^2} \tag{4-146}$$

根据上述三个评价指标计算可以得到：PID控制在稳定阶段的平均误差、最大误差、标准偏差分别为 1.814 mm、3.269 mm、0.994 mm；反步控制算法在稳定阶段的平均误差、最大误差、标准偏差分别为 1.356 mm、2.672 mm、0.75 mm；反步动态面抗扰控制算法在稳定阶段的平均误差、最大误差、标准偏差分别为 0.726 mm、1.566 mm、0.515 mm。反步动态面抗扰控制算法的平均误差、最大误差、标准偏差仅为 PID 控制和反步控制算法的 40.02 % 和 53.54 %、47.51 % 和 60.89 %、51.81 % 和 68.67 %。上述结果表明在支撑机构驱动系统位置跟踪控制中，反步动态面抗扰控制算法不仅具有高精度位置控制性能，还具有较强的鲁棒性。

干扰观测器观测结果如图 4-31 所示。图中复合扰动理想值为给定的外部扰动及参数扰动。从图 4-31 中观测误差可以看出，干扰观测器观测值在初始时误差较大；进入稳定阶段后，干扰观测器观测的复合扰动与理想值基本一致。这说明所设计的非线性干扰观测器具有良好的复合扰动观测性能。正是由于良好的复合扰动观测性能，所设计的巷道掘进机俯仰位姿调控控制算法具有较优的控制性能。

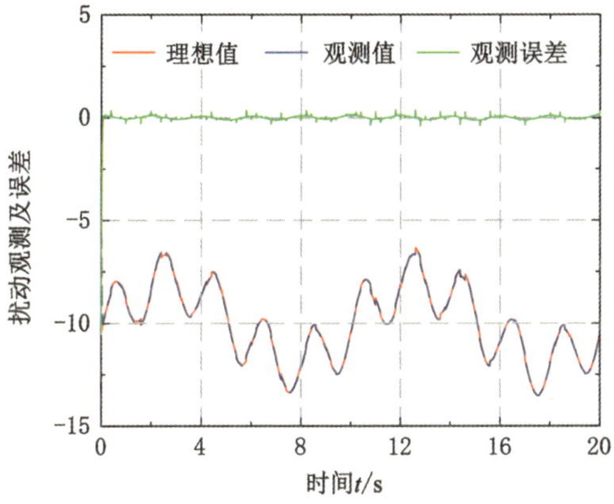

(a) 干扰观测器1

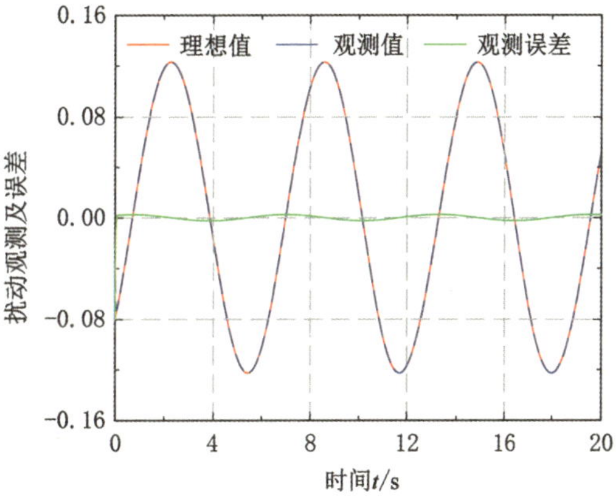

(b) 干扰观测器2

图 4-31　干扰观测器观测结果

4.5 掘进机位姿调控与补偿试验

4.5.1 掘进机定向行走调控与补偿试验

4.5.1.1 掘进机定向行走轨迹跟踪调控方案

从巷道掘进机行走轨迹跟踪模型式（4-93）可以看出，其控制输入为巷道掘进机行走速度 v 和角速度 ω。巷道掘进机的行走速度和角速度通过其履带驱动马达提供的转速实现调控，因此，仅采用巷道掘进机行走轨迹跟踪控制器无法实现对巷道掘进机进行定向行走调控，必须将巷道掘进机行走轨迹跟踪控制器与巷道掘进机行走驱动系统速度控制器相结合，进行巷道掘进机定向行走控制。

所设计的巷道掘进机定向行走轨迹跟踪控制方案如图 4-32 所示。从图 4-32 可以看出，巷道掘进机定向行走轨迹跟踪控制方案包含基于巷道掘进机行走轨迹跟踪控制器的位姿环和基于巷道掘进机行走驱动系统速度控制器的速度环。基于巷道掘进机行走驱动系统速度控制器的速度环保证了基于巷道掘进机行走轨迹跟踪控制器的位姿环输出辅助速度。

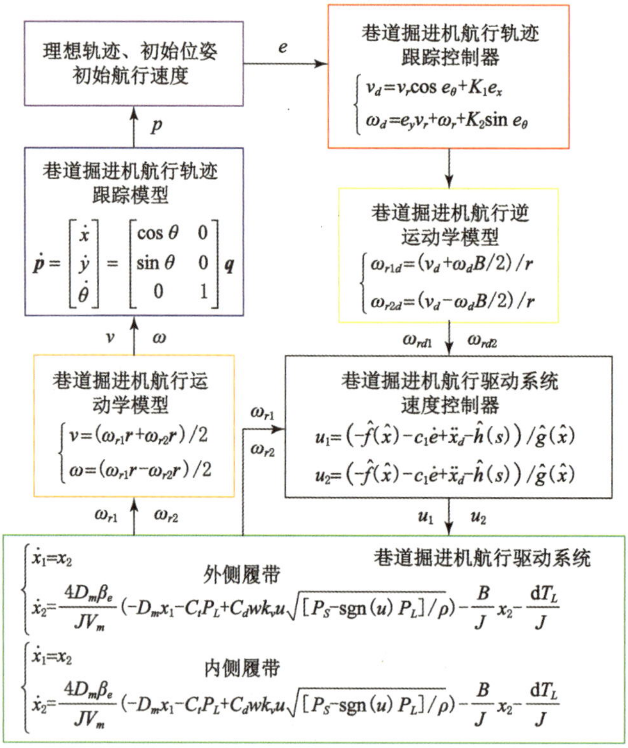

图 4-32　巷道掘进机定向行走轨迹跟踪控制方案

基于巷道掘进机行走轨迹跟踪控制器的位姿环以行走轨迹跟踪误差以及参考速度为输入量，以巷道掘进机实际航向位姿为反馈量，采用巷道掘进机行走轨迹跟踪控制器获得理想行走线速度和角速度，通过巷道掘进机行走逆运动学解算，进而获得两侧履带应提供的理想角速度。

基于巷道掘进机行走驱动系统速度控制器的速度环以履带理想角速度为输入量，以巷道掘进机行走驱动系统的比例阀两端电压为控制输入量，以巷道掘进机行走驱动系统输出的实际履带角速度为反馈量，通过巷道掘进机行走运动学计算，进而获得巷道掘进机实际行走线速度和角速度。

4.5.1.2　掘进机定向行走轨迹跟踪调控试验

利用所设计的巷道掘进机定向行走轨迹跟踪控制器，提出基于巷道掘进机行走轨迹跟踪控制器和基于巷道掘进机行走驱动系统速度控制器的双环巷道掘进机定向行走轨迹跟踪控制方案，并进行巷道掘进机行走轨迹控制研究。通过基于巷道掘进机位姿调控与补偿试验系统，对巷道掘进机定向行走进行试验研究，以验证所设计的巷道掘进机定向行走轨迹跟踪调控方案的有效性。

由于试验场地，本部分对巷道掘进机进行了先直线后圆弧行走轨迹跟踪控制试验。巷道掘进机行走轨迹跟踪控制需要获知巷道掘进机行走速度信息和航向位姿信息。采用角编码器获取巷道掘进机行走速度信息，采用巷道掘进机位姿测量系统获取巷道掘进机航向位姿，并通过 SDK 将数据实时反馈给 simulink。伺服控制器基于上述获取信息进行巷道掘进机行走轨迹跟踪控制。

设置巷道掘进机目标行走轨迹如式（4−147）所示。其中前 15 s 行走轨迹为直线，后 10 s 行走轨迹为圆弧，圆弧行走轨迹半径为 3.6 m。巷道掘进机初始坐标为 $x=0$，$y=0$，行走速度控制器的控制参数与前小节中闭环速度试验中控制参数一致。轨迹跟踪控制器控制参数 $K_1=2.5$，$K_2=8$。试验过程如图 4−33 所示。

$$\begin{cases}\begin{bmatrix}x_d\\y_d\\\theta_d\end{bmatrix}=\begin{bmatrix}0.15t\\0\\0\end{bmatrix}, t<15\,\mathrm{s}\\\begin{bmatrix}x_d\\y_d\\\theta_d\end{bmatrix}=\begin{bmatrix}3.6\cos\left(0.05(t-15)-\pi/2\right)+2.25\\3.6\sin\left(0.05(t-15)-\pi/2\right)+3.6\\0.05(t-15)\end{bmatrix}, t\geqslant 10\,\mathrm{s}\end{cases}\tag{4-147}$$

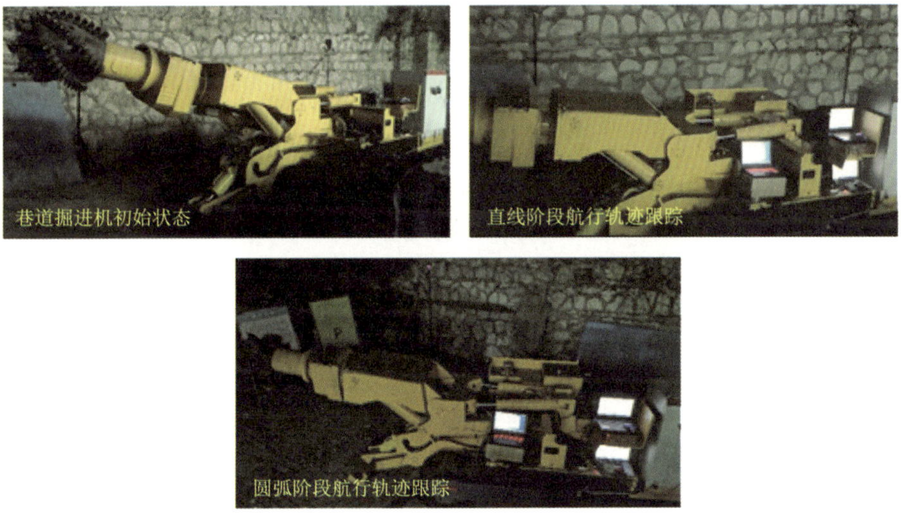

图 4−33　巷道掘进机行走轨迹跟踪控制试验过程

巷道掘进机行走轨迹跟踪控制试验结果如图 4−34 所示。由图 4−34 可以看出，巷道掘进机实际行走轨迹与目标行走轨迹基本吻合，轨迹跟踪误差在从直线段进入圆弧段后变化剧烈，且行走轨迹直线段的误差小于圆弧段的。巷道掘进机在圆弧段轨迹行走时存在横向打滑，横向打滑使得巷道掘进机产生相对于自身的横向速度，进而导致圆弧行走轨迹跟踪误差增大。

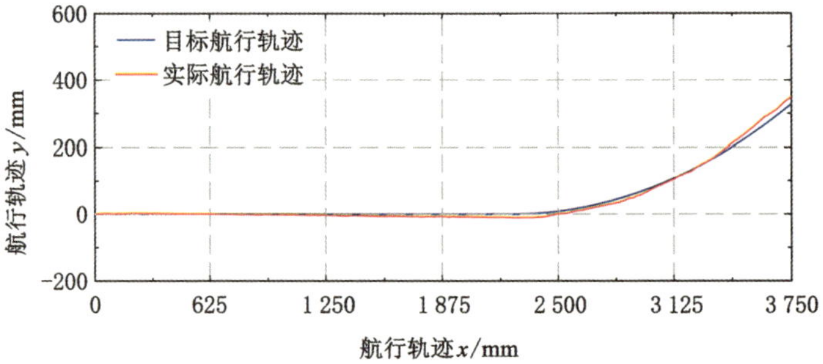

（a）巷道掘进机行走轨迹跟踪曲线

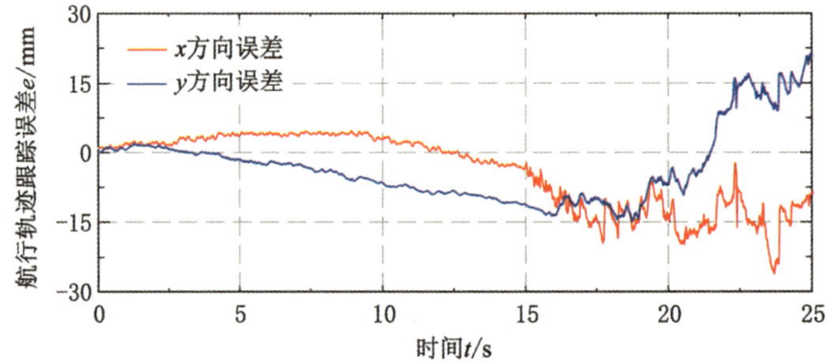

（b）巷道掘进机航向位置跟踪误差曲线

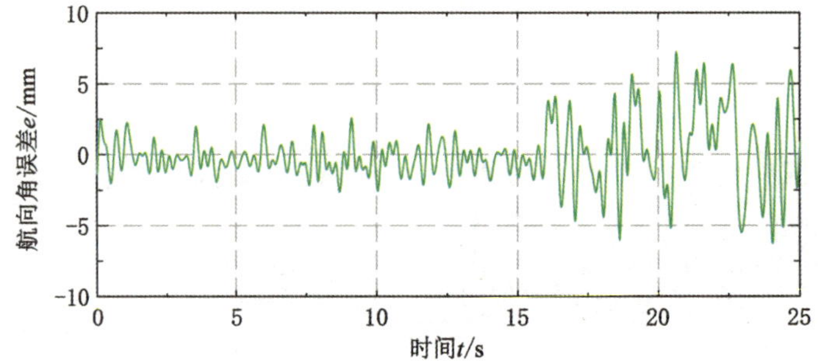

（c）巷道掘进机航向角跟踪误差曲线

图 4-34　巷道掘进机行走轨迹跟踪控制试验结果

基于误差指标可以获得巷道掘进机行走轨迹跟踪误差定量评价指标，如表 4-4 所示。从表 4-4 中可以看出，巷道掘进机轨迹行走跟踪控制最大轨迹跟踪误差不超过 30 mm，最大航向角跟踪误差不超过 10°，且巷道掘进机直线行走阶段误差评价指标均比圆弧阶段的要小。巷道掘进机圆弧段行走轨迹跟踪的平均误差、最大误差、标准偏差仅为直线段行走轨迹的 5.03 倍和 2.65 倍、5.72 倍和 1.94 倍、3.6 倍和 1.34 倍；巷道掘进机圆弧段行走轨迹航向角跟踪的平均误差、最大误差、标准偏差仅为直线段行走轨迹的 2.26 倍、2.13 倍、2.15 倍。

表 4-4　巷道掘进机行走轨迹跟踪误差评价指标

	直线段行走轨迹			圆弧段行走轨迹		
	x/mm	y/mm	θ/(°)	x/mm	y/mm	θ/(°)
e_{ave}	2.6971	4.4936	1.9165	13.5653	11.9216	4.3340
e_{max}	4.5970	11.3771	3.8226	26.3140	22.0775	8.1544
e_{sd}	1.2120	3.5665	0.6725	4.3729	4.7871	1.4466

掘进机行走轨迹跟踪控制速度与控制信号曲线如图 4-35 所示。开始阶段，巷道掘进机左、右履带行走速度信号与控制信号迅速增加，左、右履带行走速度信号追上目标轨迹对应速度后，实际行走速度趋于稳定，且相应的控制信号也趋于稳定。当掘进机从直线轨迹行走进入圆弧轨迹时，为满足目标速度要求，右履带行走速度由 0.15 m/s 左右波动跃升至 0.21 m/s 左右波动。与行走轨迹跟踪误差类似，直线行走阶段巷道掘进机左、右履带行走速度及控制信号波动较小，而圆弧行走阶段的波动较大。巷道掘进机直线行走轨迹左、右履带行走速度稳定段标准差分别为圆弧行走轨迹的 40.39% 和 41.87%，巷道掘进机直线行走轨迹左、右履带行走控制信号稳定段标准差分别为圆弧行走轨迹的 43.87% 和 41.79%。

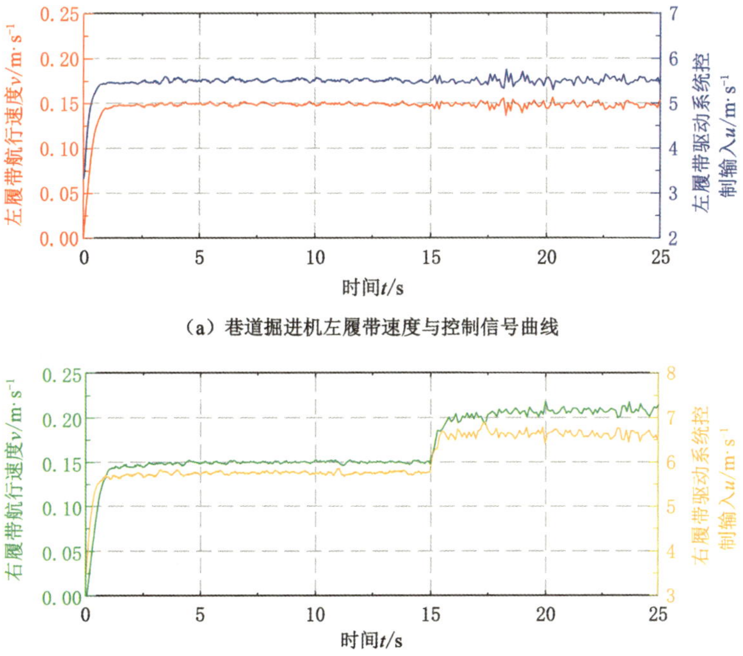

（a）巷道掘进机左履带速度与控制信号曲线

（b）巷道掘进机右履带速度与控制信号曲线

图 4-35　巷道掘进机行走轨迹跟踪控制速度与控制信号曲线

综上，巷道掘进机行走轨迹最大跟踪误差控制在 26 mm 左右，巷道掘进机直线与圆弧行走轨迹跟踪控制过程中行走速度与控制信号变化平稳，且巷道掘进机实际状态也相对平稳。上述试验结果表明所提出的巷道掘进机定向行走轨迹跟踪调控方案是有效可行的。

4.5.2 掘进机俯仰位姿调控与补偿试验

本部分在掘进机俯仰位姿调控方法与补偿技术的理论研究的基础之上，基于掘进机位姿调控与补偿试验系统，对掘进机俯仰位姿调控进行试验研究，以验证所设计的掘进机俯仰位姿调控控制算法以及掘进机俯仰位姿调控策略的有效性。

4.5.2.1 掘进机俯仰位姿调控与补偿方案

巷道掘进机俯仰位姿调控方案如图 4-36 所示。通过分析巷道掘进机俯仰位姿信息，确定初始俯仰位姿与目标俯仰位姿偏差。基于巷道掘进机支撑机构与俯仰位姿关系，获得巷道掘进机支撑机构驱动油缸伸长量。采用巷道掘进机俯仰位姿调控控制算法对巷道掘进机支撑机构驱动油缸进行控制，进而调控巷道掘进机俯仰位姿。巷道掘进机俯仰位姿信息可由巷道掘进机位姿测量系统获得。

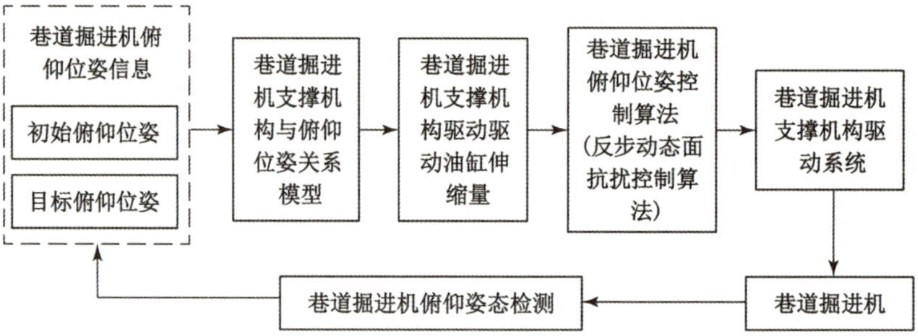

图 4-36　巷道掘进机俯仰位姿调控方案

巷道掘进机俯仰位姿调控的核心是巷道掘进机俯仰位姿调控控制算法。由于已经对巷道掘进机俯仰位姿调控控制算法进行了对比研究，且验证了该算法的较优控制性能，因此，将仅采用该方法进行巷道掘进机支撑机构驱动油缸位置跟踪控制试验研究，以验证巷道掘进机俯仰位姿调控控制算法的有效性。

巷道掘进机俯仰位姿除了与支撑机构驱动油缸伸长量有关，还与巷道掘进机尺寸、支撑机构尺寸、支撑机构撑起状态有关。不同撑起状态下巷道掘进机俯仰位姿与支撑机构驱动油缸伸长量关系在前文中已经进行了分析。由于加工制造等因素，巷道掘进机相关尺寸及支撑机构尺寸很难得到保证，且部分尺寸测量相对困难。因此，在巷道掘进机支撑机构驱动油缸位置跟踪控制的结果基础上，通过分析巷道掘进机俯仰位姿与支撑机构驱动油缸伸长量间关系，进行巷道掘进机俯仰位姿调控试验，以验证巷道掘进机位姿调控精度能够满足巷道掘进施工标准。

4.5.2.2　掘进机俯仰位姿调控与补偿试验

由于掘进机尺寸和支撑机构尺寸加工存在误差，且部分尺寸测量困难，无法采用掘进机俯仰位姿与支撑机构撑起量间的理想运动学关系方程计算驱动油缸伸长量。因此，设定掘进机目标俯仰姿态，并确定对应的支撑机构驱动油缸伸长量，通过控制支撑机构驱动油缸伸长量，进行掘进机俯仰位姿调控与补偿。

以前支撑撑起、调控后支撑驱动油缸工况为例进行研究。巷道掘进机俯仰位姿初始为前、后支撑驱动油缸伸长量分别是 100 mm、140 mm 对应的位姿：俯仰角为 0.6°，位姿捕捉点高度为 1446 mm。设置目标俯仰位姿为 −0.24°，位姿捕捉点高度为 1461 mm，此时对应前、后支撑驱动油缸理论伸长量分别为 100 mm、168 mm。采用伺服控制器对后支撑驱动油缸进行控制，获得后支撑驱动油缸位移信号及巷道掘进机俯仰位姿结果，如图 4-37 所示。

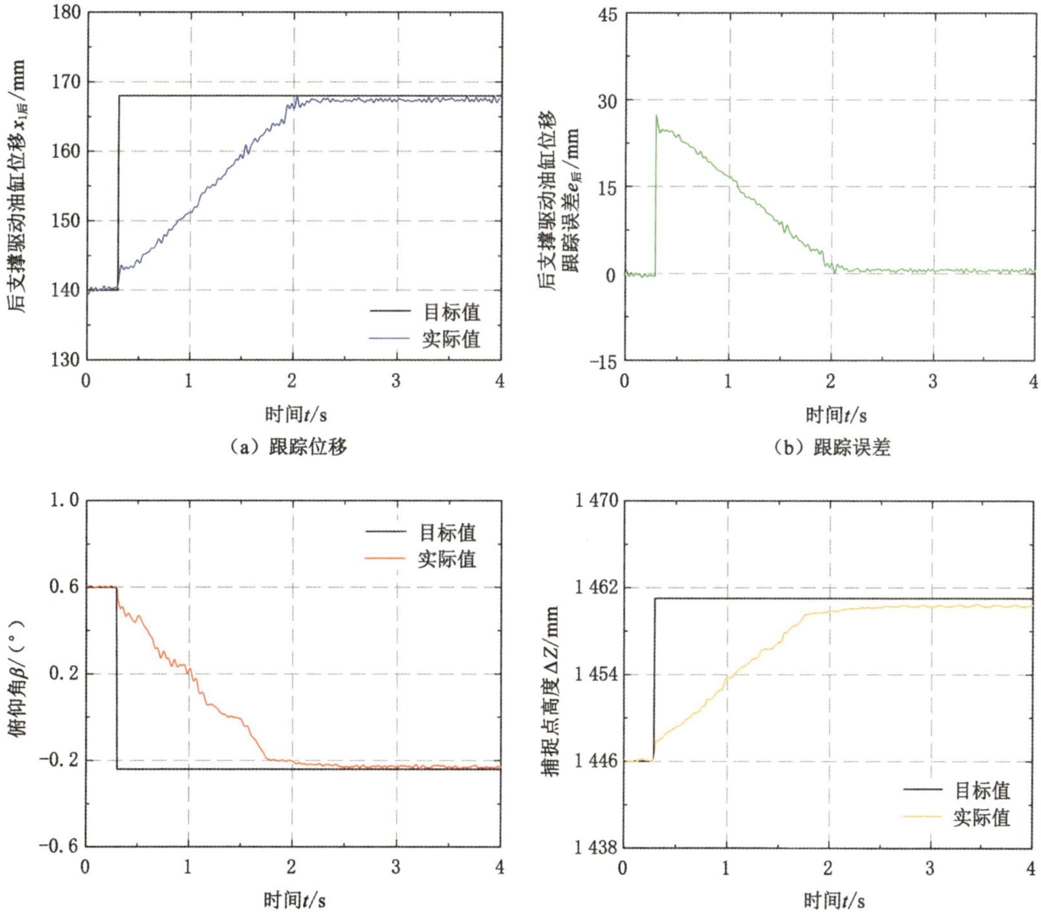

（a）跟踪位移　（b）跟踪误差

（c）俯仰姿态变化规律　（d）俯仰位置变化规律

图 4-37　巷道掘进机俯仰位姿调控试验结果

从巷道掘进机俯仰位姿调控试验结果可看出，前支撑撑起下控制后支撑驱动油缸伸长量可以使巷道掘进机俯仰位姿基本达到目标值。后支撑驱动油缸伸长量稳定段平均误差和最大误差分别为 0.58 mm 和 0.96 mm；巷道掘进机俯仰角稳定段平均误差和最大误差分别为 0.017° 和 0.043°；巷道掘进机位姿捕捉点高度稳定段平均误差和最大误差分别为 0.69 mm 和 1.23 mm。将上述巷道掘进机俯仰位姿误差带入公式（4-48）可发现，通过上述俯仰位姿误差调整对巷道断面成形基本没有影响。因此，采用反步动态面抗扰控制器可实现对巷道掘进机俯仰位姿的精确调控与补偿。

第 5 章

掘进机自主截割控制理论与方法

我国综掘工作面的施工主要以人工操作为主，或者实现某些功能的自动化，但功能简单，可靠性与稳定性不高，检测与控制精度低，成巷质量得不到保障。探究掘进机截割头自主循迹跟踪智能控制方法，实现巷道断面自动精确成形与连续掘进进尺，为提高掘进机的智能化水平提供理论与技术基础，并进一步提高掘进机的施工效率与安全性、降低工人劳动强度、提高成巷质量。

5.1 掘进机动态位姿检测方法

针对掘进机自主截割掘进过程中机体尤其是截割臂姿态的高动态变化，提出一种新颖的多尺度变分自编码器辅助的卷积神经网络（Multi-scale Variational Autoencoder Aided Convolutional Neural Network，MSVAE-CNN）模型，用来学习和回归掘进机的绝对六自由度动态位姿。通过使用训练好的 MSVAE-CNN 模型，每给定一张单目图像，能够实时端到端地估计掘进机动态绝对位姿。

5.1.1 MSVAE-CNN 深度学习模型

5.1.1.1 MSVAE-CNN 模型架构

在所提出的MSVAE-CNN模型中，多尺度变分自编码器（Variational Autoencoder，VAE）作为辅助任务，用于学习输入数据的潜在空间特征表征，其功能与自编码器（Autoencoder，AE）类似。AE（如图 5-1 所示）是一种有效的无监督学习模型，利用反向传播算法使得输出值等于输入值。AE 由编码器和解码器两部分组成。编码器用来将输入数据压缩成潜在空间表征，解码器能够将潜在空间表征重构为原始数据。通过训练输出值等于输入值的 AE，使得潜在空间表征具有价值属性。一般潜在空间表征的维度远小于原始数据的，因此 AE 能学习到数据中最重要的特征。研究表明，AE 能够在神经网络模型中作为辅助任务以构成多任务学习策略。

VAE（如图 5-2 所示）是目前最流行的复杂数据分布建模方法之一，常用于无监督和半监督学习。VAE 将变分法与深度学习相结合，提供了一种潜在变量生成模型。在 VAE 中，假设潜在变量为多维高斯分布，输入数据通过编码器输出潜在变量的均值和标准差，得到潜在变量的概率密度函数，对所得的潜在变量分布进行采样，再由解码器重构原始数据。与 AE 相比，VAE 是一种生成模型，其以概率方式描述潜在空间表征变量，通常能够学习到更加连续的潜在变量。现有研究成果表明，VAE 一般比 AE 具有更好的泛化性和鲁棒性。

图 5-1　AE 示意图

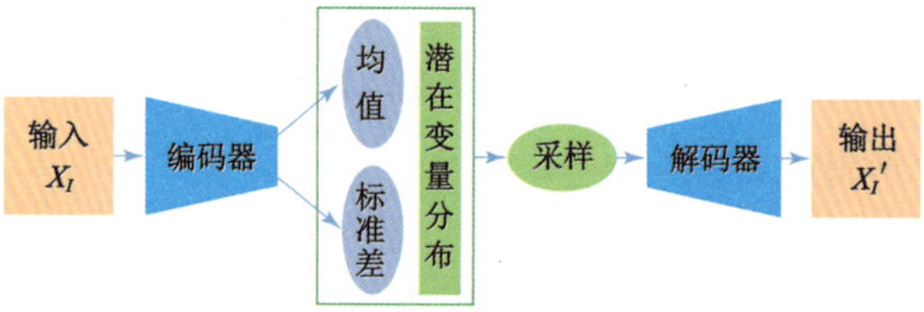

图 5-2　VAE 示意图

在巷道掘进实际工程中，悬臂式掘进机工作在一个复杂的极端环境，其机体位姿检测系统极易受到外界干扰。因此，为了保障整个智能掘进系统的可靠性，机体位姿检测方法对外部扰动的鲁棒性是至关重要的。在基于视觉的掘进机机体位姿检测深度学习模型中，使用 VAE 作为辅助任务有潜力提高整个模型的性能，尤其是提高模型对干扰的鲁棒性。

假设给定一个数据集 $\boldsymbol{D}=\{\boldsymbol{X}_I^{(i)}\}_{i=1}^N$，其包含 N 个独立同分布的图像样本 $\boldsymbol{X}_I$。VAE 的目标为学习一个以联合分布 $p(\boldsymbol{X}_I,z)$ 表示的生成模型，其可以被分解为 $p(\boldsymbol{X}_I,z)=p(z)p(\boldsymbol{X}_I|z)$，其中，$p(z)$ 为潜在空间变量 z 的先验分布，$p(\boldsymbol{X}_I|z)$ 是以似然函数表示的解码器。在生成模型中，真实的后验分布 $p(z|\boldsymbol{X}_I)$ 通常是不可解的，因此，引入一个推理模型（即编码器）$q(z|\boldsymbol{X}_I)$ 用于逼近真实的后验分布 $p(z|\boldsymbol{X}_I)$。与其他变分法类似，VAE 的训练即为优化证据下界（Evidence Lower Bound，ELBO）。

用于悬臂式掘进机机体位姿检测的 MSVAE-CNN 模型如图 5-3 所示。以 3 级潜在层为例，MSVAE-CNN 模型总体结构如图 5-4 所示。其中，“图像腐化”指在输入图像中加入噪声和干扰以模拟巷道环境；“NNB”指一定结构的神经网络块；“Conv”和“FC”分别指卷积层和全连接层；“⊕”代表数据融合，在解码器网络中指加法运算，在位姿估计网络中指对三维张量在深度方向的拼接操作。

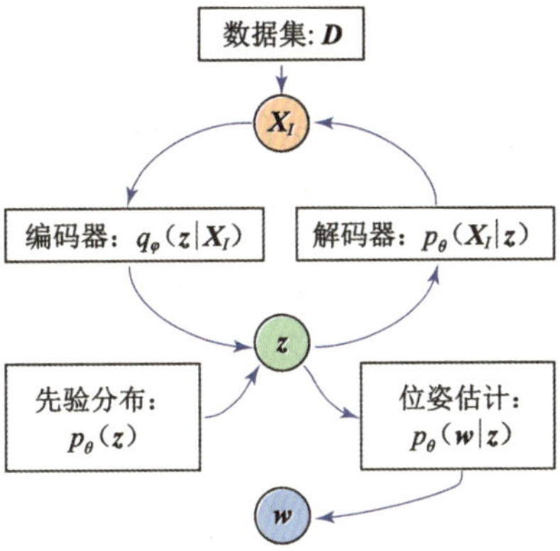

图 5-3　MSVAE-CNN 模型

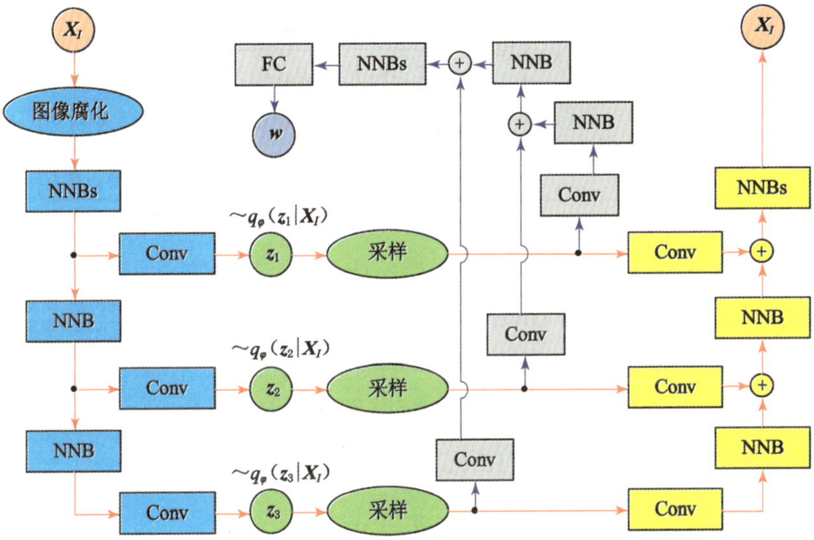

图 5-4　MSVAE-CNN 模型总体结构（以 3 级潜在层为例）

在 MSVAE-CNN 中，生成模型可以表示为：

$$p_\theta(\boldsymbol{X}_I,\boldsymbol{w},z)=p_\theta(z)p_\theta(\boldsymbol{X}_I,\boldsymbol{w}\mid z) \tag{5-1}$$

其中，$\boldsymbol{\theta}$ 代表生成模型（解码器网络和位姿估计网络）的全部可训练参数，$\boldsymbol{w}$ 为数据集中图像 $\boldsymbol{X}_I$ 对应的悬臂式掘进机机体位姿向量，$z=\{z_1,\cdots,z_L\}$ 表示 L 组多尺度潜在空间变量。

为了逼近真实的后验分布 $p_\theta(z\mid\boldsymbol{X}_I,\boldsymbol{w})$，在 MSVAE-CNN 模型中引入编码器 $q_\phi(z\mid\boldsymbol{X}_I)$，其中，$\boldsymbol{\phi}$ 代表编码器网络的可训练参数。通过图 5-4 所示的 MSVAE-CNN 模型的总体结构可以得出，L 组多尺度潜在空间变量是彼此独立的，都仅以输入数据 $\boldsymbol{X}_I$ 为条件。因此，潜在变量 z 的先验分布 $p_\theta(z)$ 和编码器 $q_\phi(z\mid\boldsymbol{X}_I)$ 分别为：

$$p_\theta(z)=\prod_{l=1}^{L}p_\theta(z_l) \tag{5-2}$$

$$q_\phi(z\mid\boldsymbol{X}_I)=\prod_{l=1}^{L}q_\phi(z_l\mid\boldsymbol{X}_I) \tag{5-3}$$

在生成模型中，将重构图像 X_I 和位姿向量 $\boldsymbol{w}$ 建模为独立变量，并都仅以潜在变量 z 为条件，可以得到：

$$p_\theta\left(\boldsymbol{X}_I,\boldsymbol{w}\mid z\right)=p_\theta\left(\boldsymbol{X}_I\mid z\right)p_\theta\left(\boldsymbol{w}\mid z\right) \tag{5-4}$$

根据贝叶斯定理，生成模型的后验分布 $p_\theta(z\mid \boldsymbol{X},\boldsymbol{w})$ 可以表示为：

$$p_\theta(z\mid \boldsymbol{X}_I,\boldsymbol{w})=\frac{p_\theta(\boldsymbol{X}_I,\boldsymbol{w}\mid z)p_\theta(z)}{p_\theta(\boldsymbol{X}_I,\boldsymbol{w})}=\frac{p_\theta(\boldsymbol{X}_I,\boldsymbol{w},z)}{p_\theta(\boldsymbol{X}_I,\boldsymbol{w})} \tag{5-5}$$

对于给定编码器 $q_\phi(z\mid \boldsymbol{X}_I)$，对数证据（即边缘似然函数）$\lg p_\theta(\boldsymbol{X}_I,\boldsymbol{w})$ 为：

$$\begin{aligned}\lg p_\theta(\boldsymbol{X}_I,\boldsymbol{w})&=E_{q_\phi(z|\boldsymbol{X}_I)}\left[\lg p_\theta(\boldsymbol{X}_I,\boldsymbol{w})\right]\\&=E_{q_\phi(z|\boldsymbol{X}_I)}\left[\lg\frac{p_\theta(\boldsymbol{X}_I,\boldsymbol{w},z)}{p_\theta(z\mid \boldsymbol{X}_I,\boldsymbol{w})}\right]\\&=E_{q_\phi(z|\boldsymbol{X}_I)}\left\{\lg\left[\frac{p_\theta(\boldsymbol{X}_I,\boldsymbol{w},z)}{q_\phi(z\mid \boldsymbol{X}_I)}\times\frac{q_\phi(z\mid \boldsymbol{X}_I)}{p_\theta(z\mid \boldsymbol{X}_I,\boldsymbol{w})}\right]\right\}\\&=\underbrace{E_{q_\phi(z|\boldsymbol{X}_I)}\left[\lg\frac{p_\theta(\boldsymbol{X}_I,\boldsymbol{w},z)}{q_\phi(z\mid \boldsymbol{X}_I)}\right]}_{=\mathcal{L}_{\phi,\theta}(\boldsymbol{X}_I,\boldsymbol{w})}+\underbrace{E_{q_\phi(z|\boldsymbol{X})}\left[\lg\frac{q_\phi(z\mid \boldsymbol{X}_I)}{p_\theta(z\mid \boldsymbol{X}_I,\boldsymbol{w})}\right]}_{=D_{KL}[q_\phi(z|\boldsymbol{X}_I)\|p_\theta(z|\boldsymbol{X}_I,\boldsymbol{w})]}\end{aligned} \tag{5-6}$$

其中，$D_{KL}\left[q_\phi(z\mid \boldsymbol{X}_I)\,\|\,p_\theta(z\mid \boldsymbol{X}_I,\boldsymbol{w})\right]$ 是编码器 $q_\phi(z\mid \boldsymbol{X}_I)$ 与真实的后验分布 $p_\theta\left(z\mid \boldsymbol{X}_I,\boldsymbol{w}\right)$ 之间的 KL 散度（Kullback-Leibler Divergence，KLD）。KLD 可以用来衡量两个分布之间的差异程度。如果两者差异越小，KLD 就越小。KLD 是非负数。KLD 为 0 则代表两个分布完全相同。因此，$\mathcal{L}_{\phi,\theta}(\boldsymbol{X}_I,\boldsymbol{w})\leqslant\lg p_\theta(\boldsymbol{X}_I,\boldsymbol{w})$ 可以作为一个有效的 ELBO。

MSVAE-CNN 模型的损失函数 $\ell\left(\phi,\theta;\boldsymbol{X}_I,\boldsymbol{w}\right)$ 可以定义为：

$$\begin{aligned}\ell(\phi,\theta;\boldsymbol{X}_I,\boldsymbol{w})=&\beta_{KL}\sum_{l=1}^{L}\frac{\lambda_l}{d_l}D_{KL}\left[q_\phi(z_l\mid \boldsymbol{X}_I)\,\|\,p_\theta(z_l)\right]\\&+\frac{\lambda_x}{d_x}E_{q_\phi(\mathbf{z}|\mathbf{X}_I)}\left[-\lg p_\theta(\boldsymbol{X}_I\mid z)\right]+\frac{\lambda_w}{d_w}E_{q_\phi(\mathbf{z}|\mathbf{X}_I)}\left[-\lg p_\theta(\boldsymbol{w}\mid z)\right]\end{aligned} \tag{5-7}$$

其中，d_l，d_x 和 d_w 分别为 z_l，$\boldsymbol{X}_I$ 和 $\boldsymbol{w}$ 的数据总维度；β_{KL} 是 KLD 项的整体权重；λ_l 是第 l 组潜在变量 KLD 项的平衡系数；λ_x 是图像重建任务的权重；λ_w 是机体位姿估计任务的权重。在 MSVAE-CNN 模型训练过程中，为了保证尽可能多的潜在变量被激活和提高所提出模型的性能，使用 KLD 项预热策略和多组 KLD 项平衡方案。

5.1.1.2 MSVAE-CNN 模型的详细结构

针对图 5-4 中所示的 MSVAE-CNN 模型，对于模型输入图像的腐化操作，应使输入图像尽可能地模拟地下巷道的环境和工况。在煤矿巷道中，一般照明条件差、粉尘浓度高、掘进设备多且调度复杂，这可能导致视觉遮挡。巷道其他光源可能造成 LED（Light Emitting Diode）阵列图像中出现外部干扰。基于此，图像腐化操作包括以下三个方面：

① 在输入图像中加入椒盐噪声以代表粉尘影响；② 对输入图像中的 LED 阵列进行随机部分覆盖以代表 LED 阵列的部分损坏或由其他物体引起的视觉遮挡；③ 在输入图像中随机加入若干个其他可见光光源以代表外部干扰。

输入图像的腐化操作可以视为数据增强，即通过将图像进行一定的变化以扩张原有数据集。在模型训练过程中，使用图像腐化能够提高模型的泛化性能，减小过拟合，并且能够增强模型对各种干扰的鲁棒性。

图 5-5 给出了编码器网络、解码器网络和位姿估计网络中所使用的 NNB 的具体结构。其中，“Conv-DRn” 表示扩张率（Dilatation Rate，DR）为 n 的空洞卷积层；“ReLU” 表示修正线性单元（Rectified Linear Unit，ReLU）激活函数；“Concatenate” 表示将三维张量在深度方向进行拼接操作；“BN” 表示批标准化（Batch Normalization，BN）层；“Conv-S2” 表示步长 2 的卷积层；“DeConv-S2” 表示步长为 2 的反卷积层；“ ×2 ” 表示 2 个相同结构的神经网络模块串联。

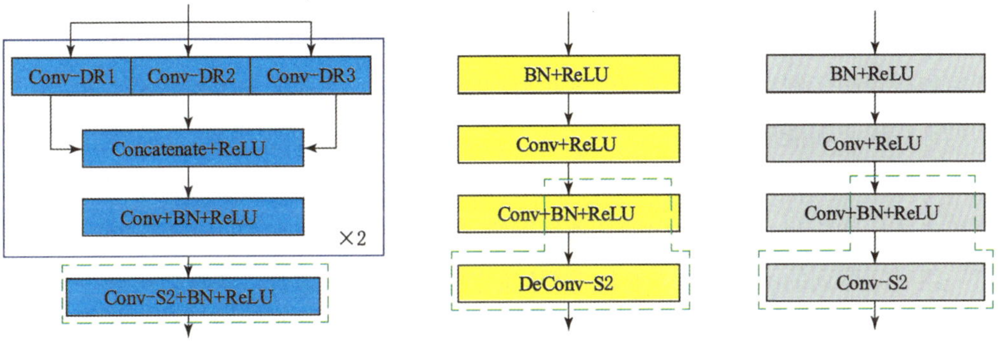

（a）编码器网络的NNB　（b）解码器网络的NNB　（c）位姿估计网络的NNB

图 5-5　模型中 NNB 具体结构

在 MSVAE-CNN 模型内部，全部使用了 ReLU 激活函数，其数学表达式为 $\mathrm{ReLU}(x_a)=\max(0,x_a)$。ReLU 激活函数为分段常数，计算量小，且能够一定程度上缓解网络训练中的梯度消失问题，因此被广泛应用于深度神经网络中。

在 MSVAE-CNN 模型中适当使用 BN 层。BN 是深度神经网络中常用的技巧，能够改善神经网络内部数据分布，具有加快模型训练速度、防止过拟合等优点。BN 层的计算公式为：

$$\mathrm{BN}(x_b;\lambda_b,\beta_b)=\lambda_b\cdot\frac{x_b-E_{x_b\sim M}(x_b)}{\sqrt{\mathrm{Var}_{x_b\sim M}(x_b)+\varepsilon_b}}+\beta_b \tag{5-8}$$

其中，x_b 为小批量数据 M 中的某样本对神经网络某层中某节点的输入，$E_{x_b\sim M}(x_b)$ 和 $\mathrm{Var}_{x_b\sim M}(x_b)$ 分别为小批量数据 M 中所有样本在该节点输入的均值和方差；ε_b 为很小常数，用于防止方差为 0；λ_b 和 β_b 为可学习参数。

根据图 5-4 与图 5-5，所提出的 MSVAE-CNN 模型可以总结如下：在编码器网络中，使用扩张率分别为 1、2 和 3 的空洞卷积以获取特征图的多尺度信息并提高卷积运算的感受野；使用“Conv-S2”对特征图进行下采样以获取较小维度的多尺度潜在层。在解码器网络和位姿估计网络中，使用常规的卷积层，并分别使用“DeConv-S2”和“Conv-S2”对特征图进行上采样和下采样，以完成不同维度的潜在变量的特征融合。另外，如果两个连续的潜在层维度相同，则去除对应的 NNB 中虚线框内的神经网络层；当输入特征图维度较小时，“Conv-DR3”感受会过大，则将其替换为卷积核维度为 1×1 的卷积层。

5.1.2 掘进机动态位姿时间序列图像监测方法

煤矿井下工作环境异常复杂，贫乏且多变的照明条件、高浓度的粉尘和水汽、多装备分布导致的视觉遮蔽等对图像传感器的稳定性和可靠性具有较大影响。当只使用一张图像进行位姿估计时，图像质量严重影响位姿估计结果，例如，当图像中有效特征不明显甚至完全消失时，该位姿估计方法必然完全失效。另一方面，在神经网络模型训练过程中，每个图像样本随机腐化后输入到模型，模型只能学到单一图像不同部分的特征相关性，而无法学习相似图像（例如很短时间间隔下获取的两个图像）之前的相关性，无法进一步降低模型的训练噪声和推理噪声。

为了进一步提高掘进机机体位姿检测的可靠性和精度，提出基于时间序列图像融合的掘进机机体位姿检测方法。使用循环神经网络（Recurrent Neural Network，RNN）等同时学习一组时间序列的图像样本，通过将相似的图像进行特征融合，同时估计每一个时间步图像样本对应的六自由度位姿。当推理某个时间步图像对应的位姿参数时，其他时间步的信息都可被看作先验知识，因此网络模型能够学习图像样本之间的特征相关性，提高位姿估计的精度和可靠性。通过使用时间序列图像融合技术，即使某个图像样本的有效特征完全消失，模型同样有一定概率有效地推理出该图像对应的位姿状态结果。

5.1.2.1 基于时间序列图像融合的机体位姿检测方案

单目相机获取的时间序列图像第 t 个样本定义为 $\boldsymbol{X}_{It}\left(t=1,\cdots,T\right)$，第 t 个图像样本对应的掘进机机体位姿变量定义为 $\boldsymbol{w}_t=\left[x_{vt},y_{vt},z_{vt},\alpha_{vt},\beta_{vt},\gamma_{vt}\right]\in\mathbf{R}^6$。由于 RNN 模型非常适用于时间序列数据的处理与特征学习，以 RNN 为基础构建一个深度回归模型 $f_T(\cdot)$，使用时间序列图像 $\left\{\boldsymbol{X}_{I1},\cdots,\boldsymbol{X}_{IT}\right\}$ 估计对应的掘进机机体位姿序列 $\left\{\boldsymbol{w}_1,\cdots,\boldsymbol{w}_T\right\}$，即可实现 $\boldsymbol{w}_1,\cdots,\boldsymbol{w}_T=f_T\left(\boldsymbol{X}_{I1},\cdots,\boldsymbol{X}_{IT}\right)$。

预训练编码器（Pre-Trained Encoder，PTE）如图 5-6 所示。取预训练的 MSVAE-CNN-S3 模型的编码器网络作为特征提取网络。时间序列图像中的每一个样本 $\boldsymbol{X}_{It}\left(t=1,\cdots,T\right)$ 都首先输入到 PTE 网络，得到隐含空间特征表征变量 $\left\{z_{1t},z_{2t},z_{3t}\right\}$，再输入到时间序列图像融合模型并估计掘进机机体位姿序列 $\left\{\boldsymbol{w}_1,\cdots,\boldsymbol{w}_T\right\}$。

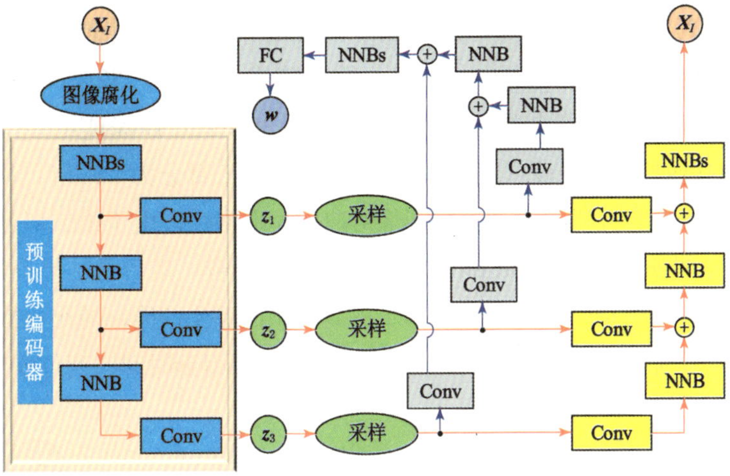

图 5-6 预训练编码器

深度学习模型的总体架构如图 5-7 所示。其中，共享的图像腐化代表对一个时间序列内的所有图像样本进行相同的图像腐化，对于不同的时间序列，则采用随机的图像腐化，这是因为一个时间序列的样本都是在很短时间间隔里获取的，外部干扰光源以及视觉遮蔽基本不变，而不同的时间序列样本在获取时间上是不相关的，因此采用不同的图像腐化以表示不同的外部干扰；PTE 网络直接使用预先训练好的网络参数，在整体模型训练过程中不参与训练；循环模型是实现时间序列图像融合并完成掘进机机体位姿序列估计的部分。

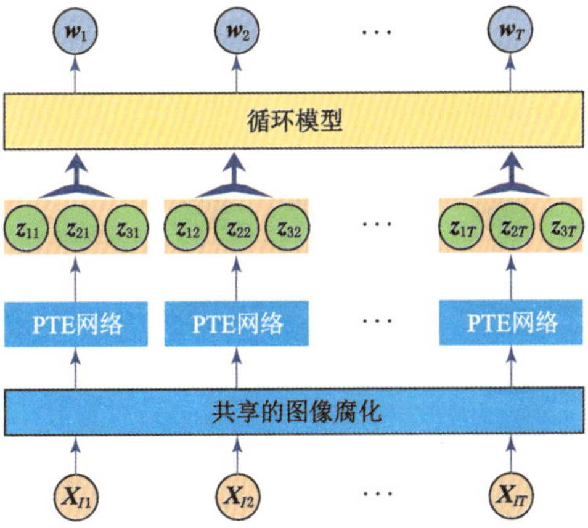

图 5-7 基于时间序列图像融合的位姿估计模型总体架构

5.1.2.2 基于 PTE 与注意力机制的 LSTM 模型构建

如图 5-8 所示，基于 PTE 的 LSTM（Long Short-Term Memory）模型主要由三部分构成。第一部分为 PTE 网络，其用来获取时间序列输入图像中每个样本的多尺度潜在空间特征，该部分网络参数不参与模型训练，直接使用预先训练好的模型参数，并使用更严重的图像腐化，以增大学习难度并模拟更严峻的工作条件；第二部分为共享的卷积神经网络，其用来将时间序列中每个图像样本对应的多尺度潜在空间特征有机地融合在一起，由于每个样本的多尺度潜在空间特征 z_1、z_2 和 z_3 的矩阵维度分别为 $32\times32\times3$、$16\times16\times3$ 和 $8\times8\times3$，需要合理地设计每个卷积层的卷积核尺寸和步长，以保证矩阵在第三维度方向（深度方向）拼接时前两个维度（高度和宽度）相同；第三部分为 LSTM 网络，其用来实现时间序列图像特征融合并输出时间序列图像对应的位姿参数，由于第二部分最终输出的是三维矩阵，第三部分首先使用 BiConvLSTM 进行特征融合，然后将结果重塑为一维向量，再使用 BiLSTM 进行特征学习与融合，为了提高模型的泛化性能，减小过拟合，在每一层 BiLSTM 后加入 Dropout 层，最终由一个共享的全连接层得到时间序列位姿变量输出。

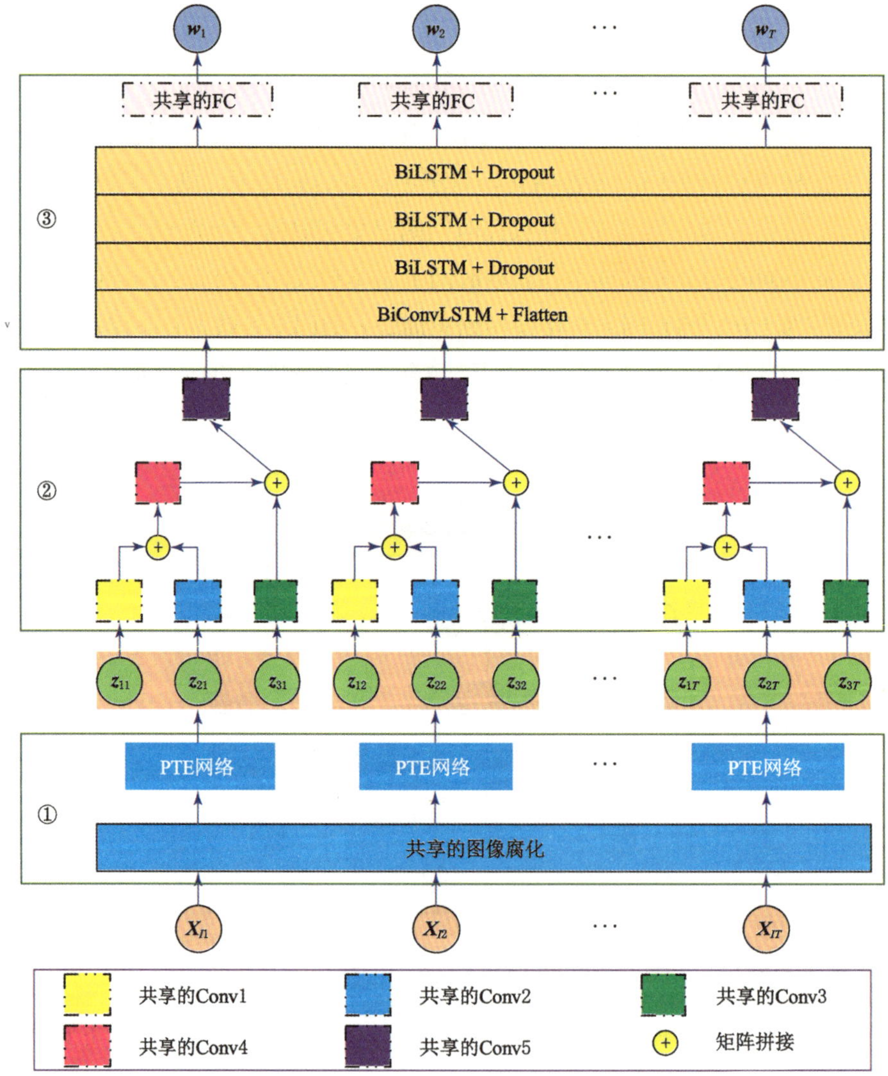

图 5-8　基于 PTE 的 LSTM 模型整体结构

基于上述结构构建具体的基于 PTE 与注意力机制的 LSTM 模型，用于掘进机机体位姿估计。该模型整体结构与基于 PTE 的 LSTM 模型相似，其中第一部分和第二部分完全相同，其不同之处在于该模型在第三部分的 LSTM 网络中加入多头自注意力机制。基于 PTE 与注意力机制的 LSTM 模型如图 5-9 所示。其中，“ ×3” 代表 3 个相同结构的神经网络模块堆叠。

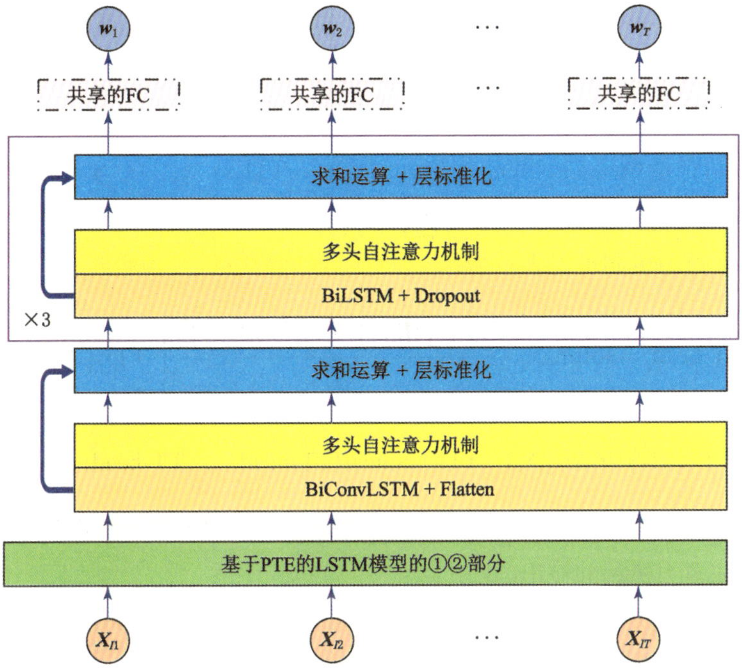

图 5-9　基于 PTE 与注意力机制的 LSTM 模型整体结构

在提出的基于 PTE 与注意力机制的 LSTM 模型中，LSTM 网络部分使用了多头自注意力机制，在每一个 LSTM 层后，首先对 LSTM 的时间序列隐藏状态输出进行多头自注意力机制运算，然后将注意力机制计算结果与原 LSTM 层的输出进行求和运算，即在多头自注意力机制层的输入和输出之间使用了残差连接，最后将求和结果的每个时间步进行 LN 运算并作为下一层的输入。另外，在求和运算中，使用一个可学习的参数对求和的两项进行加权，因此，注意力机制的最终输出 $\underline{\boldsymbol{Y}}$ 可以表示为：

$$\underline{\boldsymbol{Y}} = \mathrm{LN}\left[\lambda_{\mathrm{att}} \cdot \text{MH-Self-Att}\left(\underline{\boldsymbol{X}}\right) + \left(1-\lambda_{\mathrm{att}}\right) \cdot \underline{\boldsymbol{X}}\right] \tag{5-9}$$

其中，$\underline{\boldsymbol{X}}$ 和 $\text{MH-Self-Att}\left(\underline{\boldsymbol{X}}\right)$ 分别为多头自注意力机制层的输入和输出，λ_{att} 是可学习的参数，其与神经网络的其他参数共同参与训练，初始值设置为 0.5，这里的 $\mathrm{LN}(\cdot)$ 指对每个时间步的输出结果进行层标准化。通过设置自学习权重，网络能够自适应的使用多头自注意力机制，以使网络具有较好的性能。

5.2 掘进机动态位姿检测模型训练与验证

根据所提出的基于 PTE 与注意力机制的 LSTM 模型，由于 PTE 网络使用预先训练好的训练参数，并且不再进行训练，因此不将其转化为张量训练形式，也不考虑该部分参数对模型参数总量的影响。另一方面，将卷积层转化为张量训练形式不仅参数量压缩率小，而且精度损失大，而将全连接层转化为张量训练形式不仅能够大大减少参数量，而且精度损失小，因此，所提出的基于 PTE 与注意力机制的 LSTM 张量训练模型将所有的全连接层转化为张量训练形式，包括多头自注意力机制和 BiLSTM 模型。

对于一个全连接层 $\underline{\boldsymbol{y}}=\underline{\boldsymbol{x}}\boldsymbol{W}+\boldsymbol{b}$ 或者 $\underline{\boldsymbol{y}}=\underline{\boldsymbol{x}}\boldsymbol{W}$（不含偏置向量），将权值矩阵 $\boldsymbol{W}$ 进行 TTD，可以得到张量训练层（Tensor-Train Layer，TTL），记为：$\underline{\boldsymbol{y}}=\mathrm{TTL}\left(\underline{\boldsymbol{x}};\boldsymbol{W},\boldsymbol{b}\right)$ 或者 $\underline{\boldsymbol{y}}=\mathrm{TTL}\left(\underline{\boldsymbol{x}};\boldsymbol{W}\right)$，当 $\underline{\boldsymbol{x}}$ 有多行时，输出 $\underline{\boldsymbol{y}}$ 也有相应的行数，上述记号同样适用。张量训练形式的多头自注意力机制可以表示为：

$$\text{TT-head}_i=\operatorname{softmax}\left[\frac{\mathrm{TTL}\left(\underline{\boldsymbol{X}};\boldsymbol{W}_i^Q\right)\cdot\mathrm{TTL}\left(\underline{\boldsymbol{X}};\boldsymbol{W}_i^K\right)^{\mathrm{T}}}{\sqrt{d_k'}}\right]\cdot\mathrm{TTL}\left(\underline{\boldsymbol{X}};\boldsymbol{W}_i^V\right) \tag{5-10}$$

$$\text{TT-MH-Self-Att}\left(\underline{\boldsymbol{X}}\right)=\mathrm{TTL}\left[\operatorname{concat}(\text{TT-head}_1,\dots,\text{TT-head}_h);\boldsymbol{W}^O\right] \tag{5-11}$$

其中，TT-head_i 为张量训练形式的一个注意力机制输出，$\text{TT-MH-Self-Att}\left(\underline{\boldsymbol{X}}\right)$ 为张量训练形式的多头自注意力机制的输出。

对于 LSTM 网络，在将其转化为张量训练形式时，虽然使用了 LN 策略，但为了最大程度地压缩参数量，张量训练形式的 LSTM 更新过程可以表示为：

$$[\boldsymbol{f}_t;\boldsymbol{i}_t;\overline{\boldsymbol{c}}_t;\boldsymbol{o}_t]=f\left(\mathrm{LN}\left(\mathrm{TTL}\left([\boldsymbol{x}_t,\boldsymbol{h}_{t-1}];\boldsymbol{W},\boldsymbol{b}\right)\right)\right) \tag{5-12}$$

$$\boldsymbol{c}_t=\boldsymbol{c}_{t-1}\odot\boldsymbol{f}_t+\overline{\boldsymbol{c}}_t\odot\boldsymbol{i}_t \tag{5-13}$$

$$\boldsymbol{h}_t=\boldsymbol{o}_t\odot\tanh\left(\mathrm{LN}(\boldsymbol{c}_t)\right) \tag{5-14}$$

对于模型中最后一层共享的 FC，由于其训练参数本身很少，不再将其转化为张量训练形式。所提出的基于 PTE 与注意力机制的 LSTM 张量训练模型，将多头自注意力机制和 BiLSTM 层转化为张量训练形式，以实现在保证位姿估计精度的前提下大大降低网络参数数量，减小对硬件内存的需求。其创新之处在于：① 多头自注意力机制改为张量训练形式；② BiLSTM 层改为张量训练形式；③ 删除 Dropout 层。

5.2.1 数值模型训练

采用掘进机单目视觉采集 LED 特征数据集训练所提出的模型，并将数据集中的每一条数据转化为步长为 5 的时间序列，首先随机选取 280 个数据位置，每个位置连续取间隔为 2 的 5 个样本，共取出 1400 个样本（280 条时间序列样本）作为测试数据集，剩余数据作为训练数据集。在训练集中，每个图像样本及其对应的位姿标签都被作为第一个时间步的训练数据，并以间隔为 1、2 或 3 取连续 4 个样本构成时间序列，若其后不足 4 个样本，则删除该条数据，共生成 6826 条训练数据。

数据集中的图像样本初始维度为 1224×1024，将所有图像缩放为 512×512 并作为神经网络输入。对于模型中所使用的共享的图像腐化，对基于时间序列图像融合的位姿检测方法采用了严重的图像腐化策略，即对输入图像进行以下处理：① 在输入图像的 LED 阵列上，以 70% 的概率在随机位置添加一个矩形黑色覆盖，该矩形的长和宽在 40 ～ 70 像素内随机选取；② 0、1 或 2 个外部干扰光源随机加入到图像中；③ 噪声比为 10% 的椒盐噪声被添加到输入图像。图 5-10 给出了图像腐化前后的时间序列图像样本示例，其中，在两个样本示例中，上方为腐化操作前的原始图像序列，下方为共享腐化操作后的图像序列。共享的图像腐化是所提出的模型的一部分，每一条数据在输入到模型时都会被随机腐化，在两个训练周期中，同一条数据也会有不同的图像腐化，这起到了扩张数据集的作用。

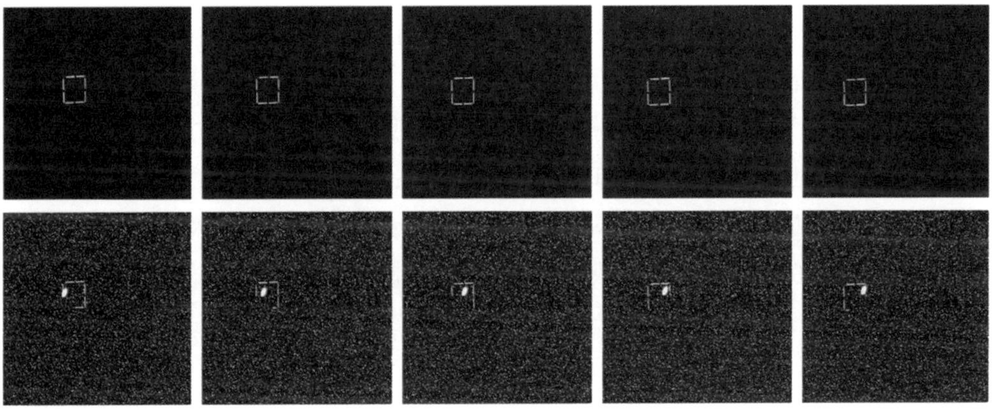

（a）样本示例一

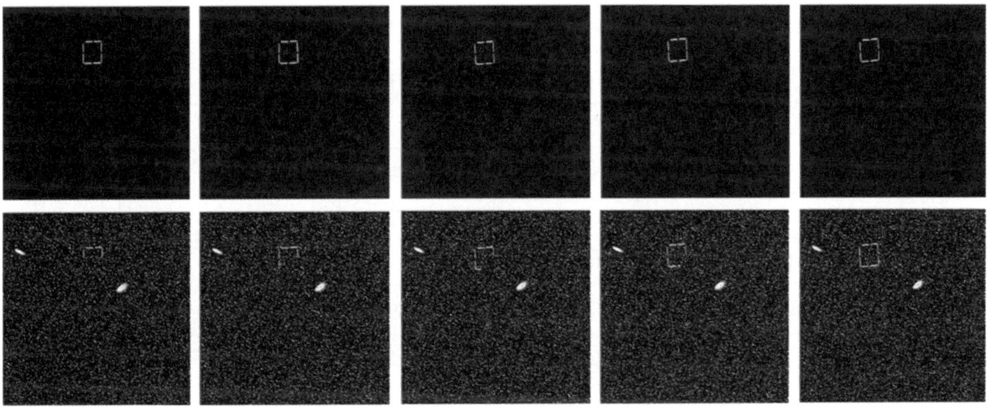

（b）样本示例二

图 5-10　图像腐化前后的时间序列图像样本示例

对于数据集中的六自由度位姿参数 $\boldsymbol{w}=\left[x_v, y_v, z_v, \alpha_v, \beta_v, \gamma_v\right]$，将所有的位姿向量除以一个系数向量 $[100, 30, 30, 1, 1, 1]$。

本试验中每次用于训练的小批数据批大小设置为 8，对所有训练样本遍历需要 853 次迭代（即一个训练周期），共进行 80 个训练周期。对所有模型使用 Adam 优化器进行训练，初始学习率设置为 0.001，如果测试误差在 15 个训练周期内没有减小，则学习率减小 5 倍，以使模型逐渐收敛。所有的模型都选用 Huber 损失函数，其可以表示为：

$$\ell_h(y, f(x))=\begin{cases}\frac{1}{2}(y-f(x))^2, & |y-f(x)| \leqslant \delta_h \\ \delta_h\left(|y-f(x)|-\frac{1}{2} \delta_h\right), & |y-f(x)|>\delta_h\end{cases} \tag{5-15}$$

其中，y 和 $f(x)$ 分别为样本的真实值和估计值，δ_h 为用户定义的常数，本试验中对所有模型选取 $\delta_h=1$。与 MSE（Mean Square Error）损失函数相比，Huber 损失函数对离群值的敏感性更低，常被用于鲁棒回归；与 MAE 损失函数相比，Huber 损失函数在 0 点也是可微分的。

训练试验使用 MAE 作为所提出的基于时间序列图像融合的深度回归模型位姿估计精度的评价指标。另外，模型的参数数量和运行时间也作为评价指标。由于所提出的基于 PTE 的 LSTM 模型、基于 PTE 与注意力机制的 LSTM 模型和基于 PTE 与注意力机制的 LSTM 张量训练模型的不同之处在于 BiLSTM 层和多头自注意力机制层（即模型第三部分 LSTM 网络中 BiConvLSTM 层之后的部分），其余部分是完全相同的，因此，为了更加直观地表现训练参数数量的变化，在对比模型参数数量时，直接对比所有的 BiLSTM 层和多头自注意力机制层的训练参数总量。

对于所提出的三个模型中除 BiLSTM 层和多头自注意力机制层之外的相同部分，其参数总量为 430.6 $\times10^4$。其中 PTE 网络参数量为 376.5 $\times10^4$，虽然 PTE 网络参数量巨大，但其不需要进行训练，也无法修改，故不考虑其参数量对整体模型的影响；共享的卷积神经网络部分加上 BiConvLSTM 层参数量为 54.1 $\times10^4$。

表 5-1　模型训练结果及其它性能指标

模　型	位姿估计 MAE		参数数量 / $\times10^4$	运行时间
	训练集	测试集		
PTE-LSTM	0.1786	0.4642	346.1	78 ms
PTE-Att-LSTM	0.1757	0.4011	903.5	98 ms
PTE-Att-LSTM-TT（$r_e=8$）	0.1978	0.4089	13.7	115 ms
PTE-Att-LSTM-TT（$r_e=4$）	0.2313	0.4247	4.4	103 ms
PTE-Att-LSTM-TT（$r_e=2$）	0.2798	0.4581	1.8	87 ms

表 5-1 给出了所提出的模型的训练结果及其它性能指标，其中 PTE-LSTM 指基于 PTE

的 LSTM 模型，PTE-Att-LSTM 表示基于 PTE 与注意力机制的 LSTM 模型，PTE-Att-LSTM-TT 表示基于PTE与注意力机制的LSTM张量训练模型，参数数量是指所有BiLSTM层和多头自注意力机制层的参数总量（即除模型相同部分之外的参数总量），运行时间指给定一个时间序列图像输入，由模型估计出时间序列位姿参数所用时间。

由表 5-1 可以看出，所提出的基于时间序列图像融合的位姿估计模型具有更小的测试误差，其中，基于 PTE 与注意力机制的 LSTM 模型具有最小的测试误差，但其参数数量多于基于 PTE 的 LSTM 模型，运行时间也大于基于 PTE 的 LSTM 模型；基于 PTE 与注意力机制的 LSTM 张量训练模型参数数量远远小于其他模型，并且随着 r_e 的减小而减少，但其具有一定的精度损失，而且运行时间也没有降低，当选择 $r_e=8$ 时，基于 PTE 与注意力机制的 LSTM 张量训练模型测试误差与非张量训练模型相差很小，但运行时间稍大于非张量训练模型，当选择 $r_e=2$ 时，张量训练模型具有较大的精度损失，但其测试误差仍小于基于 PTE 的 LSTM 模型，并且其运行时间稍小于非张量训练模型。上述所有模型都有一定的过拟合，可以通过增加训练样本数量改善。模型训练与测试结果说明了所提出的基于 PTE 与注意力机制的 LSTM 模型以及其张量训练形式对巷道掘进机机体位姿检测的有效性。

5.2.2 训练结果分析与验证

针对所提出的机体位姿估计模型，给出具体的机体六自由度位姿检测结果以及模型在不同时间步的位姿估计精度。如表 5-2 所示，为所提出的模型在测试数据集的六自由度位姿估计 MAE，其中，测试数据集使用了与训练数据集相同的图像腐化策略。所提出的基于时间序列图像融合的机体位姿估计方法在位姿估计精度上明显优于基于单一图像的位姿估计方法，但是单次位姿估计所需时间相对较长。在所提出的基于时间序列图像融合的掘进机机体位姿估计模型中，基于 PTE 与注意力机制的 LSTM 模型总体上具有最高的位姿估计精度，将其转化为张量训练形式能够大大减少模型参数数量，而精度损失完全在可接受范围内。

表 5-2 测试集位姿估计 MAE

模型	x_v / mm	y_v / mm	z_v / mm	α_v / (°)	β_v / (°)	γ_v / (°)
PTE-LSTM	37.3695	32.9102	7.5988	0.3935	0.2532	0.4145
PTE-Att-LSTM	33.7225	24.5471	6.8589	0.3357	0.2523	0.4346
PTE-Att-LSTM-TT（$r_e=8$）	31.3318	25.2082	7.0727	0.3647	0.2826	0.4169
PTE-Att-LSTM-TT（$r_e=4$）	32.9751	25.4625	7.4751	0.3808	0.3154	0.4243
PTE-Att-LSTM-TT（$r_e=2$）	31.7058	27.8506	7.8784	0.4209	0.3570	0.4625

掘进机机体位姿参数 y_v 和 α_v 的估计精度对巷道断面成形准确度具有非常大的影响，而在所使用的训练数据集中，位姿参数 y_v 和 α_v 表现在输入图像上具有强耦合，学习难度较

大。因此，以位姿参数 $\boldsymbol{y}_v$ 和 $\boldsymbol{\alpha}_v$ 的估计为例进一步分析所提出模型的位姿估计性能。试验中对所有神经网络模型选择时间步数为 5，为了研究模型在不同时间步的位姿估计精度，图 5-11 给出了模型在不同时间步对位姿参数 $\boldsymbol{y}_v$ 和 $\boldsymbol{\alpha}_v$ 的估计 MAE。整体来看，所有模型在第一个时间步和最后一个时间步的位姿估计误差大于中间三个时间步，这是因为在 LSTM 中，距离越远的时间步之间状态传递越困难，即在状态更新过程中早期时间步的特征信息会逐渐丢失，因此，在双向 LSTM 中，中间三个时间步在估计位姿参数时能够更好地融合所有时间步的输入特征。对比基于 PTE 的 LSTM 模型和基于 PTE 与注意力机制的 LSTM 模型，可以看出后者在不同时间步的位姿估计误差相差较小，其验证了注意力机制对提高 LSTM 模型的长程依赖性的有效性，说明了所提出的基于 PTE 与注意力机制的 LSTM 模型能够更有效地进行时间序列数据融合，进而提高机体位姿估计性能。

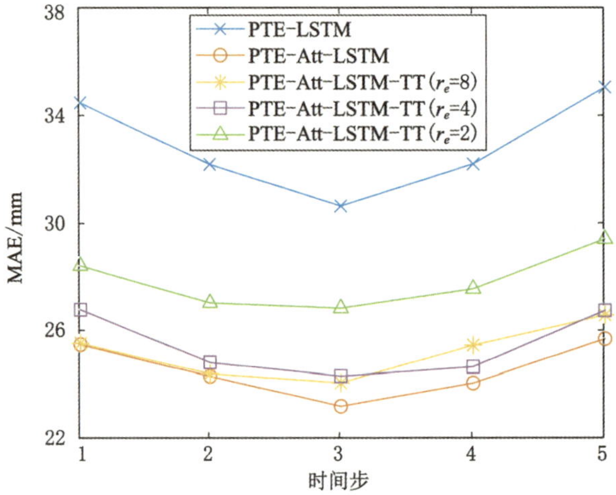

（a）y_v估计误差

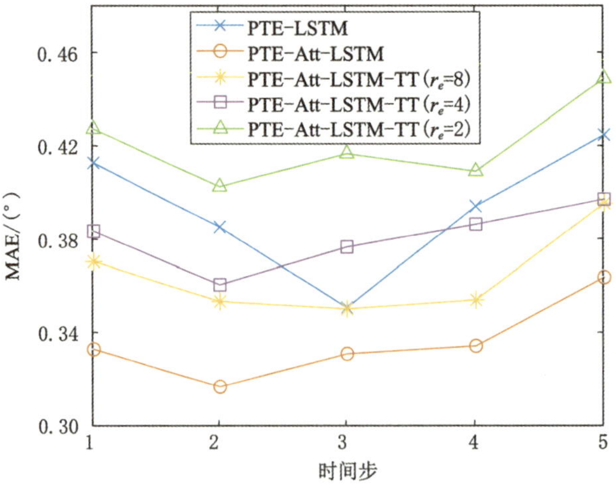

（b）α_v估计误差

图 5-11　模型在不同时间步对 $\boldsymbol{y}_v$ 和 $\boldsymbol{\alpha}_v$ 的估计 MAE

在实际应用中，为了保证机体位姿估计的实时性，一般需要将最新获取的图像作为模型的最后一个时间步的输入，并将最后一个时间步的位姿输出作为巷道掘进机机体的当前六自由度位姿。因此，以模型在最后一个时间步对位姿参数 y_v 和 α_v 的估计结果为例，给出估计误差的累积分布，如图 5-12 所示。可以看出，基于 PTE 与注意力机制的 LSTM 模型在所有的误差阈值都优于基于 PTE 的 LSTM 模型，而基于 PTE 与注意力机制的 LSTM 张量训练模型与非张量训练模型相比，在不同误差阈值优劣不一。以基于 PTE 与注意力机制的 LSTM 模型为例，其对 y_v 的估计误差 90% 以上在 65 mm 以内，对 α_v 的估计误差 90% 以上在 0.8° 以内，能够满足巷道掘进需求。

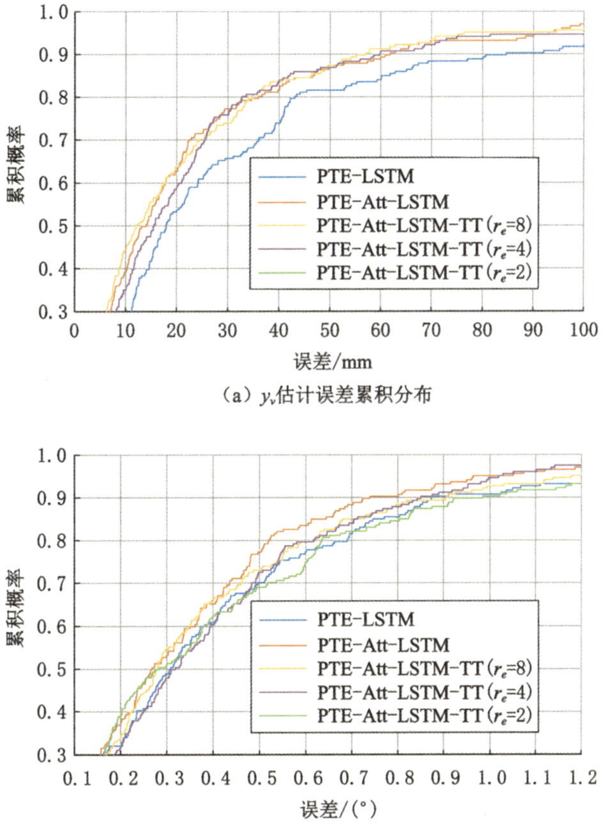

(a) y_v估计误差累积分布

(b) α_v估计误差累积分布

图 5-12　模型在最后一个时间步对 y_v 和 α_v 的估计误差累积分布图

5.3 掘进机循迹跟踪截割控制理论与方法

巷道断面截割成形是悬臂式掘进机的一项基本任务，通过控制掘进机截割头的位置，使其按照规划好的轨迹进行截割，从而实现某形状和尺寸的巷道断面成形。在已知截割头运行轨迹的条件下，使用所提基于单目视觉与深度学习的掘进机机体位姿检测方法获取当前机体位姿，结合掘进机机体以及截割机构运动学模型，求解回转台转角和截割臂升角的目标轨迹，进而得到驱动截割臂的回转液压缸和升降液压缸伸长量的目标轨迹。因此，对于具有不可伸缩式截割臂的悬臂式掘进机，其截割头循迹跟踪控制可以转化为回转液压缸和升降液压缸两个独立的阀控液压缸轨迹跟踪控制。基于掘进机截割臂回转液压驱动系统和升降液压驱动系统状态空间模型，可以设计合适的控制算法实现液压缸的轨迹跟踪控制。

针对悬臂式掘进机截割头循迹跟踪控制问题，提出一种具有规定性能的双层模糊自适应反步控制方法，可用于回转液压驱动系统和升降液压驱动系统的轨迹跟踪控制，进而实现截割头循迹跟踪控制。首先，分析截割臂回转和升降液压驱动系统的特点，并将其归类为一种带有不可测状态和未知控制方向的严格反馈未知非线性系统；然后，针对该类系统，设计状态观测器估计不可测状态，使用 Nussbaum 型函数解决未知控制方向问题；最后提出一种具有规定性能的双层模糊自适应反步控制方法，并通过 Lyapunov 方法证明整个闭环控制系统的稳定性。

5.3.1 截割臂液压驱动系统控制问题描述

考虑到悬臂式掘进机截割系统的实际工作条件，假设回转液压驱动系统具有以下特点：① 状态变量 $x_1 = y_1$ 可以通过测量回转液压缸伸长量或回转台转角获得，其他状态变量不可测；② 模型中所有的变量或函数假设为未知的；③ 在回转液压驱动系统中液压管路连接方式有正向和反向两种，其影响系统的控制方向，因此，假设系统的控制方向是未知的。

在回转液压驱动系统的状态空间模型中，状态变量是可以任意选择的。由于假设系统的状态是不可测的，因此可以不考虑物理意义而选择状态变量。为了适当简化模型，选择状态变量为 $x_1 = y_1$、$x_2 = \dot{y}_1$ 和 $x_3 = A_A P_{AL} / M_A(y_1)$，则回转液压驱动系统的状态空间模型可以表示为：

$$\begin{cases} \dot{x}_1 = x_2 \\ \dot{x}_2 = x_3 - \dfrac{F_A(x_1, x_2)}{M_A(x_1)} \\ \dot{x}_3 = \dfrac{A_A \beta_e}{M_A} \times \left[\dfrac{Q_{A1} - A_A x_2 - 2C_i \frac{M_A}{A_A} x_3}{V_{A10} + A_A x_1} + \dfrac{Q_{A2} - A_A x_2 - 2C_i \frac{M_A}{A_A} x_3}{V_{A20} - A_A x_1} \right] - \dfrac{\dot{M}_A x_3}{M_A} \end{cases} \tag{5-16}$$

$$Q_{A1} = Q_{A2} = C_d w_d k_x u_1 \sqrt{\frac{1}{\rho_l}} \left[\mathrm{sg}(u_1) \sqrt{P_S - \tfrac{M_A}{A_A} x_3 - P_T} + \mathrm{sg}(-u_1) \sqrt{P_S + \tfrac{M_A}{A_A} x_3 - P_T} \right] \tag{5-17}$$

上述模型可以简化为：

$$\begin{cases} \dot{x}_1 = x_2 \\ \dot{x}_2 = x_3 + f_{A1}(x_1, x_2) \\ \dot{x}_3 = g_A(x_1, x_2, x_3) u_1 + f_{A2}(x_1, x_2, x_3) \end{cases} \tag{5-18}$$

其中，$f_{A1}(x_1,x_2)$、$g_A(x_1,x_2,x_3)$ 和 $f_{A2}(x_1,x_2,x_3)$ 为有界的未知非线性函数。对于由式（5-16）和式（5-17）表示的回转液压驱动系统状态空间模型，$g_A(x_1,x_2,x_3)$ 是正数，即控制方向为正向。当液压管路连接方式相反时，同样可以建立如式（5-18）所示的状态空间模型，但此时控制方向为负向，即 $g_A(x_1,x_2,x_3)$ 为负数。升降液压驱动系统与回转液压驱动系统分析方法相同，其结果类似。

由式（5-18）描述的回转液压驱动系统状态空间模型是一个 3 阶严格反馈未知非线性系统。为拓展所提出的控制器的应用范围，以一个普遍存在并广泛适用的 n 阶严格反馈未知非线性系统为对象设计自适应反步控制器。因此，考虑一类单输入单输出（Single-Input and Single-Output，SISO）被控对象的状态空间模型为：

$$\begin{cases}\dot{x}_i = x_{i+1} + f_i(\bar{\boldsymbol{x}}_i), \quad i=1,\cdots,n-1 \\ \dot{x}_n = g(\bar{\boldsymbol{x}}_n)u(t) + f_n(\bar{\boldsymbol{x}}_n) \\ y = x_1\end{cases} \tag{5-19}$$

其中，$\boldsymbol{x} = \bar{\boldsymbol{x}}_n = [x_1,\cdots,x_n]^{\mathrm{T}} \in \mathbf{R}^n$ 为有界的、不可测的状态变量；$y \in \mathbf{R}$ 为可测的系统输出；$\bar{\boldsymbol{x}}_i = [x_1,\cdots,x_i]^{\mathrm{T}} \in \mathbf{R}^i$；$u(t) \in \mathbf{R}$ 为有界的控制输入；$f_i(\bar{\boldsymbol{x}}_i) \in \mathbf{R}\ (i=1,\cdots,n)$ 为未知、有界、连续的非线性函数；$g(\bar{\boldsymbol{x}}_n) \in \mathbf{R}$ 为未知、有界、连续的非线性函数，其恒大于 0 或恒小于 0，符号未知代表了不确定的控制方向。系统的控制目标为使系统输出 y 跟踪理想轨迹 y_d，其中 y_d 以及其一阶导 $\dot{y}_d$ 是有界且已知的。由于 $f_i(\bar{\boldsymbol{x}}_i)$ 被假设为未知的，可以考虑其包含了外部干扰。

5.3.2　状态观测器设计

定义 $\hat{\boldsymbol{X}} = [X_1,\cdots,X_n]^{\mathrm{T}}$ 为系统状态向量的估计值，则系统状态空间方程为：

$$\begin{cases}\dot{X}_1 = gX_2 + \boldsymbol{\alpha}_1^{*\mathrm{T}}\boldsymbol{\xi}\left(\hat{\bar{\boldsymbol{X}}}_1,\boldsymbol{\psi}\right) + D_1 + \boldsymbol{\Phi}_1 \\ \dot{X}_i = X_{i+1} + \boldsymbol{\alpha}_i^{*\mathrm{T}}\boldsymbol{\xi}\left(\hat{\bar{\boldsymbol{X}}}_i,\boldsymbol{\psi}\right) + D_i + \boldsymbol{\Phi}_i, \quad i=2,\cdots,\ n-1 \\ \dot{X}_n = \boldsymbol{v}^{*\mathrm{T}}\boldsymbol{\xi}\left(\hat{\bar{\boldsymbol{X}}}_i,\boldsymbol{\psi}\right)u(t) + \boldsymbol{\alpha}_n^{*\mathrm{T}}\left(\bar{\boldsymbol{X}}_n,\boldsymbol{\psi}\right) + D_n + \boldsymbol{\Phi}_n \\ y = X_1\end{cases} \tag{5-20}$$

其中，$\hat{\bar{\boldsymbol{X}}}_i = \left[\hat{X},\cdots,X_i\right]^{\mathrm{T}}$，$\boldsymbol{\Phi}_i = \boldsymbol{\alpha}_i^{*\mathrm{T}}\left[\boldsymbol{\xi}\left(\hat{\bar{\boldsymbol{X}}}_i,\boldsymbol{\psi}\right) - \boldsymbol{\xi}\left(\bar{\boldsymbol{X}}_i,\boldsymbol{\psi}\right)\right](i=1,\cdots,n-1)$ 是有界的，

$\boldsymbol{\Phi}_n = \boldsymbol{v}^{*\mathrm{T}}\left[\boldsymbol{\xi}\left(\hat{\bar{\boldsymbol{X}}}_n,\boldsymbol{\psi}\right) - \boldsymbol{\xi}\left(\bar{\boldsymbol{X}}_n,\boldsymbol{\psi}\right)\right]u(t) + \boldsymbol{\alpha}_n^{*\mathrm{T}}\left[\boldsymbol{\xi}\left(\bar{\boldsymbol{X}}_n,\boldsymbol{\psi}\right) - \boldsymbol{\xi}\left(\hat{\bar{\boldsymbol{X}}}_n,\boldsymbol{\psi}\right)\right]$ 也是有界的。

为了设计状态观测器，首先将式（5-20）的第一个等式改写为：

$$\dot{X}_1 = X_2 + (g-1)X_2 + \boldsymbol{\alpha}_1^{*\mathrm{T}}\boldsymbol{\xi}\left(\bar{\boldsymbol{X}}_1,\boldsymbol{\psi}\right) + D_1$$

然后用双层模糊逻辑系统（Fuzzy Logic System，FLS）逼近 $(g-1)X_2 + \boldsymbol{\alpha}_1^{*\mathrm{T}}\boldsymbol{\xi}\left(\bar{\boldsymbol{X}}_1,\boldsymbol{\psi}\right)$：

$$(g-1)X_2 + \boldsymbol{\alpha}_1^{*\mathrm{T}}\hat{\mathbf{\imath}}\left(\bar{\boldsymbol{X}}_1,\boldsymbol{\psi}\right) = \underline{\boldsymbol{\alpha}}_1^{*\mathrm{T}}\ \left(\bar{\boldsymbol{X}}_1,\boldsymbol{\psi}\right) + \underline{\varepsilon}_1 \tag{5-21}$$

其中，$\underline{\varepsilon}_1$ 为模糊逼近误差；$\underline{\boldsymbol{\alpha}}_1^*$ 为最优模糊系统参数，其可以定义为：

$$\underline{\boldsymbol{\alpha}}_1^* = \arg \min_{\underline{\alpha}_1 \in \underline{\Omega}_1} \left\{ \sup \left| \underline{\boldsymbol{\alpha}}_1^{\mathrm{T}} \boldsymbol{\xi}\left(\bar{\boldsymbol{X}}_2, \boldsymbol{\psi}\right) - \left[\left(g-1\right) X_2 + \boldsymbol{\alpha}_1^{*\mathrm{T}} \boldsymbol{\xi}\left(\bar{\boldsymbol{X}}_1, \boldsymbol{\psi}\right)\right] \right| \right\} \tag{5-22}$$

其中，$\underline{\Omega}_1 = \left\{ \underline{\boldsymbol{\alpha}}_1 \left\| \underline{\boldsymbol{\alpha}}_1 \right\| < \underline{M}_1 \right\}$，$\underline{M}_1$ 是一个足够大的常数。因此 $\underline{\boldsymbol{\alpha}}_1^{*\mathrm{T}} \underline{\boldsymbol{\alpha}}_1^*$ 是有界的。通过使用状态观测器，式（5-19）的第一个等式可以表示为：

$$\dot{X}_1 = X_2 + \underline{\boldsymbol{\alpha}}_1^{*\mathrm{T}} \boldsymbol{\xi}\left(\hat{\bar{\boldsymbol{X}}}_2, \boldsymbol{\psi}\right) + \underline{\varepsilon}_1 + D_1 + \underline{\boldsymbol{\Phi}}_1 \tag{5-23}$$

其中，$\underline{\boldsymbol{\Phi}}_1 = \underline{\boldsymbol{\alpha}}_1^{*\mathrm{T}} \left[\boldsymbol{\xi}\left(\bar{\boldsymbol{X}}_2, \boldsymbol{\psi}\right) - \boldsymbol{\xi}\left(\hat{\bar{\boldsymbol{X}}}_2, \boldsymbol{\psi}\right) \right]$ 是有界的。系统状态空间模型写为矩阵形式：

$$\begin{cases} \dot{\boldsymbol{X}} = \boldsymbol{A}\boldsymbol{X} + \boldsymbol{B}\boldsymbol{v}^{*\mathrm{T}} \boldsymbol{\xi}\left(\hat{\bar{\boldsymbol{X}}}_n, \boldsymbol{\psi}\right) u\left(t\right) + \boldsymbol{F} + \boldsymbol{\Delta F} \\ y = \boldsymbol{C}^{\mathrm{T}} \boldsymbol{X} \end{cases} \tag{5-24}$$

其中，

$$\boldsymbol{A} = \begin{bmatrix} 0 & 1 & 0 & \cdots & 0 \\ 0 & 0 & 1 & \cdots & 0 \\ \vdots & \vdots & \vdots & \ddots & \vdots \\ 0 & 0 & 0 & \cdots & 1 \\ 0 & 0 & 0 & \cdots & 0 \end{bmatrix}, \quad \boldsymbol{B} = \begin{bmatrix} 0 \\ 0 \\ \vdots \\ 0 \\ 1 \end{bmatrix}, \quad \boldsymbol{C} = \begin{bmatrix} 1 \\ 0 \\ \vdots \\ 0 \\ 0 \end{bmatrix}$$

$$\boldsymbol{F} = \left[\underline{\boldsymbol{\alpha}}_1^{*\mathrm{T}} \boldsymbol{\xi}\left(\hat{\bar{\boldsymbol{X}}}_2, \boldsymbol{\psi}\right), \alpha_2^{*\mathrm{T}} \boldsymbol{\xi}\left(\bar{\boldsymbol{X}}_2, \boldsymbol{\psi}\right), \ldots, \boldsymbol{\alpha}_n^{*\mathrm{T}} \xi\left(\bar{\boldsymbol{X}}_n, \boldsymbol{\psi}\right) \right]^{\mathrm{T}}$$

$$\boldsymbol{\Delta} = \left[\underline{\varepsilon}_1 + D_1 + \underline{\boldsymbol{\Phi}}_1, D_2 + \boldsymbol{\Phi}_2, \cdots, D_n + \boldsymbol{\Phi}_n \right]^{\mathrm{T}} = \left[\Delta_1, \cdots, \Delta_n \right]^{\mathrm{T}}$$

定义 $\boldsymbol{e} = \boldsymbol{X} - \hat{\boldsymbol{X}}$、$e_y = y - \hat{y}$，其中 $\hat{y} = \boldsymbol{C}^{\mathrm{T}} \hat{\boldsymbol{X}}$。在不引起歧义的前提下，将 $\boldsymbol{\xi}\left(\hat{\bar{\boldsymbol{X}}}_i, \boldsymbol{\psi}\right)$ 简写为 $\boldsymbol{\xi}_{(i)}$。状态观测器设计为：

$$\dot{\hat{\boldsymbol{X}}} = \boldsymbol{A}\boldsymbol{X} + \boldsymbol{B}\hat{\boldsymbol{v}}^{\mathrm{T}} \boldsymbol{\xi}_{(n)} u\left(t\right) + \boldsymbol{F} + \boldsymbol{L} e_y \tag{5-25}$$

其中，$\hat{\boldsymbol{F}} = \left[\hat{\underline{\boldsymbol{\alpha}}}_1{}^{\mathrm{T}} \boldsymbol{\xi}_{(2)}, \boldsymbol{\alpha}_2{}^{\mathrm{T}} \boldsymbol{\xi}_{(2)}, \cdots, \boldsymbol{\alpha}_n{}^{\mathrm{T}} \boldsymbol{\xi}_{(n)} \right]^{\mathrm{T}}$；$\hat{\boldsymbol{v}}$、$\hat{\underline{\boldsymbol{\alpha}}}_1$ 和 $\hat{\boldsymbol{\alpha}}_i$ 分别是 $\boldsymbol{v}^*$、$\underline{\boldsymbol{\alpha}}_1^*$ 和 $\boldsymbol{\alpha}_i^*$ 的估计值；$\boldsymbol{L} = [L_1, \cdots, L_n]^{\mathrm{T}} \left(L_i > 0\right)$ 为观测器增益向量。

结合式（5-24）和式（5-25），可得：

$$\begin{aligned} \dot{\boldsymbol{e}} = \dot{\boldsymbol{X}} - \dot{\hat{\boldsymbol{X}}} &= \boldsymbol{A}\boldsymbol{e} + \boldsymbol{B}\tilde{\boldsymbol{v}}^{\mathrm{T}} \boldsymbol{\xi}_{(n)} u(t) - \boldsymbol{L}\boldsymbol{C}^{\mathrm{T}} \boldsymbol{e} + \tilde{\boldsymbol{F}} + \boldsymbol{\Delta} \\ &= \bar{\boldsymbol{A}}\boldsymbol{e} + \boldsymbol{B}\tilde{\boldsymbol{v}}^{\mathrm{T}} \boldsymbol{\xi}_{(n)} u(t) + \tilde{\boldsymbol{F}} + \boldsymbol{\Delta} \end{aligned} \tag{5-26}$$

其中，$\bar{\boldsymbol{A}} = \boldsymbol{A} - \boldsymbol{L}\boldsymbol{C}^{\mathrm{T}}$ 是一个严格 Hurwitz 矩阵；

$$\tilde{\boldsymbol{F}} = \left[\tilde{\underline{\boldsymbol{\alpha}}}_1{}^{\mathrm{T}} \boldsymbol{\xi}_{(2)}, \tilde{\boldsymbol{\alpha}}_2{}^{\mathrm{T}} \boldsymbol{\xi}_{(2)}, \ldots, \tilde{\boldsymbol{\alpha}}_n{}^{\mathrm{T}} \boldsymbol{\xi}_{(n)} \right]^{\mathrm{T}}, \quad \tilde{\underline{\boldsymbol{\alpha}}}_1 = \tilde{\underline{\boldsymbol{\alpha}}}_1^* - \hat{\underline{\boldsymbol{\alpha}}}_1, \quad \tilde{\boldsymbol{\alpha}}_i = \boldsymbol{\alpha}_i^* - \hat{\boldsymbol{\alpha}}_i, \quad \tilde{\boldsymbol{v}} = \boldsymbol{v}^* - \hat{\boldsymbol{v}}$$

定义状态观测器的 Lyapunov 函数为 $V_0 = \boldsymbol{e}^{\mathrm{T}} \boldsymbol{P} \boldsymbol{e}$，其中 $\boldsymbol{P} = \boldsymbol{P}^{\mathrm{T}}$ 为一个正定矩阵。V_0 的一阶导数为：

$$
\begin{aligned}
\dot{V}_0 &= \dot{\boldsymbol{e}}^{\mathrm{T}}\boldsymbol{P}\boldsymbol{e} + \boldsymbol{e}^{\mathrm{T}}\boldsymbol{P}\dot{\boldsymbol{e}} \\
&= \left(\bar{\boldsymbol{A}}\boldsymbol{e} + \boldsymbol{B}\tilde{\boldsymbol{v}}^{\mathrm{T}}\boldsymbol{\xi}_{(n)}u + \tilde{\boldsymbol{F}} + \varDelta\right)^{\mathrm{T}}\boldsymbol{P}\boldsymbol{e} + \boldsymbol{e}^{\mathrm{T}}\boldsymbol{P}\left(\bar{\boldsymbol{A}}\boldsymbol{e} + \boldsymbol{B}\tilde{\boldsymbol{v}}^{\mathrm{T}}\boldsymbol{\xi}_{(n)}u + \tilde{\boldsymbol{F}} + \varDelta\right) \\
&= \boldsymbol{e}^{\mathrm{T}}\left(\bar{\boldsymbol{A}}^{\mathrm{T}}\boldsymbol{P} + \boldsymbol{P}\bar{\boldsymbol{A}}\right)\boldsymbol{e} + 2\boldsymbol{e}^{\mathrm{T}}\boldsymbol{P}\left(\boldsymbol{B}\tilde{\boldsymbol{v}}^{\mathrm{T}}\boldsymbol{\xi}_{(n)}u + \tilde{\boldsymbol{F}} + \varDelta\right)
\end{aligned}
\tag{5-27}
$$

考虑到 $\boldsymbol{\xi}_{(i)}$ 中所有的元素为正值且和为 1，使用杨氏不等式，可以得到以下不等式：

$$
\begin{aligned}
&2\boldsymbol{e}^{\mathrm{T}}\boldsymbol{P}\boldsymbol{B}\tilde{\boldsymbol{v}}^{T}\boldsymbol{\xi}_{(n)}u \leqslant \varphi\boldsymbol{e}^{\mathrm{T}}\boldsymbol{P}\boldsymbol{P}\boldsymbol{e} + \frac{1}{\varphi}\tilde{\boldsymbol{v}}^{\mathrm{T}}\boldsymbol{\xi}_{(n)}\boldsymbol{\xi}_{(n)}^{\mathrm{T}}\tilde{\boldsymbol{v}}u^2 \leqslant \varphi\boldsymbol{e}^{\mathrm{T}}\boldsymbol{P}\boldsymbol{P}\boldsymbol{e} + \frac{1}{\varphi}\tilde{\boldsymbol{v}}^{\mathrm{T}}\tilde{\boldsymbol{v}}u_m^2 \\
&2\boldsymbol{e}^{\mathrm{T}}\boldsymbol{P}\tilde{\boldsymbol{F}} \leqslant \varphi\boldsymbol{e}^{\mathrm{T}}\boldsymbol{P}\boldsymbol{P}\boldsymbol{e} + \frac{1}{\varphi}\left(\underline{\tilde{\boldsymbol{\alpha}}}_1^{\mathrm{T}}\underline{\tilde{\boldsymbol{\alpha}}}_1 + \sum_{i=2}^{n}\underline{\tilde{\boldsymbol{\alpha}}}_i^{\mathrm{T}}\underline{\tilde{\boldsymbol{\alpha}}}_i\right) \\
&2\boldsymbol{e}^{\mathrm{T}}\boldsymbol{P}\varDelta \leqslant \varphi\boldsymbol{e}^{\mathrm{T}}\boldsymbol{P}\boldsymbol{P}\boldsymbol{e} + \frac{1}{\varphi}\|\varDelta\|^2 \\
&\left|\underline{\tilde{\boldsymbol{\alpha}}}_1^{\mathrm{T}}\boldsymbol{\xi}_{(2)}e_y\right| \leqslant \frac{1}{4}\underline{\tilde{\boldsymbol{\alpha}}}_1^{\mathrm{T}}\underline{\tilde{\boldsymbol{\alpha}}}_1 + e_y^2
\end{aligned}
\tag{5-28}
$$

其中，$u_m = \max\left(|u(t)|\right)$，$\varphi > 0$。使用式（5-28），式（5-27）可以改写为：

$$
\begin{aligned}
\dot{V}_0 &\leqslant \boldsymbol{e}^{\mathrm{T}}\left(\bar{\boldsymbol{A}}^{\mathrm{T}}\boldsymbol{P} + \boldsymbol{P}\bar{\mathbf{A}} + 3\varphi\boldsymbol{P}\boldsymbol{P}\right)\boldsymbol{e} + \frac{1}{\varphi}\tilde{\boldsymbol{v}}^{\mathrm{T}}\tilde{\boldsymbol{v}}u_m^2 + \frac{1}{\varphi}\underline{\tilde{\boldsymbol{\alpha}}}_1^{\mathrm{T}}\underline{\tilde{\boldsymbol{\alpha}}}_1 \\
&\quad + \frac{1}{\varphi}\sum_{i=2}^{n}\tilde{\boldsymbol{\alpha}}_i^{\mathrm{T}}\tilde{\boldsymbol{\alpha}}_i + \frac{1}{\varphi}\|\varDelta\|^2 + \underline{\tilde{\boldsymbol{\alpha}}}_1^{\mathrm{T}}\boldsymbol{\xi}_{(2)}e_y + \left|\underline{\tilde{\boldsymbol{\alpha}}}_1^{\mathrm{T}}\boldsymbol{\xi}_{(2)}e_y\right| \\
&\leqslant \boldsymbol{e}^{\mathrm{T}}\left(\bar{\boldsymbol{A}}^{\mathrm{T}}\boldsymbol{P} + \mathbf{P}\bar{\boldsymbol{A}} + 3\varphi\boldsymbol{P}\boldsymbol{P}\right)\boldsymbol{e} + \frac{1}{\varphi}\tilde{\boldsymbol{v}}^{\mathrm{T}}\tilde{\boldsymbol{v}}u_m^2 + \left(\frac{1}{\varphi} + \frac{1}{4}\right)\underline{\tilde{\boldsymbol{\alpha}}}_1^{\mathrm{T}}\underline{\tilde{\boldsymbol{\alpha}}}_1 \\
&\quad + \frac{1}{\varphi}\sum_{i=2}^{n}\tilde{\boldsymbol{\alpha}}_i^{\mathrm{T}}\tilde{\boldsymbol{\alpha}}_i + \frac{1}{\varphi}\|\varDelta\|^2 + \underline{\tilde{\boldsymbol{\alpha}}}_1^{\mathrm{T}}\boldsymbol{\xi}_{(2)}e_y + e_y^2
\end{aligned}
\tag{5-29}
$$

5.3.3　具有规定性能的自适应反步控制器设计

许多现有的控制算法一般通过 Lyapunov 方法保证闭环系统的渐进稳定性，但有时会达不到预期的性能。因此提出一种具有规定性能的自适应反步控制器，用于液压驱动系统的轨迹跟踪控制。

根据规定性能跟踪控制理论，控制器应保证输出的跟踪误差 $E_1(t) = y - y_d$ 不超过指定边界。规定性能控制的条件是：对于所有的 $t \geqslant 0$，不等式（5-30）恒成立。

$$
-\lambda(t)\delta(t) < E_1(t) < \delta(t) \tag{5-30}
$$

其中，$\lambda(t) > 0$ 是一个连续非递增函数；$\delta(t)$ 是一个连续函数，称为性能函数，满足以下条件：① $\delta(t)$ 是正值且是严格递减的；② $\lim_{t\to\infty}\delta(t) = \delta_\infty > 0$。为了将有约束的跟踪误差转化为无约束的，$E_1(t)$、$\delta(t)$ 和 $\lambda(t)$ 之间的关系式为：

$$
\begin{aligned}
E_1(t) &= \delta(t)\phi(z_1, \lambda) \\
z_1(t) &= \phi^{-1}\left(E_1/\delta, \lambda\right)
\end{aligned}
\tag{5-31}
$$

其中，$z_1(t)$ 是一个新的转化后的跟踪误差变量。$\phi^{-1}(\cdot)$ 是 $\phi(\cdot)$ 的反函数。$\phi(\cdot)$ 是一个光滑的、

严格递增的且存在反函数的由使用者定义的函数，其满足以下条件：① $\lim_{z_1\to-\infty}\phi(z_1,\lambda)=-\lambda$；② $\lim_{z_1\to\infty}\phi(z_1,\lambda)=1$。$\phi(\cdot)$ 选择为：

$$\phi(z_1,\lambda)=\frac{a^{z_1}-\lambda a^{-z_1}}{a^{z_1}+a^{-z_1}} \tag{5-32}$$

其中，$a>0$。通过式（5-32）可以看出 $-\lambda<\phi(z_1,\lambda)<1$，则 $-\lambda\delta<\delta\phi(z_1,\lambda)=E_1<\delta$。

对 $z_1(t)$ 求导，可得：

$$\dot{z}_1=\frac{\partial\phi^{-1}}{\partial\left(E_1/\delta\right)}\cdot\frac{1}{\delta}\left(\dot{E}_1-\frac{E_1\dot{\delta}}{\delta}\right)+\frac{\partial\phi^{-1}}{\partial\lambda}\cdot\dot{\lambda} \tag{5-33}$$

结合式（5-33）和式（5-20），可以得到：

$$\dot{z}_1=\Lambda\left(gX_2+\boldsymbol{\alpha}_1^{*\mathrm{T}}\boldsymbol{\xi}_{(1)}+D_1+\Phi_1\right)+R_z \tag{5-34}$$

其中，

$$\Lambda=\frac{\partial\phi^{-1}}{\partial\left(E_1/\delta\right)}\cdot\frac{1}{\delta}>0,\quad R_z=-\frac{\partial\phi^{-1}}{\partial\left(E_1/\delta\right)}\cdot\frac{1}{\delta}\left(\dot{y}_d+\frac{E_1\dot{\delta}}{\delta}\right)+\frac{\partial\phi^{-1}}{\partial\lambda}\cdot\dot{\lambda}$$

由于 $E_1(t)$、$\phi^{-1}(\cdot)$、$\delta(t)$、$\dot{\delta}(t)$、$\lambda(t)$ 和 $\dot{\lambda}(t)$ 都是已知的，Λ 和 R_z 可以被计算出并用于控制器的设计。

通过上述跟踪误差转化方法，控制器设计的目标转化为设计一种控制律以保证 $z_1(t)$ 为一致有界的，从而使得式（5-30）对于所有的 $t\geqslant 0$ 恒成立，即实现了规定性能的轨迹跟踪控制。

基于反步控制技术提出一种鲁棒自适应控制设计方法。首先定义误差变量为：

$$\begin{aligned}&z_1=z_1\\&z_i=\hat{X}_i-\beta_i,\quad i=2,\cdots,n\end{aligned} \tag{5-35}$$

其中，β_i 是虚拟控制律。基于此，将设计 n 步的自适应反步跟踪控制算法。引入一种二阶滑模积分滤波器，用来逼近 β_i 的一阶导数，其可以被表示为：

$$\begin{aligned}&\dot{\hat{\lambda}}_{1i}=-\frac{\hat{\lambda}_{1i}-\beta_i}{\rho_{1i}}-\frac{\xi_{1i}\left(\hat{\lambda}_{1i}-\beta_i\right)}{\left|\hat{\lambda}_{1i}-\beta_i\right|+\varsigma_{1i}}\\&\dot{\hat{\lambda}}_{2i}=-\frac{\hat{\lambda}_{2i}-\dot{\hat{\lambda}}_{1i}}{\rho_{2i}}-\frac{\xi_{2i}\left(\hat{\lambda}_{2i}-\dot{\hat{\lambda}}_{1i}\right)}{\left|\hat{\lambda}_{2i}-\dot{\hat{\lambda}}_{1i}\right|+\varsigma_{2i}}\end{aligned} \tag{5-36}$$

其中，$\hat{\lambda}_{1i}$ 和 $\hat{\lambda}_{2i}$ 是式（5-36）表示的状态空间模型的状态变量；ρ_{1i}、ρ_{2i}、ξ_{1i}、ξ_{2i}、ς_{1i} 和 ς_{2i} 是二阶滑模积分滤波器的设计参数，其都为正数。$\hat{\lambda}_{2i}$ 能够逼近微分项 $\dot{\beta}_i$，并且逼近误差是有界的。因此，定义 $\dot{\beta}_i=\hat{\lambda}_{2i}-\lambda_i$，其中 λ_i 为有界的逼近误差。通过使用上述方法，

可以简化反步跟踪控制器的设计过程，避免了求 β_i 的多阶导数，解决了复杂度爆炸问题和 β_i 不可导的问题（例如 y_d 是 n 阶不可导的，$n\geqslant 2$）。下面开始 n 步的自适应反步跟踪控制算法设计。

STEP 1：考虑到 $\boldsymbol{X}_2=\hat{\boldsymbol{X}}_2+e_2=z_2+\beta_2+e_2$，式（5-34）可以改写为：

$$\dot{z}_1=\Lambda\left[g\left(z_2+\beta_2+e_2\right)+\boldsymbol{\alpha}_1^{*\mathrm{T}}\boldsymbol{\xi}_{(1)}+D_1+\boldsymbol{\Phi}_1\right]+R_z \tag{5-37}$$

定义 Lyapunov 函数为：

$$V_1=V_0+\frac{\delta}{2n_z}z_1^2+\frac{1}{2\underline{\gamma_1}}\tilde{\underline{\boldsymbol{\alpha}}}_1^{\mathrm{T}}\tilde{\underline{\boldsymbol{\alpha}}}_1+\frac{1}{2\gamma_1}\tilde{\boldsymbol{\alpha}}_1^{\mathrm{T}}\tilde{\boldsymbol{\alpha}}_1 \tag{5-38}$$

其中，$\underline{\gamma_1}>0$，$\gamma_1>0$，$\delta>0$，$\dot{\delta}<0$，$n_z>0$。基于式（5-29）、式（5-37）和式（5-38），可以得到 V_1 的一阶导数为：

$$\begin{aligned}\dot{V}_1\leqslant&\,\boldsymbol{e}^{\mathrm{T}}\left(\overline{\boldsymbol{A}}^{\mathrm{T}}\boldsymbol{P}+\boldsymbol{P}\overline{\boldsymbol{A}}+3\varphi\boldsymbol{P}\boldsymbol{P}\right)\boldsymbol{e}+\tilde{\underline{\alpha}}_1^{\mathrm{T}}\xi_{(2)}e_y+e_y^2+M_1\\&+\frac{\delta}{n_z}z_1\dot{z}_1+\frac{\dot{\delta}}{2n_z}z_1^2+\frac{1}{\underline{\gamma_1}}\tilde{\underline{\alpha}}_1^{\mathrm{T}}\dot{\underline{\alpha}}_1+\frac{1}{\gamma_1}\tilde{\alpha}_1^{\mathrm{T}}\dot{\alpha}_1\\\leqslant&\,\boldsymbol{e}^{\mathrm{T}}\left(\overline{\boldsymbol{A}}^{\mathrm{T}}\boldsymbol{P}+\boldsymbol{P}\overline{\boldsymbol{A}}+3\varphi\boldsymbol{P}\boldsymbol{P}\right)\boldsymbol{e}+\tilde{\underline{\alpha}}_1^{\mathrm{T}}\xi_{(2)}e_y+e_y^2+M_1-\frac{1}{\underline{\gamma_1}}\tilde{\underline{\alpha}}_1^{\mathrm{T}}\dot{\hat{\underline{\alpha}}}_1-\frac{1}{\gamma_1}\tilde{\alpha}_1^{\mathrm{T}}\dot{\hat{\alpha}}_1\\&+\frac{\delta}{n_z}z_1\left\{\Lambda\left[g\left(z_2+\beta_2+e_2\right)+\left(\tilde{\alpha}_1^{\mathrm{T}}+\hat{\alpha}_1^{\mathrm{T}}\right)\xi_{(1)}+D_1+\Phi_1\right]+R_z\right\}\end{aligned} \tag{5-39}$$

其中，$M_1=(1/\varphi)\tilde{\boldsymbol{v}}^{\mathrm{T}}\tilde{\boldsymbol{v}}u_m^2+\left(1/\varphi+1/4\right)\tilde{\underline{\boldsymbol{\alpha}}}_1^{\mathrm{T}}\tilde{\underline{\boldsymbol{\alpha}}}_1+(1/\varphi)\sum_{i=2}^{n}\tilde{\boldsymbol{\alpha}}_i^{\mathrm{T}}\tilde{\boldsymbol{\alpha}}_i+(1/\varphi)\left\|\Delta\right\|^2$。基于杨氏不等式，考虑到 $g=\pm1$，可以得到以下不等式：

$$\begin{aligned}&\left(\delta/n_z\right)z_1\Lambda gz_2\leqslant\left(\delta/n_z\right)^2\Lambda^2z_1^2+\frac{1}{4}z_2^2\\&\left(\delta/n_z\right)z_1\Lambda ge_2\leqslant\left(\delta/n_z\right)^2\Lambda^2z_1^2+\frac{1}{4}e_2^2\\&\left(\delta/n_z\right)z_1\Lambda D_1\leqslant\left(\delta/n_z\right)^2\Lambda^2z_1^2+\frac{1}{4}D_1^2\\&\left(\delta/n_z\right)z_1\Lambda\Phi_1\leqslant\left(\delta/n_z\right)^2\Lambda^2z_1^2+\frac{1}{4}\Phi_1^2\end{aligned} \tag{5-40}$$

考虑到 $e_y^2=\boldsymbol{e}^{\mathrm{T}}\boldsymbol{C}\boldsymbol{C}^{\mathrm{T}}\boldsymbol{e}$、$e_2^2=\boldsymbol{e}^{\mathrm{T}}\boldsymbol{B}_2\boldsymbol{B}_2^{\mathrm{T}}\boldsymbol{e}$（$\boldsymbol{B}_2=\left[0,1,0,\cdots,0\right]^{\mathrm{T}}\in\mathbf{R}^n$），结合式（5-40），式（5-39）可以改写为：

$$\begin{aligned}\dot{V}_1\leqslant&\,\boldsymbol{e}^{\mathrm{T}}\left(\overline{\boldsymbol{A}}^{\mathrm{T}}\boldsymbol{P}+\boldsymbol{P}\overline{\boldsymbol{A}}+3\varphi\boldsymbol{P}\boldsymbol{P}+\boldsymbol{C}\boldsymbol{C}^{\mathrm{T}}+\frac{1}{4}\boldsymbol{B}_2\boldsymbol{B}_2^{\mathrm{T}}\right)\boldsymbol{e}\\&+\frac{\delta}{n_z}z_1\left[\Lambda\left(4\frac{\delta}{n_z}\Lambda z_1+g\beta_2+\hat{\alpha}_1^{\mathrm{T}}\xi_{(1)}\right)+R_z\right]+\tilde{\underline{\alpha}}_1^{\mathrm{T}}\left(e_y\xi_{(2)}-\frac{1}{\underline{\gamma_1}}\dot{\hat{\underline{\alpha}}}_1\right)\\&+\tilde{\alpha}_1^{\mathrm{T}}\left(\frac{\delta}{n_z}\Lambda z_1\xi_{(1)}-\frac{1}{\gamma_1}\dot{\hat{\alpha}}_1\right)+M_1+\frac{1}{4}z_2^2+\frac{1}{4}D_1^2+\frac{1}{4}\Phi_1^2\end{aligned} \tag{5-41}$$

设计虚拟控制律和自适应律为：

$$
\begin{aligned}
&\beta_2 = N(\zeta)\left(\omega_1 z_1 + 4\Lambda\delta z_1/n_z + \hat{\boldsymbol{\alpha}}_1^{\mathrm{T}}\boldsymbol{\xi}_{(1)} + \frac{R_z}{\Lambda}\right)\\
&\dot{\zeta} = \frac{z_1\Lambda\delta}{\omega_2 n_z}\left(\omega_1 z_1 + 4\Lambda\delta z_1/n_z + \hat{\boldsymbol{\alpha}}_1^{\mathrm{T}}\boldsymbol{\xi}_{(1)} + \frac{R_z}{\Lambda}\right)\\
&\dot{\underline{\hat{\boldsymbol{\alpha}}}}_1 = \underline{\gamma}_1 e_y \boldsymbol{\xi}_{(2)} - \underline{\gamma}_1\underline{\mu}_1\underline{\hat{\boldsymbol{\alpha}}}_1\\
&\dot{\hat{\boldsymbol{\alpha}}}_1 = \gamma_1\Lambda\delta z_1\boldsymbol{\xi}_{(1)}/n_z - \gamma_1\mu_1\hat{\boldsymbol{\alpha}}_1
\end{aligned}
\tag{5-42}
$$

其中，$\omega_1>0$、$\omega_2>0$、$\underline{\mu}_1>0$ 和 $\mu_1>0$ 是设计参数。基于杨氏不等式，可得：

$$
\begin{aligned}
&\underline{\mu}_1\underline{\tilde{\boldsymbol{\alpha}}}_1^{\mathrm{T}}\underline{\tilde{\boldsymbol{\alpha}}}_1 \leqslant \frac{\underline{\mu}_1}{2}\underline{\boldsymbol{\alpha}}_1^{*\mathrm{T}}\underline{\boldsymbol{\alpha}}_1^{*} - \frac{\underline{\mu}_1}{2}\underline{\tilde{\boldsymbol{\alpha}}}_1^{\mathrm{T}}\underline{\tilde{\boldsymbol{\alpha}}}_1\\
&\mu_1\hat{\boldsymbol{\alpha}}_1^{\mathrm{T}}\hat{\boldsymbol{\alpha}}_1 \leqslant \frac{\mu_1}{2}\boldsymbol{\alpha}_1^{*\mathrm{T}}\boldsymbol{\alpha}_1^{*} - \frac{\mu_1}{2}\tilde{\boldsymbol{\alpha}}_1^{\mathrm{T}}\tilde{\boldsymbol{\alpha}}_1
\end{aligned}
\tag{5-43}
$$

将式（5-42）和式（5-43）代入式（5-41），可得：

$$
\begin{aligned}
\dot{V}_1 \leqslant\; &\boldsymbol{e}^{\mathrm{T}}\left(\overline{\boldsymbol{A}}^{\mathrm{T}}\boldsymbol{P} + \boldsymbol{P}\overline{\boldsymbol{A}} + 3\varphi\boldsymbol{P}\boldsymbol{P} + \boldsymbol{C}\boldsymbol{C}^{\mathrm{T}} + \frac{1}{4}\boldsymbol{B}_2\boldsymbol{B}_2^{\mathrm{T}}\right)\boldsymbol{e}\\
&+\omega_2\left[gN(\zeta)+1\right]\dot{\zeta} + \frac{1}{4}z_2^2 - \omega_1\Lambda\delta z_1^2/n_z + M_2
\end{aligned}
\tag{5-44}
$$

其中，$M_2 = M_1 + D_1^2/4 + \Phi_1^2/4 + \underline{\mu}_1\underline{\boldsymbol{\alpha}}_1^{*\mathrm{T}}\underline{\boldsymbol{\alpha}}_1^{*}/2 + \mu_1\boldsymbol{\alpha}_1^{*\mathrm{T}}\boldsymbol{\alpha}_1^{*}/2 - \underline{\mu}_1\underline{\tilde{\boldsymbol{\alpha}}}_1^{\mathrm{T}}\underline{\tilde{\boldsymbol{\alpha}}}_1/2 - \mu_1\tilde{\boldsymbol{\alpha}}_1^{\mathrm{T}}\tilde{\boldsymbol{\alpha}}_1/2$。

STEP 2：通过使用状态观测器方程，z_2 的一阶导可以写为：

$$
\begin{aligned}
\dot{z}_2 &= \dot{\hat{\boldsymbol{X}}}_2 - \dot{\beta}_2 = \hat{\boldsymbol{X}}_3 + \hat{\boldsymbol{\alpha}}_2^{\mathrm{T}}\boldsymbol{\xi}_{(2)} + L_2 e_y - \hat{\lambda}_{22} + \lambda_2\\
&= z_3 + \beta_3 + \hat{\boldsymbol{\alpha}}_2^{\mathrm{T}}\boldsymbol{\xi}_{(2)} + L_2 e_y - \hat{\lambda}_{22} + \lambda_2
\end{aligned}
\tag{5-45}
$$

定义 Lyapunov 函数为：

$$
V_2 = V_1 + \frac{1}{2}z_2^2 + \frac{1}{2\gamma_2}\tilde{\boldsymbol{\alpha}}_2^{\mathrm{T}}\tilde{\boldsymbol{\alpha}}_2
\tag{5-46}
$$

其中，$\gamma_2>0$。

V_2 的一阶导数为：

$$
\begin{aligned}
\dot{V}_2 = \dot{V}_1 + z_2\dot{z}_2 + \frac{1}{\gamma_2}\tilde{\boldsymbol{\alpha}}_2^{\mathrm{T}}\dot{\hat{\boldsymbol{\alpha}}}_2 \leqslant\; &\boldsymbol{e}^{\mathrm{T}}\left(\overline{\boldsymbol{A}}^{\mathrm{T}}\boldsymbol{P} + \boldsymbol{P}\overline{\boldsymbol{A}} + 3\varphi\boldsymbol{P}\boldsymbol{P} + \boldsymbol{C}\boldsymbol{C}^{\mathrm{T}} + \frac{1}{4}\boldsymbol{B}_2\boldsymbol{B}_2^{\mathrm{T}}\right)\boldsymbol{e}\\
&+\omega_2\left[gN(\zeta)+1\right]\dot{\zeta} + \frac{1}{4}z_2^2 - \omega_1\Lambda\delta z_1^2/n_z + M_2\\
&+z_2\left[z_3 + \beta_3 + \hat{\boldsymbol{\alpha}}_2^{\mathrm{T}}\boldsymbol{\xi}_{(2)} + \tilde{\boldsymbol{\alpha}}_2^{\mathrm{T}}\boldsymbol{\xi}_{(2)} + L_2 e_y - \hat{\lambda}_{22} + \lambda_2 - \tilde{\boldsymbol{\alpha}}_2^{\mathrm{T}}\boldsymbol{\xi}_{(2)}\right] - \frac{1}{\gamma_2}\tilde{\boldsymbol{\alpha}}_2^{\mathrm{T}}\dot{\hat{\boldsymbol{\alpha}}}_2
\end{aligned}
\tag{5-47}
$$

基于杨氏不等式，可得：

$$z_2 z_3 \leqslant z_2^2 + \frac{1}{4} z_3^2$$
$$z_2 \hbar_2 \leqslant z_2^2 + \frac{1}{4} \hbar_2^2 \tag{5-48}$$
$$-z_2 \tilde{\boldsymbol{\alpha}}_2^{\mathrm{T}} \xi_{(2)} \leqslant z_2^2 + \frac{1}{4} \tilde{\boldsymbol{\alpha}}_2^{\mathrm{T}} \tilde{\boldsymbol{\alpha}}_2$$

然后，式（5-47）可以改写为：

$$\begin{aligned} \dot{V}_2 \leqslant & \boldsymbol{e}^{\mathrm{T}} \left(\overline{\boldsymbol{A}}^{\mathrm{T}} \boldsymbol{P} + \boldsymbol{P} \overline{\boldsymbol{A}} + 3\varphi \boldsymbol{P}\boldsymbol{P} + \boldsymbol{C}\boldsymbol{C}^{\mathrm{T}} + \frac{1}{4} \boldsymbol{B}_2 \boldsymbol{B}_2^{\mathrm{T}} \right) \boldsymbol{e} + \omega_2 \left[gN(\zeta) + 1 \right] \dot{\zeta} \\ & - \omega_1 \Lambda \delta z_1^2 / n_z + M_2 + z_2 \left(\frac{13}{4} z_2 + \beta_3 + \hat{\boldsymbol{\alpha}}_2^{\mathrm{T}} \xi_{(2)} + L_2 e_y - \hat{\lambda}_{22} \right) \\ & + \tilde{\boldsymbol{\alpha}}_2^{\mathrm{T}} \left(z_2 \xi_{(2)} - \frac{1}{\gamma_2} \dot{\hat{\boldsymbol{\alpha}}}_2 \right) + \frac{1}{4} z_3^2 + \frac{1}{4} \hbar_2^2 + \frac{1}{4} \tilde{\boldsymbol{\alpha}}_2^{\mathrm{T}} \tilde{\boldsymbol{\alpha}}_2 \end{aligned} \tag{5-49}$$

设计虚拟控制律和自适应律为：

$$\begin{aligned} \beta_3 &= -\frac{13}{4} z_2 - \omega_3 z_2 - \hat{\boldsymbol{\alpha}}_2^{\mathrm{T}} \boldsymbol{\xi}_{(2)} - L_2 e_y + \hat{\lambda}_{22} \\ \dot{\hat{\boldsymbol{\alpha}}}_2 &= \gamma_2 z_2 \boldsymbol{\xi}_{(2)} - \gamma_2 \mu_2 \boldsymbol{\alpha}_2 \end{aligned} \tag{5-50}$$

其中，$\omega_3 > 0$，$\mu_2 > 0$。基于杨氏不等式，可得 $\mu_2 \tilde{\boldsymbol{\alpha}}_2^{\mathrm{T}} \hat{\boldsymbol{\alpha}}_2 \leqslant \mu_2 \boldsymbol{\alpha}_2^{*\mathrm{T}} \boldsymbol{\alpha}_2^* / 2 - \mu_2 \tilde{\boldsymbol{\alpha}}_2^{\mathrm{T}} \tilde{\boldsymbol{\alpha}}_2 / 2$。结合式（5-50），式（5-49）可以改写为：

$$\begin{aligned} \dot{V}_2 \leqslant & \boldsymbol{e}^{\mathrm{T}} \left(\overline{\boldsymbol{A}}^{\mathrm{T}} \boldsymbol{P} + \boldsymbol{P} \overline{\boldsymbol{A}} + 3\varphi \boldsymbol{P}\boldsymbol{P} + \boldsymbol{C}\boldsymbol{C}^{\mathrm{T}} + \frac{1}{4} \boldsymbol{B}_2 \boldsymbol{B}_2^{\mathrm{T}} \right) \boldsymbol{e} + \omega_2 \left[gN(\zeta) + 1 \right] \dot{\zeta} \\ & - \omega_1 \Lambda \delta z_1^2 / n_z - \omega_3 z_2^2 + \frac{1}{4} z_3^2 + M_3 \end{aligned} \tag{5-51}$$

其中，$M_3 = M_2 + \hbar_2^2/4 + (1/4 - \mu_2/2) \tilde{\boldsymbol{\alpha}}_2^{\mathrm{T}} \tilde{\boldsymbol{\alpha}}_2 + \mu_2 \boldsymbol{\alpha}_2^{*\mathrm{T}} \boldsymbol{\alpha}_2^* / 2$。

STEP $i(i = 3, \cdots, n-1)$：通过使用状态观测器方程，z_i 的一阶导可以写为：

$$\dot{z}_i = \dot{\hat{X}}_i - \dot{\beta}_i = \hat{X}_{i+1} + \hat{\boldsymbol{\alpha}}_i^{\mathrm{T}} \xi_{(i)} + L_i e_y - \hat{\lambda}_{2i} + \hbar_i = z_{i+1} + \beta_{i+1} + \hat{\boldsymbol{\alpha}}_i^{\mathrm{T}} \xi_{(i)} + L_i e_y - \hat{\lambda}_{2i} + \hbar_i \tag{5-52}$$

定义 Lyapunov 函数为：

$$V_i = V_{i-1} + \frac{1}{2} z_i^2 + \frac{1}{2\gamma_i} \tilde{\boldsymbol{\alpha}}_i^{\mathrm{T}} \tilde{\boldsymbol{\alpha}}_i \tag{5-53}$$

其中，$\gamma_i > 0$。基于式（5-51）、式（5-52）和式（5-53），可以得到V_i 的一阶导数为：

$$\begin{aligned} \dot{V}_i = & \dot{V}_{i-1} + z_i \dot{z}_i + \frac{1}{\gamma_i} \tilde{\boldsymbol{\alpha}}_i^{\mathrm{T}} \dot{\tilde{\boldsymbol{\alpha}}}_i \leqslant \boldsymbol{e}^{\mathrm{T}} \left(\overline{\boldsymbol{A}}^{\mathrm{T}} \boldsymbol{P} + \boldsymbol{P} \overline{\boldsymbol{A}} + 3\varphi \boldsymbol{P}\boldsymbol{P} + \boldsymbol{C}\boldsymbol{C}^{\mathrm{T}} + \frac{1}{4} \boldsymbol{B}_2 \boldsymbol{B}_2^{\mathrm{T}} \right) \boldsymbol{e} \\ & + \omega_2 \left[gN(\zeta) + 1 \right] \dot{\zeta} - \omega_1 \Lambda \delta z_1^2 / n_z - \sum\nolimits_{j=2}^{i-1} \omega_{j+1} z_j^2 + \frac{1}{4} z_i^2 + M_i \\ & + z_i \left[z_{i+1} + \beta_{i+1} + \hat{\boldsymbol{\alpha}}_i^{\mathrm{T}} \xi_{(i)} + \tilde{\boldsymbol{\alpha}}_i^{\mathrm{T}} \xi_{(i)} + L_i e_y - \hat{\lambda}_{2i} + \hbar_i - \tilde{\boldsymbol{\alpha}}_i^{\mathrm{T}} \xi_{(i)} \right] - \frac{1}{\gamma_i} \tilde{\boldsymbol{\alpha}}_i^{\mathrm{T}} \dot{\hat{\boldsymbol{\alpha}}}_i \end{aligned} \tag{5-54}$$

基于杨氏不等式，可得：

$$\begin{aligned}
&z_i z_{i+1} \leqslant z_i^2 + \frac{1}{4} z_{i+1}^2 \\
&z_i \tilde{\lambda}_i \leqslant z_i^2 + \frac{1}{4} \tilde{\lambda}_i^2 \\
&-z_i \tilde{\boldsymbol{\alpha}}_i^{\mathrm{T}} \xi_{(i)} \leqslant z_i^2 + \frac{1}{4} \tilde{\boldsymbol{\alpha}}_i^{\mathrm{T}} \tilde{\boldsymbol{\alpha}}_i
\end{aligned} \tag{5-55}$$

然后，式（5-54）可以写为：

$$\begin{aligned}
\dot{V}_i \leqslant & \boldsymbol{e}^{\mathrm{T}} \left(\overline{\boldsymbol{A}}^{\mathrm{T}} \boldsymbol{P} + \boldsymbol{P} \overline{\boldsymbol{A}} + 3\varphi \boldsymbol{P}\boldsymbol{P} + \boldsymbol{C}\boldsymbol{C}^{\mathrm{T}} + \frac{1}{4} \boldsymbol{B}_2 \boldsymbol{B}_2^{\mathrm{T}} \right) \boldsymbol{e} + \omega_2 \left[gN(\zeta) + 1 \right] \dot{\zeta} \\
& - \omega_1 \Lambda \delta z_1^2 / n_z - \sum\nolimits_{j=2}^{i-1} \omega_{j+1} z_j^2 + M_i + z_i \left(\frac{13}{4} z_i + \beta_{i+1} + \hat{\boldsymbol{\alpha}}_i^{\mathrm{T}} \xi_{(i)} + L_i e_y - \hat{\lambda}_{2i} \right) \\
& + \tilde{\boldsymbol{\alpha}}_i^{\mathrm{T}} \left(z_i \xi_{(i)} - \frac{1}{\gamma_i} \dot{\hat{\boldsymbol{\alpha}}}_i \right) + \frac{1}{4} z_{i+1}^2 + \frac{1}{4} \tilde{\lambda}_i^2 + \frac{1}{4} \tilde{\boldsymbol{\alpha}}_i^{\mathrm{T}} \tilde{\boldsymbol{\alpha}}_i
\end{aligned} \tag{5-56}$$

设计虚拟控制律和自适应律为：

$$\begin{aligned}
\beta_{i+1} &= -\frac{13}{4} z_i - \omega_{i+1} z_i - \hat{\boldsymbol{\alpha}}_i^{\mathrm{T}} \boldsymbol{\xi}_{(i)} - L_i e_y + \hat{\lambda}_{2i} \\
\dot{\hat{\boldsymbol{\alpha}}}_i &= \gamma_i z_i \boldsymbol{\xi}_{(i)} - \gamma_i \mu_i \boldsymbol{\alpha}_i
\end{aligned} \tag{5-57}$$

其中，$\omega_{i+1} > 0$，$\mu_i > 0$。基于杨氏不等式，可得 $\mu_i \tilde{\boldsymbol{\alpha}}_i^{\mathrm{T}} \hat{\boldsymbol{\alpha}}_i \leqslant \mu_i \boldsymbol{\alpha}_i^{*\mathrm{T}} \boldsymbol{\alpha}_i^* / 2 - \mu_i \tilde{\boldsymbol{\alpha}}_i^{\mathrm{T}} \tilde{\boldsymbol{\alpha}}_i / 2$，结合式（5-57），式（5-56）可以改写为：

$$\begin{aligned}
\dot{V}_i \leqslant & \boldsymbol{e}^{\mathrm{T}} \left(\overline{\boldsymbol{A}}^{\mathrm{T}} \boldsymbol{P} + \boldsymbol{P} \overline{\boldsymbol{A}} + 3\varphi \boldsymbol{P}\boldsymbol{P} + \boldsymbol{C}\boldsymbol{C}^{\mathrm{T}} + \frac{1}{4} \boldsymbol{B}_2 \boldsymbol{B}_2^{\mathrm{T}} \right) \boldsymbol{e} + \omega_2 \left[gN(\zeta) + 1 \right] \dot{\zeta} \\
& - \omega_1 \Lambda \delta z_1^2 / n_z - \sum\nolimits_{j=2}^{i} \omega_{j+1} z_j^2 + \frac{1}{4} z_{i+1}^2 + M_{i+1}
\end{aligned} \tag{5-58}$$

其中，$M_{i+1} = M_i + \tilde{\lambda}_i^2 / 4 + (1/4 - \mu_i / 2) \tilde{\alpha}_i^{\mathrm{T}} \tilde{\alpha}_i + \mu_i \alpha_i^{*\mathrm{T}} \alpha_i^* / 2$。

STEP n：

通过使用状态观测器方程，z_n 的一阶导可以写为：

$$\dot{z}_n = \dot{\hat{X}}_n - \dot{\beta}_n = \hat{v}^{\mathrm{T}} \xi_{(n)} u + \hat{\alpha}_n^{\mathrm{T}} \xi_{(n)} + L_n e_y - \hat{\lambda}_{2n} + \tilde{\lambda}_n \tag{5-59}$$

定义 Lyapunov 函数为：

$$V_n = V_{n-1} + \frac{1}{2} z_n^2 + \frac{1}{2\gamma_n} \tilde{\boldsymbol{\alpha}}_n^T \tilde{\boldsymbol{\alpha}}_n + \frac{1}{2\gamma_G} \tilde{\boldsymbol{v}}^T \tilde{\boldsymbol{v}} \tag{5-60}$$

其中，$\gamma_n > 0$，$\gamma_G > 0$。基于式（5-58）、式（5-59）和式（5-60），可以得到 V_n 的一阶导数为：

$$
\begin{aligned}
\dot{V}_n &= \dot{V}_{n-1} + z_n\dot{z}_n + \frac{1}{\gamma_n}\tilde{\boldsymbol{\alpha}}_n^{\mathrm{T}}\dot{\tilde{\boldsymbol{\alpha}}}_n + \frac{1}{\gamma_G}\tilde{\boldsymbol{v}}^{\mathrm{T}}\dot{\tilde{\boldsymbol{v}}} \\
&\leqslant \boldsymbol{e}^{\mathrm{T}}\left(\overline{\boldsymbol{A}}^{\mathrm{T}}\boldsymbol{P} + \boldsymbol{P}\overline{\boldsymbol{A}} + 3\varphi\boldsymbol{PP} + \boldsymbol{CC}^{T} + \frac{1}{4}\boldsymbol{B}_2\boldsymbol{B}_2^{\mathrm{T}}\right)\boldsymbol{e} + \omega_2\left(gN(\zeta)+1\right)\dot{\zeta} \\
&\quad -\omega_1\Lambda\delta z_1^2/n_z - \sum_{j=2}^{n-1}\omega_{j+1}z_j^2 + \frac{1}{4}z_n^2 + M_n - \frac{1}{\gamma_n}\tilde{\boldsymbol{\alpha}}_n^{\mathrm{T}}\dot{\hat{\boldsymbol{\alpha}}}_n - \frac{1}{\gamma_G}\tilde{\boldsymbol{v}}^{\mathrm{T}}\dot{\hat{\boldsymbol{v}}} \\
&\quad +z_n\left(\hat{\boldsymbol{v}}^{\mathrm{T}}\boldsymbol{\xi}_{(n)}u + \hat{\boldsymbol{v}}^{\mathrm{T}}\boldsymbol{\xi}_{(n)}u + \hat{\boldsymbol{\alpha}}_n^{\mathrm{T}}\boldsymbol{\xi}_{(n)} + \tilde{\boldsymbol{\alpha}}_n^{\mathrm{T}}\boldsymbol{\xi}_{(n)} + L_n e_y - \hat{\lambda}_{2n} + \lambda_n - \hat{\boldsymbol{v}}^{\mathrm{T}}\boldsymbol{\xi}_{(n)}u - \tilde{\boldsymbol{\alpha}}_n^{\mathrm{T}}\boldsymbol{\xi}_{(n)}\right)
\end{aligned}
\tag{5-61}
$$

基于杨氏不等式，可得：

$$
\begin{aligned}
& z_n\lambda_n \leqslant z_n^2 + \frac{1}{4}\lambda_n^2 \\
& -z_n\tilde{\boldsymbol{v}}^{\mathrm{T}}\boldsymbol{\xi}_{(n)}u \leqslant z_n^2 + \frac{1}{4}\tilde{\boldsymbol{v}}^{\mathrm{T}}\tilde{\boldsymbol{v}}u_m^2 \\
& -z_n\tilde{\boldsymbol{\alpha}}_n^{\mathrm{T}}\boldsymbol{\xi}_{(n)} \leqslant z_n^2 + \frac{1}{4}\tilde{\boldsymbol{\alpha}}_n^{\mathrm{T}}\tilde{\boldsymbol{\alpha}}_n
\end{aligned}
\tag{5-62}
$$

然后，式（5-61）可以写为：

$$
\begin{aligned}
\dot{V}_n &\leqslant \boldsymbol{e}^{\mathrm{T}}\left(\overline{\boldsymbol{A}}^{\mathrm{T}}\boldsymbol{P} + \boldsymbol{P}\overline{\boldsymbol{A}} + 3\varphi\boldsymbol{PP} + \boldsymbol{CC}^{\mathrm{T}} + \frac{1}{4}\boldsymbol{B}_2\boldsymbol{B}_2^{\mathrm{T}}\right)\boldsymbol{e} + \omega_2\left(gN(\zeta)+1\right)\dot{\zeta} + M_n \\
&\quad -\omega_1\Lambda\delta z_1^2/n_z - \sum_{j=2}^{n-1}\omega_{j+1}z_j^2 + \frac{1}{4}\lambda_n^2 + \frac{1}{4}\hat{\boldsymbol{v}}^{\mathrm{T}}\hat{\boldsymbol{v}}u_m^2 + \frac{1}{4}\tilde{\boldsymbol{\alpha}}_n^{\mathrm{T}}\tilde{\boldsymbol{\alpha}}_n + \tilde{\boldsymbol{\alpha}}_n^{\mathrm{T}}\left(z_n\boldsymbol{\xi}_{(n)} - \frac{\dot{\hat{\boldsymbol{\alpha}}}_n}{\gamma_n}\right) \\
&\quad +z_n\left(\frac{13}{4}z_n + \hat{\boldsymbol{v}}^{\mathrm{T}}\boldsymbol{\xi}_{(n)}u + \hat{\boldsymbol{\alpha}}_n^{\mathrm{T}}\boldsymbol{\xi}_{(n)} + L_n e_y - \hat{\lambda}_{2n}\right) + \tilde{\boldsymbol{v}}^{\mathrm{T}}\left(z_n u\boldsymbol{\xi}_{(n)} - \frac{1}{\gamma_G}\dot{\hat{\boldsymbol{v}}}\right)
\end{aligned}
\tag{5-63}
$$

设计控制律和自适应律为：

$$
\begin{aligned}
& u = \left(\hat{\boldsymbol{v}}^{\mathrm{T}}\boldsymbol{\xi}_{(n)}\right)^{-1}\left(-\frac{13}{4}z_n - \omega_{n+1}z_n - \hat{\boldsymbol{\alpha}}_n^{\mathrm{T}}\boldsymbol{\xi}_{(n)} - L_n e_y + \hat{\lambda}_{2n}\right) \\
& \dot{\hat{\boldsymbol{\alpha}}}_n = \gamma_n z_n\boldsymbol{\xi}_{(n)} - \gamma_n\mu_n\hat{\boldsymbol{\alpha}}_n \\
& \dot{\hat{\boldsymbol{v}}} = \gamma_G z_n u\boldsymbol{\xi}_{(n)} - \gamma_G\mu_G\left(\hat{\boldsymbol{v}} - \boldsymbol{v}_0\right)
\end{aligned}
\tag{5-64}
$$

其中，$\omega_{n+1}>0$，$\mu_n>0$，$\mu_G>0$，$\boldsymbol{v}_0>0$。基于杨氏不等式，可得：

$$
\begin{aligned}
\mu_n\tilde{\boldsymbol{\alpha}}_n^{T}\hat{\boldsymbol{\alpha}}_n &\leqslant \frac{\mu_n}{2}\boldsymbol{\alpha}_n^{*\mathrm{T}}\boldsymbol{\alpha}_n^{*} - \frac{\mu_n}{2}\tilde{\boldsymbol{\alpha}}_n^{\mathrm{T}}\tilde{\boldsymbol{\alpha}}_n \\
\mu_G\tilde{\boldsymbol{v}}^{\mathrm{T}}\left(\hat{\boldsymbol{v}} - \boldsymbol{v}_0\right) &= \mu_G\tilde{\boldsymbol{v}}^{\mathrm{T}}\hat{\boldsymbol{v}} - \mu_G\tilde{\boldsymbol{v}}^{\mathrm{T}}\boldsymbol{v}_0 \\
&\leqslant \mu_G\boldsymbol{v}^{*\mathrm{T}}\boldsymbol{v}^{*} - \frac{3}{4}\mu_G\tilde{\boldsymbol{v}}^{\mathrm{T}}\tilde{\boldsymbol{v}} + \mu_G\boldsymbol{v}_0^{\mathrm{T}}\boldsymbol{v}_0 + \frac{1}{4}\mu_G\tilde{\boldsymbol{v}}^{\mathrm{T}}\tilde{\boldsymbol{v}} \\
&= \mu_G\boldsymbol{v}^{*\mathrm{T}}\boldsymbol{v}^{*} - \frac{1}{2}\mu_G\tilde{\boldsymbol{v}}^{\mathrm{T}}\tilde{\boldsymbol{v}} + \mu_G\boldsymbol{v}_0^{\mathrm{T}}\boldsymbol{v}_0
\end{aligned}
\tag{5-65}
$$

将式（5-64）和式（5-65）代入式（5-63），可得：

$$\dot{V}_n \leqslant \boldsymbol{e}^{\mathrm{T}}\left(\bar{\boldsymbol{A}}^{\mathrm{T}}\boldsymbol{P}+\boldsymbol{P}\bar{\boldsymbol{A}}+3\varphi\boldsymbol{P}\boldsymbol{P}+\boldsymbol{C}\boldsymbol{C}^{\mathrm{T}}+\frac{1}{4}\boldsymbol{B}_2\boldsymbol{B}_2^{\mathrm{T}}\right)\boldsymbol{e}+\omega_2\left[gN(\zeta)+1\right]\dot{\zeta}$$
$$-\omega_1\Lambda\delta z_1^2/n_z-\sum\nolimits_{j=2}^{n}\omega_{j+1}z_j^2+M_{n+1} \tag{5-66}$$

其中，$M_{n+1}=M_n+\frac{1}{4}\hat{\lambda}_n^2+\left(\frac{1}{4}u_m^2-\frac{\mu_G}{2}\right)\tilde{\boldsymbol{v}}^{\mathrm{T}}\tilde{\boldsymbol{v}}+\left(\frac{1}{4}-\frac{\mu_n}{2}\right)\tilde{\boldsymbol{\alpha}}_n{}^{\mathrm{T}}\tilde{\boldsymbol{\alpha}}_n+\frac{\mu_n}{2}\boldsymbol{\alpha}_n^{*\mathrm{T}}\boldsymbol{\alpha}_n^*+\mu_G\boldsymbol{v}^{*\mathrm{T}}\boldsymbol{v}^*+\mu_G\boldsymbol{v}_0{}^{\mathrm{T}}\boldsymbol{v}_0$。

5.3.4 闭环系统稳定性分析

基于所设计的状态观测器和控制律，首先在定理 1 中总结所提出的具有规定性能的双层模糊自适应反步控制算法，然后证明闭环控制系统的稳定性。

引理（Schur 补性质） 对给定的对称矩阵：

$$\boldsymbol{S}=\begin{bmatrix}\boldsymbol{S}_{11} & \boldsymbol{S}_{12}\\ \boldsymbol{S}_{21} & \boldsymbol{S}_{22}\end{bmatrix}$$

其中，$\boldsymbol{S}_{11}$ 是 $r_d\times r_d$ 维的方阵。则以下三个条件是等价的：

① $\boldsymbol{S}<0$。

② $\boldsymbol{S}_{11}<0,\ \boldsymbol{S}_{22}-\boldsymbol{S}_{12}^T\boldsymbol{S}_{11}^{-1}\boldsymbol{S}_{12}<0$。

③ $\boldsymbol{S}_{22}<0,\ \boldsymbol{S}_{11}-\boldsymbol{S}_{12}\boldsymbol{S}_{22}^{-1}\boldsymbol{S}_{12}^T<0$。

其中，矩阵小于 0 表示矩阵为负定矩阵。

定理 考虑一类 SISO 带有不可测状态、未知动力学和未知控制方向的严格反馈非线性系统（即式（5-19）），使用状态观测器（即式（5-25））、控制律和自适应律（即式（5-42）、式（5-50）、式（5-57）和式（5-64）），能够保证整个闭环系统的稳定性，当初始跟踪误差 $\boldsymbol{E}_1(\boldsymbol{0})$ 满足式（5-30）时，可以实现系统以规定性能（即式（5-30））进行轨迹跟踪控制。

证明：

根据 Lyapunov 方程，不难分析，存在一个正定对称矩阵 $\boldsymbol{Q}$，使得：

$$\bar{\boldsymbol{A}}^{\mathrm{T}}\boldsymbol{P}+\boldsymbol{P}\bar{\boldsymbol{A}}+3\varphi\boldsymbol{P}\boldsymbol{P}+\boldsymbol{C}\boldsymbol{C}^{\mathrm{T}}+\frac{1}{4}\boldsymbol{B}_2\boldsymbol{B}_2^{\mathrm{T}}<-\boldsymbol{Q} \tag{5-67}$$

根据引理，由式（5-67）描述的非线性不等式可以转化为线性矩阵不等式（Linear Matrix Inequality，LMI）形式，即：

$$\begin{bmatrix}\bar{\boldsymbol{A}}^{\mathrm{T}}\boldsymbol{P}+\boldsymbol{P}\bar{\boldsymbol{A}}+\boldsymbol{C}\boldsymbol{C}^{\mathrm{T}}+\frac{1}{4}\boldsymbol{B}_2\boldsymbol{B}_2^{\mathrm{T}}+\boldsymbol{Q} & \boldsymbol{P}\\ \boldsymbol{P} & -\frac{1}{3\varphi}\boldsymbol{I}_n\end{bmatrix}<0 \tag{5-68}$$

其中，$\boldsymbol{I}_n$ 为 $\boldsymbol{n}$ 维的单位矩阵。当选择了合适的矩阵 $\bar{\boldsymbol{A}}$ 和 $\boldsymbol{Q}$ 后，通过求解式（5-68）的可行

性问题，可以推导出式（5-67）。

将 M_{n+1} 展开，其可以写为：

$$\begin{aligned}M_{n+1}=&\left(\frac{1}{\varphi}+\frac{1}{4}-\frac{\underline{\mu}_1}{2}\right)\underline{\tilde{\boldsymbol{\alpha}}}_1^{\mathrm{T}}\underline{\tilde{\boldsymbol{\alpha}}}_1-\frac{\mu_1}{2}\tilde{\boldsymbol{\alpha}}_1^{\mathrm{T}}\tilde{\boldsymbol{\alpha}}_1+\sum\nolimits_{i=2}^{n}\left(\frac{1}{\varphi}+\frac{1}{4}-\frac{\mu_i}{2}\right)\tilde{\boldsymbol{\alpha}}_i^{T}\tilde{\boldsymbol{\alpha}}_i\\&+\left(\frac{1}{\varphi}u_m^2+\frac{1}{4}u_m^2-\frac{\mu_G}{2}\right)\tilde{\boldsymbol{\nu}}^{\mathrm{T}}\tilde{\boldsymbol{\nu}}+\frac{1}{\varphi}\|\varDelta\|^2+\frac{1}{4}D_1^2+\frac{1}{4}\varPhi_1^2+\frac{1}{4}\sum\nolimits_{i=2}^{n}\hat{\lambda}_i^2\\&+\frac{\underline{\mu}_1}{2}\underline{\boldsymbol{\alpha}}_1^{*\mathrm{T}}\underline{\boldsymbol{\alpha}}_1^{*}+\mu_G\boldsymbol{\nu}^{*\mathrm{T}}\boldsymbol{\nu}^{*}+\sum\nolimits_{i=1}^{n}\frac{\mu_i}{2}\boldsymbol{\alpha}_i^{*\mathrm{T}}\boldsymbol{\alpha}_i^{*}+\mu_G\boldsymbol{\nu}_0^{\mathrm{T}}\boldsymbol{\nu}_0\end{aligned}\tag{5-69}$$

然后，式（5-66）可以改写为：

$$\begin{aligned}\dot{V}_n<&-\boldsymbol{e}^{\mathrm{T}}\boldsymbol{Q}\boldsymbol{e}+\omega_2\left[gN(\zeta)+1\right]\dot{\zeta}-\sum_{j=2}^{n}\omega_{j+1}z_j^2+\left(\frac{1}{\varphi}+\frac{1}{4}-\frac{\underline{\mu}_1}{2}\right)\underline{\tilde{\boldsymbol{\alpha}}}_1^{\mathrm{T}}\underline{\tilde{\boldsymbol{\alpha}}}_1\\&-\frac{\omega_1\varLambda\delta z_1^2}{n_z}-\frac{\mu_1}{2}\tilde{\boldsymbol{\alpha}}_1^{\mathrm{T}}\tilde{\boldsymbol{\alpha}}_1+\left(\frac{u_m^2}{\varphi}+\frac{u_m^2}{4}-\frac{\mu_G}{2}\right)\tilde{\boldsymbol{\nu}}^{\mathrm{T}}\tilde{\boldsymbol{\nu}}+\sum_{i=2}^{n}\left(\frac{1}{\varphi}+\frac{1}{4}-\frac{\mu_i}{2}\right)\tilde{\boldsymbol{\alpha}}_i^{\mathrm{T}}\tilde{\boldsymbol{\alpha}}_i+\upsilon\end{aligned}\tag{5-70}$$

其中，

$$\upsilon=\max\left(\frac{1}{\varphi}\|\varDelta\|^2+\frac{1}{4}D_1^2+\frac{1}{4}\varPhi_1^2+\frac{1}{4}\sum_{i=2}^{n}\hat{\lambda}_i^2+\frac{\underline{\mu}_1}{2}\underline{\alpha}_1^{*\mathrm{T}}\underline{\alpha}_1^{*}+\mu_G\boldsymbol{\nu}^{*\mathrm{T}}\boldsymbol{\nu}^{*}+\sum_{i=1}^{n}\frac{\mu_i}{2}\alpha_i^{*\mathrm{T}}\alpha_i^{*}+\mu_G\nu_0^{\mathrm{T}}\nu_0\right)$$

对于 $i=2,\ldots,n$，定义：

$$\rho=2\min\left[\frac{\underline{\lambda}(\boldsymbol{Q})}{2\bar{\lambda}(\boldsymbol{P})},\frac{\omega_1\varLambda\delta}{n_z},\omega_{i+1},\gamma_G\left(\frac{\mu_G}{2}-\frac{u_m^2}{\varphi}-\frac{u_m^2}{4}\right),\underline{\gamma}_1\left(\frac{\underline{\mu}_1}{2}-\frac{1}{\varphi}-\frac{1}{4}\right),\frac{\gamma_1\mu_1}{2},\gamma_i\left(\frac{\mu_i}{2}-\frac{1}{\varphi}-\frac{1}{4}\right)\right]$$

其中，$\underline{\lambda}(\boldsymbol{Q})$ 为矩阵 $\boldsymbol{Q}$ 的最小特征值；$\bar{\lambda}(\boldsymbol{P})$ 为矩阵 $\boldsymbol{P}$ 的最大特征值。通过选择合适的参数，可以得到 $\rho>0$；另一方面，根据 υ 的表达式可知其是有界的。式（5-70）最终可以表示为：

$$\dot{V}_n<-\rho V_n+\omega_2\left[gN(\zeta)+1\right]\dot{\zeta}+\upsilon\tag{5-71}$$

对式（5-71）两端同时乘以 $\mathrm{e}^{\rho t}$，可得：

$$\frac{\mathrm{d}\left(V_n\mathrm{e}^{\rho t}\right)}{\mathrm{d}t}<\omega_2\left[gN(\zeta)+1\right]\dot{\zeta}\mathrm{e}^{\rho t}+\upsilon\mathrm{e}^{\rho t}\tag{5-72}$$

对式（5-72）两端同时在 $[0,t)$ 上积分，然后同时乘以 $\mathrm{e}^{-\rho t}$，可得：

$$V_n<V_n(0)\mathrm{e}^{-\rho t}+\frac{\upsilon}{\rho}\left(1-\mathrm{e}^{-\rho t}\right)+\omega_2\mathrm{e}^{-\rho t}\int_0^t\left[gN(\zeta)+1\right]\dot{\zeta}\mathrm{e}^{\rho\tau}\mathrm{d}\tau\tag{5-73}$$

根据引理，可以证明 V_n 和 ζ 是有界的。因此，整个闭环系统的稳定性得到证明。除此之外，由于 z_1 可以被证明是一致有界的，因此实现了规定性能的系统跟踪控制。

5.4 掘进机自主循迹跟踪截割仿真

以悬臂式掘进机截割头循迹跟踪控制为例，通过数值仿真验证所提出的具有规定性能的双层模糊自适应反步控制方法的有效性。首先，以截割臂回转液压驱动系统为例，直接给定液压缸伸长量目标轨迹，研究所提出的控制方法的性能以及对未知控制方向的鲁棒性；然后，以截割头循迹跟踪控制为目标，给定截割头的目标轨迹，通过悬臂式掘进机运动学模型求解回转液压缸和升降液压缸的伸长量目标轨迹，使用两个所提出的控制器同时控制回转液压驱动系统和升降液压驱动系统，以实现截割头循迹跟踪控制。

5.4.1 掘进机回转液压驱动系统控制

掘进机回转液压驱动系统的状态空间模型如式（5-16）和式（5-17）所示，其表示控制方向为正的情况。当控制方向为负时，即伺服阀与回转液压缸之间的液压管路反接时，式（5-17）需要改变为：

$$Q_{A1}=-C_d w_d k_x u_1\sqrt{\frac{1}{\rho_l}}\left[\mathrm{sg}(-u_1)\sqrt{P_S-\tfrac{M_A}{A_A}x_3-P_T}+\mathrm{sg}(u_1)\sqrt{P_S+\tfrac{M_A}{A_A}x_3-P_T}\right] \tag{5-74}$$

以掘进机回转液压驱动系统为例选择仿真模型参数。仿真模型参数如表 5-3 所示。除此之外，将等效质量 $M_A(x_1)$ 简化为常数，取值 $M_A=10^5\,\mathrm{kg}$；等效截割力 $F_A(x_1,x_2)$ 受工况影响剧烈，非常复杂，受液压缸速度 x_2 的影响最大。而且由于巷道断面不同位置处煤岩硬度不确定，横摆截割力对回转台的力臂受截割臂升角的影响，回转液压缸对回转台的有效力臂受到回转台转角的影响。因此，在仿真中假设 F_A 是 x_2、y_1 和 y_2 的函数，定义为：$F_A=(1.8+2y_1+3y_2)\times10^6\times x_2$，其中，$y_1$ 为回转液压缸位移，即 x_1；y_2 为升降液压缸位移，假设 $y_2=0.1\cos(0.2t)$。为了模拟建模误差和外部干扰，对式（5-1）中的第 2 个和第 3 个等式添加噪声，分别为 $D_1=0.02\sin(3\pi t)+0.01\sin(5\pi t)$、$D_2=0.1\cos(3\pi t)+0.05\cos(5\pi t)$。回转液压缸的伸长量目标轨迹定义为 $y_d=0.1\sin(0.2t)$。系统初始状态选择为 $[0.05,0,0]^{\mathrm{T}}$。在实际仿真中，由于系统输出 y 没有改变，所以不需要对仿真模型进行转化，直接对设计具有规定性能的双层模糊自适应反步控制器。

表 5-3 仿真模型参数

模型参数	数值	模型参数	数值
A_{A1}	$0.012\ \mathrm{m^2}$	$C_d w_d k_x\sqrt{1/\rho_l}$	$1.5\times10^{-8}\ \mathrm{m^3/(s\cdot V\cdot\sqrt{Pa})}$
A_{A2}	$0.008\ \mathrm{m^2}$	P_S	$16\times10^6\ \mathrm{Pa}$
V_{A10}	$0.0045\ \mathrm{m^3}$	P_T	$1\times10^6\ \mathrm{Pa}$
V_{A20}	$0.0045\ \mathrm{m^3}$	β_e	$7\times10^8\ \mathrm{Pa}$
C_i	$10^{-12}\ \mathrm{m^3/(s\cdot Pa)}$	u_1	$-10\sim10\ \mathrm{V}$

在实际悬臂式掘进机断面截割过程中，截割臂回转液压驱动系统和升降液压驱动系统之间具有一定的耦合。因此，在第一层的常规 FLS 中，选择 $\psi_1 = y_1$、$\psi_2 = y_2$ 作为前提输入变量，其隶属度函数如表 5-4 所示。当考虑所有组合情况时，第一层的常规 FLS 中共包含 4 条模糊规则。

表 5-4 第一层常规 FLS 中输入变量的隶属度函数

<table>
<tr><th>输入变量</th><th>隶属度函数</th><th>函数曲线</th></tr>
<tr><td rowspan="2">ψ_1</td><td>$\mu_1 = \exp\left[-\left(\frac{\psi_1 + 0.05}{0.05}\right)^2\right]$</td><td rowspan="2">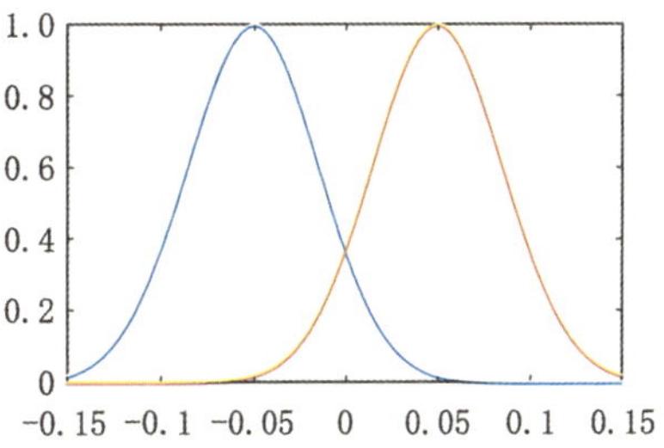
</td></tr>
<tr><td>$\mu_2 = \exp\left[-\left(\frac{\psi_1 - 0.05}{0.05}\right)^2\right]$</td></tr>
<tr><td rowspan="2">ψ_2</td><td>$\mu_1 = \exp\left[-\left(\frac{\psi_2 + 0.05}{0.05}\right)^2\right]$</td><td rowspan="2">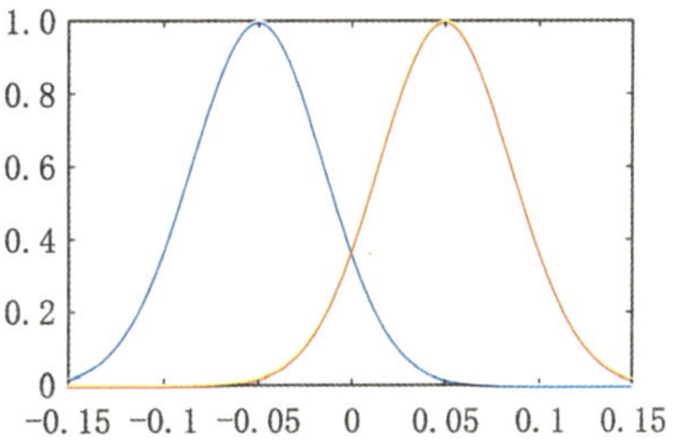
</td></tr>
<tr><td>$\mu_2 = \exp\left[-\left(\frac{\psi_2 - 0.05}{0.05}\right)^2\right]$</td></tr>
</table>

对于第二层 FLS，为了方便起见，在第一层 FLS 中，构建具有相同前件的第二层 FLS。在第二层 FLS 中，输入变量为系统状态的估计值 $\hat{\hat{\boldsymbol{X}}}_i = \left[\hat{X}_1, \cdots, X_i\right]^{\mathrm{T}} (i = 1,2,3)$，需要分别对 $i = 1$、$i = 2$ 和 $i = 3$ 三种情况构建三个第二层 FLS。第二层 FLS 中输入变量的隶属度函数如表 5-5 所示。其中，所有的隶属度函数需要根据输入变量的取值范围设计。当 $i = 1$ 时，输入变量只有 $\hat{\boldsymbol{X}}_1$，第二层 FLS 中只有 2 条模糊规则，则 $\boldsymbol{\xi}_{(1)} \in \mathbf{R}^{16}$；当 $i = 2$ 时，输入变量为 $\hat{\boldsymbol{X}}_1$ 和 $\hat{\boldsymbol{X}}_2$，考虑所有组合情况时，第二层 FLS 中含有 4 条模糊规则，则 $\boldsymbol{\xi}_{(2)} \in \mathbf{R}^{32}$；当 $i = 3$ 时，输入变量为 $\hat{\boldsymbol{X}}_1$、$\hat{\boldsymbol{X}}_2$ 和 $\hat{\boldsymbol{X}}_3$，考虑每一个输入变量对应的某隶属度函数只使用 2 次，然后第二层 FLS 中含有 4 条模糊规则，则 $\boldsymbol{\xi}_{(3)} \in \mathbf{R}^{32}$。在所提出的双层模糊系统中，后件推理的自适应参数的初始值设置为

$$\hat{\boldsymbol{\alpha}}_1(0) = 0.1 \times \mathrm{ones}(16,1)、\hat{\underline{\boldsymbol{\alpha}}}_1(0) = \boldsymbol{\alpha}_2(0) = \boldsymbol{\alpha}_3(0) = \boldsymbol{\nu}(0) = 0.1 \times \mathrm{ones}(32,1)$$

对于状态观测器，观测器增益向量设置为 $\boldsymbol{L} = \left[10^2, 10^3, 10^4\right]^{\mathrm{T}}$。以 $\varphi = 0.5$ 为例，通过使用 MATLAB 的 LMI 工具箱，可以验证式（5-68）的严格可行性。状态观测器的初始值设置为 $\hat{\boldsymbol{X}}(0) = [0.05, 0, 0]^{\mathrm{T}}$。对于跟踪误差转化，在式（5-30）中，选择 $\lambda(t) = 1$、

$\delta(t)=0.1\times\exp(-0.3t)+0.01$；在式（5-32）中，选择 $a=e$。在控制律与参数自适应律中，当控制方向为正时，设置 $n_z=1000$、$\omega_1=0.1$、$\omega_2=0.01/n_z$、$\omega_3=\omega_4=1$、$\gamma_1=1\times n_z$、$\gamma_G=\underline{\gamma}_1=\gamma_2=\gamma_3=1$、$\mu_1=100$、$\underline{\mu}_1=\mu_2=\mu_3=5$、$\mu_G=500$、$\nu_0=0.5\times\text{ones}(32,1)$；当控制方向为负时，设置 $\omega_1=1$、$\omega_2=0.2/n_z$，其他参数保持不变，此时，可以得到 $\rho>0$。在二阶滑模积分滤波器中，即采用式（5-36）所示的算法时，参数设置为 $\rho_{1i}=\rho_{2i}=10$、$\xi_{1i}=\xi_{2i}=20$、$\varsigma_{1i}=\varsigma_{2i}=0.01$，初始状态设置为 $\hat{\lambda}_{1i}(0)=\lambda_{2i}(0)=0$，其中 $i=2,3$。Nussbaum 型函数 $N(\zeta)$ 中 ζ 的初始值设置为 0。

表 5-5　第二层 FLS 中输入变量的隶属度函数

输入变量	隶属度函数	函数曲线
$\hat{X}_1$	$\mu_1=\exp\left[-\left(\dfrac{\hat{X}_1+\bar{w}_1}{0.05}\right)^2\right],\ \bar{w}_1\in[0.044,0.056]$	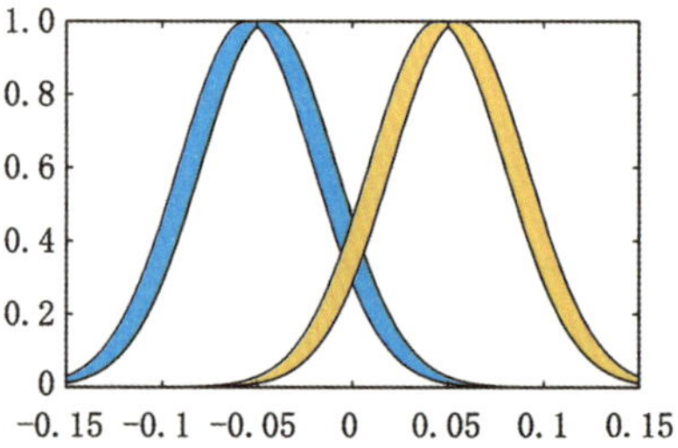
	$\mu_2=\exp\left[-\left(\dfrac{\hat{X}_1-\bar{w}_2}{0.05}\right)^2\right],\ \bar{w}_2\in[0.044,0.056]$	
$\hat{X}_2$	$\mu_1=\exp\left[-\left(\dfrac{\hat{X}_2+\bar{w}_3}{0.01}\right)^2\right],\ \bar{w}_3\in[0.009,0.011]$	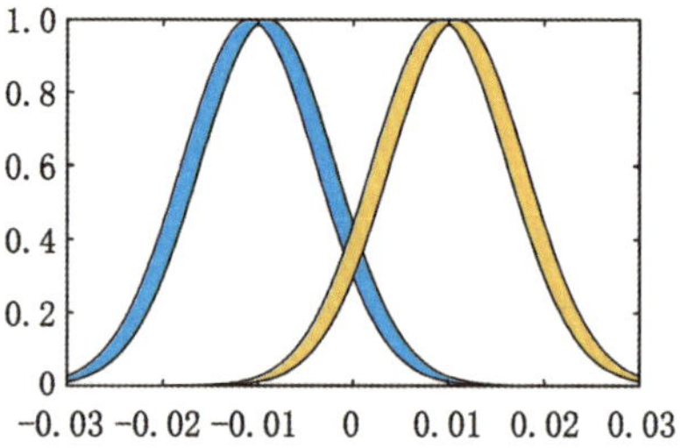
	$\mu_2=\exp\left[-\left(\dfrac{\hat{X}_2-\bar{w}_4}{0.01}\right)^2\right],\ \bar{w}_4\in[0.009,0.011]$	
$\hat{X}_3$	$\mu_1=\exp\left[-\left(\dfrac{\hat{X}_3+\bar{w}_5}{0.25}\right)^2\right],\ \bar{w}_5\in[0.22,0.28]$	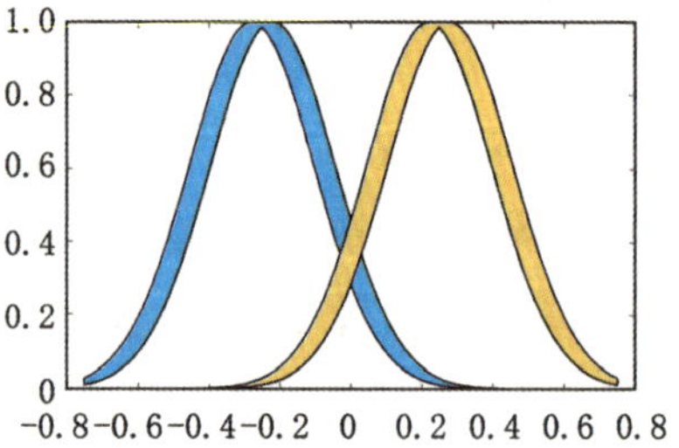
	$\mu_2=\exp\left[-\left(\dfrac{\hat{X}_3-\bar{w}_6}{0.25}\right)^2\right],\ \bar{w}_6\in[0.22,0.28]$	

在上述设置下，分别对正和负控制方向的掘进机回转液压驱动系统进行仿真研究，以验证所提出的具有规定性能的双层模糊自适应反步控制方法（记为 AFBSCPP）的有效性与优越性。将 PID 控制器与所提出的基于观测器的直接自适应模糊滑模控制器（记为 DAFSMC）进行对比分析。

对于 PID 控制器，为了避免冲击载荷、平滑系统输出，使用一个时间常数为 $1/K_N$ 的一阶惯性环节串联补偿微分环节。当控制方向为正时，PID 控制器参数选择为 $\boldsymbol{K_P}=1500$、$\boldsymbol{K_I}=1000$、$\boldsymbol{K_D}=10$、$\boldsymbol{K_N}=100$；当控制方向为负时，PID 控制器参数选择为 $\boldsymbol{K_P}=-1500$、$\boldsymbol{K_I}=-1000$、$\boldsymbol{K_D}=-10$、$\boldsymbol{K_N}=100$。对于 DAFSMC，其使用时需要将回转液压驱动系统的状态变量视为液压缸位移、速度、加速度，使状态空间方程中仅有最后一个方程含有未知非线性函数。由于使用了状态观测器，可以直接把式（5-16）作为被控对象，但是观测的状态量是液压缸位移、速度、加速度。除此之外，DAFSMC 只能用于控制方向为正的系统。对于 DAFSMC，在仿真中设置 $\boldsymbol{K}=[10,300,10]^{\mathrm{T}}$、$\boldsymbol{H}=\left[10^3,10^6,10^8\right]^{\mathrm{T}}$、$\eta_1=2$、$\eta_2=0.01$，其他未说明的设置同上。在 MATLAB/Simulink 中实现所有控制系统的仿真。

5.4.1.1　系统控制方向为正时

基于 AFBSCPP 方法回转液压驱动系统输出轨迹跟踪曲线如图 5-13 所示。由图 5-13 可以看出，使用 AFBSCPP 方法能够使系统实际输出快速稳定地跟踪目标轨迹。AFBSCPP、DAFSMC 和 PID 轨迹跟踪误差曲线如图 5-14 所示。由图 5-14 可以看出，所提出的 AFBSCPP 方法具有最小的跟踪误差。AFBSCPP、DAFSMC 和 PID 控制输入曲线如图 5-15 所示。由图 5-15 可以看出，对于所提出的 AFBSCPP 方法，其控制输入曲线在较快波动后快速趋于平滑，且之后没有高频抖振，输入特性较好；而 DAFSMC 方法的控制输入曲线具有少量的高频抖振，PID 控制输入曲线虽然非常平滑，但其没有对系统外部干扰做出快速补偿。

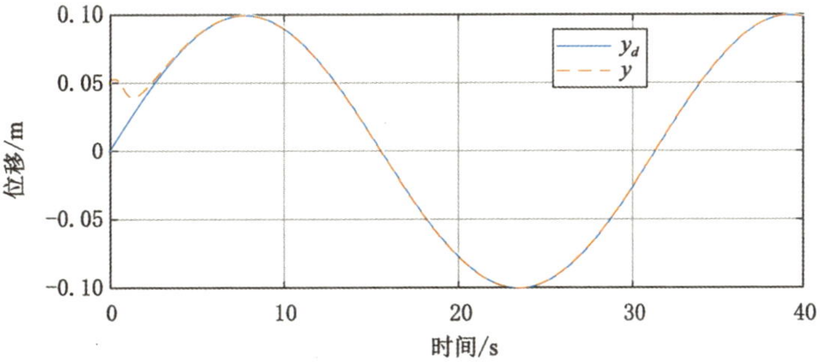

图 5-13　AFBSCPP 方法下系统输出曲线

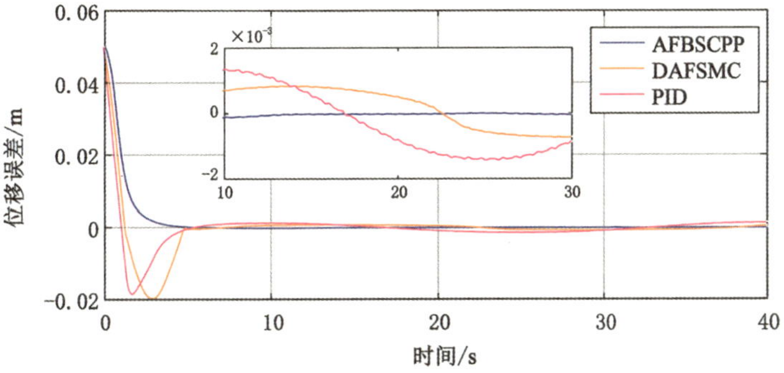

图 5-14　轨迹跟踪误差曲线

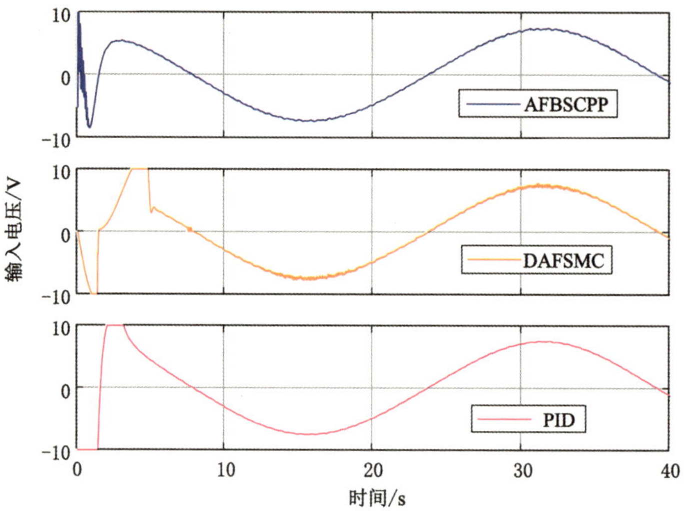

图 5-15　控制输入曲线

针对所提出的 AFBSCPP 方法，基于 AFBSCPP 的回转液压驱动系统实际状态及其观测值曲线如图 5-16 所示。由图 5-16 可以看出，$\hat{\boldsymbol{X}}_1$ 能够完美地跟踪 $\boldsymbol{X}_1$，但是 $\hat{\boldsymbol{X}}_2$ 与 $\boldsymbol{X}_2$ 之间以及 $\hat{\boldsymbol{X}}_3$ 与 $\boldsymbol{X}_3$ 之间存在一定的误差。在基于 Lyapunov 方法的闭环系统稳定性证明过程中，$\boldsymbol{V}_n$ 被证明为有界的，从而可以证明状态观测误差为有界的，因此仿真结果与理论是基本一致的。

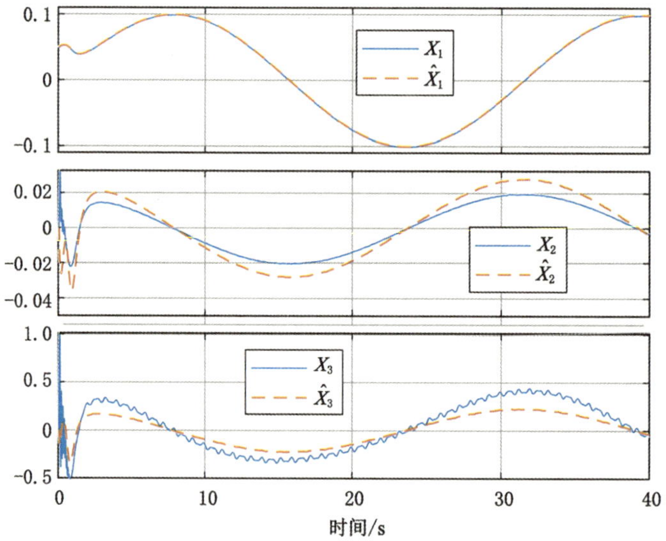

图 5-16　AFBSCPP 方法下系统状态及其观测值曲线

5.4.1.2　系统控制方向为负时

当截割臂回转液压驱动系统的控制方向为负时，AFBSCPP 方法下系统输出轨迹跟踪曲线如图 5-17 所示。AFBSCPP 和 PID 轨迹跟踪误差曲线如图 5-18 所示。AFBSCPP 和

PID 控制输入曲线如图 5-19 所示。由图 5-17 至图 5-19 可以看出，当系统控制方向为负时，AFBSCPP 方法同样有很好的控制性能，其仿真结果与系统控制方向为正时的类似。对于状态观测器性能，其与系统控制方向为正时的类似，这里不再分析。

为了验证所使用的二阶滑模积分滤波器的有效性，图 5-20 给出了系统控制方向为负时虚拟控制律 β_2 的一阶导数以及一阶导数估计值曲线。由图 5-20 可以看出，二阶滑模积分滤波器输出 $\hat{\lambda}_{22}$ 能够有效估计真实的虚拟控制律一阶导数 $\dot{\beta}_2$。对于其他情况下的虚拟控制律，所使用的二阶滑模积分滤波器对估计虚拟控制律的一阶导数也是有效的。

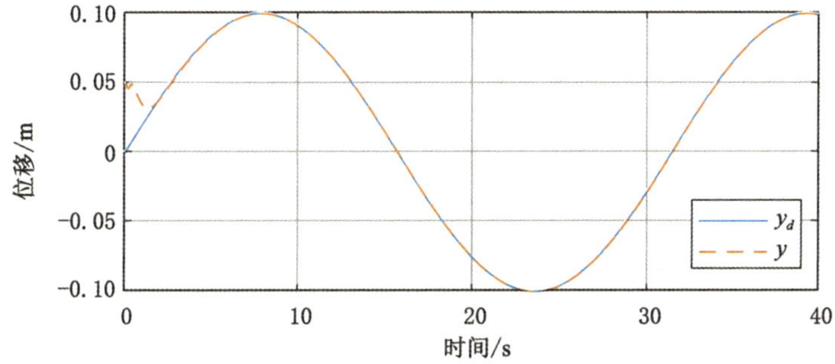

图 5-17 AFBSCPP 方法下系统输出曲线

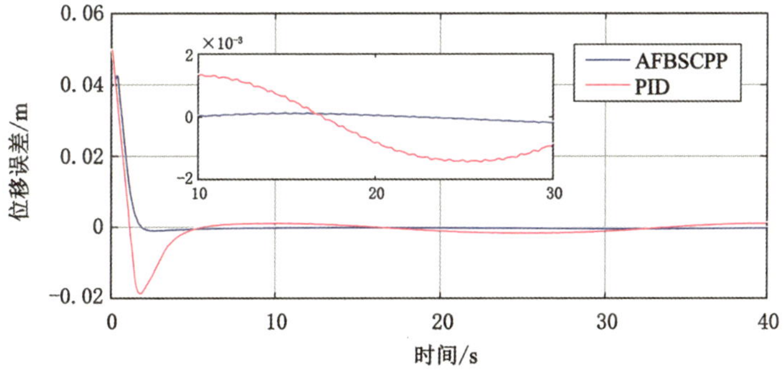

图 5-18 轨迹跟踪误差曲线

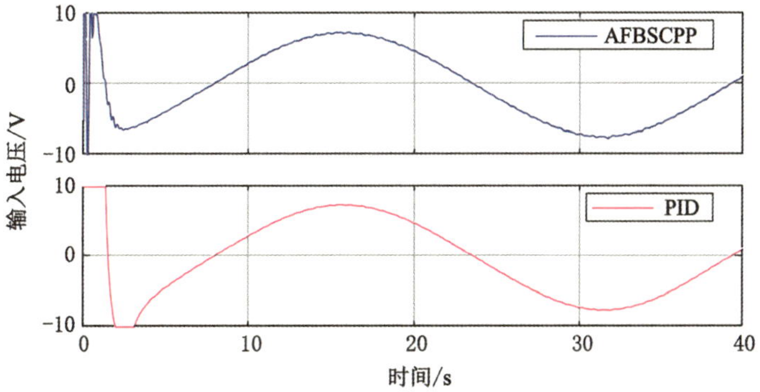

图 5-19 控制输入曲线

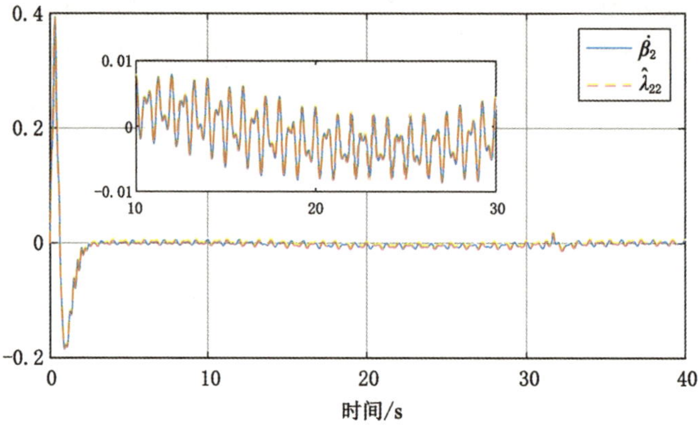

图 5-20 $\dot{\beta}_2$ 与 $\hat{\lambda}_{22}$ 的曲线

系统控制方向的未知性主要通过 Nussbaum 型函数及其自变量的自适应律解决。为了研究 Nussbaum 型函数的变化情况，图 5-21 和图 5-22 分别给出了系统控制方向为正和负时的 ζ 与 $N(\zeta)$ 曲线。由图 5-21 和图 5-22 可以看出，Nussbaum 型函数 $N(\zeta)$ 以及其自变量 ζ 可以根据自适应律在线调整，以适应不同的系统控制方向，验证了 Nussbaum 型函数对解决系统未知控制方向的有效性。

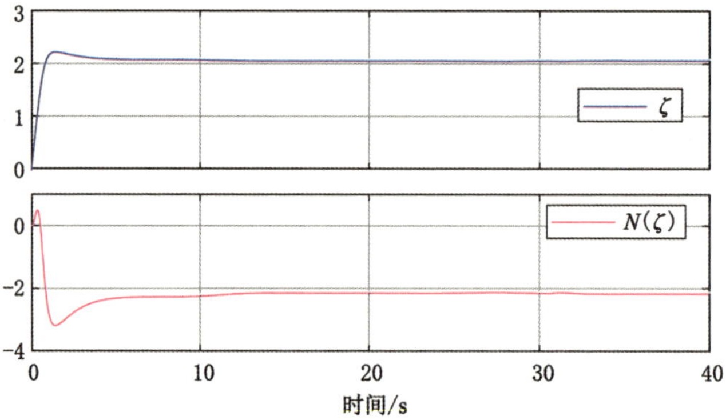

图 5-21 系统控制方向为正时 ζ 与 $N(\zeta)$ 曲线

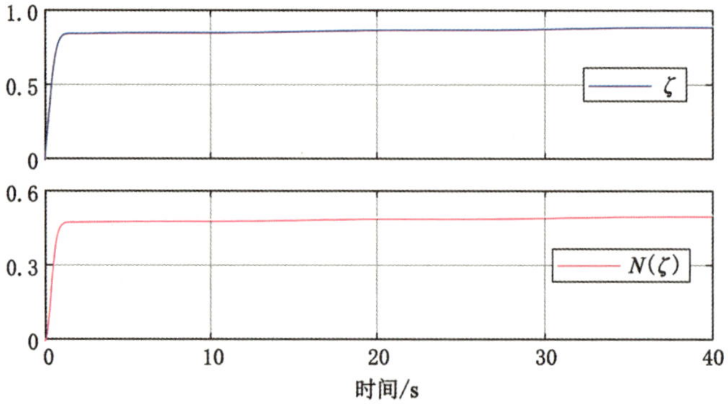

图 5-22 系统控制方向为负时 ζ 与 $N(\zeta)$ 曲线

通过对所提出的具有规定性能的双层模糊自适应反步控制方法在悬臂式掘进机截割臂回转液压驱动系统进行仿真研究，验证了所提控制方法对解决系统不可测状态、未知非线性动力学和未知控制方向等问题的有效性。双层模糊逻辑系统增强了控制器对未知非线性函数的自适应能力，规定性能控制策略提高了系统轨迹跟踪精度。仿真结果表明所提出的控制方法具有优越的控制性能，能够用于截割头循迹跟踪控制。

5.4.2　截割头循迹跟踪控制

使用所提出的具有规定性能的双层模糊自适应反步控制方法，进行截割头循迹跟踪控制仿真研究，首先给定截割头的目标轨迹，然后在考虑掘进机机体当前位姿的前提下，求解回转液压缸和升降液压缸的伸长量目标轨迹，最后通过同时控制两个子系统，实现截割头循迹跟踪控制。

掘进机截割臂回转液压驱动系统的状态空间模型设置与前节相同，系统控制方向选择为正。对于升降液压驱动系统，设置 $A_{B1}=A_{A1}$、$A_{B2}=A_{A2}$、$V_{B10}=0.0046\ \mathrm{m}^3$、$V_{B20}=0.0033\ \mathrm{m}^3$、$C_B=C_i$。等效质量 M_B 设置为 $M_B=5\times10^4\ \mathrm{kg}$，等效截割力 F_B 设置为 $F_B=(1.5-2y_2-3y_1)\times10^6\times x_2$，等效重力 G_B 设置为 $G_B=10^4\ \mathrm{N}$，其他未说明参数与回转液压驱动系统的相同。

以一段圆弧形截割轨迹为例，掘进机截割头轨迹跟踪控制示意图如图 5-23 所示。在巷道断面坐标系 $O_d-X_dY_dZ_d$ 中，截割头目标轨迹给定为 ${}^dx=\cos\theta_d$、${}^dy=\sin\theta_d+1$，其中 $\theta_d=\pi/4+\pi t/40$。对于悬臂式掘进机运动学模型，假设掘进机机体当前位姿状态为 $[x_v,y_v,z_v,\alpha_v,\beta_v,\gamma_v]=[0,0.2\ \mathrm{m},0.85\ \mathrm{m},3°,3°,-3°]$。给定截割头目标轨迹后，可以直接求解回转液压缸和升降液压缸的伸长量目标轨迹数值解。

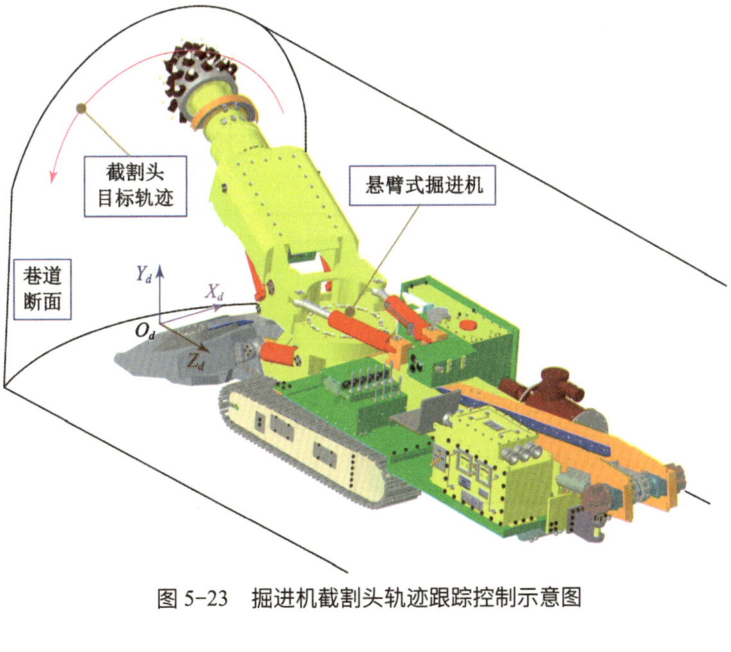

图 5-23　掘进机截割头轨迹跟踪控制示意图

对于回转液压驱动系统，其初始状态设置为$[0.1,0,0]^{\mathrm{T}}$，控制器参数设置为$\omega_1=1$、$\omega_2=0.1/n_z$，Nussbaum 型函数$N(\zeta)$中ζ的初始值设置为 1.4。对于升降液压驱动系统，其初始状态设置为$[0.06,0,0]^{\mathrm{T}}$，控制器参数设置为$\omega_1=2$。

在上述参数设置下，使用 MATLAB/Simulink 同时进行回转液压驱动系统和升降液压驱动系统的轨迹跟踪控制。图 5-24 和图 5-25 分别给出了回转液压驱动系统和升降液压驱动系统的输出轨迹跟踪曲线。掘进机截割头截割轨迹跟踪曲线如图 5-26 所示。

通过图 5-24 和图 5-25 可以看出，使用两个所提出的具有规定性能的双层模糊自适应反步控制器，能够同时实现回转液压系统和升降液压驱动系统的轨迹跟踪控制，进而实现如图 5-26 所示的掘进机截割头截割轨迹跟踪控制，验证了所提出的控制方法对截割头轨迹跟踪控制的有效性。

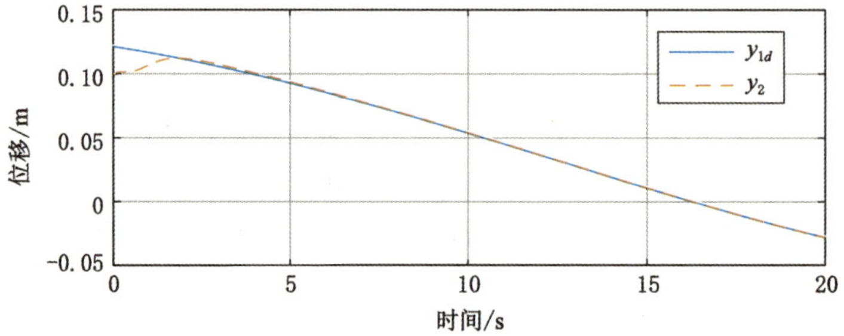

图 5-24　回转液压驱动系统输出轨迹跟踪曲线

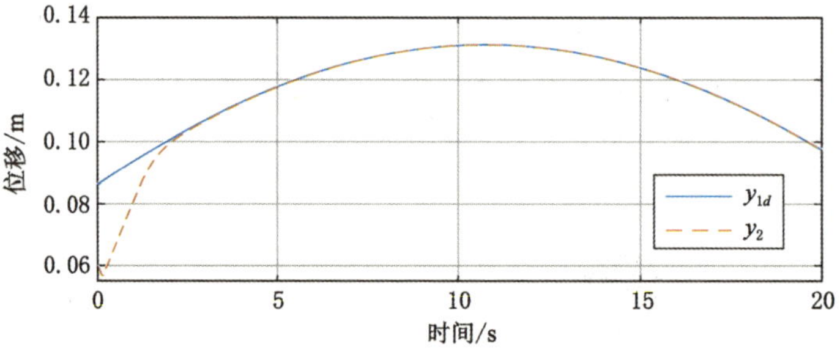

图 5-25　升降液压驱动系统输出轨迹跟踪曲线

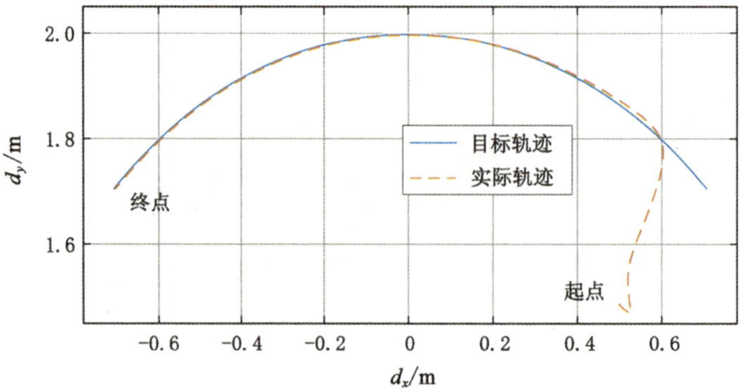

图 5-26　掘进机截割头截割轨迹跟踪曲线

在仿真研究中，使用截割头目标轨迹计算回转液压缸和升降液压缸伸长量目标轨迹时，考虑掘进机机体的当前位姿状态，通过控制回转液压缸和升降液压缸按照目标轨迹运行，即可有效补偿掘进机机体位姿偏差对巷道断面截割成形的影响，保证断面成形精度。截割头的初始位置与目标轨迹的初始位置不同，这是为了验证所提出的控制方法在截割头轨迹跟踪控制中的性能。在实际工程中，一般截割头的初始位置与目标轨迹的初始位置相差不大，可以实现截割头完全按照目标轨迹运行。

在 AFBSCPP 方法中，双层模糊系统包含第一层的常规 FLS 与第二层的 FLS。与单层 FLS 相比，双层模糊系统更加复杂，但具有更大的潜力逼近未知非线性函数；所提出的控制方法能够用于状态不可测、未知非线性、控制方向未知或已知的系统，只需要测量系统输出，便可实现轨迹跟踪控制，并确保规定的跟踪性能。除此之外，在反步控制设计过程中，使用二阶滑模积分滤波器估计虚拟控制律的导数，解决了“复杂度爆炸”和虚拟控制函数不可导的问题。

5.5 掘进机自主循迹跟踪截割试验

为了验证所提出的具有规定性能的双层模糊自适应反步控制（AFBSCPP）方法的有效性和性能，进行掘进机截割臂液压驱动系统控制试验（包括回转液压驱动系统和升降液压驱动系统的轨迹跟踪控制试验）。在所使用的掘进机试验台中，回转液压驱动系统和升降液压驱动系统的控制方向都为正。

5.5.1 掘进机截割臂液压驱动系统轨迹跟踪控制

5.5.1.1 回转液压驱动系统轨迹跟踪控制

所用悬臂式掘进机回转液压缸控制系统，如图 5-27 所示。以左侧回转液压缸为基准建立截割头的空间运动学模型，采集左侧回转液压缸的内置位移传感器信号，并对其伸长量进行控制。当回转台转角 $\theta_1 = 0$ 时，左侧回转液压缸的伸长量 y_1 记为 0，活塞杆伸出的方向为正方向。

图 5-27 回转液压缸控制系统

在搭建基于 cSPACE 的控制系统时，采样周期设置为 0.005 s。使用 cSPACE 采集磁致伸缩位移传感器输出的电压信号时，即使液压缸静止，电压信号也有较大波动。为了提高采集信号的稳定性，在控制系统中使用一个一阶低通滤波器对采集到的信号进行实时滤波。低通滤波器的时间常数设置为 0.05 s。不使用滤波器和使用滤波器的信号采集效果对比如图 5-28 所示。

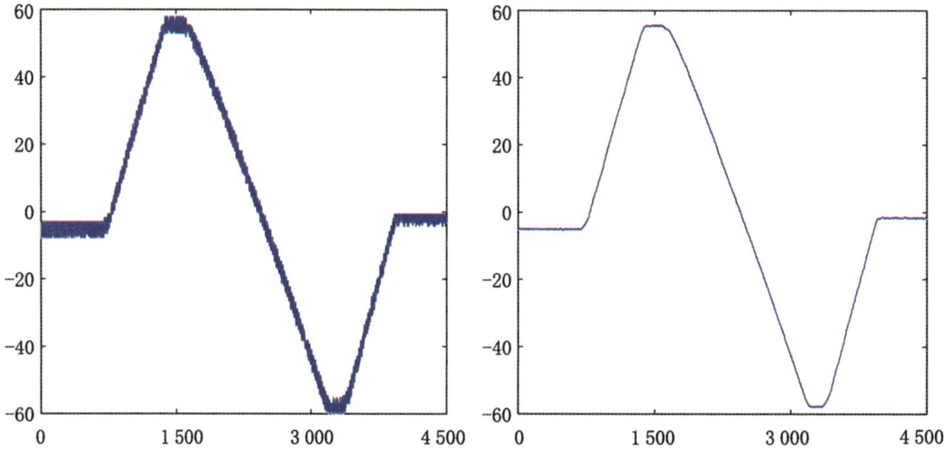

(a) 不使用滤波器　　(b) 使用滤波器

图 5-28　不使用和使用滤波器的信号采集效果

对于回转液压驱动系统轨迹跟踪控制，设置左侧回转液压缸的伸长量目标轨迹为 $y_{1d}=0.05\sin(\pi t/8)$，使用所提出的 AFBSCPP 方法进行控制。在 AFBSCPP 方法中，选择规定性能函数为 $\delta(t)=0.2\times\exp(-0.1t)+0.08$，$\omega_1=0.5$，$\omega_2=0.05/n_z$。在 PID 中，参数选择为 $K_p=1000$，$K_I=500$，$K_D=10$。

在回转液压驱动系统轨迹跟踪控制过程中，选取其中一段数据进行对比与分析。如图 5-29 所示。由图 5-29 可以看出，AFBSCPP 控制方法和 PID 控制方法都能够实现液压缸伸缩量的目标轨迹跟踪，而 AFBSCPP 控制方法具有更好的跟踪性能。回转液压缸轨迹跟踪误差曲线如图 5-30 所示。由图 5-30 可以看出，AFBSCPP 控制方法的轨迹跟踪误差在 −4～3.6 mm 范围内，而 PID 控制方法的跟踪误差在 ±7.5 mm 范围内，这证明了 AFBSCPP 控制方法的有效性与高性能。

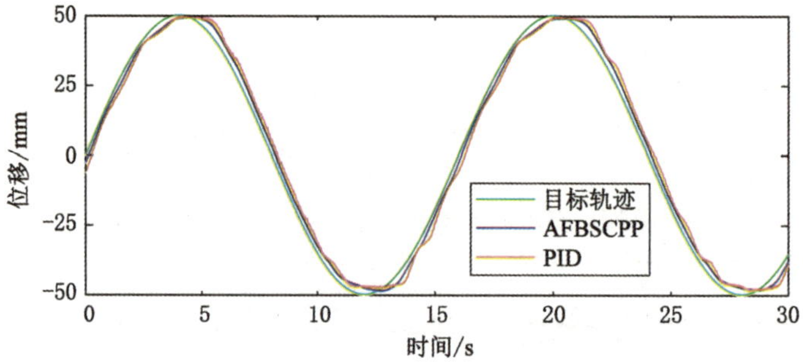

图 5-29　回转液压缸轨迹跟踪曲线

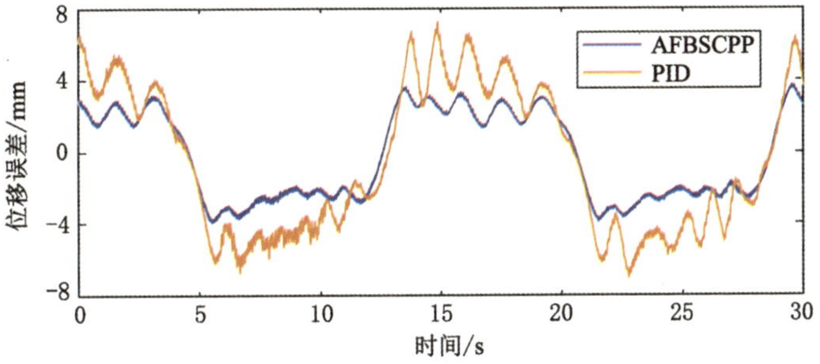

图 5-30　回转液压缸轨迹跟踪误差曲线

5.5.1.2　升降液压驱动系统轨迹跟踪控制

与回转液压驱动系统轨迹跟踪控制相似，首先建立升降液压缸控制系统，与建立回转液压缸控制系统完全相同。两个升降液压缸同步运行，伸长量一致。可以任取一个升降液压缸采集内置位移传感器信号。当截割臂转角 $\theta_2 = 0$ 时，升降液压缸的伸长量 y_2 记为 0，活塞杆伸出的方向为正方向。

当采集升降液压缸内置位移传感器信号时，同样使用一个一阶低通滤波器。对于升降液压驱动系统轨迹跟踪控制，设置升降液压缸的伸长量目标轨迹为 $y_{2d} = 0.05\sin(\pi t/8)$，使用 AFBSCPP 方法和传统的 PID 方法进行控制，其控制器的参数设置与上一小节中的相同。

在升降液压驱动系统轨迹跟踪控制过程中，同样选取其中一段数据进行对比与分析。图 5-31 给出了升降液压缸轨迹跟踪曲线。由图 5-31 可以看出，AFBSCPP 控制方法具有更好的跟踪性能。

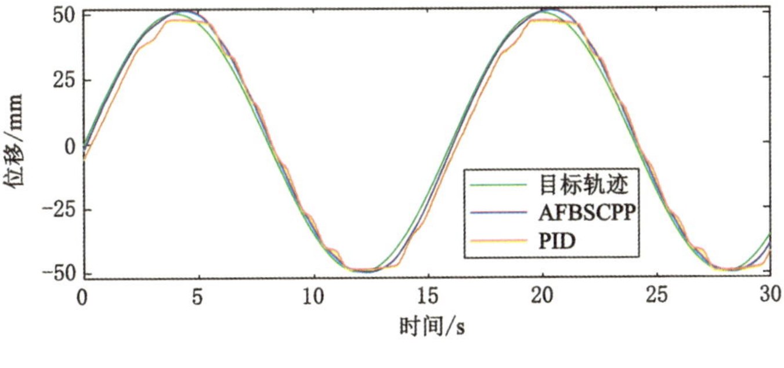

图 5-31　升降液压缸轨迹跟踪曲线

升降液压缸轨迹跟踪误差曲线如图 5-32 所示。由图 5-32 可以看出，AFBSCPP 控制方法的轨迹跟踪误差在 −3.8 ～ 3.9 mm 范围内，而 PID 控制方法的跟踪误差在 −5.5 ～ 8 mm 范围内，这证明了 AFBSCPP 控制方法的优越性。

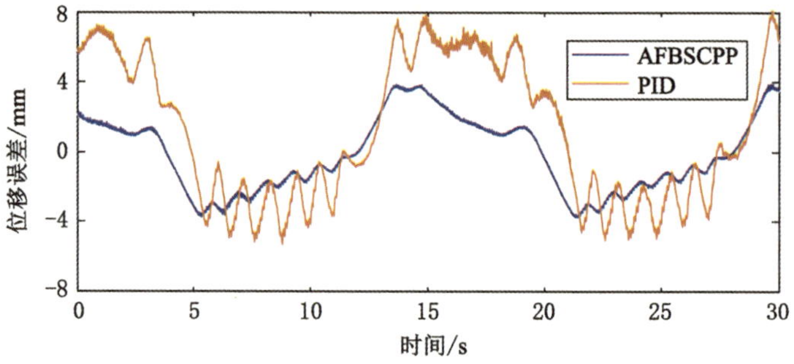

图 5-32　升降液压缸轨迹跟踪误差曲线

5.5.2　掘进机截割头轨迹跟踪控制试验

通过单独的回转液压缸轨迹跟踪控制和升降液压缸轨迹跟踪控制，验证了所提出的AFBSCPP控制方法的有效性和性能，接下来进一步使用AFBSCPP控制方法同时对回转液压驱动系统和升降液压驱动系统进行控制，以实现悬臂式掘进机截割头轨迹跟踪控制。

5.5.2.1　截割头截割轨迹设定

以一个2 m×1.3 m的拱形巷道断面作为目标截割断面，以类S形截割路径为原则规划截割头轨迹。如图5-33所示，为截割头在巷道断面坐标系中的截割轨迹，其中蓝色线表示截割头循迹跟踪控制的目标轨迹。试验中忽略了截割臂在不同摆角时截割头在巷道断面投影形状的不同，因为其只对目标轨迹给定具有微小的影响，对截割头循迹跟踪控制方法的研究没有影响。

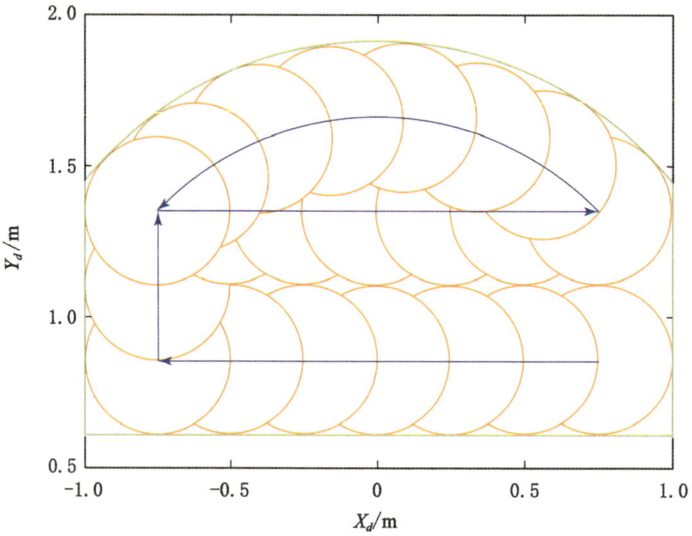

图 5-33　截割头在断面坐标系中的截割轨迹

给定截割头中心在断面坐标系中的目标轨迹后，需要考虑掘进机机体当前位姿状态，根据掘进机截割头运动学模型求解左侧回转液压缸和升降液压缸的伸长量目标轨迹，进而使用所提出的 AFBSCPP 方法进行轨迹跟踪控制。对于求解左侧回转液压缸和升降液压缸的伸长量目标轨迹，首先将截割头目标轨迹离散成稠密的二维坐标点，然后对每一个坐标点直接求解回转液压缸和升降液压缸的伸长量数值解，得到离散形式的左侧回转液压缸和升降液压缸的伸长量目标轨迹，在控制过程中按照一定的采样时间读取目标轨迹离散序列即可。

在掘进机实际工程中，由于煤岩赋存条件复杂、巷道底板稳固性不确定等原因，掘进机机体在断面截割过程中可能出现位姿变化，因此，在实际应用中需要实时测量掘进机机体位姿状态，并根据当前机体位姿实时更新回转液压缸和升降液压缸伸长量目标轨迹。在上述条件下，系统需要同时完成三个任务：① 图像获取与机体位姿检测；② 在当前位姿下计算截割机构逆运动学数值解并生成目标轨迹；③ 回转和升降液压驱动系统轨迹跟踪控制。为了方便验证所提出的控制方法的有效性，假设掘进机通过前铲板和后支撑装置支承后机体位姿不再改变，其符合试验条件，在此条件下，只需要在断面截割前检测一次机体位姿，根据该位姿计算整个截割头目标轨迹对应的液压缸伸长量离散序列并进行控制。由于掘进机机体是静止不动的，采用所设计的 MSVAE-CNN-S3 模型进行机体位姿检测。

5.5.2.2 截割头循迹跟踪控制试验结果

由于同时控制回转和升降液压驱动系统，控制系统的搭建即为升降液压缸控制系统和回转液压缸控制系统的组合。为了验证截割头循迹跟踪控制的有效性，使用红外动捕系统实时获取截割头空间位置坐标，作为截割头实际轨迹。在预设的截割头截割轨迹中，横向牵引速度选择为 0.15 m/s。在掘进机两种不同的机体位姿下进行截割头循迹跟踪控制，以验证所提出的截割头循迹跟踪控制策略对不同机体位姿状态的补偿能力。

在第一个试验中，调整掘进机机体为近似的标准位姿，使用基于 MSVAE-CNN-S3 模型的位姿检测方法测得当前机体位姿为：$x_v = -1557\,\text{mm}$、$y_v = -15\,\text{mm}$、$z_v = 733\,\text{mm}$、$\alpha_v = 0.118°$、$\beta_v = -0.013°$ 以及 $\gamma_v = -0.023°$，将该机体位姿状态记为位姿 1。在当前机体位姿下，基于悬臂式掘进机截割头运动学模型直接求解左侧回转液压缸和升降液压缸的伸长量目标轨迹序列，并进行控制。

当悬臂式掘进机机体处于位姿 1 时，左侧回转液压缸的目标轨迹以及轨迹跟踪结果如图 5-34 所示，升降液压缸的目标轨迹以及轨迹跟踪结果如图 5-35 所示。由图 5-34 和图 5-35 可以看出，使用所提出的 AFBSCPP 控制方法能够同时实现回转和升降液压缸伸缩量的目标轨迹跟踪，稳定后的轨迹跟踪误差在 ±5 mm 以内。

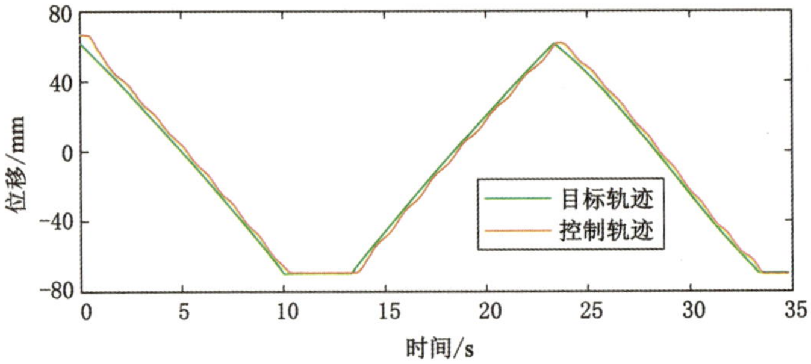

（a）轨迹跟踪曲线

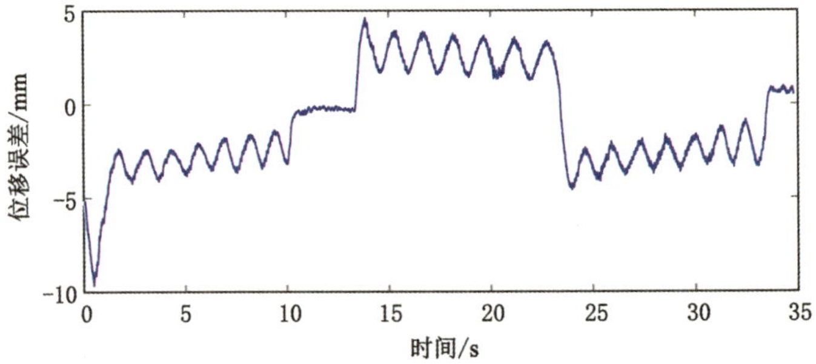

（b）轨迹跟踪误差曲线

图 5-34　位姿 1 时回转液压缸轨迹跟踪结果

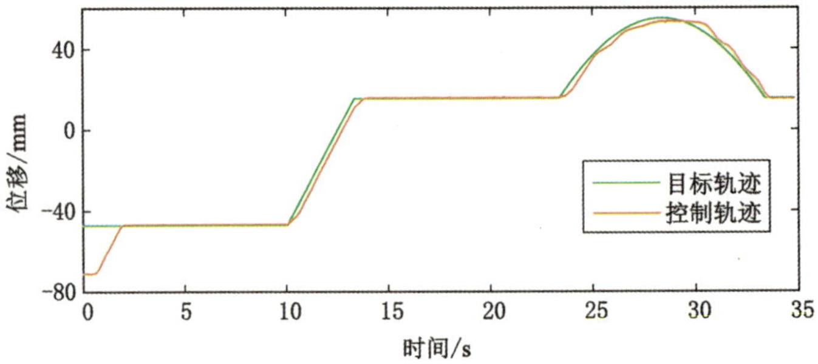

（a）轨迹跟踪曲线

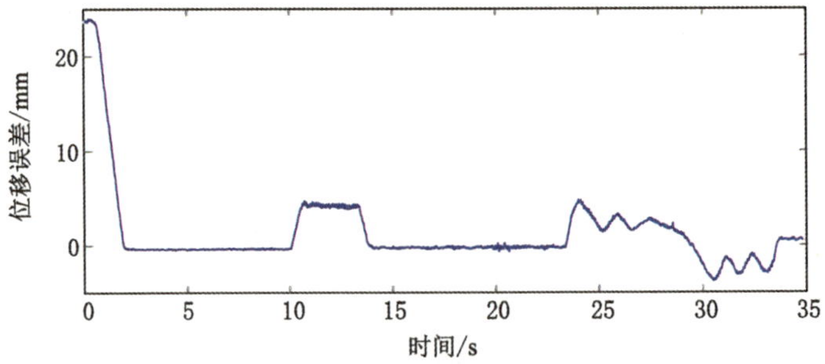

（b）轨迹跟踪误差曲线

图 5-35　位姿 1 时升降液压缸轨迹跟踪结果

图 5-36 所示为位姿 1 时截割头循迹跟踪控制结果。其中，运动学计算轨迹是通过左

侧回转液压缸和升降液压缸的控制轨迹、基于当前机体位姿测量值和截割头运动学模型计算得到的，可以视为截割头控制轨迹；动捕测量轨迹为红外动捕系统对截割头中心位置的测量结果，可以视为截割头真实轨迹。不考虑初始阶段由于截割头实际初始点与目标轨迹初始点不同导致的误差，截割头运动学计算轨迹能够很好地跟踪目标轨迹，说明了所提出的截割头循迹跟踪控制策略与方法的有效性；而动捕测量轨迹与截割头目标轨迹具有一定的误差，其主要原因为机体位姿检测存在误差、截割头运动学模型中结构尺寸的测量存在误差。截割头中心的轨迹误差即可近似为巷道断面成形轮廓误差。不考虑初始跟踪阶段，截割头真实轨迹与截割头目标轨迹的轮廓误差在 48 mm 以内，完全满足《煤矿井巷工程质量验收规范》（GB 50213—2010）和《煤矿井巷工程质量评价标准》（NB/T 51029—2015）中巷道尺寸偏差最大范围为 200 mm 的要求。

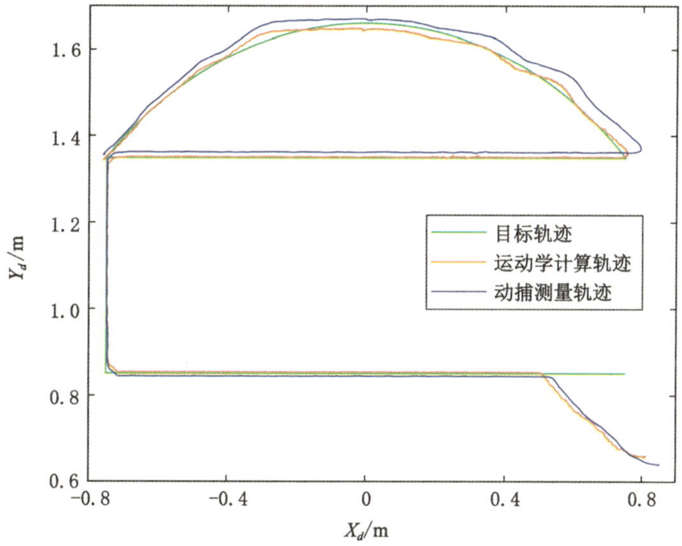

图 5-36 位姿 1 时截割头循迹跟踪控制结果

在第二个试验中，调整掘进机机体的方向角 α_v 向负方向转动一定角度，使用基于 MSVAE-CNN-S3 模型的位姿检测方法测得当前机体位姿为： $x_v = -1479\,\text{mm}$ 、 $y_v = -48\,\text{mm}$ 、 $z_v = 731\,\text{mm}$ 、 $\alpha_v = -6.257°$ 、 $\beta_v = -0.020°$ 以及 $\gamma_v = -0.019°$ ，将该机体位姿状态记为位姿 2。在当前机体位姿下，基于悬臂式掘进机截割头运动学模型直接求解左侧回转液压缸和升降液压缸的伸长量目标轨迹序列，并进行控制。

当悬臂式掘进机机体处于位姿 2 时，左侧回转液压缸的目标轨迹以及轨迹跟踪结果如图 5-37 所示。

升降液压缸的目标轨迹以及轨迹跟踪结果如图 5-38 所示，其同样验证了所提出的 AFBSCPP 控制方法的有效性，回转液压缸和升降液压缸稳定后的轨迹跟踪误差在 ±5 mm 以内。

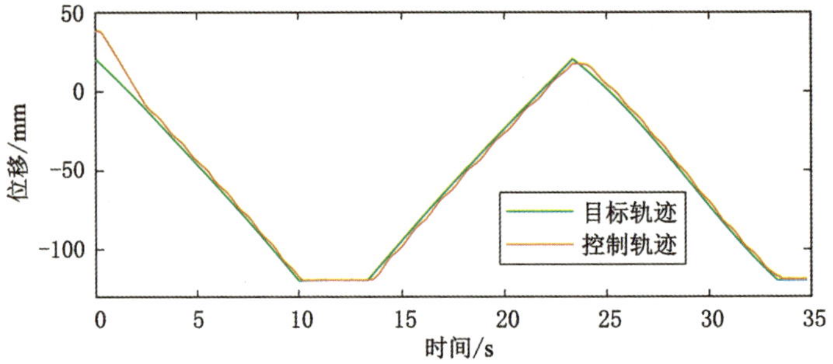

（a）轨迹跟踪曲线

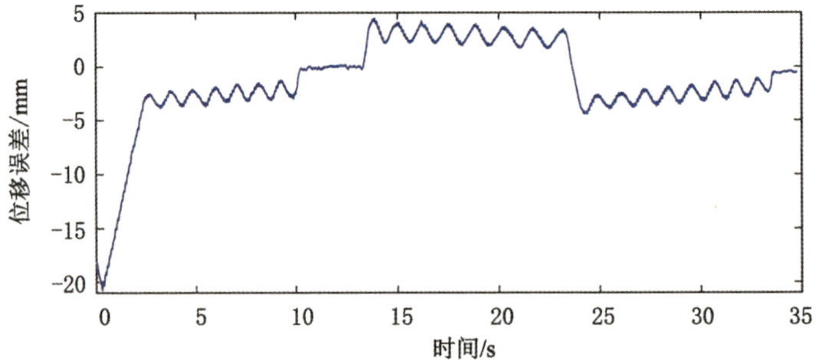

（b）轨迹跟踪误差曲线

图 5-37　位姿 2 时回转液压缸轨迹跟踪结果

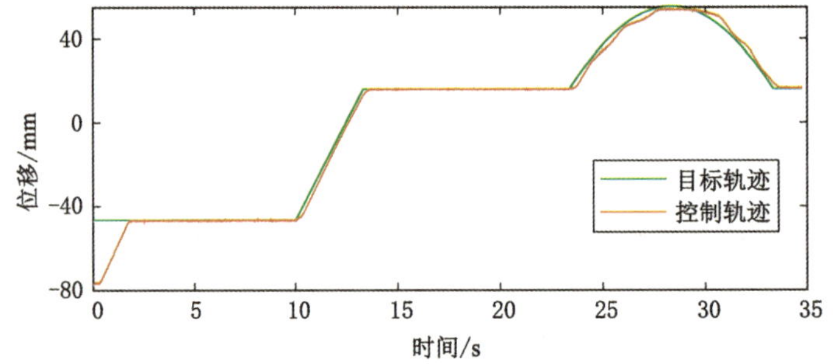

（a）轨迹跟踪曲线

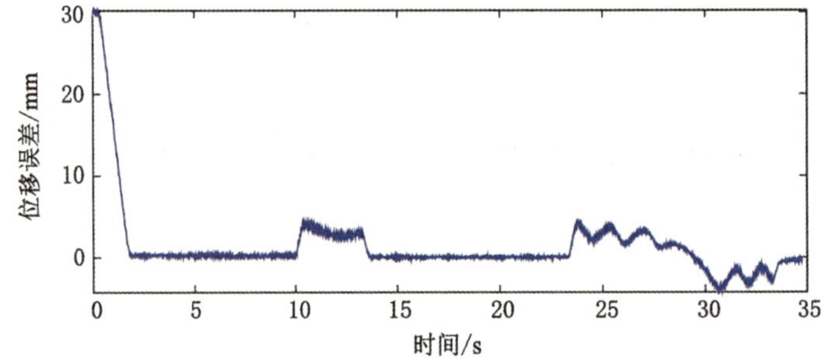

（b）轨迹跟踪误差曲线

图 5-38　位姿 2 时升降液压缸轨迹跟踪结果

图 5-39 给出了机体状态为位姿 2 时截割头循迹跟踪控制结果。与位姿 1 时的试验结果相似，截割头运动学计算轨迹能够很好地跟踪目标轨迹，说明了所提出的截割头循迹跟

踪控制策略与方法的有效性以及对不同机体位姿状态的补偿能力；动捕测量轨迹与截割头目标轨迹具有一定的误差，其原因与位姿 1 时的相同。不考虑初始跟踪阶段，截割头真实轨迹与截割头目标轨迹的轮廓误差在 52 mm 以内，同样满足验收与评价要求。

通过在掘进机两种不同的机体位姿下进行截割头循迹跟踪控制，验证了所提出的掘进机截割头循迹跟踪控制策略与方法的有效性。试验结果表明，使用所提出的 AFBSCPP 控制方法，截割头运动学计算轨迹（即控制轨迹）能够很好地跟踪目标轨迹。在实际应用中，截割头作为与煤岩直接作用的机构，很难直接对其绝对位置进行检测，一般需要检测机体位姿。

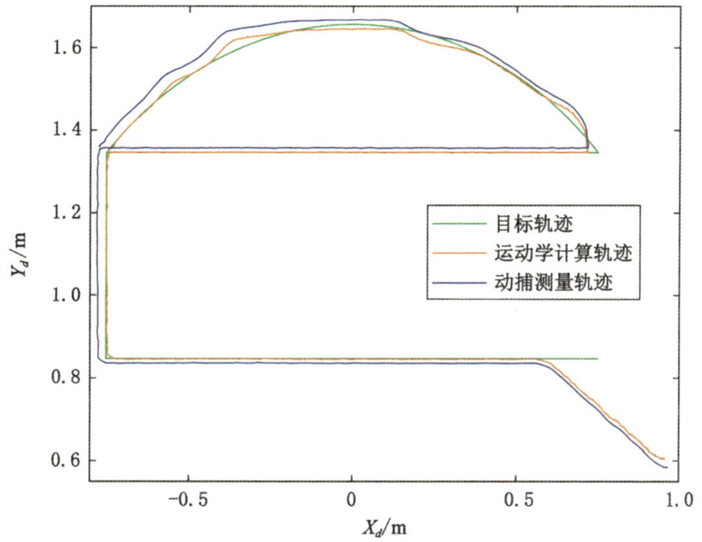

图 5-39　位姿 2 时截割头循迹跟踪控制结果

第 6 章

掘进机状态监测与健康管理方法和系统

井下环境恶劣，工况复杂多变，容易出现设备故障、作业不连续、工期延误等问题。如何对掘进机健康状态进行监测，采用预测性维修手段来降低事故发生率，是煤矿制造装备企业的一个重要研究方向。在掘进机的生命周期管理过程中，应该充分地考虑如何提高掘进机的可靠性、可诊断性和可维修性，即重视和加强故障控制、诊断、预测和维护等健康管理工作在掘进机生命周期过程中的地位角色。相关研究成果表明，在掘进机健康监测中，所获取信号越准确，监测内容越多，对掘进机的行为预判越准确。

6.1 掘进机状态特征提取方法

6.1.1 数据采集系统基本原则

井下信号的获取与预处理是掘进机的故障诊断技术的一个主要环节。反映机、电、液状态的信号质量差，预处理手段不合适，会导致故障诊断误差很大。合理的数据采集系统是获取准确状态参数的保证。数据采集系统的研发需要关注采样定律、采集电路和数据预处理技术。

由于掘进机系统复杂，所需传感器种类繁多，所以需要进行分布式设计；同时要考虑成本与安全，即达到“多快好省”的目的。针对煤矿井下复杂工况，还要考虑掘进机处在光线暗、电磁干扰多的工作环境中，其系统性能稳定性方面需要在设计时候多加裕度。

掘进机信号采集系统软件需要考虑不同的通信接口，兼容不同的语言，并且可以给系统提供周期性自我检测功能。要采用分布式设计与扩展化相结合的方法，将系统分为多个采集模块。各模块之间既要保持相互联系，又要有相对的独立性，便于后续技术人员对其进行二次扩展和开发。

掘进机作业是一个复杂的工程。不同系统的故障诊断需要不同种类的信号。例如：截割臂的故障诊断需要采集振动信号，电机的故障诊断需要采集电流信号。不同的特征信号需要不同的技术手段来提取。掘进机信号采集流向如图 6-1 所示。

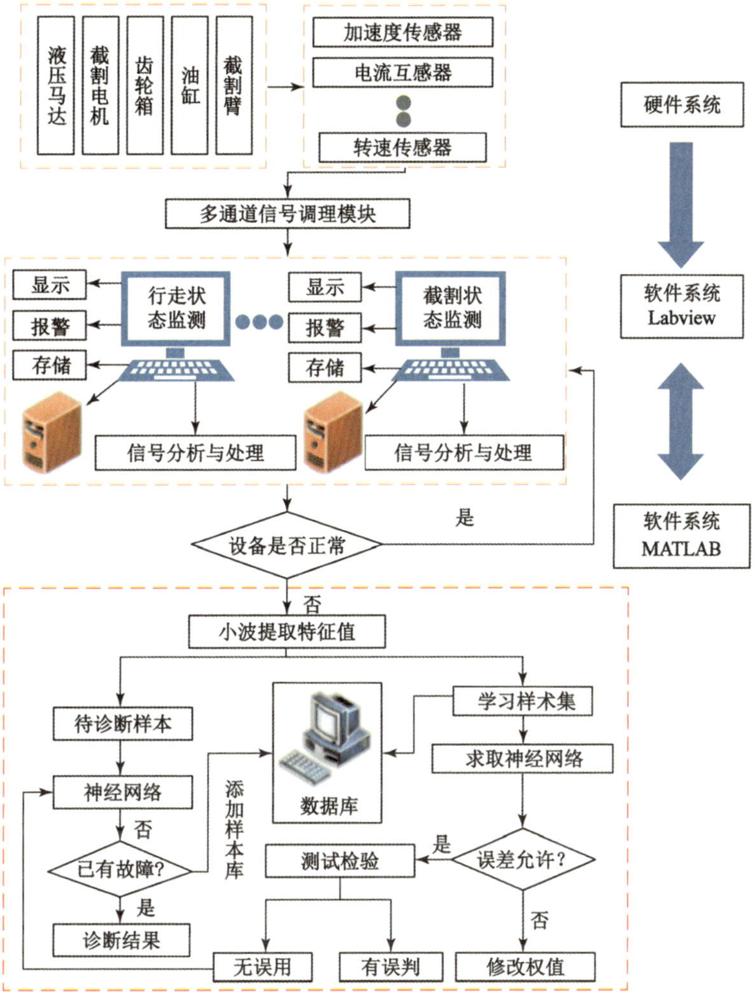

图 6-1　掘进机信号采集流向

采样周期多采用经验法来确定。特别是在极端工况下，可采用经验积累与传感器理论相结合的办法，大致选择一个采样周期，然后经过若干次测试，逐步微调至理想的采样周期。常见采样周期如表 6-1 所示。

表 6-1　常见采样周期

被调参数	采样周期 /s	备注
流量	1 ～ 5	优先选用 1 ～ 2 s
压力	3 ～ 10	优选选用 6 ～ 8 s
液位	6 ～ 8	
温度	10 ～ 20	
成分	15 ～ 20	

井下的实际采样周期必须经过现场反复调试后才能确定。为了简化计算，一般采用由

大到小的调节方式来细化采样周期，直到不影响故障计算精度。由于掘进机所需要采集模拟量较多，所以可根据输入信号的性质与通道数目，结合上位机通信方式与最优采样频率等因素综合考虑采样周期。

6.1.2 状态特征融合提取方法

结合信息融合理论和掘进机截割系统故障诊断特点，提出一种基于集合经验模态分解（Ensemble Empirical Mode Decomposition，EEMD）与主成分分析（(Principal Component Analysis，PCA）结合的特征融合方法，在有限的故障数据获取下建立高分辨特征数据集，以达到利用最小特征资源情况得出最精准的故障诊断结果。传统的特征融合指将各种特征信息直接合并，不做针对性的处理。部分研究人员通过分析属性重要度或者信息熵从各种特征中选择关键的特征，期望为后续的模式识别提供精准的数据集合。采用 EEMD 与 PCA 相结合的办法，在掘进机截割臂工作过程中，采集振动信号和电流信号。以这两种信号作为融合对象，在采集到少量的故障样本下，利用支持向量机（Support Vector Machine，SVM）方法，可以精确判断出截割臂工作过程中的健康状态。

早期故障有两种类型：早期突发故障和时变故障。早期突发故障与一般突发故障的区别在于偏差的增益百分比。与正常情况下实际值相比，初始故障信号很小。电流传感器的初始故障表示为：

$$I_{\mathrm{f}} = I_{\mathrm{n}}\left(1+\alpha\right) \tag{6-1}$$

式中，I_f 为故障传感器电流值，I_n 为正常电流值，α 为微小偏置常数。

时变故障的特征信号初始振幅较小，随着时间的推移会逐渐劣变。退化过程可以表示为：

$$R_{\mathrm{f}} = R_{\mathrm{n}}\mathrm{e}^{-\eta tf} \tag{6-2}$$

式中，R_{f} 为劣化电阻值，R_{n} 为正常电阻值，η 为衰减指数。

截割臂振动信号时域图如图 6-2 所示。由图 6-2 可以看出，截割臂振动信号波形中未出现明显异常信号，其信号中隐藏的早期故障信息难以检测。

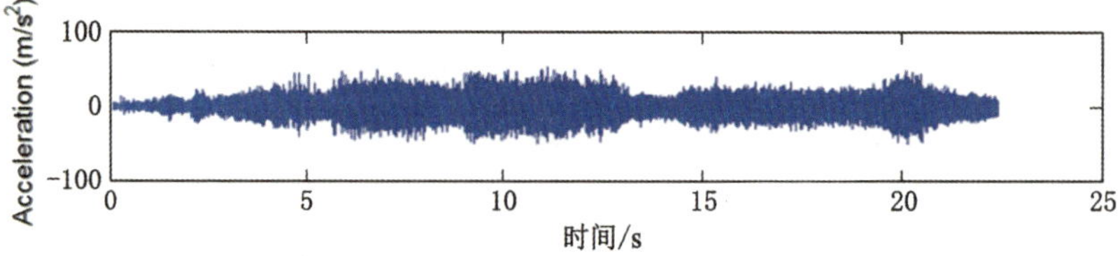

图 6-2　截割臂振动信号时域图

对图 6-2 进一步分析，得到截割臂振动信号频域图（如图 6-3 所示）。通过这种方式，可以清楚地将初期的故障信号与健康状况区分开来。信号特征提取流程如图 6-4 所示。首先，采用经验模态分解（Empirical Mode Decomposition，EMD）方法将采集到的振动信号分解为多个不同的本征模态。接着，利用插值函数和原始函数进行特征生成，选取最敏感的特征构造特征向量。包含频率特征的累积频率幅值用整个测量时间的希尔伯特-黄边际谱（Hilbert-Huang Transform，HHT）表示。然后，利用主成分分析进行特征降维，得到低维特征空间。最后，将低维特征集作为分类器的输入。

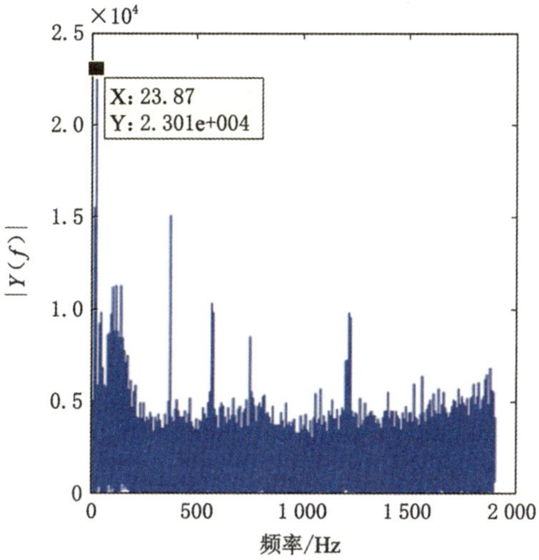

图 6-3　截割臂振动信号频域图

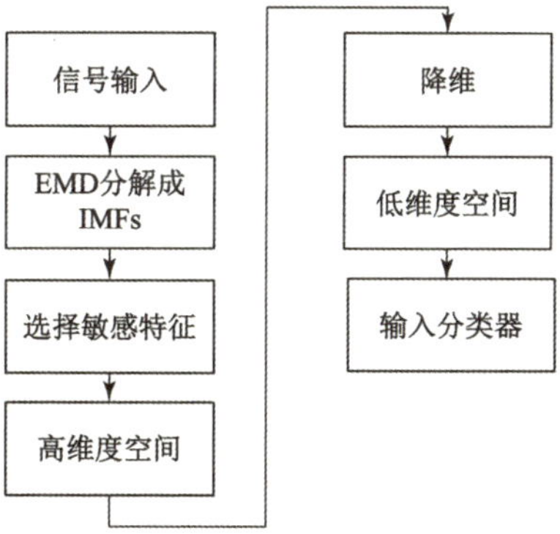

图 6-4　信号特征提取流程

掘进机在井下巷道行走时，截割臂处于非截割状态，振动小，电机电流小。当掘进机截割岩壁时，由于岩壁的反作用力较大，振动幅值和电机电流幅值均较大。如果掘进机截割失败，信号就会跳跃。此时，若准确地采集到信号并将其输入到建立的故障诊断模型中，则可以立即对故障进行判断。将截割臂的工作状态分为截割健康、截割故障、非截割健康和非截割故障四种。

截割部分由截割头、拉伸部分、截割减速机、截割电机等组成。由于截割电机和截割减速机之间的连接是人工组装的，所以这部分容易发生故障。电机的转轴与减速器的转轴通过滚动轴承连接。滚动轴承的变形和失效会导致掘进机截割臂工作状态异常。

振动信号的特征值可分为量纲指标和无量纲指标。量纲指标包括有效值、方差、平方根幅值、平均值和峰值；无量纲指数包括峰度指数、边际指数、波形指数、峰值指数和脉冲指数。有效值峰度指数和标准差在状态监测和故障诊断中得到广泛的应用。振动能量的强度由有效值决定；影响程度用峰度值表示；偏离均值的程度用均方的根表示。如果振动能量在正常情况下突然增加，就可能会发生设备故障。当掘进机健康运行时，信号振幅稳定在一定范围内。当掘进机出现故障时，信号开始突变，振动能量、冲击能量和振动偏离均值都比正常情况下的大得多。因此，方差可以用来判断振动信号状态的健康程度。根据上述分析，选取方差、有效值和峰度测度作为振动信号的特征向量$\left[X_1,X_2,X_3\right]$。

作为掘进机关键的执行部件，截割电机不仅影响截割动作，而且直接导致截割部件的故障。因此，应监控截割电机的运行状态。截割电机三相电流异常是截割电机故障的外部直接表现，可以直接反映截割电机的负载状态。因此，选择截割电机的三相电流作为特征向量一部分$\left[I_A,I_B,I_C\right]$。

综上所述，采用振动信号的方差、有效值、测量峰值，截割电机三相电流作为特征向量，进而形成多传感器融合模式，可用于准确预测截割臂的工作状态。

6.2 掘进机状态监测系统设计

掘进机性能的好坏决定着巷道掘进的效率。对掘进机进行全方位的状态监测是维持掘进机健康的前提。掘进机多信息监测系统架构如图 6-5 所示。

掘进机多信息监测系统具有环境监测、截割状态监测、油液状态监测、剩余使用寿命预测等功能。掘进机多信息监测系统硬件连接图和软件逻辑图如图 6-6 所示。

6.2.1 掘进机油液状态监测系统设计

目前，大多数机械设备油液的监测采用人工监测的办法，这导致机械设备油液监测数据不具有时效性。监测者和管理者无法根据实时的数据做出及时的决策。为减少机械设备故障，需要能实时监测的监控装置。现在应用最广泛的就是计算机监测系统。该系统可以实时自动检测机械设备油液的温度、液位和流速。以 PLC 为控制核心，配以流量传感器、DS18B20 温度检测电路、液位传感器电路、蜂鸣报警器、继电器，通过数据总线连接在一起，再下载安装相应的程序，以此能够达到机械设备油液实时动态测量的目的，对机械设备油液的温度、流速和液位进行实时监测，并将监测得出的数据通过网口模块实时上传到手机或电脑上位机界面中，方便远程监测。加入的蜂鸣器报警设计会在液位异常以及温度超过预设值时发出报警来提醒操作员。当流量总和超过预设值，则继电器断开。

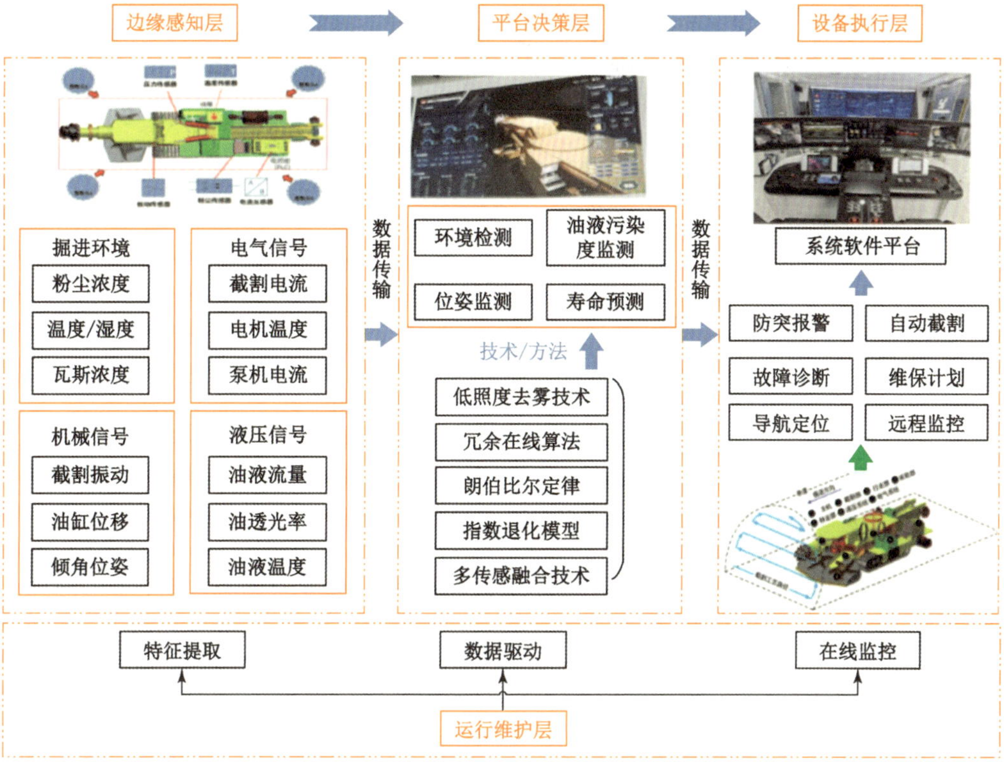

图 6-5 掘进机多信息监测系统架构

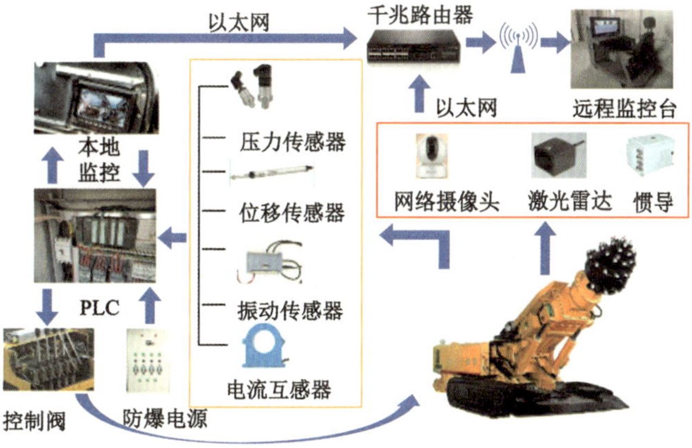

（a）硬件连接图

图 6-6 掘进机多信息监测系统硬件连接图和软件逻辑图

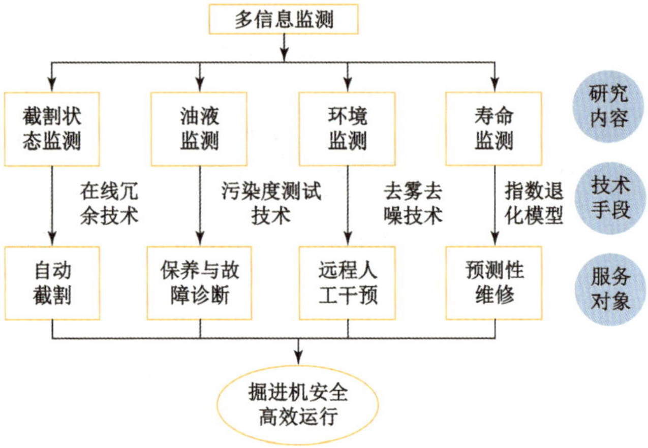

（b）软件逻辑图

图 6-6 （续）

6.2.1.1 总体结构设计

通过流量传感器实时监测油液的流量；通过 DS18B20 温度传感器监测油液的温度；通过液位传感器监测油液的液位。LCD1602 液晶显示屏可以实时显示累计流量、油液温度、油液液位。在工作面板上，通过三个按键就可以直接设置一个累计流量限额。当一个累计流量限额超过了所设定的限额时，该继电器关闭；反之，该继电器开启。如果液位不在正常液位或者温度过高，蜂鸣器就会发出提示警报，同时将对应的报警信息实时上传到上位机。液晶显示的数据通过网口模块可以实时上传到上位机。掘进机油液状态监测系统总体结构如图 6-7 所示。

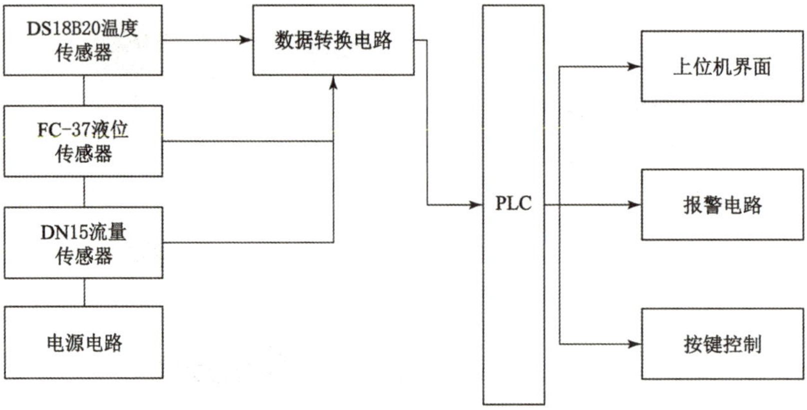

图 6-7 掘进机油液状态监测系统总体结构

该系统监测到的数据会在 LCD 显示屏上显现，并且能够通过网口模块将监测数据实时的上传到上位机界面。在监测装置上还装备了蜂鸣报警器。操作者可以根据实际状况设置温度的上限值和流速的上限值，从而保证机械设备的运行状况在一个良好的环境下。当温度超过上限值时，继电器断开，将不再显示温度具体数值；在流速超过限定值以及液位不在设定区间内时，蜂鸣报警器会发出预警信号，提醒操作者需要去调整掘进机设备以使油液的状态恢复正常。

6.2.1.2　硬件设计

对于核心板模块的选择，采用的是西门子 PLC300 处理器。首先，PLC300 处理器可以符合设计所需要的各项功能并且有足够的接口去发挥和连接更多的传感器，以满足设计装置所需的各种控制电路。

流量监测采用的是一种基于霍尔传感器设计的 DN15 流量传感器。该流量传感器主要包括塑料阀体、液流转子部分和霍尔传感器三个部分。传感器安装于液体的进入端，用于实时监测推进液体的流量。当液体经过了液流传感器的转子部分，转子会使液体通过一个液流传感器组件时，磁性传感器转动并且其转速会随着液体流量的变化而产生一定的变化，霍尔传感器将电压信号输出，而后反馈给控制器，由该部分的控制器自动判断水流量的多少，进而对其进行调节。

温度监测采用 DS18B20 温度传感。该温度传感器是一种常用的新型数字温度传感器。该温度传感器所需要输出的是十字数码温度信号，并且具有体积小、硬件安装费用低、抗干扰能力强、精度高等优势。

液位监测选用 FC-37 传感器进行监测，以便于得到水滴或者液位的信号。该传感器采用高品质 FR-04 双面复合材料，具有超大尺寸（5.0 cm × 4.0 cm），具有镀镍处理后的表面。

6.2.1.3　软件设计

掘进机控制系统通常利用 PLC 控制动作，结合 DN15 流量传感器、DS18B20 温度传感器和 FC-37 水滴 / 液位传感器实现对机械设备油液状态进行监测。用于监测机械设备油液的温度、流速和液位是否在预设的范围内，并将液晶显示的数据通过 WiFi 模块实时上传到上位机界面。当温度、流量和液位都在预设范围内时，整个监测装置进入正常工作状态。当温度超过设定值时，继电器断开；当液位不在预设范围内时，蜂鸣器会立刻发出报警信号，数据也会上传到远程监测设备，以此提醒人员及时进行处理。软件与硬件设计流程如图 6-8 所示。

6.2.2　掘进机机电系统故障诊断

掘进机电机及减速器故障是导致掘进停机率高的主要原因之一，它可以导致减速机的异响或者温度上升，严重时候可以影响截割头的转动速度。掘进机的截割传动装置又被称作截割减速机，其主要作用是将截割电机的动力传递到截割头，并在传递的过程中，起到减慢速度、增加扭矩的作用，使截割头拥有合理的扭矩和转速，方便对岩体进行截割。传动装置的箱体作为截割臂的一部分，需要具有足够的强度和刚度；内部的齿轮、轴承等零部件要能承受较大的冲击与振动，并具有足够的过载能力与韧性。但是鉴于井下作业工况十分恶劣，长时间持续冲击往往会导致齿轮部件的损坏，比如出现断齿、磨损严重、裂纹等现象。一旦出现这种情况，如果不及时发现故障，就会导致截割质量低、温度上升异常等情况，严重会使作业瘫痪。

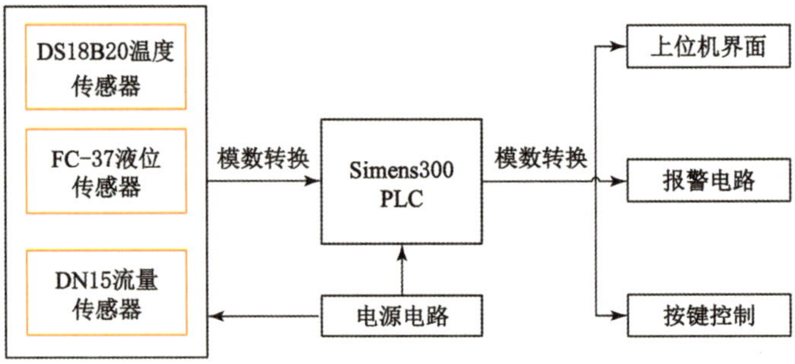

（a）监测硬件设计线路图

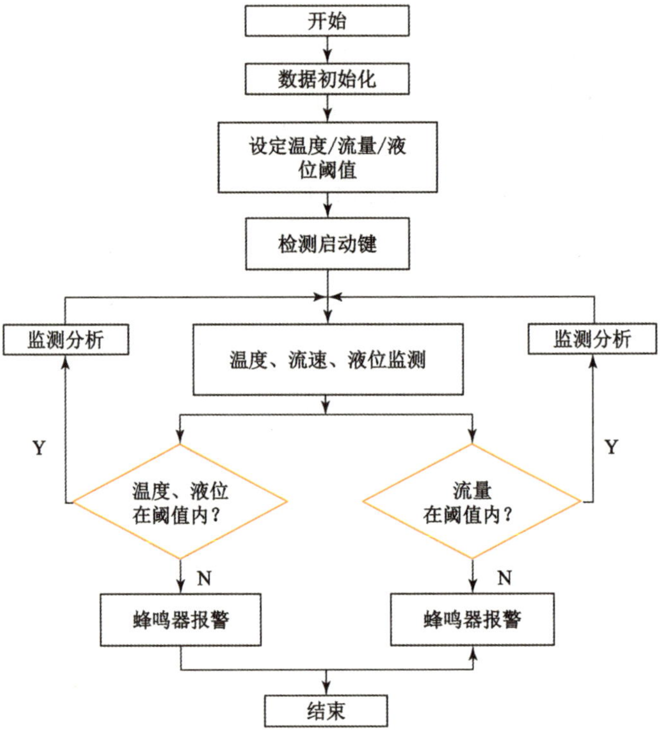

（b）软件设计流程

图 6-8　油液监测设计

6.2.2.1　故障诊断原理

掘进机减速器由截割电机、联轴器、齿轮箱及负载等组成。掘进机变速箱内齿轮组在健康运行时候，各个齿轮的啮合振动信号是反映故障的敏感信号。需要提取的特征量为啮合频率与谐波分量。振动信号可以表示为：

$$x(t)=\sum_{m=0}^{M}X_m\cos(2\pi f_z mt+\phi_m) \tag{6-3}$$

式中，$x(t)$ 为总体振动量；X_m 是谐波分量；ϕ_m 是谐波波形的分量相位；f_z 是齿轮副的啮合频率，$f_z=zf_n$；f_n 是连接轴的旋转频率；z 是待分析齿轮的齿数。

当齿轮出现裂纹故障时，由于齿面实时承受载荷的波动，所以振动信号的振幅会发生突变。由于齿轮为一种旋转机械，其信号是周期性变化的，故这种振幅的突变也呈现周期性。齿轮的振动信号可表示为：

$$y(t)=\sum_{m=1}^{M}X_m[1+A_m(t)]\cos[2\pi f_z mt+B_m(t)+\phi_m] \tag{6-4}$$

式中，$A_m(t)$ 是第 m 阶谐波分量；$B_m(t)$ 是第 m 阶谐波频率。

故障波动在每一次传动周期内都要体现一次。谐波幅值与频率详细表示为：

$$\begin{aligned}A_m(t)&=\sum_{n=1}^{N}A_{mn}\cos(2\pi f_n nt+\alpha_{mn})\\B_m(t)&=\sum_{n=1}^{N}B_{mn}\cos(2\pi f_n nt+\beta_{mn})\end{aligned} \tag{6-5}$$

式中，A_{mn} 与 B_{mn} 是幅值与频率调制的第 n 阶分量；α_{mn} 与 β_{mn} 分别是其对应的相位值。

如果进一步将上述两个量进行数学变换，得到其对应的频谱，这就可以依据频谱上的变频带大小判断故障部位（即在哪一个传动轴上），最终根据啮合频谱的变化确定相应故障齿轮。

电机各电流成分矢量图如图 6-9 所示。

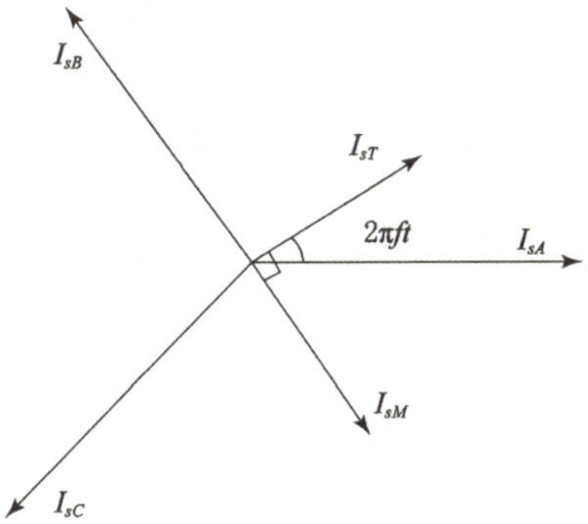

图 6-9　电机各电流成分矢量图

参考图 6-9，扭矩振动产生时，电机的气间隙扭矩为：

$$T=T_0+\sum_{i=1}^{3}T_i\cos(2\pi f_i t+\varphi_i) \tag{6-6}$$

式中，T_0 为恒定扭矩，T_i 为振荡扭矩，f_i 为各轴的回转频率，φ_i 为相位。

$$\begin{aligned}I_{sM}&=I_{sM0}+\sum_{i=1}^{3}A_{sMi}\sin(2\pi f_i t+\varphi_{Mi})\\I_{sT}&=I_{sT0}+\sum_{i=1}^{3}A_{sTi}\sin(2\pi f_i t+\varphi_{Ti})\end{aligned} \tag{6-7}$$

式中，I_{sM0} 与 I_{sT0} 为初始电流，A_{sMi} 和 A_{sTi} 分别为交流分量的幅值，与 T_1,T_2,T_3 呈正相关关系。

假设 $\varphi_M=\varphi_T$，则可得到三相定子电流 I_A,I_B,I_C 的表达式。以 A 相为例，电流可表示为：

$$
\begin{aligned}
I_A=&\sqrt{I_{sM0}^{\ 2}+I_{sT0}^{\ 2}}\sin\left(2\pi f_i t+\varphi_0\right)+\sum_{i=1}^{3}\left(\frac{A_{sTi}-A_{sMi}}{2}\right)\cos\left[2\pi\left(f+f_i\right)t+\varphi_{Mi}\right]\\
&+\sum_{j=1}^{3}\left(\frac{A_{sTj}+A_{sMj}}{2}\right)\cos\left[2\pi\left(f-f_i\right)t-\varphi_{Mj}\right]
\end{aligned}
\tag{6-8}
$$

由式（6-8）就可推导出三相电流，并且可以测出它们的频率，包括电机电流频率和扭振频率。当传动系统发生故障时，扭振频率会有变化，进而利用数学变换提取频率的特征信号，转换成频谱图与边频带，最终通过变频带宽度判断出故障部位。

6.2.2.2 故障诊断原理

电机电流特征分析（MCSA）是一种有效的诊断转矩或转速波动故障的方法，已被应用在电机故障分析领域。采用当前电流特征分析提取光谱度量来检测掘进机截割变速箱齿轮的故障。所用试验系统如图 6-10 所示。

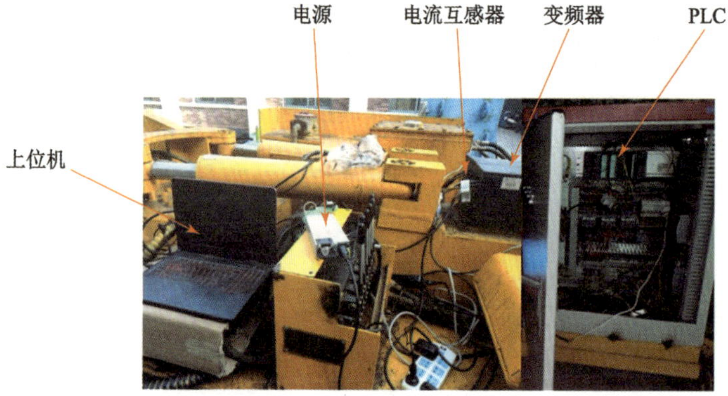

图 6-10　MCSA 信号采集硬件布置

在信号采集过程中，电流数据是从截割电机的输入电流中收集的。为了不破坏实际电路，采用电流互感器将截割电机输入电流感应出来，然后电流信号通过 PLC 采集，最后输入到上位机中进行信号预处理。截割系统将内部变频电机的高速旋转转换为输出花键处的高扭矩。为了实现这一点，截割系统由电机、传动齿轮和控制电路等组成。从变频电机电流输入处放置电流互感器，以方便电机的电流信号被直接监测。电源是给电流互感器及其他传感器一起供电。电流互感器采集的电流信号为 RS485 信号。该信号通过数字模块被 PLC 采集。PLC 与上位机通过网口连接，实现信号无障碍流通。

在减速器中，电机驱动四对齿轮，可以提供一定比例的减速。花键端的轴速度约为 50 r/min。通过测量欧姆电阻上的电压降，使用欧姆定律计算电流消耗。由于电流测量值的变化太小，无法检测，因此使用单电源传感器接口放大器放大电流信号。放大后的电流信号通过抗混叠的五阶椭圆低通滤波器滤波，使其平滑并消除噪声，然后通过模数转换器（ADC）发送到 PLC。

如图 6-11 所示，首先使用放大器和抗混叠低通滤波器对电流信号进行放大和滤波。PLC 通过 ADC 以 1.5 kHz 采样电流信号，并以波特率 115200 将其与转速计脉冲作为串行数据流送到计算机。MATLAB 脚本从单片机中获取串行数据，并将其写入逗号分隔值（CSV）文件。然后读取和处理 CSV 文件，使用 MATLAB 提取光谱指标。

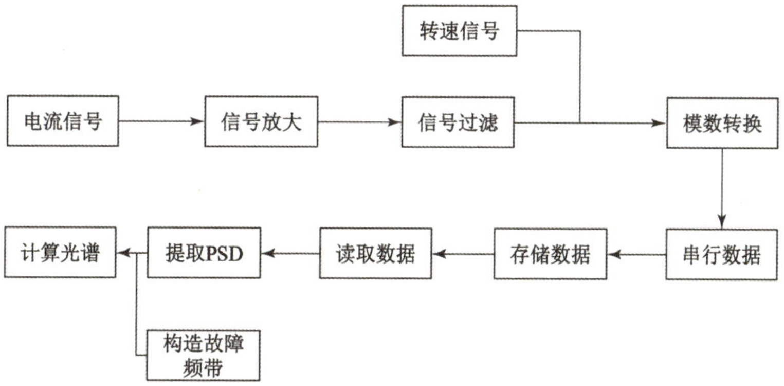

图 6-11　电流信号处理流程

减速器系统由四级行星齿轮传动组成，为了方便研究，将减速器简化模型只保留四对齿轮，如图 6-12 所示。

在图 6-12 中，电机轴上的小齿轮 P1 与阶梯齿轮 G1 啮合。P2 小齿轮是阶梯式齿轮 G1 的模制部分，并与阶梯式齿轮 G2 啮合。小齿轮 P3 是齿轮 G2 的模压部件，与阶梯式齿轮 G3 相啮合。小齿轮 P4 与 G3 共轴，与最后的齿轮 G4 是啮合。G4 连接到输出端。阶梯式齿轮组 G1 和 P2、G2 和 P3、G3 和 P4 是自由旋压齿轮，即它们没有连接到各自的轴上。该套驱动齿轮提供 25 : 1 的减速比，把电机转速 1480 r/min 降低到输出轴上的 60 r/min。

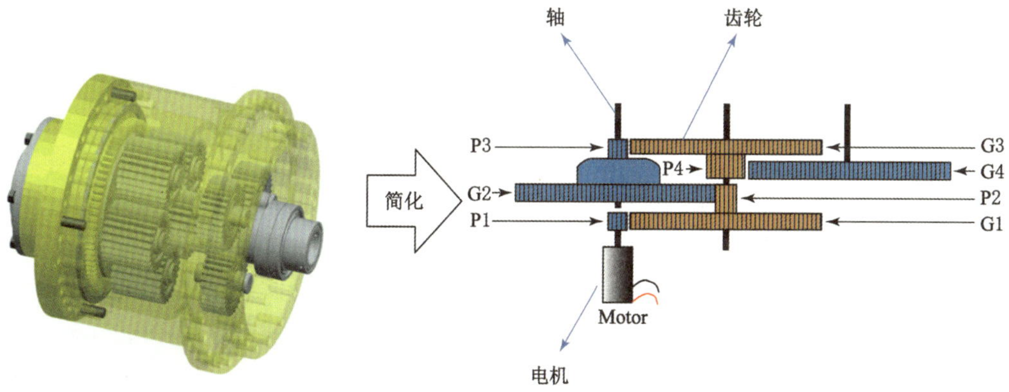

图 6-12　减速器简化模型

在阶梯式齿轮 G2 和 G3 引入故障之前，总共收集 10 个健康数据集。由于齿轮是成型的产品，齿轮制造时，正常齿轮和故障齿轮各制作一个。齿间距是沿直齿圆柱测量的两个相邻齿之间的间隙。裂纹深度约为齿轮半径的 30%。在引入 G2 和 G3 齿轮故障后，共记录 10 个故障数据集。研究组和对照组的电流信号如图 6-13 所示。

从图 6-13 中可以看出，故障信号振幅要大于健康信号振幅，这符合实际情况。

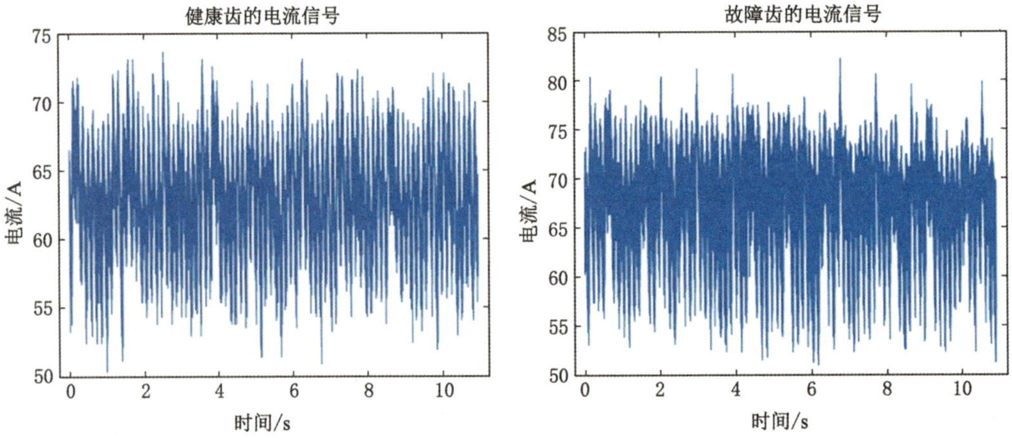

图 6-13　电流信号

进一步提取电流信号的频率能量谱信息，并计算其故障带度量。使用健康数据和故障数据在频率峰值振幅以及总边际功率两个关键指标创建散点图，将故障数据集和正常数据集分开分组，如图 6-14 所示。观察健康数据集和故障数据集在散点图的不同区域分组。

由图 6-14 可以看出，通过分析伺服电机的当前电流特征，可以对减速机齿轮的故障数据和健康数据进行分类。

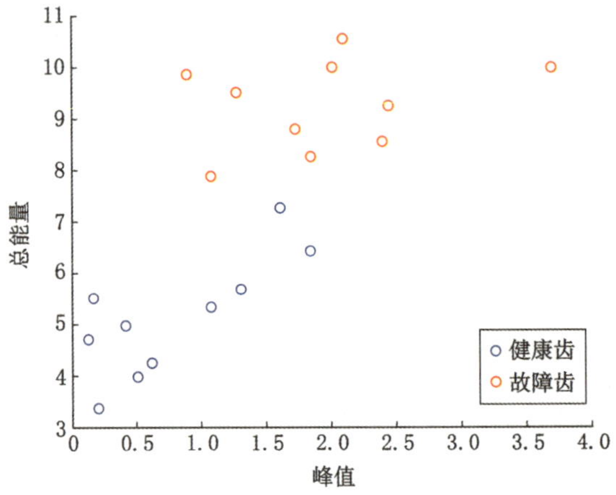

图 6-14　故障数据与正常数据散点

采用基于遗传算法改进的 SVM 方法对数据进行模式识别，就可对掘进机机电系统的典型故障进行有效诊断，其诊断结果如图 6-15 所示。

由图 6-15 可以看出，故障识别率可达 99%。

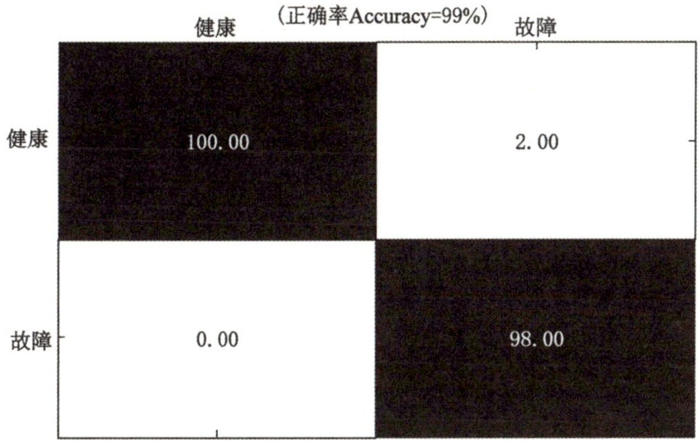

图 6-15　MSCA-SVM 的齿轮故障诊断

6.3 掘进机关键部件健康度预测方法

6.3.1 健康度预测研究

6.3.1.1 巷道掘进安全性方面

掘进机作为巷道掘进的主力大型设备，如果出现突变故障将会造成严重生产事故，增加运行成本，甚至危及人身健康。掘进机是由各种机、电、液等部件组成，井下生产还要考虑环境的实时影响，若能对掘进机的各个关键零部件健康状态进行准确预判，掘进机的整体安全性就会得到保证。随着各种零部件的服役时间增加，因磨损而导致健康指标下降不可避免，老化的零部件使掘进机的故障率大幅增加。

掘进机的健康度与零部件的性能息息相关，零部件的最大性能在设计之初便制定完成，其退化轨迹将贯穿整个掘进机的全生命使用周期，车间的装配误差、矿区调试场内的磨合不充分、进入井下作业时保养不及时、维修次数等因素都会加快性能退化速度。当设备服役到中后期，特别是接近设计寿命尾端时候，退化轨迹会加速，甚至随时会突发严重故障现象。

众多行业经验表明，对掘进机关键设备的实时在线监测是应对退化问题的有效手段。为对掘进机性能退化进行检测和管理，实时监测系统应包括对退化相关信号的获取与预处理、对海量数据的在线分析与可视化、对具体零部件相匹配的剩余使用寿命（Remaining Useful Life，RUL）预测模型。对关键零部件的连续实时监测及对获取的数据进行挖掘分析，既可以实时掌握掘进机的性能状态，及时发现异常和失效的早期征兆，从而达到最大限度降低设备因突然失效引起的严重损失；又可以准确定量评估当前状态及掘进机性能未来发展趋势，从而定制专门的退化减缓方法，调整设备运行参数，制定预防性维保计划，维持巷道掘进过程安全裕度。

6.3.1.2 巷道掘进经济性

目前，天然气、风电、光伏太阳能等各种其他能源供给得到大力发展。为了应对这种行业冲击，煤矿行业迫切需要降低运营成本，提高市场竞争力。在掘进运营成本中，运维成本占比超过 50%，因此降低运维成本是提高巷道掘进经济性的重要手段。

在实际生产中，井下对于煤矿机械仍然以定期检查和保养为主要运维手段。对比事后维修策略，定期预防性检查可以大幅降低掘进机意外失效的风险度和设备突发停机造成的工程进度延误与经济损失。煤矿机械定期维保方案是在设计之初根据以往经验积累而确定的。在实际工程中，这种做法难免过于保守，会出现过度维修与保养现象，造成维保资源浪费。

预测性维修策略为掘进机维护成本的进一步降低提供了一种有效手段。预测性维修可以预估掘进机将在何时发生故障。通过此方法，可以提前制定维护计划、更好地管理库存、消除计划外停机，并最大限度延长设备寿命。预防性维修及预测性维修对比如图 6-16 所示。

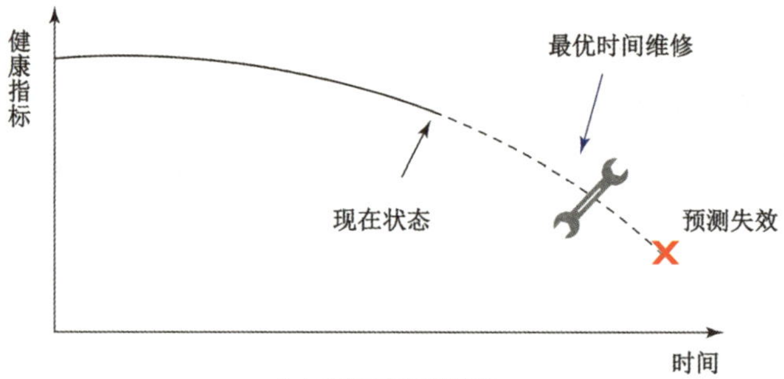

（a）预防性维修策略

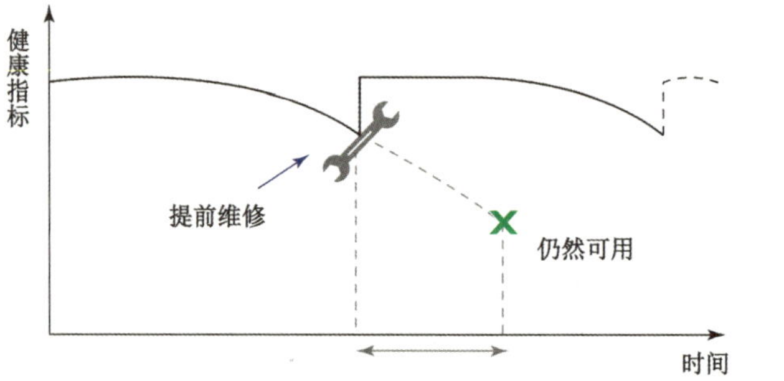

（b）预测性维修策略

图 6-16　预防性维修策略和预测性维修策略

实施预测性维护有助于减少掘进机的停工时间、优化备件库存和最大限度延长设备寿命。需要开发一个预测时间窗口的算法。该时间窗口通常指零部件在多少天后将出现故障并需要进行维护保养。智能算法的开发首先需要有描述零部件各种正常运行状况和故障运行状况的原始数据。接着对原始数据进行预处理，将其数据形式进行时域或者频域的转换，进而可以从中提取状态特征。利用提取的特征来训练机器学习模型，达到以下目的。

（1）检测出数据异常。在基于数据驱动的故障诊断过程中，数据的异常就代表着设备可能出现故障。

（2）对不同类型故障进行分类。数据不同的异常代表不同的零部件故障类型以及故障发生的位置。做好对不同故障的准确识别，才能进行下一步的维修保养工作。

（3）预估剩余使用寿命。对关键零部件性能退化进行精确预测，对其剩余使用时间进行合理估计，才能做好零部件大修或者更换时间，结合实际工程进度与库存调度，最终确定最优维保计划。设备剩余使用寿命预测简图如图 6-17 所示。

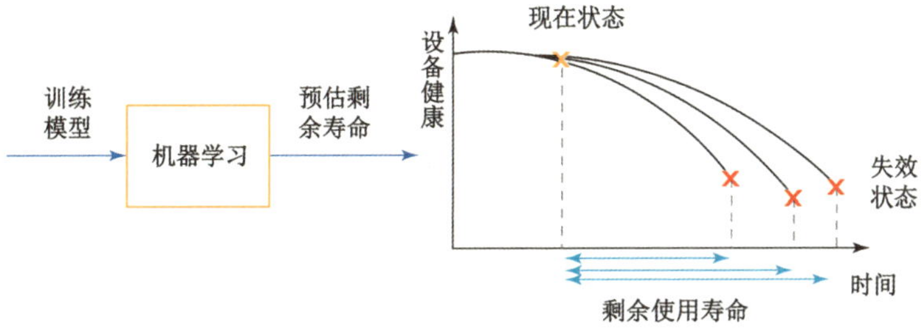

图 6-17　设备剩余使用寿命预测简图

预测性维护策略在其他工业领域取得了一定成功，得到了多方面的验证。预测性维护策略的实现需要精确的 RUL 预测，其实现步骤为信号采集、数据分析和诊断决策。其中信号获取是基础，数据分析是关键，维保策略是结果。通过基于预测性算法得出的设备退化趋势及剩余寿命，可使预测性维护策略具有先进性，达到降低掘进机运行成本目的。

6.3.1.3　掘进机状态预测与健康管理

实时监测关键部件的 RUL，将其纳入维保计划中，对提升掘进机运行安全性与经济性有着重要意义。状态预测与健康管理技术（PHM）为上述的监测与数据处理系统指明了一条具有前瞻性的技术发展方向。健康管理技术在巷道掘进机运行过程中主要工作有对井下敏感信号的获取与分析，对机、电、液、环不同类型的零部件进行故障诊断与状态监测，对关键零件的 RUL 预测以及对掘进机总体状态的远程可视化监测等。PHM 技术构架如图 6-18 所示。采用 PHM 技术，实时对掘进机进行实时“体检”，结合巷道实际工况，保障掘进机安全、高效、经济运行，为今后采掘少人化、无人化打下一定技术基础。

信号处理仍然是寿命预测的基础。利用掘进机机身上已有的传感器，配合外接附加的传感器进行信号补充采集，可以进行多信息融合，增加预测准确度。采用智能井下信息处理策略，采用卡尔曼滤波、小波分析等方法对信号数据进行预处理，剔除干扰噪声，保留可用数据，提高后续预测速度。

监测预判是掘进机健康管理的关键依据。对掘进机子系统的状态发展，特别是对其故障劣化趋势，要有正确的判断，这样才可能抢在事故发生前进行主动维修。比如，依据隐藏在振动信号中的故障信号，可以判断出截割臂的早期故障，避免该故障恶化，将事故扼杀在“萌芽”状态。可以通过光谱分析对油液的污染度进行在线监测。可以通过电流信号分析，提取敏感信号，对电机状态进行可视化显示。针对某些难以判断的性能状态，采用决策融合的办法，达到精准判断剩余使用寿命走向的目的。不同种类的零部件使用频率不一样，故障发生频率也不一样，这样就需要根据不同情况，采用信息粒化或多尺寸监测手段分别进行管理。

单元预测主要针对掘进机性能退化情况进行分析，提前预测其老化时间节点。关键技术主要体现在 RUL 预测模型建立，包括相似性预测模型、指数退化模型等的建立。对关键零部件 RUL 预测，并将其预测结果加入维保规划当中；建立寿命预测模型，可根据掘进机的历史数据，结合实际不同工况，快速预测剩余使用寿命。

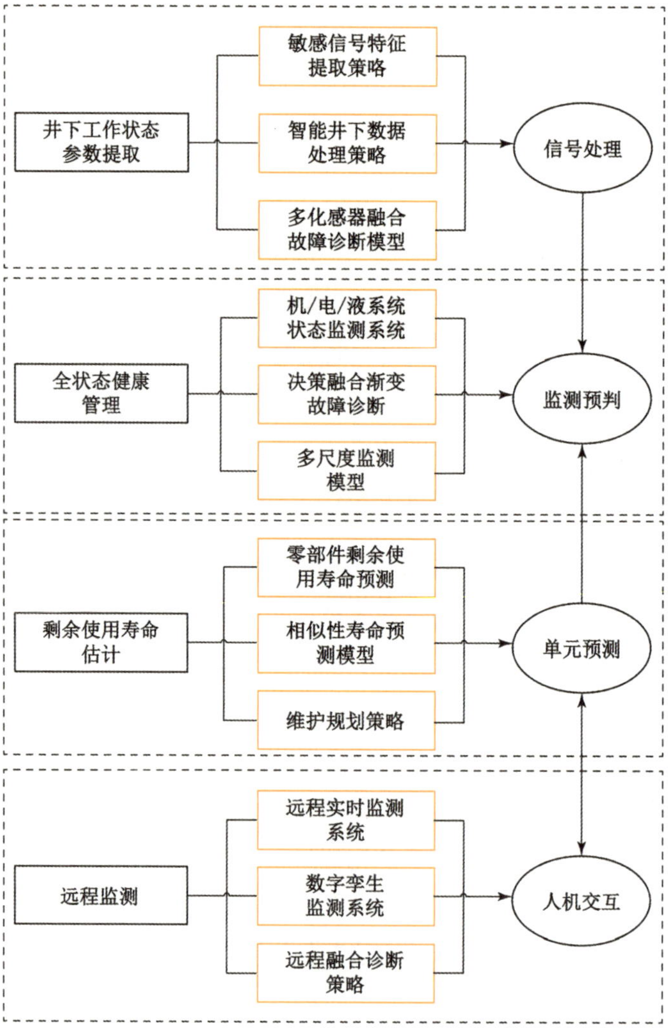

图 6-18　PHM 技术构架

人机交互指设备管理人员对掘进机系统进行远程监控。一旦井下出现重大事故，难免会出现人员伤亡。如果将现场管理人员移到地面，实现井下少人化或无人化，那么会大大减少井下人员伤亡。远程监控过程指利用光纤有线、无线中继、矿井环网等硬件，将监测信号与分析结果传输到地面上位机中，利用大屏幕可视化显示，让管理人员实时对井下作业设备进行监测与控制。还要建立数字孪生式人机交互系统，利用掘进机数学模型与物理模型的渗透互动，结合虚拟仿真技术，实现远程维修。

随着煤矿机械数字化仪器仪表系统迅猛发展，监测数据的提取、存储和分析越来越便捷，这对剩余寿命估计与健康管理非常有利。零部件性能退化及剩余使用寿命的预测研究是掘进机健康管理的一个重要数据基础。因此，将健康管理技术落地到煤矿机械中，开展掘进机的零部件剩余使用寿命预测研究。

6.3.2　基于改进指数模型的掘进机健康度预测

6.3.2.1　零部件健康度预测方法分类

根据 RUL 预测对数据获取的要求及使用方式，寿命预测模型分为三大类，包括相似性模型、退化模型和生存模型，如图 6-19 所示。

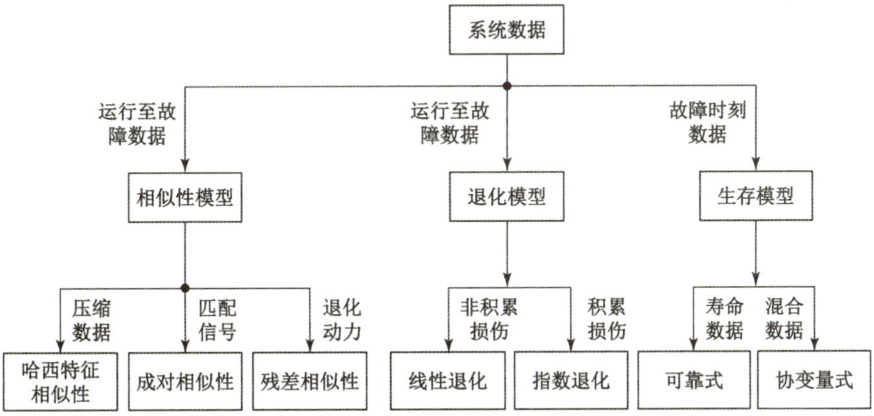

图 6-19　机械设备三类寿命预测方法

（1）相似性模型

相似性模型将测试设备的 RUL 预测建立在历史数据库中相似的已知行为之上。这种模型实时分析采集到的数据变化趋势，并将其与类似设备运行中数据变化趋势进行对比，得出下一步趋势变化结果。

（2）退化模型

退化模型通过推断过去的行为来预测未来的状况。给定集成中的降级配置文件，这种类型的 RUL 计算适用于条件指示器的降级配置文件的线性模型或指数模型。然后利用训练好的退化曲线计算 RUL，当退化程度达到预定的界限时，计算结束。退化模型又分为以下两种。

① 线性退化模型（Linear Degradation Model）

采用线性随机数学过程依据信息数据来量化零部件退化行为。当缺少零部件的历史累计退化数据时，该模型是最佳选择。

② 指数退化模型（Exponential Degradation Model）

采用指数随机数学过程依据信息数据来量化零部件退化行为。当存在零部件的历史累计退化数据时，该模型是最佳选择。

确定建立对应退化模型后，使用与类似系统（如按相同规格制造的多台机械设备）的集成的健康状况有关的历史数据初始化模型。然后，可以使用优化后的模型来预测类似组件的剩余使用寿命。

退化模型可以用于单个工况情况，也可以用于多个工况情况。

（3）生存模型

生存模型分析是在全生命周期过程中数据统计相关的数学方法。如果在设备运行过程中未出现严重故障，只有健康数据，那么可以从以下两方面进行选择。

① 设备各个零部件的生命周期的数据

由于设备是由各个子系统构成，如果知道每个子系统的运行数据，比如掘进机电机在进行大型保养时运行的时间，截割臂出现故障时候运行的时间，等等。当设备的各个关键部件的退化趋势明朗化，在使用加权等数学方法进行设备总体估算。该分析方法可以利用一组相似部件失效时间的历史信息，计算失效时间的概率分布。该分布可以用于估计测试组件的剩余使用寿命。

② 生命周期数据和一些与 RUL 相关的其他变量数据（协变量）

协变量，也称为参考变量或辅助变量，包括零部件制造商、部件使用频率或生产质量等信息。在这种情况下，使用生存模型是最佳选择。这种方法计算出来的结果是一个生存概率，依据的是零部件的协变量与生命周期内的信息数据。

掘进机的工况较为复杂，煤矿井下作业光线阴暗，空气湿度大，煤岩分布复杂，极端的环境对掘进机的截割适应性、系统可靠性及自动控制协调性都产生了不利影响。在这种环境中事先积累丰富的零部件状态数据，特别是故障数据很不现实，掘进机运行状态多为非线性变化，并且多为积劳损伤性质破坏，伴随环境恶化不断对零部件运行产生冲击，例如截割时候碰到硬岩，受迫振动等现象。故针对掘进机的零部件的寿命预测，选择指数退化模型为最优计算模型。

由于掘进机在服役时候状态监测信号变化迅速，伴随外部工况变化频繁，如果以一种预测模型来预测零部件剩余寿命，难免会产生巨大误差。综上，开发一种变工况下的掘进机零部件剩余使用寿命预测方法大有必要。采用一种动态的指数退化模型来对掘进机零部件进行寿命预测。

6.3.2.2　指数退化模型

指数退化模型定义为：

$$H(t)=\varphi+\theta\exp\left(\beta t+\varepsilon-\sigma^2/2\right) \tag{6-9}$$

式中，$H(t)$ 是健康指标，φ 是截距常数，θ 和 β 是决定模型斜率的结构参数，θ 是对数正态分布，β 是高斯分布。在每个时间步长 t 内，θ 和 β 的分布根据 $H(t)$ 最新观测形成的后验知识来进行更新。ε 是高斯白噪声其，取值范围 $(0,\sigma^2)$。$\sigma^2/2$ 是为了让 $H(t)$ 的期望满足以下条件：

$$E\left[H(t)|\theta,\ \beta\right]=\varphi+\theta\exp(\beta t) \tag{6-10}$$

建立一个指数衰减模型计算出提取的运行状况指示器，后续将对其性能进行评价。首先运行健康指示器，让其从 0 开始。阈值的选择通常基于设备的历史记录或一些特定领域的知识。由于此数据没有可用的历史数据，因此将选择运行状况指示器的最后一个值作为阈值。根据平滑（历史）数据选择阈值，以部分缓解平滑数据的延迟效应。如果有历史数据，使用指数退化模型提供的拟合方法估计参数的先验值和截距。然而，历史数据不能用直接用于轴承数据集中。边坡参数的先验值是任意选择的，其方差很大。因此这个模型主要依赖于观测数据。健康指标的变化与噪声变化之间的关系为：

$$\Delta H(t)=\left[H(t)-\varphi\right]\Delta\varepsilon(t) \tag{6-11}$$

假设噪声的标准偏差在接近阈值时导致健康指标变化 10%，则噪声的标准差为：

$$\sigma=10\%T/(T-\varphi) \tag{6-12}$$

式中，σ 代表标准差，T 为阈值。指数退化模型可以对健康指标的斜率进行实时计算。如果发现健康指标与预期指标显著倾斜，之前的累计评价结果将被清除，利用最初的先验知识进行计算。在 MATLAB 中采用预测工具箱建立 RUL 预测模型，使用模型预测和更新方法对 RUL 进行预测，实时更新参数分布。在 RUL 预测过程中收到新数据时需更新 RUL 预测。对于 RUL 模型，当新的数据点可用时，必须首先更新降级模型，然后才能预测新的 RUL 值。对于 RUL 预测，测试数据在时间 $t=1\text{h}$ 时开始，每小时有一个新的数据样本可用。通常，可以通过每个新数据点预测一个新的 RUL 值。对于降级模型，采用循环遍历方法对测试数据进行分析，并使用 Update 命令使用每个新数据点更新模型。然后，检查模型是否检测到足够的斜率变化，以进行可靠的 RUL 预测。如果有，使用 PredictRUL 命令预测一个新的 RUL 值。为了观察估计的演变，将估计的 RUL 值和相关的置信区间分别存储在向量中。类似地，将模型参数存储在数组中。绘制估计模型参数值的轨迹。在退化数据中检测到坡度后，数值变化迅速。当更多的数据点可用时，它们趋向于收敛。预测更新过程如图 6-20 所示。

随着可用的级数据增多，绘制预测的 RUL 曲线在不断演变。只有在退化数据中检测到一个不同的斜率，才会有新的估计 RUL 值。指数退化模型还提供了评估斜坡重要性的功能。一旦检测到健康指标的显著斜率，模型将清除以前的观察结果，并基于原始先验重新开始估计。通过指定斜率检测水平，可以调整检测算法的灵敏度。如果 P 值小于斜率检测水平，则声明该斜率被检测到。这里斜率检测水平被设置为 0.05。在那之后，如预期的那样，预测的 RUL 会随着时间的推移而减少。计算 RUL 值的统计分布时，随着时间推移，预测的 RUL 的置信界限会变得越来越窄，如图 6-21 所示。

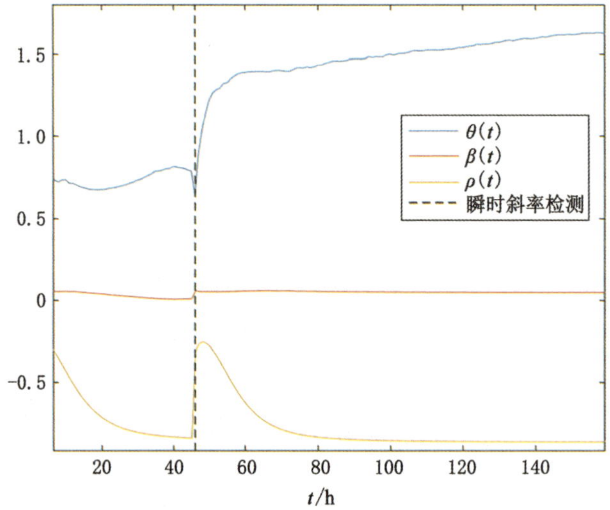

图 6-20　健康指标参数更新

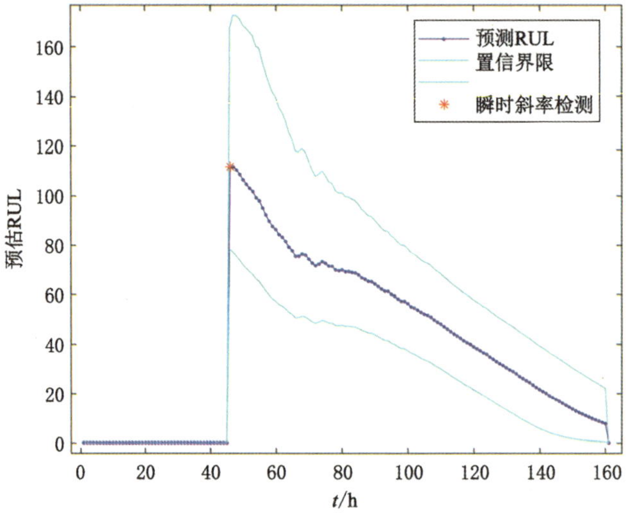

图 6-21　寿命预测置信界限曲线变化

当前，井下设备的寿命预测研究大多是基于工况单一不变的假设的。但是现实中不同的环境会产生不同的影响因子，对设备性能退化的计算影响往往较大。

6.3.2.3 指数退化模型优化

参数估计分为两个步骤：① 根据截割臂轴承的历史退化数据估计确定性参数和超参数；② 在每次观测到新的振动数据时，对随机参数进行更新。

（1）采用贝叶斯方法对超参数进行优化

假设在 t_i 时刻获取一系列退化数据 $Z(i)$，其表达式为：

$$Z_i = Z_0 + \alpha_0 \int_0^{t_i} \mu(\tau;\beta) + \sigma B(t_{ij}) \tag{6-13}$$

式中，α_0 是 α 的先验量，Z_0 是截割臂轴承的初始退化量，β 和 σ 是影响模型计算精度的超参数。超参数的优化是关键。一般贝叶斯算法计算量大，在求解过程中容易陷入局部极值。将改进的贝叶斯方法应用于模型参数优化，可显著提高计算精度。贝叶斯方法优化过程可以简化为寻找有界集 Λ 上 $f(\lambda)$ 的最小值。贝叶斯优化器构造 $f(\lambda)$ 作为一个概率模型，然后使用这个模型来确定 Λ 在哪里评估函数，同时集成不确定性。超参数贝叶斯方法优化是通过一个高斯先验建模的损失函数 $f(\lambda)$ 来完成的，在空间的超参数满足 $\lambda \in \Lambda$。这个损耗函数的一些噪声可以通过证明集 X_V 观察到。$f(\lambda)$ 为：

$$L(m_\lambda, X_V) = \frac{1}{|X_V|} \sum_{(x_i, y_i)} l(m_\lambda(x_i), y_i) \tag{6-14}$$

$$f(\lambda) = L(m_\lambda, X_V) + \varepsilon \tag{6-15}$$

式中，m_λ 为在给定训练数据集 X_T 上运行具有超参数 λ 的指数模型 A 得到的模型参数。$l(\cdot, y)$ 为目标损失函数。利用贝叶斯定理可以得到模型参数的非标准化后验概率密度为：

$$p(\theta|y) \propto p(y|\theta) p(\theta) \tag{6-16}$$

式中，$p(\theta)$ 表示高斯过程模型参数的先验分布。通常从固定分布的马尔可夫链中生成样本。假设 θ_n 为第 n 个样本，首先从建议分布中抽取一个随机候选样本，其批准概率为：

$$\rho(\theta_n, \theta) = \min\left(1, \frac{q(\theta_n|\theta) p(\theta|y)}{q(\theta|\theta_n) p(\theta_n|\theta)}\right) \tag{6-17}$$

式中，$q(\theta|\theta_n)$ 为建议分布。为了提高批准率，采用评价较快高斯模型修正分布。采用概率 ρ_A 检验该候选点的认可程度。

$$\rho_A(\theta_n, \theta) = \min\left(1, \frac{q(\theta_n|\theta) p^*(\theta|y)}{q(\theta|\theta_n) p^*(\theta_n|\theta)}\right) \tag{6-18}$$

式中，$p^*(\theta|y)$ 是高斯的替换模型。与传统方法相比，该方法计算成本明显降低。通过过滤出的高概率样本来优化先验分布。对高概率样本进行评估，接受概率为：

$$\rho_E(\theta_n,\theta)=\min\left(1,\frac{p(\theta_n|\theta)p^*(\theta_n|y)}{p(\theta_n|y)p^*(\theta|y)}\right) \tag{6-19}$$

该方法提高了方案的批准率，避免了方案被高概率否决，从而避免了不必要的模型拟合过程。由于最终的马尔可夫链是由一个精确的后验概率密度函数生成的，因此这种方法不会牺牲采样精度。

（2）采用布朗运动算法对随机参数进行更新

通过分析陀螺漂移数据的统计特性可以看出，陀螺的随机漂移数据经过一次差分后服从正态分布。因此，可以假定模型的逐次漂移率随漂移服从布朗运动，t_n 时刻的观测分布为

$$p_n(y_n|x_n,\theta_n)=\frac{1}{\sqrt{2\pi t_n\sigma_n}}\times\exp\left[\frac{(y_n-\mu_n)^2}{2\sigma_n^{\ 2}t_n}\right] \tag{6-20}$$

式中，$\theta_n=\left[V_n^{\mathrm{T}},\sigma_n\right]^{\mathrm{T}}$ 表示未知参数向量。$E(y_n|x_n,\theta)=\mu_n=f(x_n,V_n)$，$var(y_n|x_n,\theta)=\sigma_n^{\ 2}t_n$，$V_n$ 是 q 维未知参数向量。设得到的监测量 $y_1,y_2,\cdots,y_n$ 相互独立，n 个采样时间点的 m 组数据的极大似然函数为：

$$\ell=\ell(y_1,y_2,\cdots,y_n|x_1,x_2,\cdots,x_n,\theta)=\prod_{i=1}^{n}\left[\prod_{j=1}^{m}p(y_{ji}|x_i,\theta)\right] \tag{6-21}$$

取式（6-21）的对数期望，则其递归形式为：

$$L_{n+1}(\theta)=E\left\{\sum_{j=1}^{m}\left[\lg p_n(y_{jn}|x_n,\theta)\right]|\theta=\theta_n\right\}+L_n(\theta) \tag{6-22}$$

这里

$$\varPsi(\theta)=\sum_{j=1}^{m}\left[\lg p_n(y_{jn}|x_n,\theta)\right]=-\frac{m}{2}\lg(2\pi)-\frac{m}{2}\lg t_n-m\lg\sigma-\sum_{j=1}^{m}\frac{(y_{jn}-\mu)^2}{2\sigma^2 t_n} \tag{6-23}$$

参数 V 和 ℓ 是相互独立的，因此得：

$$\varGamma(\theta_n)=\left[\varGamma_1(\theta_n)^{\mathrm{T}},\varGamma_2(\theta_n)^{\mathrm{T}}\right]^{\mathrm{T}} \qquad 6\text{-}24）$$

$$\varXi(\theta_n)=\begin{bmatrix}\varXi_1(\theta_n) & O_{q\times1}\\ O_{1\times q} & \varXi_2(\theta_n)\end{bmatrix} \tag{6-25}$$

其中，$\varXi_1(\theta_n)$ 和 $\varGamma_1(\theta_n)$ 是参数向量 V 的分量，$\varXi_2(\theta_n)$ 和 $\varGamma_2(\theta_n)$ 是参数 σ 的分量。逆矩阵可以写成：

$$\varXi(\theta_n)^{-1}=\begin{bmatrix}\varXi_1(\theta_n)^{-1} & 0_{q\times1}\\ 0_{1\times q} & \varXi_2(\theta_n)^{-1}\end{bmatrix} \tag{6-26}$$

参数更新算法可以修改为：

$$\begin{cases} V_{n+1} = V_n + an^{-\alpha}\left[\varXi_1(\theta_n)\right]^{-1}\varGamma_1(\theta_n) \\ \sigma_{n+1} = \sigma_n + an^{-\alpha}\left[\varXi_2(\theta_n)\right]^{-1}\varGamma_2(\theta_n) \end{cases} \tag{6-27}$$

在参数向量V中，第i个参数V_i的梯度向量$\varGamma_1=(\theta_n)$，增信息矩阵的分量$\varXi_1=(\theta_n)$分别为：

$$\varGamma_1(\theta_n)_i = \left(\frac{\partial\varPsi(\theta)\partial\mu_n}{\partial\mu_n\partial V_i}\right)_{V=V_n} = \frac{\sum_{j=1}^{m}(y_{jn}-\mu_n)}{\sigma_n^{\ 2}t}\frac{\partial\mu_n}{\partial V_i} \tag{6-28}$$

$$\varXi_1(\theta_n)_{ij} = E\left(\frac{m}{\sigma_n^{\ 2}t}\frac{\partial\mu_n}{\partial V_i}\frac{\partial\mu_n}{\partial V_j} - \frac{\sum_{j=1}^{m}(y_{jn}-\mu_n)}{\sigma_n^{\ 2}t}\frac{\partial^2\mu_n}{\partial V_i\partial V_j}\right)_{V=V_n} = \left(\frac{m}{\sigma_n^{\ 2}t}\frac{\partial\mu_n}{\partial V_i}\frac{\partial\mu_n}{\partial V_j}\right)_{V=V_n} \tag{6-29}$$

同样，参数σ的梯度向量$\varGamma_2=(\theta_n)$和增广信息矩阵分量$\varXi_2=(\theta_n)$相互独立。

$$\varGamma_2(\theta_n) = \left(\frac{\partial\varPsi(\theta)}{\partial\sigma}\right)_{\sigma=\sigma_n} = \frac{\sum_{j=1}^{m}(y_{jn}-\mu_n)^2}{\sigma_n^{\ 3}t} - \frac{m}{\sigma_n} \tag{6-30}$$

$$\varXi_2(\theta_n) = E\left\{\frac{3\sum_{j=1}^{m}(y_{jn}-\mu_n)^2}{\sigma_n^{\ 4}t} - \frac{m}{\sigma_n^{\ 2}}\right\} = -\frac{m}{\sigma_n^{\ 2}} + \frac{3}{\sigma_n^{\ 4}t}\left(\sum_{j=1}^{m}y_{jn}^{\ 2} - m\mu_n^{\ 2}\right) \tag{6-31}$$

构造带漂移布朗运动参数的递推更新算法，其流程如图 6-22 所示。

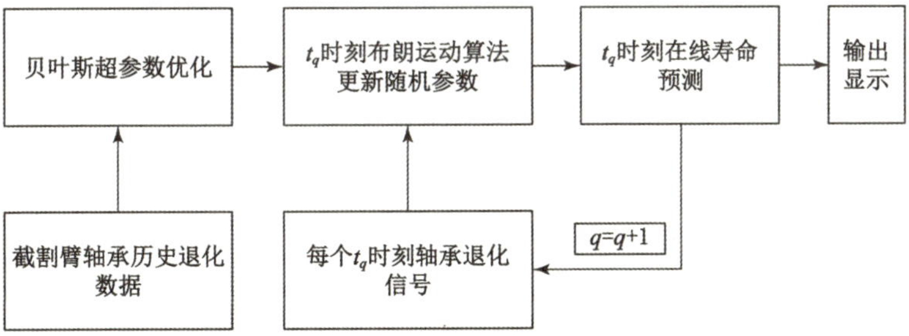

图 6-22　参数优化的指数模型算法流程

6.4　掘进机远程可视化监测

6.4.1　掘进机可视化监测处理

6.4.1.1　掘进机远程监控技术要求

在掘进机自动化的基础上，通过传感器采集井下设备及环境信息（包括视频、环境变量等），将信息通过有线与无线网络，远程可视化到地面监控中心大屏幕上。管理人员在地面就可以对井下设备进行观察与控制，减少井下的人员数量，实现在平巷监控中心对掘进机进行远程操控，达到智慧化的开采目的。实现掘进机远程监控技术主要包括以下几个方面。

① 实时监测截割头空间位姿。对截割头运动轨迹实时监测，可以方便管理人员对截割头的工作状态进行了解，判断截割工艺的执行情况。

② 实时监测掘进机机身位姿。对掘进机进行机身位姿实时监测，将会帮助技术人员及时了解掘进机机身工作状态，保证掘进机机身角度在可控范围内。

③ 实时监测温度监测。温度是工程人员判断掘进机是否存在故障的一个重要特征参数。部件故障产生常常伴随着温度的异常。温度的变化与巷道掘进机运行情况以及工况有着紧密的关系。对掘进机温度进行监测，有利于实时对掘进机进行状态监测与检验，及时发现故障征兆、部位。

④ 实时监测电机电流。掘进机的截割头的旋转截割动力来源于截割电机。截割部受对外界负载的冲击完全体现在截割电机电流的大小上面，同时电机电流的变化也体现截割电机自身的运转状态。

⑤ 实时检测机体振动信号。当掘进机在作业时候，零部件在做肉眼看不见的往复运动，从而产生机械振动信号。掘进机零部件的工作状态异常多数都体现出振动加剧。根据机械振动信号的测量与分析，可以判断掘进机械的故障劣化程度。

⑥ 能够预测关键部件寿命。掘进机的电机、传动轴承为掘进机的关键部件，一旦损坏势必造成生产计划的紊乱。因此应加强对这两个关键零部件的剩余使用寿命预测。

⑦ 实现视频监控与机体远程控制。构建一套完整的网络远程视频监测系统，实时跟踪掘进机截割臂、机体行走和判断煤岩界限，为远程操控掘进机和监视巷道周围环境提供视觉支持。

6.4.1.2 低照度视频监视加强技术

由于井下灰尘大，电磁干扰多，利用摄像头获取视频及图像信号过程中容易掺入高斯噪声，降低整体视频监控质量，并且在地下空间内光照强度较低。因此需要采用低照度视频增强技术提高图像细节的清晰度，去除噪音。低照度视频增强的原理为：依据曝光模型，从时域上对图像序列进行曝光增强。首先，采用卡尔曼滤波方法去除噪声；然后，采用色调函数进行光照强度调节。

将带噪声的图像分成 n 个平滑区域。每个区段的像元在空间上相邻。对区段上每个像元减掉加权 FPN（Fixed Pattern Noise）的计算值。

$$S_{ij} = I_{ij} - \omega_{ij} F_{ij} \tag{6-32}$$

式中，S_{ij} 是去除噪声后的像元，I_{ij} 是混入噪声的像元值，F_{ij} 是用卡尔曼滤波器估算出的 FPN 值。FPN 是每个像元的固定模式噪音。在井下，噪音取决于被摄对象的光线亮度，设定一个噪音影响因子 NIF（Noise Influence Factor）来评估每一个像素的 FPN 的影响程度，最终确定权重 w_{ij}。NIF 为：

$$\mathrm{NIF}=\left|\frac{I_{ij}-F_{ij}}{F_{ij}}\right| \tag{6-33}$$

当 $\mathrm{NIF}\geqslant 10$，$I_{ij}\gg F_{ij}$，FPN 噪声影响图元输出的清晰度可被忽略，此时权重 w_{ij} 为 0。

当 $0\leqslant \mathrm{NIF}\leqslant 0.1$，$I_{ij}\approx F_{ij}$，FPN 噪声对图元输出的清晰度的影响较大，此时权重 w_{ij} 为 1。对数变换后，$\log_{10}\mathrm{NIF}$ 与 w_{ij} 之间关系为：

$$\begin{cases} w_{ij}=1,\ 0\leqslant \mathrm{NIF}\leqslant 0.1 \\ w_{ij}=0.5\left(1-\log_{10}\mathrm{NIF}\right),\ 0.1\leqslant \mathrm{NIF}\leqslant 10 \\ w_{ij}=0,\ \mathrm{NIF}\geqslant 10 \end{cases} \tag{6-34}$$

根据每个图元的噪声和影响因子，确定减 FPN 噪声的权重。图像去噪的过程可以通过式（6-34）所示的算法得到。

去噪后的图像仍然存在因照度低而质量差的风险。井下光线强度是动态变化的。每一处每个时刻光线强度都不尽相同。照度不同的图片会产生像素干扰现象，这就会造成计算误差偏高，图像优化不均匀，光晕伪影产生。为了避免上述现象出现，不同强度光照的分界点处采用 L 范数来平滑处理。初始光照为：

$$T^c\left(x,y\right)=\max\left\|I^c\left(x,y\right)\right\|_2 \tag{6-35}$$

式中，$c\in\left(R,G,B\right)$，R、G、B 为不同颜色通道所对应的像素值，$I^c\left(x,y\right)$ 是低照度下图像 $I\left(x,y\right)$ 分别在以上三个不同颜色通道处的像素值，$\|\cdot\|_2$ 代表 L_2 范数运算。范数可以计算不同光照下不同颜色增强的权重和均匀不同光照图片边界处的像素，提高数据计算精度，增强模型鲁棒性，避免光晕伪影产生。

为了得到优质的图像，需要对入射光分类进行亮度增强，可采用先全局后局部的模式。首先，全局性提升所获取图像的亮度，需要利用优化算法来实现。强制性增强某些部分的图片亮度，会导致对比度平衡被破坏，图像显示不准确。此时，仍需采用自适应的对比度调节手段解决图像失真问题。采用多尺度 Retinex 算法对入射光进行整体亮度增强。为平滑光晕，引入局部权重修订函数。

$$S_i\left(x,y\right)=1-1/\left\{1+\exp\left[-I_i\left(x,y\right)-0.5\right]\right\} \tag{6-36}$$

式中，$S_i\left(x,y\right)$ 表示原始的第 i 个颜色通道，$I_i\left(x,y\right)$ 是该处的局部权重修订因子。在工程应用中，Sigmoid 函数经常被用作权重因子，可以减小光晕带来的计算误差，恢复实物的本来面貌。考虑权重因子的 MSR 公式为：

$$\mathrm{LMSR}_i\left(x,y\right)=\sum_{i=1}^{n}W_n\left\{S_i\left(x,y\right)\times\log\left[G\left(x,y\right)*T^c\left(x,y\right)\right]\right\} \tag{6-37}$$

式中，$\mathrm{LMSR}_i(x,y)$ 为亮度增强的输出图像。

由于图像全局亮度增加引起的对比度损伤，需要一种自适应对比调整策略。定义如下：

$$L_2(x,y)=T^c(x,y)\times c+b \tag{6-38}$$

式中，c 为调节系数，b 为亮度调节系数。在实际工程应用中，根据经验通常对不同入射光分量取平均值，得到接近实际场景的入射光。其表达式为：

$$L(x,y)=\left[L_2(x,y)+\mathrm{LMSR}_i(x,y)+T^c(x,y)\right]/3 \tag{6-39}$$

式中，这里 $L(x,y)$ 为最终计算的入射光。

当优化了井下的光线暗淡的问题后，接着要解决因尘雾而影响图片质量问题。根据最大共振谱理论和暗通道先验理论，传输图 $T(p)$ 可估计为：

$$T(p)=1-\min_{y\in\omega(p)}\left(\min_{c}\frac{R^c(y)}{A^c(y)}\right) \tag{6-40}$$

式中，p 是像素的空间位置，y 是窗口 ω 的位置索引，窗口是以 p 为中心，c 是颜色通道的数量；$A^c(y)$ 是全局光照，$R^c(y)$ 是边缘图像照度。

由于使用局部窗口计算的传输并非总是恒定的，因此利用软垫法对传输 $T(p)$ 进行细化。所选的软匹配方法是一种约束引导滤波器。假设改进的像素 T_{est} 可以被线性模型使用，表示为：

$$T_{est}(p)=s_kT(p)+b_k,\ p\in\omega_k \tag{6-41}$$

式中，s_k 和 b_k 分别是线性系数。这两项在以像素 p 为中心的局部窗口 ω_k 中是恒定的。为了计算这些系数，基于上述假设，选择一个代价函数，使在窗口 ω_k 中 $T_{\mathrm{est}}(p)$ 和 $T(p)$ 之间的误差最小。因此，定义与引导滤波器相似的代价函数 $E(s_k,b_k)$ 为：

$$E(s_k,b_k)=\sum_{p\in\omega_k}\left\{\lg\left(1+\frac{\left[s_kT(p)+b_k-T_{est}(p)\right]^2}{c^2}\right)\right\}+\lambda {s_k}^2 \tag{6-42}$$

式中，c 是一个控制参数，λ 是一个防止系数 s_k 过大的参数。采用结合对 s_k 和 b_k 求偏导数的方法求解代价函数。因此，s_k 和 b_k 的解是通过一些迭代得到的。

$$\begin{aligned}
{s_k}^i&=\left\{\sum_{p\in\omega_k}\frac{{T_k}^2(p)}{c^2+\left[{s_k}^{i-1}T_k(p)+{b_k}^{i-1}-\overline{T_k}\right]^2}+\lambda\right\}^{-1}\times\sum_{p\in\omega_k}\frac{{T_k}^2(p)-{b_k}^{i-1}T_k(p)}{c^2+\left[{s_k}^{i-1}T_k(p)+{b_k}^{i-1}-T_k(p)\right]^2}\\
{b_k}^i&=\left\{\sum_{p\in\omega_k}\frac{1}{c^2+\left[{s_k}^{i-1}T_k(p)+{b_k}^{i-1}-\overline{T_k}\right]^2}\right\}^{-1}\times\sum_{p\in\omega_k}\frac{T_k(p)-{s_k}^{i-1}T_k(p)}{c^2+\left[{s_k}^{i-1}T_k(p)+{b_k}^{i-1}-T_k(p)\right]^2}
\end{aligned} \tag{6-43}$$

当上述方程的解需要求解时，初始值 ${s_k}^0$ 和 ${b_k}^0$ 定义为：

$$s_k^{\ 0} = \frac{\sigma_k^{\ 2}}{\sigma_k^{\ 2} + \lambda}, b_k^{\ 0} = \overline{T_k} - s_k^{\ 0}\overline{T_k} \tag{6-44}$$

式中，$\overline{T_k}$ 和 $\sigma_k^{\ 2}$ 是窗口 ω 中 T 的均值和方差。

6.4.2　掘进机远程监测

6.4.2.1　截割头位姿监测

掘进机进行岩壁截割时，截割臂通过左右油缸的伸缩进行水平方向移动，通过底部举升油缸进行上下垂直运动；利用截割头旋转，截割掉煤岩。截割的形状是由截割臂水平与垂直摆动交互所形成的，与截割头的运行轨迹息息相关。需要对掘进机摆动机构进行运动分析及位姿实时监测。

掘进机截割臂在任意时刻处于空间某一位置，如果要进行截割臂位姿精确计算，必须选择参考点。由于截割臂可以围绕着机架上的 O_1 点进行上下旋转，还可以围绕着回转台中心点 O_2 左右旋转，故可以选择以上两点建立参考坐标系（$O_1 - X_1Y_1Z_1$）、（$O_2 - X_2Y_2Z_2$）。升降油缸一端固定在机体上，一点铰接在截割臂下方；当其进行伸缩运动时，便可以带动大臂上下旋转，从而让截割头在坐标系中沿着 Z 轴运动。回转油缸一端固定在机体上，一端与回转台铰接，左右回转油缸配合性伸缩，便可推动回转台转动，从而带动截割臂转动，让截割头在 Y 轴方向上运动。截割头的运动与截割头自身伸缩量、油缸的伸缩量、截割臂的垂直方向摆角及水平面内摆角相关。将通过两种运动学方法对截割头位姿进行计算。

当活塞杆伸长时，截割臂向上运动；当活塞杆缩短时，截割臂向下旋动。悬壁式掘进机垂直摆动结构图如图 6-23 所示。

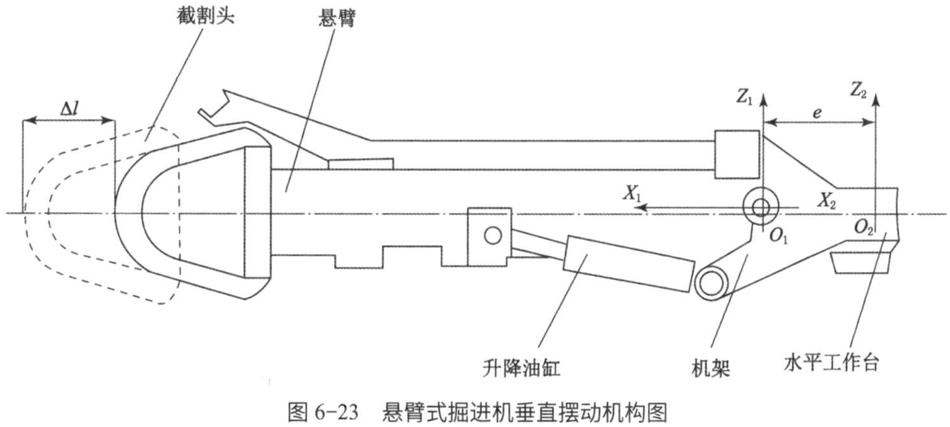

图 6-23　悬臂式掘进机垂直摆动机构图

截割头的水平运动是靠截割臂水平旋动来实现的。截割臂的尾端固定在旋转工作台中心处，中心台两侧有一对左右油缸。当两个油缸左伸右缩时，截割头从左向右水平移动；相反则从右向左水平移动。悬壁式掘进机水平摆动机构移动示意图如图 6-24 所示。

升降油缸活塞位移量为l_1，截割臂与水平线实时夹角为α。将随机一个运动状态的截割系统简化为如图 6-25 所示的刚性摆杆机构。

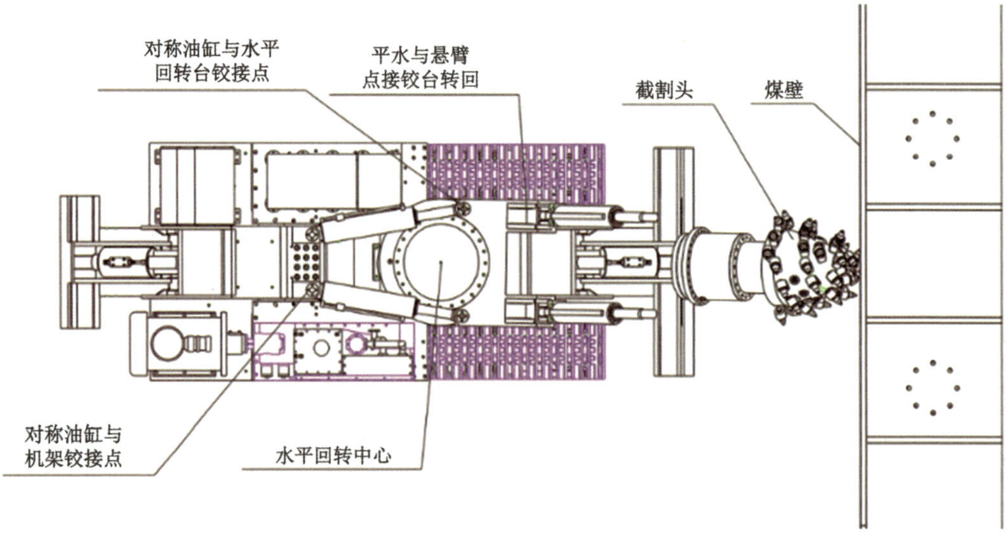

图 6-24　悬臂式掘进机水平摆动机构示意图

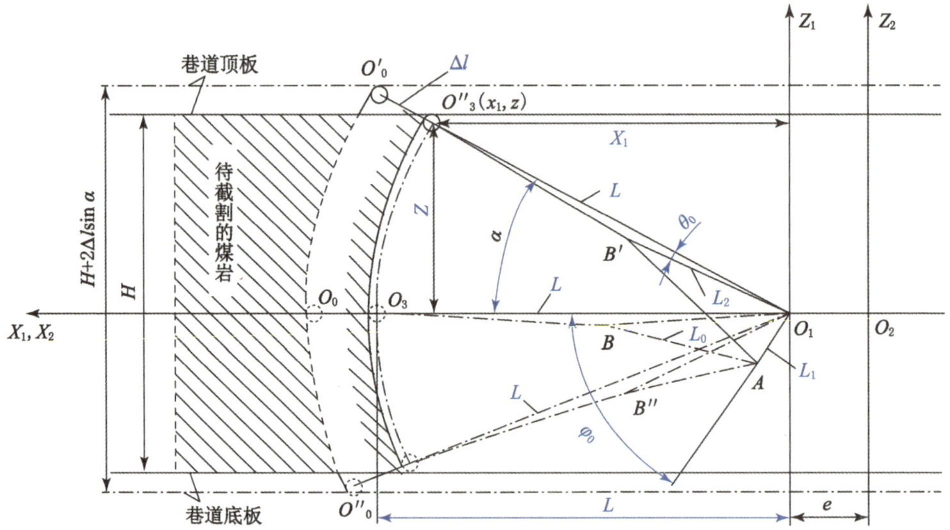

图 6-25　垂直平面内沿悬臂轴向截割状态示意图

在图 6-25 中，O_1为$O_1-X_1Y_1Z_1$坐标系的原点；O_2为$O_2-X_2Y_2Z_2$坐标系的原点；A点为油缸缸体与机架的铰接点；B点为油缸伸缩端与截割臂的铰点；O_3为水平状态下截割头中心的俯视图点；O_3'为活塞杆AB移位量长度变为AB'时截割头在俯视图点。

设长度$O_1O_3=O_1O_3'=L$，$O_1B=O_1B'=L_2$，$\angle O_3O_1B=\angle O_3'O_1B'=\theta_0$。当截割臂自然水平时$AB=L_0$，$\angle AO_1X_1=\varphi_0$。$O_3'$位置坐标为$(x_1,z)$，截割臂与水平线夹角$\angle X_1O_1O_3'=\alpha$，

油缸运动轨迹从 B 移动到 B' 位置时的位移量为 l_1 。根据三角余弦定理导出截割头上下移动坐标关系 (x_1,z) 如下：

$$x_1=\left(L+\Delta l\right)\cos\left\{\arccos\left[\frac{L_1^2+L_2^2-(L_0+l_1)^2}{2L_1L_2}\right]-\varphi_0+\theta_0\right\} \tag{6-45}$$

$$z=(L+\Delta l)\sin\left\{\arccos\left[\frac{L_1^2+L_2^2-(L_0+l_1)^2}{2L_1L_2}\right]-\varphi_0+\theta_0\right\} \tag{6-46}$$

$$\alpha=\arccos\left[\frac{L_1^2+L_2^2-(L_0+l_1)^2}{2L_1L_2}\right]-\varphi_0+\theta_0 \tag{6-47}$$

由式（6-45）和式（6-46）可知，右侧计算部分除了升降油缸活塞杆位移量 l_1 为未知量，其他都是可以现场测量的已知参数，则 l_1 决定着截割头的中心坐标 (x_1,z) 。当截割臂摆动到水平线以下时，其计算方法相同。综上，根据升降油缸的活塞杆移动量便可以计算出并控制截割头的位移轨迹。

将随机一个水平摆动状态的截割系统简化为如图 6-26 所示的刚性摆动机构。在图 6-26 中已表示出巷道断面最大宽度位置。

在图 6-26 中，O_1 是截割臂与机体铰接处中心线与 O_2X_2 的交点；O_2'' 是截割臂处于左右中心线铅垂面内在 O_2X_2 轴上的投影；O_3''' 是回转台向左转动 β 角时截割头中心点在 $O_2-X_2Y_2Z_2$ 面上的投影；O_4 O_5 分别是左右油缸与机体的连接点；O_6、O_7 分别是左右油缸与回转台的连接点；O_7' 是向右旋转 β 角时油缸与回转台的连接点。

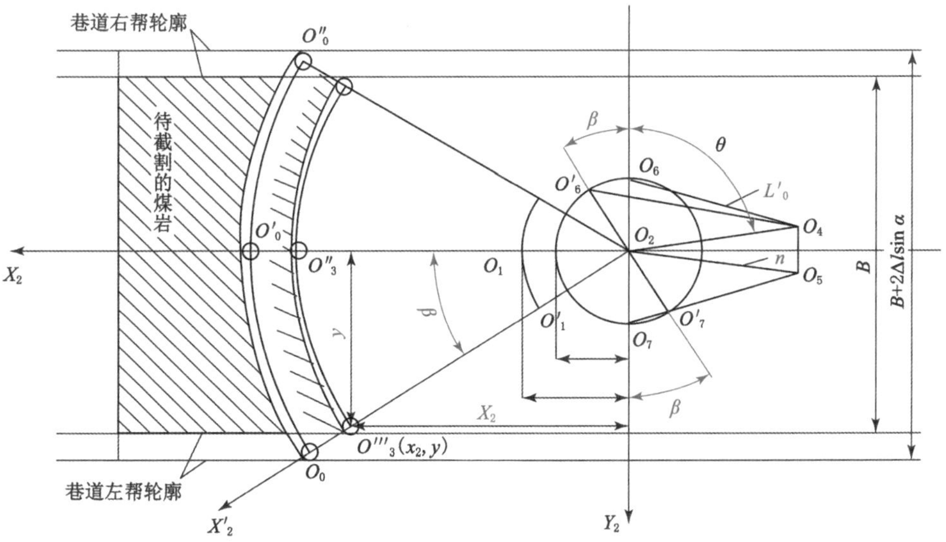

图 6-26　水平面内截割状态的截割系统示意图

令回转台半径为 r ，$O_2O_5=O_2O_4=n$ ，$\angle O_5O_2O_7=\angle O_4O_2O_6=\theta$ ，$O_4O_6=O_5O_7=L_0'$ ，

左右油缸活塞杆位移量为l_2，则$O_5O_7' = L_0' - l_2$，考虑垂直平面内α角的影响。利用三角数学关系，计算截割头中心(x_2, y)投影到水面内的几何关系如下：

$$y=\left\{e+\left(L+\Delta l\right)\cos\left[\arccos^{-1}\left[\frac{L_1^2+L_2^2-(L_0+l_1)^2}{2L_1L_2}\right]-\varphi_0+\theta_0\right]\right\}$$
$$\sin\left\{\theta-\arccos^{-1}\left[\frac{n^2+r^2-(L_0'-l_2)^2}{2nr}\right]\right\} \tag{6-48}$$

$$x_2=\left[e+\left(L+\Delta l\right)\cos\alpha\right]\cos\beta=y\cdot\cot\beta \tag{6-49}$$

$$\beta=\theta-\arccos^{-1}\left[\frac{n^2+r^2-(L_0'-l_2)^2}{2nr}\right] \tag{6-50}$$

由式（6–48）和式（6–49）可以看出，右侧计算部分除了升降油缸活塞杆位移量l_1为未知量，左右油缸活塞杆位移量l_2是未知量之外，其他都是可以现场测量的已知参数。当截割臂摆动到铅垂面另外一侧时，其计算方法相同，注意数字前正负号即可。综上，根据升降油缸与左右油缸的活塞杆移动量便可以计算出并控制截割头在水平面内的位移轨迹。推动活塞杆移动的是内部液压油的压力。液压油的压力与液压油的流量息息相关。最终对液压油流量进行监控就可以在线对掘进机截割头的运动轨迹进行规划与控制。

截割臂在水平面内和垂直面内形成的摆角可以直接决定截割头中心的实时位姿，令截割臂上下摆动角为γ，自然角为τ（其由机械结构决定，EBZ150掘进机有该角，EBZ160掘进机无位置角），则$\alpha=\gamma+\tau$。设水平摆动角为β，则有以下关系式。

$$z=\left(L+\Delta l\right)\sin\left(\gamma+\tau\right)=\left(L+\Delta l\right)\sin\alpha \tag{6-51}$$

$$x_1=\left(L+\Delta l\right)\cos\left(\gamma+\tau\right)=\left(L+\Delta l\right)\cos\alpha \tag{6-52}$$

$$y=\left[e+\left(L+\Delta l\right)\cos\left(\gamma+\tau\right)\right]\sin\beta=\left[e+\left(L+\Delta l\right)\cos\alpha\right]\sin\beta \tag{6-53}$$

由上述公式可以看出，掘进机截割头位姿的计算有两种计算方法：一种是测量油缸伸缩量来进行计算，此时需要采用位移传感器（可内置在油缸内部）；另一种是采用测量截割臂在不同平面内的摆角进行计算，此时需要测量角度值，需要采用倾角传感器（可以安装在截割臂上）。由于掘进机工作环境复杂，可采用两种计算方法冗余的办法，以提高位姿计算稳定性。

以垂直摆角为例，对公式（6–51）求导，倾角传感器检测灵敏度为：

$$\frac{\partial z}{\partial \alpha}=\left(L+\Delta l\right)\cos\alpha \tag{6-54}$$

当$\alpha=0$时，截割头处于水平中心位置，垂直位移z对角度α变化的敏感性最大，则有：

$$\frac{\partial z}{\partial \alpha}=\bigg|_{\alpha=0}=L+\Delta l \tag{6-55}$$

当 $\alpha=\alpha_{max}$ 时，截割臂仰角最大，铅垂线内竖直位移对截割臂的垂直摆角较迟钝，则有：

$$\frac{\partial z}{\partial \alpha}=\bigg|_{\alpha=\alpha \max}=(L+\Delta l)\cos\alpha_{max} \tag{6-56}$$

铅垂面内的截割误差为：

$$z+\Delta z=(L+\Delta l)\sin(\alpha+\Delta\alpha) \tag{6-57}$$

根据式（6-51）和式（6-57）得：

$$\Delta\alpha=\arcsin\frac{z+\Delta z}{L+\Delta l}-\arcsin\frac{z}{L+\Delta l} \tag{6-58}$$

$$\Delta z=(L+\Delta l)\left[\sin(\alpha+\Delta\alpha)-\sin\alpha\right]$$

岩巷成形的极限高度取决于铅垂面内极限位置误差 $\Delta z_{上}$ 和 $\Delta z_{下}$。自制小型掘进机铅垂面内最大角度 $\alpha_{上max}$ 为 44°，向下极限摆角 $\alpha_{下max}$ 为 26°，确定测量精度 $\Delta\alpha$ 为 ±0.5° 的倾角传感器。截割臂长 $L=3\,943\ \text{mm}$，截割头伸缩量 $\Delta l=550\ \text{mm}$，将测量值与结构参数代入，可得铅垂面内截割误差 $\Delta z_{上}$ 为 ±30.08 mm，垂直下极限截割误差 $\Delta z_{下}$ 为 ±36.12 mm，完全满足要求（煤巷高度误差允许范围为 0～350 mm）。

同理，水平回转摆角误差也可进行如此分析。将上述公式通过 C#语言进行编程计算。油缸的位移信号经过 PLC 采集后实时输入到上位机。当采用角度进行计算时，按照同样途径通过 PLC 采集倾角信号，最终输入上位机进行计算。无论是油缸位移信号还是倾角角度信号均通过 PLC 实时采集接入由 C#语言编写的上位机程序中，并实时显示出来。截割头位姿监测界面如图 6-27 所示。

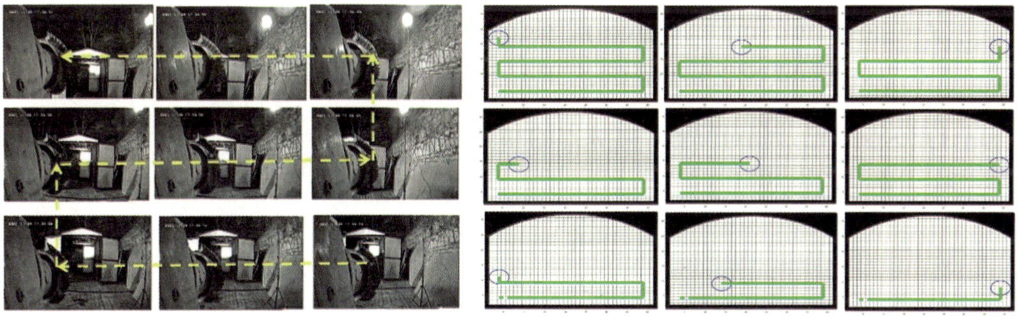

（a）截割头自动截割轨迹控制　　（b）截割头轨迹远程监测

图 6-27　截割状态监测试验

6.4.2.2　机身位姿监测

悬臂式掘进机机身位姿是指其在巷道内作业时可能处于的任何一种机架姿势。为方便描述，进行简化：只保留两条履带，用来代表整个机身。掘进机机身位姿测量模型如图 6-28 所示。

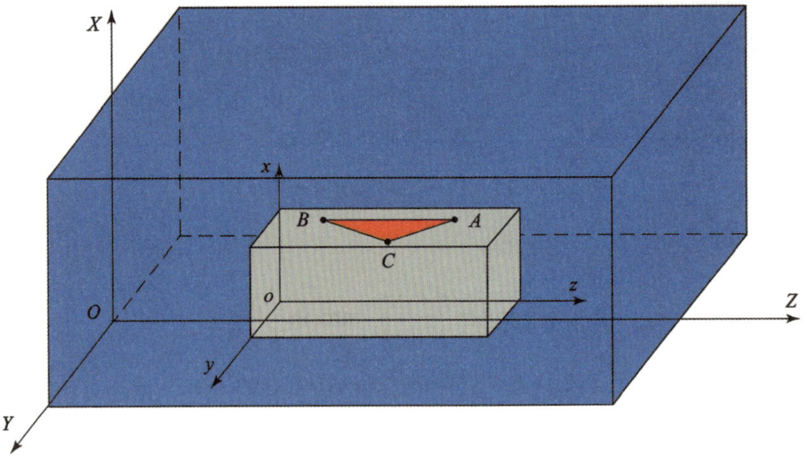

图 6-28　掘进机机身位姿测量模型三维视图

在图 6-28 中，六面体是掘进机的机体，建立 $OXYZ$ 参考坐标系，Z 轴正方向为截割断面，X 轴正方向为巷道顶部。

下面介绍掘进机机身三个姿态角的求解原理。假设机体上有三个点 A、B、C，那么利用这三个点来进行坐标变化。

$$\begin{pmatrix} x \\ y \\ z \end{pmatrix} = \boldsymbol{J} \cdot \begin{pmatrix} X \\ Y \\ Z \end{pmatrix} \tag{6-59}$$

其中，转换矩阵 $\boldsymbol{J}$ 为：

$$\boldsymbol{J} = \begin{pmatrix} \cos\beta\cos\alpha & \sin\beta\cos\alpha & -\sin\alpha \\ \cos\beta\sin\alpha\sin\gamma - \sin\beta\cos\gamma & \sin\alpha\sin\beta\sin\gamma + \cos\beta\cos\gamma & \cos\alpha\sin\gamma \\ \cos\beta\sin\alpha\cos\gamma + \sin\beta\sin\gamma & \sin\alpha\sin\beta\cos\gamma - \cos\beta\sin\gamma & \cos\alpha\cos\gamma \end{pmatrix} \tag{6-60}$$

以 A 点为例，已知相对位置，则 A 点的相对坐标值是（x_1，y_1，z_1）。设 A 点绝对坐标为（X_1，Y_1，Z_1），则有：

$$\begin{pmatrix} x_1 \\ y_1 \\ z_1 \end{pmatrix} = \boldsymbol{J} \cdot \begin{pmatrix} X_1 \\ Y_1 \\ Z_1 \end{pmatrix} \tag{6-61}$$

联合式（6-59）与式（6-60）可求得：

$$\begin{aligned} x_1 &= X_1\cos\beta\cos\alpha + Y_1\sin\beta\cos\alpha - Z_1\sin\alpha \\ y_1 &= X_1\cos\beta\sin\alpha\sin\gamma - X_1\sin\beta\cos\gamma + Y_1\sin\alpha\sin\beta\cos\gamma - Y_1\cos\beta\sin\gamma + Z_1\cos\alpha\sin\gamma \\ z_1 &= X_1\cos\beta\sin\alpha\cos\gamma + X_1\sin\beta\sin\gamma + Y_1\sin\alpha\sin\beta\cos\gamma - Y_1\cos\beta\sin\gamma + Z_1\cos\alpha\cos\gamma \end{aligned} \tag{6-62}$$

通过式（6-61）计算得出 α、β、γ。

以此类推，再通过 B、C 点作为中介点，依次求出掘进机机身位姿解，并确定该解的唯一性。其中应用到的欧拉元素为：

$$\varepsilon_1^2+\varepsilon_2^2+\varepsilon_3^2+\varepsilon_4^2=1 \tag{6-63}$$

其中，

$$\left.\begin{aligned}
\varepsilon_4&=\frac{1}{2}\sqrt{1+\cos\beta\cos\alpha+\sin\alpha\sin\beta\sin\gamma+\cos\beta\cos\gamma+\cos\alpha\cos\gamma}\\
\varepsilon_1&=\frac{\sin\alpha\sin\beta\cos\gamma-\cos\beta\sin\gamma-\cos\alpha\sin\gamma}{4\varepsilon_4}\\
\varepsilon_2&=\frac{-\sin\alpha-\cos\beta\sin\alpha\cos\gamma-\sin\beta\sin\gamma}{4\varepsilon_4}\\
\varepsilon_3&=\frac{\cos\beta\sin\alpha\sin\gamma-\sin\beta\cos\gamma-\sin\beta\cos\alpha}{4\varepsilon_4}
\end{aligned}\right\} \tag{6-64}$$

当掘进机在巷道内发生偏向时（既有偏向角，也有偏向位移时），掘进机呈现出如图 6-29 所示的状态（以机身偏向角、偏向位移均为正时为例）。

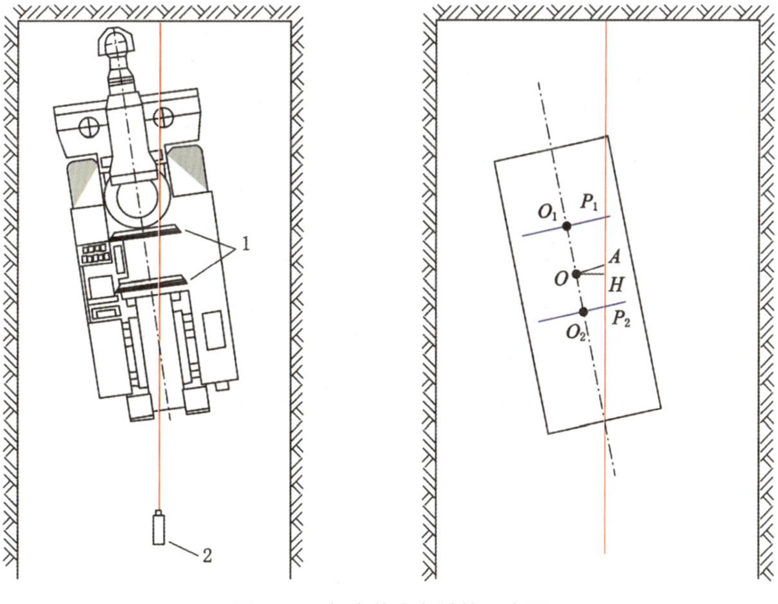

图 6-29　机身偏向角计算示意图

掘进机航向角偏差 α 和偏距 A 是描述掘进机前进状态的两个重要指标。在图 6-29 中，O 是简化模型的中心，P_1 与 P_2 是激光标靶接收处，O_1 与 O_2 是激光标靶的中心。

通过几何分析可得角度 α 为：

$$\alpha=\arctan\frac{|O_1P_1|-|O_2P_2|}{|O_1O_2|}\quad(-\frac{\pi}{2}<\alpha<\frac{\pi}{2}) \tag{6-65}$$

角度前面的正负号代表掘进机是向左还是向右偏转。

A 的计算结果为：

$$A=\frac{|O_1P_1|\cdot|OO_2|+|O_2P_2|\cdot|OO_1|}{2|O_1O_2|}\cdot\cos\alpha-L \tag{6-66}$$

同样 A 的正负代表基于中心线的两个对称方向。

机身俯仰角 β、滚动角 γ 最简便的计算方法是利用倾角传感器测量值进行计算。使用到两台传感器。一台传感器监测与简化模型中心线一致方向的角度，另一台传感器监测与中心线垂直方向的角度。测量出巷道固有的横向与纵向基础倾斜角度。最终将两次测量的角度分别对应进行减法计算，其结果就是掘进机机身实时位姿角度。

将上述公式通过 C#语言进行编程计算。倾角传感器等信号经过 PLC 采集后实时输入到上位机。倾角角度等信号均通过 PLC 实时采集接入由 C#语言编写的上位程序机中。通过计算最终实时显示出来。掘进机机身的位姿监测界面如图 6-30 所示。

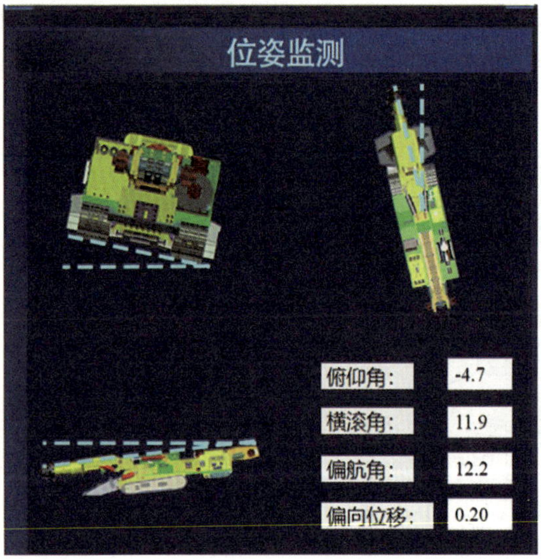

图 6-30　掘进机机身位姿监测界面

6.4.2.3　信号采集与显示

掘进机要监测的信息很多。一般情况下，掘进机自身会嵌入部分传感器，进行信息采集。但是当进行数据融合或分析时，数据种类不够，此时需要附加安装一些传感器。掘进机远程监测流程如图 6-31 所示。

外部需要监测的信号包括甲烷浓度、振动强度、倾角和视频传输信号等。甲烷浓度一般采用甲烷检测仪检测。截割部减速箱、电机连接轴承、马达均为掘进机关键部件，需要对其振动信号进行监测。一般采用矿用测振记录仪检测振动信号。

倾角信号检测采用 JY901 九轴姿态角度传感器。该传感器内置信息处理模块包含滤波算法，可以在恶劣的环境下进行信号去噪工作，增强动力学计算的准确性。

视频信号采用 MCD-POE 网络摄像机采集。一般掘进机视频监控需要监视截割臂截割煤岩的工作情况、装运部转盘工作情况、左前方环境状况和右后方环境状况。因此视频界面需要做成四部分，同时进行监测。摄像仪采用防尘措施，满足在煤尘很大的环境中，达到正常的监控效果。由于井下作业现场往往阴暗潮湿、多尘高温，因此采用具备可扩展功能的网络摄像头。将去雾增亮的图片优化算法通过网口便可以嵌入到摄像头内置的微处理器中。通过网络可以将下次的修改程序直接下载到集成芯片中，以方便工程师对程序进行优化。井下信号运城传输路线图如图 6-32 所示，随着 5G 网络到来，利用矿井环网，可以方便将各种信号从井下提取出来，实现远程监测可视化。

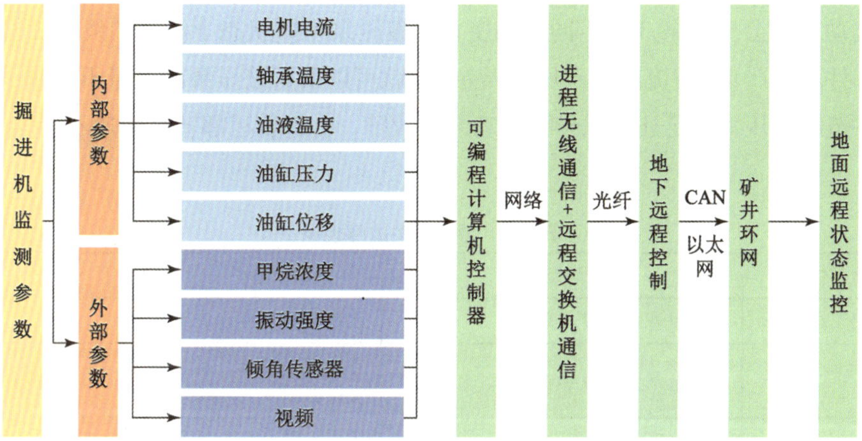

图 6-31　掘进机远程监测流程

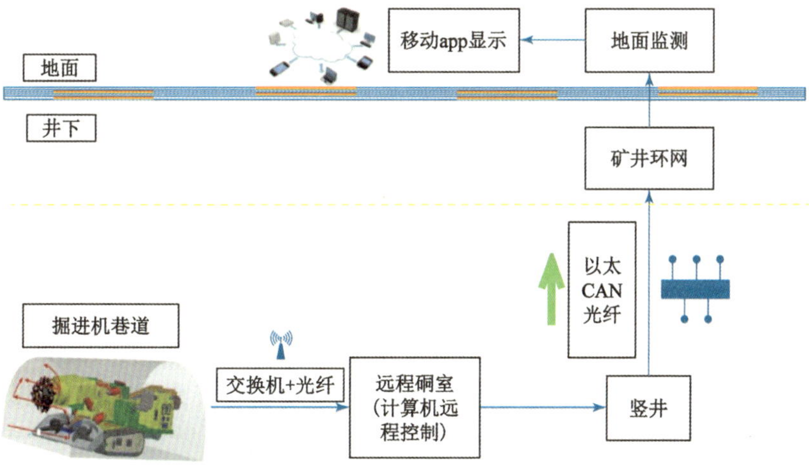

图 6-32　井下信号远程传输线路

内部监测的信号包括电机电流信号、温度信号和压力信号。

掘进机上有两个电机：一个是截割电机，另一个是行走电机。特别对于截割电机，其输出的电流直接关系着截割工作状态。电流信号还可以与其他信号（比如振动、温度等信号）进行融合，可以更为精确判断系统故障。电流参数由掘进机上工控机单元采集，在经 A/D 转换后，形成标准数字信号，便于上位机进行分析。

温度是反映机械设备运行状态的重要参数。对掘进机的重点部位进行温度监测，通常是对变速箱齿轮、连接轴和轴承、油液温度进行测量与信号提取。与温度相关的掘进机故障现象如表 6-4 所示。由从表 6-4 可以看出，掘进机的机、电、液系统的故障很多都与温度监测量有关。对温度的精确测量及特征提取，融合其他传感器信号，利用数据驱动等智能算法，即可判断出掘进机故障原因与故障部位。

压力信号可以反映掘进机上液压泵、液压缸、液压阀等元器件的工作状态与故障征兆。压力的波动变化会反映泵产生不同波动变化，液压泵不同状态下压力曲线不一样。例如，油泵零部件磨损严重，溢流阀调定压力误差大，就可以引起液压泵的流量不足或压力不足。液压元件造成的压力不足还可以导致驱动装置故障，引起装运部转盘转速不均匀或者无力现象。

表 6-4　温度相关故障现象

故障部位	故障现象	故障原因
截割部	转动阻塞或温度异常	过载运行，冷却管路损坏
液压泵	液压泵产生噪音和高温	油液污染度高，油管堵塞，油泵装配误差过大，密封圈损坏
油箱	温度过高	油液污染度高，冷却管路损坏
液压油	系统产生噪声和严重发热	油液黏度过大，油液污染，吸入空气
液压缸	推力不足和油温过高	密封间隙过大
油泵电机	油泵电机超温	冷却系统损坏，电机内部损坏

6.4.2.4　远程监控

掘进机远程控制与监测系统主要用来远距离对巷道掘进机进行自动控制和设备参数进行监测，其主要功能应包括以下几个方面。

① 实时显示掘进机运行参数，如截割电流、油缸压力、机身位姿角度、液压油温度等。

② 采用无线遥控手柄远程控制掘进机进行行走、截割等动作，特别是当远程监测时候发现掘进机工作异常或者出现危险工况，可以进行远程人工干预，保障掘进安全。

③ 可以通过网络将远程监测参数发布在 app 上，并具备报警功能，方便设备管理者随时查看现场信息，同时可以进行远程专家协同故障诊断。

掘进机远程遥控界面可以设计成手柄按钮式操作面板，也可设计成触屏式虚拟按钮操作面板。矿山设备控制核心一般选择工控机或 PLC。该系统 PLC 传感器与 PLC 之间采用 MODBUS 通信。通过网口接入外部网络连接，实现信息数据远程传输。数据可以实现双向流动。当数字量反向传输时，经过 PLC 数模转换后即可进行车载各种继电器的控制，从而改变掘进机运行动作。掘进机遥控装置通信方式见图 6-33。

遥控器可以设置在井下，也可以设置在地面。当设置在井下时，遥控器采用本安电源供电，遥控器有多个万向手柄及按钮，可以实现掘进机的全遥控操作。通过 app 界面上的虚拟按钮和滑动条，同样可以对掘进机进行远程操控。掘进机远程遥控界面与操作台如图 6-34 所示。

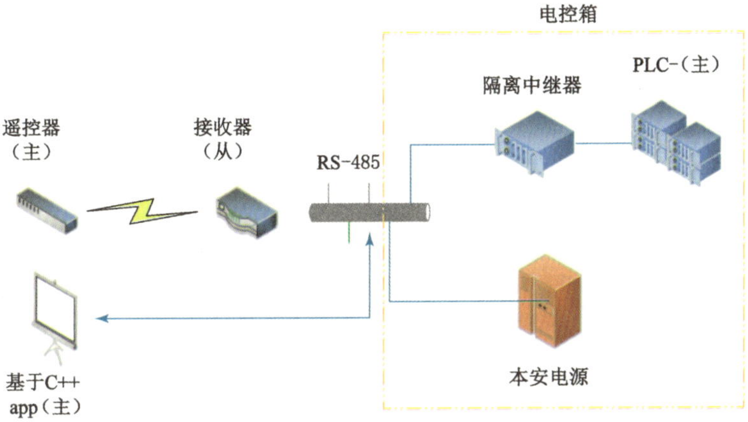

图 6-33　掘进机遥控装置通信方式

图 6-34　掘进机远程控制界面与操作台

6.5 掘进机状态监测与健康管理试验

6.5.1 掘进机状态监测系统试验

6.5.1.1 掘进机状态监测系统软件、硬件设计

防爆摄像仪应采用矿用移动设备专用的矿用隔爆型摄像仪。由于现场是模拟巷道，所以摄像仪暂时未做防爆处理。如图 6-35 所示，截割臂两侧各放置一个摄像仪，以方便监

视截割头运行情况以及截割头两侧的实际情况；整机后方放置一个摄像仪，以监视整个掘进机运行情况；中侧部放置一个监测铲板运行情况。

工控机远程监控采用 app 界面显示软件，包含两块屏幕。

第一块屏幕显示掘进机多状态监测界面，如图 6-36 所示。其监测内容包括：电机振动、截割臂振动、变速箱振动、液压泵振动；截割电机电流、行走电机电流；液压油温度、电机温度、变速箱温度；偏航角、翻滚角、前倾角；截割头实时位置；电机健康曲线等。

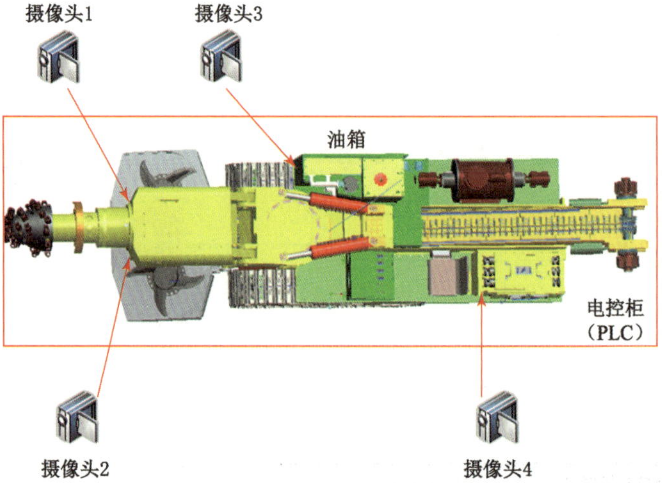

图 6-35　掘进机摄像头布置图

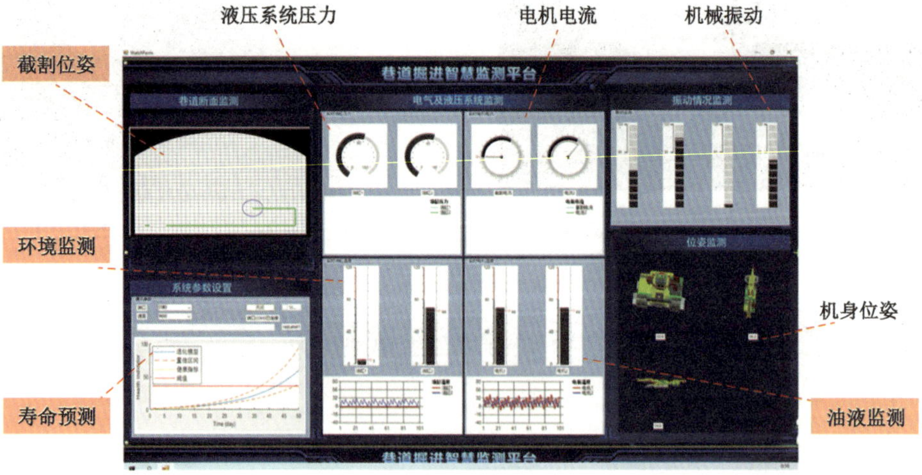

图 6-36　多状态监测界面布局图

第二块屏幕显示远程视频监控界面，如图 6-37 所示。其监控内容包括：① 机体左右行走控制。② 截割臂举升与下降控制。③ 截割速度控制。④ 支撑打开与收起的控制。⑤ 视频监控。

图 6-37　远程监控界面

本 app 通过 C# 语言编写，可扩展性好，可以与 MATLAB、PLC 等多种软件进行对接，支持多种操作系统。

基于安全考虑，服务器端要求输入连接密码。密码分为两种：一种为完全控制密码，另一种为浏览密码。客户端在连接服务器端时需要进行密码验证。若是客户端通过控制密码验证，则客户端将获得控制权。

在实际应用过程中，将远程监控计算机和设备上的现场工控机通过双绞线连接起来，现场工控机的运行数据传送至监控计算机，监控机通过客户端软件进行数据处理，最终将监控画面显示在监控计算机上，进行实时监控。在实际应用中，视频监视和远程监控一起使用，监视掘进机实际运行情况的同时，监控其设备的运行参数，以方便对一些运行参数实时有效的修改。远程监控试验现场照片如图 6-38 所示。

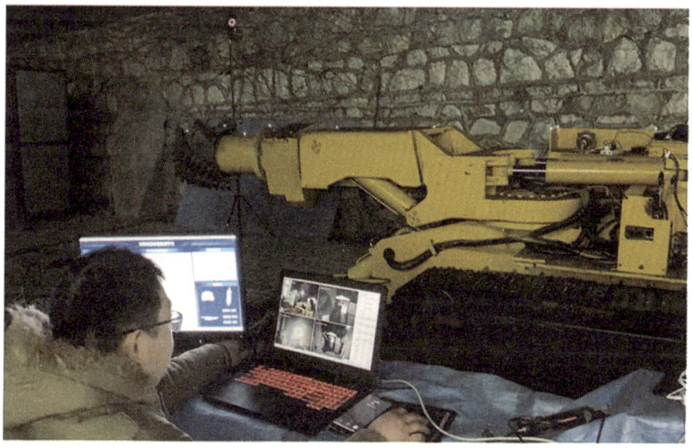

图 6-38　远程监控试验现场照片

6.5.1.2　掘进机全状态监测试验

在空阔地模拟巷道中，采用自制的小型掘进机进行试验与仿真。首先将传感器布局在各个关键位置上，传感器采集的信号通过工控机先送到车载计算机上，然后通过网络传输到远程计算机上进行显示。传感器布局见图 6-39。

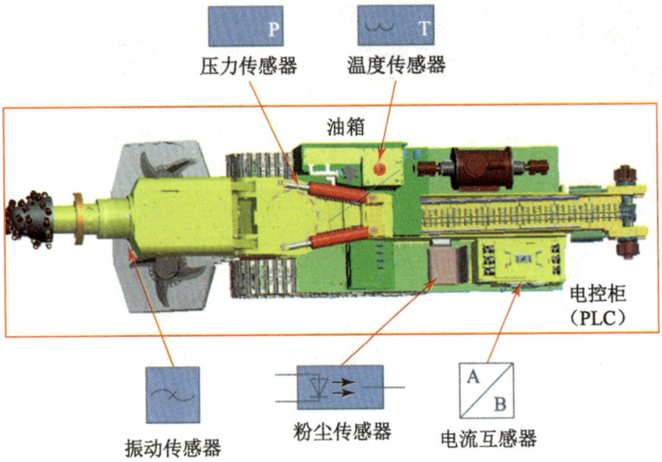

图 6-39　传感器布局

本试验取得如下效果。

① 成功进行了监控电脑与掘进机工控机的远程通信，没有干扰，传输距离超 500 m，图像质量良好。远程可视化监控技术初步实现了掘进机作业的多状态监测。

② 对截割电机、液压马达、轴承等关键部位成功进行了故障预测，可以清晰描述故障劣化趋势，发现早期故障征兆，为预测性维修打下一定基础。

③ 成功进行了电机健康管理监测。可以动态地对截割电机的剩余使用寿命进行可视化监测。管理者对关键部件的使用情况能够及时了解，为制定最优维保计划提供依据。

④ 对振动、压力、位移、温度、电流等多个量进行了可视化分析与显示，涵盖了机械、电气和液压部分的信号，初步实现了对悬臂式掘进机的多状态监测，让使用者实时掌握设备健康状态。

6.5.2　变工况下剩余使用寿命预测仿真与试验

所提出的退化模型将退化特性与通过状态监测获得的感官数据相结合，不断更新剩余使用寿命。通过仿真和实际应用案例说明了该方法的实用性，通过与其他传统计算方法比较，得出该方法较优越的结论。结果表明，该方法在实际应用中效果良好，与其他两种传统方法相比，预测精度有明显提高。该研究也可为隧道机械关键部件的预见性维修提供参考，降低巷道施工成本。

6.5.2.1　截割轴承剩余使用寿命仿真计算

利用 MATLAB 和 SIMULINK 构建一个仿真实例，验证所提出的 RUL 预测方法的实用性和优越性。比较线性退化模型（LDM）和一般指数退化模型（GEDM）的代表性。首先提供一个模拟案例。

（1）数据生成

采用指数退化函数 $H_e(t)=a_e+\gamma_e\exp\left(\delta_e t+\varepsilon_e-\sigma_e^2/2\right)$ 生成数据，建立截割轴承运行的 SIMULINK 模型。利用 SIMULINK 建立的仿真模型如图 6-40 所示。功率方程用来控制减速器的齿轮位置。不同的齿轮产生不同的转速，从而驱动轴承产生不同的振动信号。利用这些振动信号可以模拟数据采集。基于上述设置，模拟了 8 条退化路径。随机选取 7 条退化路径作为训练路径，1 条退化路径作为测试路径。

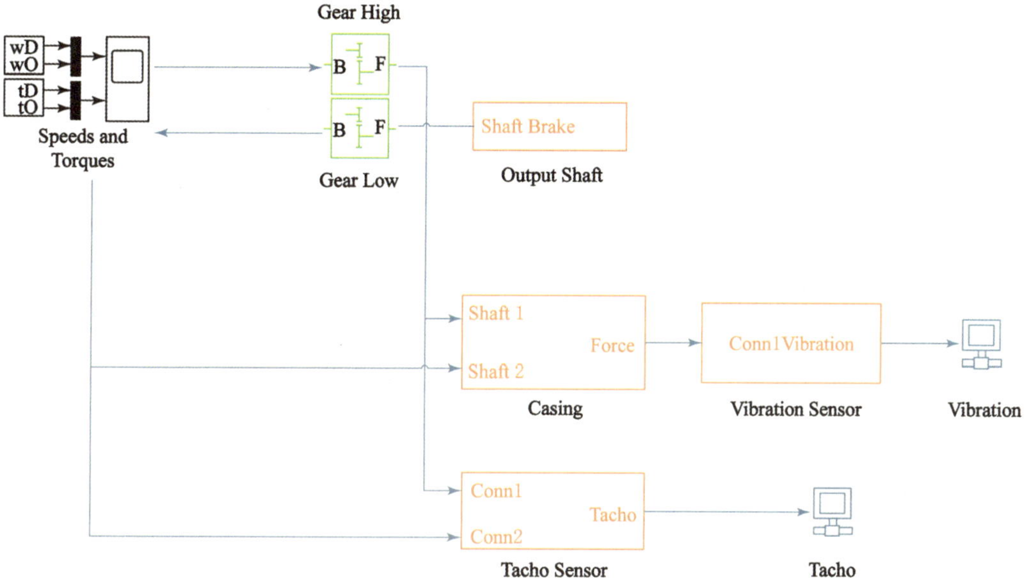

图 6-40　截割臂轴承仿真模型

每个路径使用相同的仿真生成数据。仿真退化轨迹如图 6-41 所示。

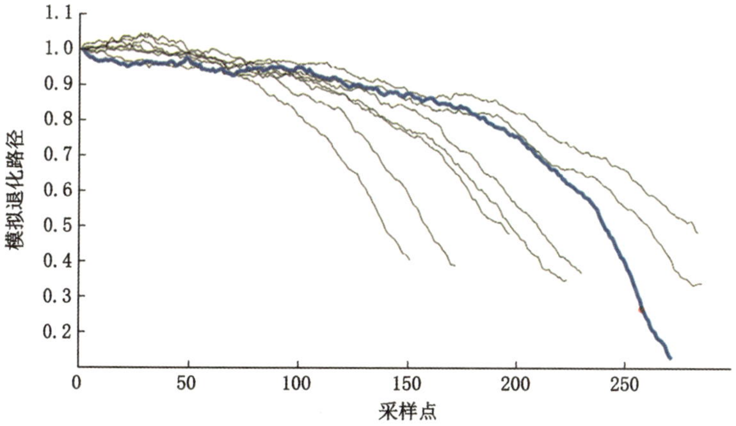

图 6-41　仿真退化轨迹

（2）结果与讨论

利用函数对模拟数据进行拟合，以便更好地分析。利用 7 个训练路径的退化轨迹对所提方法的参数进行估计。前 90% 的仿真数据用于训练模型，最后 10% 的来自测试路径的数据用于验证模型。三种方法预测点与测试点的吻合程度如图 6-42 所示。

由图 6-42 可以看出，指数退化法和优化指数退化模型方法（OEDM）所预测的概率密度函数（Probability Density Function，PDF）值都能很好地覆盖真实的 PDF 值。相反，一些真实的 PDF 值不在线性退化法预测的 PDF 值的覆盖范围之内。这意味着这些未覆盖采样点的预测结果是不准确的。

将该方法预测的规则的 PDF 值与 GEMD 方法预测的规则的 PDF 值进行进一步比较，发现该方法预测的规则的 PDF 值更好，而 GEMD 方法预测的规则的 PDF 值在某些采样点存在误差。由以上比较可以看出，OEDM 方法的预测效果最好，其次是 GEMD 方法的，LDM 方法对实际值的跟踪效果最差。这是因为为了更接近实际工况，将退化模拟设置为非线性。

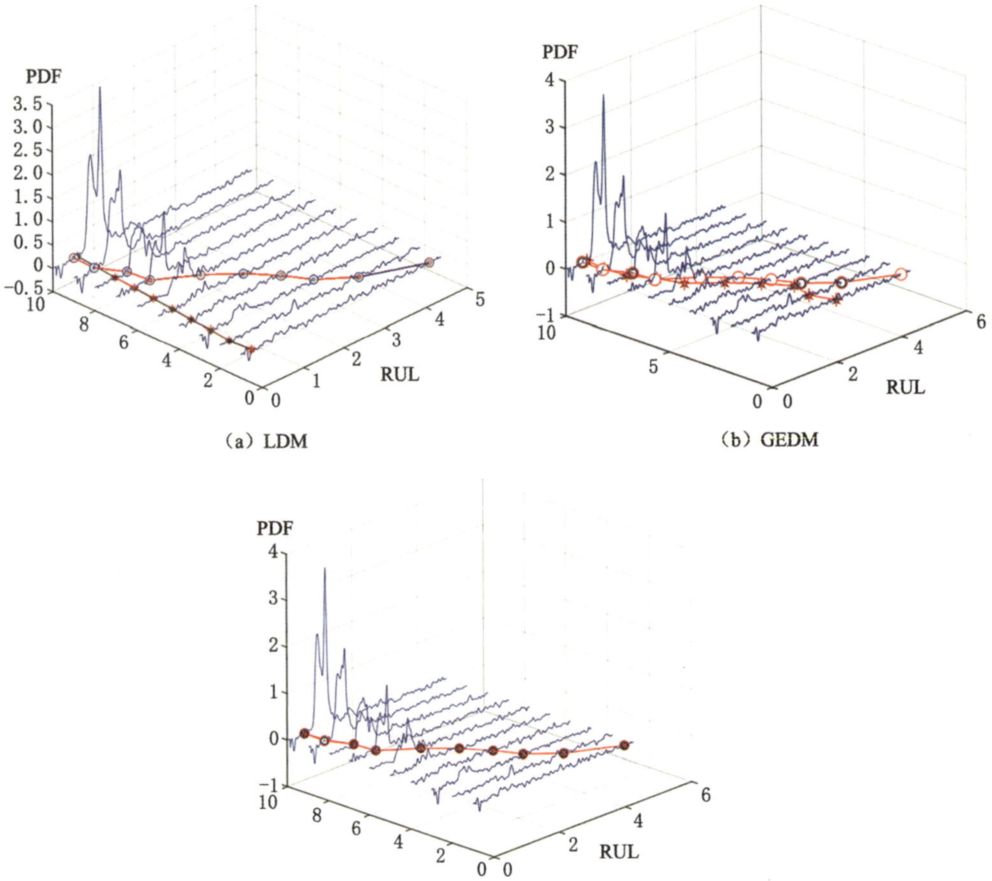

（a）LDM

（b）GEDM

（c）OEDM

图 6-42　寿命预测的概率密度分布

利用非线性漂移项对三种方法的 RUL 预测能力进行了更广泛的比较。由图 6-43 可以看出，采用 OEDM 方法预测的 PDF 曲线是平滑的，并且最能跟踪真实值。这是因为 OEDM 方法采用了两个通用函数来实时更新结构参数，最适合实际工况。

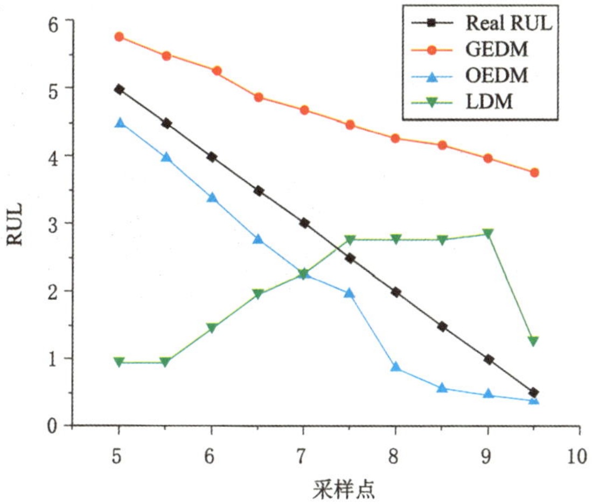

图 6-43　仿真预测结果对比

6.5.2.2　健康管理试验验证

目前，掘进机的维修策略在不断更新。从以前的响应式维修，逐渐向预测性维修过渡。RUL 的准确预测是预测性维修的基础。

对于回转机械，特别是掘进机截割系统，轴承的 RUL 的预测至关重要。由于煤岩特性的不确定性，掘进机总是在可变载荷条件下工作的，这导致不确定性冲击力对截割轴承的影响。截割轴承失效由开始时的轻微损坏逐渐发展到轴承失效。截割轴承退化，一般可分为损伤退化和磨损退化。前者是轴承部件表面损伤引起的退化，包括表面点蚀、磨损和颗粒剥落。后者是掘进机轴承在工作过程中由于磨损引起的轴承间隙增大、振动增大的逐渐故障。一般通过定期测量轴承的总振动来检测和预防。振动越高，轴承退化越严重。

对于轴承振动信号的采集，通常在相应的轴承座或传动轴位置安装对应传感器，实时采集轴承旋转时的振动信号。采用磁座将振动传感器吸附在截割轴承座上，采集振动信号并通过信号线传输给 PLC 进行模数转换，最终通过网口协议与上位机共同进行远程数据采集。振动信号采集如图 6-44 所示。

采集信号后，对信号进行预处理，采用 Hilbert-Huang 方法提取特征量，然后采用主成分法进行排序，其结果如图 6-45 所示。得分在 0.2 以上的特征可以准确预测剩余使用寿命。

轴承健康指标在线计算结果如图 6-46 所示。随着工况变化，如突然的振动冲击或速度突变，轴承健康系统会重新计算剩余寿命曲线，大大提高计算的精度。

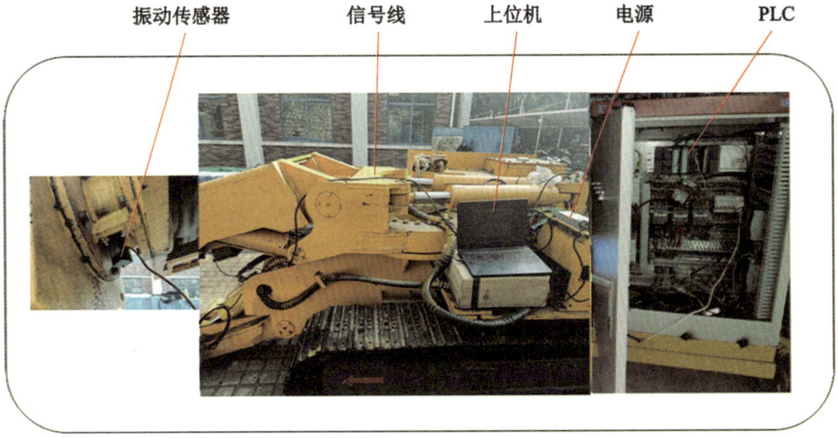

（a）硬件连接图

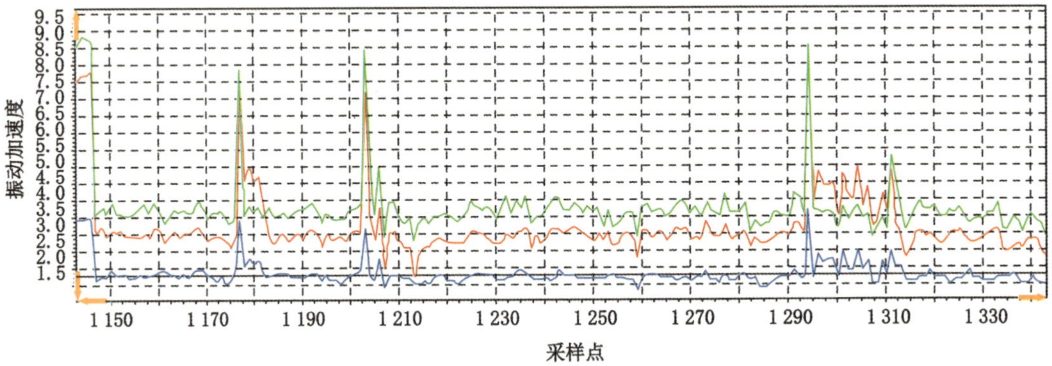

（b）振动信号波形图

图 6-44　RUL 试验测试

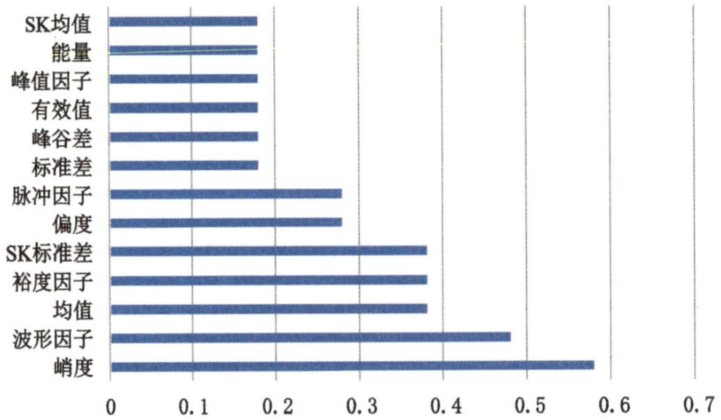

图 6-45　振动特征排序

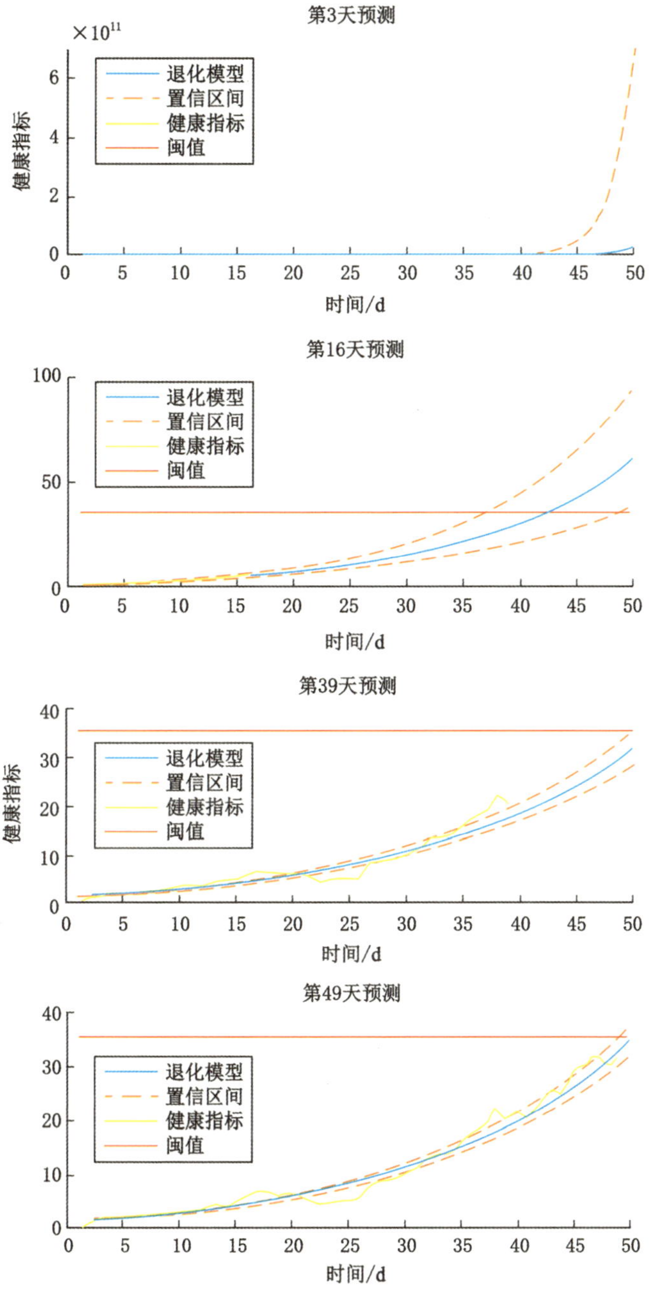

图 6-46　在线计算过程

根据振动数据计算轴承的确定性参数和超参数，然后根据采集到的轴承信号数据更新随机参数。根据这些参数可以实时构建退化模型，这意味着每次收集振动数据，都可以独立预测 RUL。由图 6-47 可以看出，OEMD 计算的均值 RUL 与实际预测结果最接近，这是因为线性模型难以与复杂的实际情况相匹配。与 GEDM 相比，OEMD 预测结果更符合实际情况，能够实时、动态、准确地预测截割轴承的 RUL。

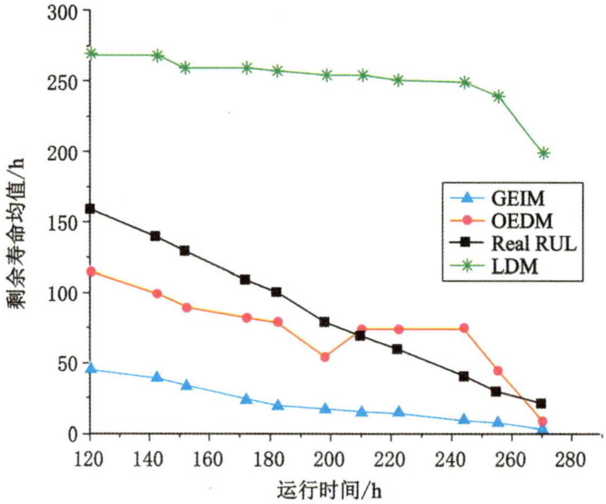
300
250
200
150
100
50
0
剩余寿命均值/h
120
140
160
180
200
220
240
260
280
运行时间/h
GEIM
OEDM
Real RUL
LDM

图 6-47　预测对比图